MATLAB® & Simulink®开发实例系列丛书

MATLAB 修炼之道：编程实例透析

祁彬彬　马　良　靳　欢　编著

北京航空航天大学出版社

内 容 简 介

本书主要介绍 MATLAB 编程基本操作方法与技巧。由于 MATLAB 近几年在基本操作和数据类型等方面发生了巨大变化，本书对于新版本 MATLAB，尤其是 R2019b 到 R2021b 中的比较引人注意的新增函数与实用功能，结合代码示例说明其具体的应用方法。全书共 10 章，第 1～4 章介绍基本环境设置、代码调试工具使用方法、数据类型等，结合案例讲解包括隐式扩展与逗号表达式等基本操作在内的综合运用；第 6～10 章讲述函数与脚本、子函数与匿名函数在工程计算中的运用，以及绘图和实时脚本中的一些新老函数与代码案例。

本书包含大量代码案例，展示了 MATLAB 的基本操作方法、函数命令与数据类型是如何有机融合在一起来解决实际问题的。全书通俗易懂，适合具有一定基础但希望更进一步理解和掌握 MATLAB 编程语言特点的读者阅读，也可为科学研究工作者、教师在运用 MATLAB 语言解决实际编程问题时提供代码编写技巧与求解方法的参考。

图书在版编目(CIP)数据

MATLAB 修炼之道：编程实例透析 / 祁彬彬，马良，靳欢编著. -- 北京 ：北京航空航天大学出版社，2022.7

ISBN 978-7-5124-3843-9

Ⅰ. ①M… Ⅱ. ①祁… ②马… ③靳… Ⅲ. ①Matlab 软件—程序设计 Ⅳ. ①TP317

中国版本图书馆 CIP 数据核字(2022)第 118375 号

MATLAB 修炼之道：编程实例透析

祁彬彬　马　良　靳　欢　编著

策划编辑　陈守平　　责任编辑　陈守平

*

北京航空航天大学出版社出版发行

北京市海淀区学院路 37 号(邮编 100191)　http://www.buaapress.com.cn

发行部电话：(010)82317024　传真：(010)82328026

读者信箱：goodtextbook@126.com　邮购电话：(010)82316936

北京富资园科技发展有限公司印装　各地书店经销

*

开本：787×1 092　1/16　印张：19.75　字数：506 千字

2022 年 8 月第 1 版　2023 年 1 月第 2 次印刷　印数：1 001 - 2 000 册

ISBN 978-7-5124-3843-9　定价：69.00 元

序

很高兴收到作者祁彬彬的邀请为《MATLAB 修炼之道：编程实例透析》这本书做序。MATLAB 是我在过去近 20 年的学习和工作生涯中使用最多的科学计算软件。我本人的研究方向是优化算法及其在运营管理中的应用。关于前者，我工作中需要进行大量算法的编写，包括对已知算法的验证以及新算法的开发和测试；而关于后者，我需要进行大量的工作将实际问题转化为数学模型，尝试不同模型的利与弊，并做大量的仿真来比较不同策略的优劣。对我所面临的问题，MATLAB 无疑是建模和写代码的首选，因为其易用、易懂、直观，可以快速上手，又极为容易对模型和算法进行分析和调整。可以说，在我过去的大量研究和实践中，MATLAB 给予了我大量的帮助。

MATLAB 是一门非常容易上手的语言。实际上，从 2012 年起我先在明尼苏达大学教书，后来又到香港中文大学（深圳）教书，已经教了 10 年的优化课程，上过我的课的学生超过 1000 名。我的优化课程中非常核心的一部分就是训练学生们利用软件求解优化问题的能力（包括求解线性规划、非线性规划、整数规划以及动态规划等）。而我的优化课程所使用的软件一直都是 MATLAB，直到近两年我才加入了一部分 Python 的内容，但我仍然将 MATLAB 作为主要语言。原因也很简单，就是 MATLAB 实在是太方便了，有时候只需要几行代码就可以解决复杂的问题。同时，代码又非常直观，非常适合上课时用来激发学生的兴趣，让他们知道“工具”的力量，让我可以把讲课的重点聚焦在对问题的理解和建模能力的培养上，而不是对枯燥语法的记忆上。

然而，容易上手并不等于容易用好。实际上，经过这么多年的实践，我深知 MATLAB 里有诸多技巧——掌握好这些技巧可以事半功倍，将程序写得更加高效也更简洁明了。但这些技巧并不是那么容易掌握的。这里我讲一个自己的小故事。我 2006 年上半年开始接触运筹优化学科，那一年有幸上了斯坦福大学叶荫宇教授的优化课程（叶教授那一年学术休假在清华大学教课，正好我那时是清华大学大三的学生），并开始跟从叶教授进行一些学术研究。当时，我们设计了一个对半正定规划（Semi-Definite Programming，一种锥优化问题）的松弛（Relaxation）算法。从理论上来讲，我们的算法在计算复杂性上相对于传统的算法可以有较大的提升，但不知道具体效果如何。于是我用 MATLAB 做了大量的数值实验，那也是我第一次写规模相对较大的 MATLAB 程序（大概在 500 行到 1000 行左右）。由于我没什么经验，很多代码都采取了非常原始的方式，用了大量的循环以及 hard-coding。我还记得当时都是先把代码手写在纸上，先写一沓纸的，然后敲到电脑里。可想而知，代码的效率很一般。当时叶老师并不知道我代码编写的水平这么低，只是感觉算法的速度应该再快一些，他看到别人用 C 语言实现的其他算法更快，于是让我想办法用 C 语言来实现。但是那样我还要重新写一套 C 语言的代码，而且在 C 语言中实现矩阵运算要比在 MATLAB 中复杂很多。所以我想办法在 MATLAB 中进行提速。偶然中，我学会了用 MATLAB 的 Profiler 对程序进行检查，找到耗时最高的行，然后逐一进行优化——比如说把一些循环改成矩阵赋值，把一些重复生成的随机变量改成一次性全部生成，之后只是一一取值，比如说用更多的内嵌函数，或者把一些矩阵用 sparse 来定义，等等。通过这些调整，程序速度提升了近 10 倍。等我把结果再次发给叶老师时，叶老师一开始以为我真的改用了 C 语言，但实际上我只是通过更好地使用 MATLAB 就达到了想要的效果。而在后来十几年的工作中，我也看到大量的学生遇到我当时的情况，我对他们也讲了自己当年的故事，并告诉他们一些技巧，也看到他们使用 MATLAB 的能力有了质的飞跃。

回看当年，我每一次尝试提升代码效率都是通过自己查找，然后不断尝试，有时再到网上搜索，最终找到一些方法来实现的。而祁彬彬和马良、靳欢编纂的《MATLAB 修炼之道：编程实例透析》可以帮助大家系统地掌握很多 MATLAB 的使用技巧、更快地掌握 MATLAB 的使用要领、更好地发掘 MATLAB 的优势。忍不住感慨，要是当年也有类似的书籍，我就可以节省很多自己埋头琢磨的时间了，同时也庆幸这本书的读者能够有这么好的一本参考书。最后，希望各位同学、老师和从业者可以从这本书中找到自己需要的东西，更好地掌握 MATLAB 这门编程语言。

王子卓

杉数科技（北京）有限公司 联合创始人兼首席技术官

香港中文大学（深圳）数据科学学院助理院长

前　言

MATLAB作为一款大型科学运算工具，由于矩阵化的简练语言特征，拥有面向工程领域种类繁多的工具箱，长期占据着市场同类软件的主流地位，是高校硕博士、大中专师生以及科研工作者、工程师等从事各类研究与实践工作时的必备软件之一。近几年，我国许多高校理工科的课程体系设置中，也都增设了与MATLAB相关的辅修课程。

如何学习MATLAB才能达到依据学习和工作的具体要求随时编写程序解决问题的程度，是个有趣的话题。本书由大量问题与相应的代码解决方案，给出属于自己的答案，即：从实际问题入手，尽可能提出多种求解方案，综合呈现各类函数、基本操作不同组合的应用方式，达到切实提高用户代码实战运用能力的终极目标。本书提到的代码问题，绝大多数是笔者在高校从事实际MATLAB教学或者在网络上回答他人提问时所遇到的较为典型的案例。经过深入分析，笔者惊讶地发现许多初学者遭遇的代码困境，都源自对MATLAB基本语法知识、函数组合或操作的不熟悉，甚至是错误认识。

为此，本书通过大量案例系统地介绍MATLAB编程中的基本操作，但没有采取帮助文档的组织方式，而是以综合运用MATLAB的基础语法规则与矢量化操作为出发点，在代码解决方案中加入目前MATLAB中文书籍中尚未广泛提及的新版本函数、数据类型和操作方法。尽可能紧跟版本变化，把新功能、新命令快速纳入问题求解的程序中，让读者转换视角，基于问题求解，能够跟随书中案例的分析点评，不知不觉地对多种函数的搭配组合留下印象，举一反三，在自己的科研或工程项目中，把问题条件转换成“似曾相识”的某个代码模型，从而以不变应万变。

例如，MATLAB自R2016b版本起将隐式扩展纳入基本矩阵运算，因此以前要借助bsxfun函数才能完成的操作，现在用基本运算符和逻辑操作符就能直接实现，且包括min/max、dist、plot这样最基本的常用命令，甚至一些新的数据类型如string、datetime等，在调用时也自动支持隐式扩展操作。隐式扩展具有撼动用户MATLAB代码编写基本认知的潜在能力，随之而来的问题是：用户能否迅速适应版本更替，理解并充分利用隐式扩展简化代码运算操作，实现提高编程效率的目标？从历年的教学经验来看，仅通过帮助文档的相关代码示例，多数初学者很难达到真正掌握的要求，还是要结合更多的问题求解示例，经过比较、分析和实践才有可能满足用代码解决具体问题的需求。为此，本书在不同章节的许多问题中，将隐式扩展操作融入各类程序方案，读者通过阅读和揣摩隐式扩展在书中各类问题求解代码中的作用，就可以快速掌握这项非常实用的新矩阵操作方法。

再如从 R2013b 到 R2020b 版本，MATLAB 陆续添加了从 readtable/writetable 到 readcell/writecell，再到 readmatrix/writematrix 和 readstruct/writestruct 的系列数据读写函数，一个基于面向对象的完整 high-level 数据 I/O 生态布局不知不觉完成了。以前很多读写函数如 dlmread/dlmwrite、xlsread/xlswrite、csvread/csvwrite 也都因此而纳入"不推荐"函数序列。MATLAB 实现这种函数替代的原因是什么？新函数有哪些具体的特色与优势？这些问题本书也用具体的代码案例和相关分析一一做了解答。新版本、新操作、新命令的引入所带来的影响不胜枚举，限于篇幅，本书以抛砖引玉为目的，撷取其中比较典型的部分，在不同章节中以函数综合应用为基本框架，做了诸如：用于参数验证的 arguments 关键字应用、嵌套匿名函数代码实践、实时脚本及其与符号运算工具箱的结合、图形输出新增命令 exportgraphics/copygraphics 等具体内容的讨论。期望通过这些启发性与趣味性兼具的问题代码方案，激发读者学习全新 MATLAB 的兴趣，与时俱进，早日到达 MATLAB 编程的自由王国。

本书能得以完成需要感谢很多人，与同事陶彦辉、同学孙聪博士的讨论让我们拥有了更加丰富的案例素材，实验室的学生曾立恒、黄健文、李世博和廖正宏等，在课程教学过程中持续地反馈互动为许多书中案例的产生带来了新鲜的思考视角和灵感。对于网络上诸多热心网友的问题与建议，北京航空航天大学出版社陈守平编辑的辛勤工作，以及我们挚爱的家人一如既往无条件地支持鼓励，在此呈上我们真挚的谢意。

读者可以登录北京航空航天大学出版社的官方网站，选择"下载专区"→"随书资料"下载本书配套的程序代码。也可以关注"北航科技图书"微信公众号，回复"3843"可获得本书的免费下载链接。还可以登录 MATLAB 中文论坛，在本书所在版块(https://www.ilovematlab.cn/forum-282-1.html)下载相应代码。下载过程中遇到任何问题，请发送电子邮件至 goodtextbook@126.com 或致电 010-82317738 咨询处理。书中给出的程序仅供参考，读者可根据实际问题进行完善或自行改写，以提升自己的编程实践能力。

受限于编者的能力和时间，书中的不妥与疏漏之处，欢迎广大读者批评指正。

编　者

2022 年 4 月

目　　录

第1章 绪 论

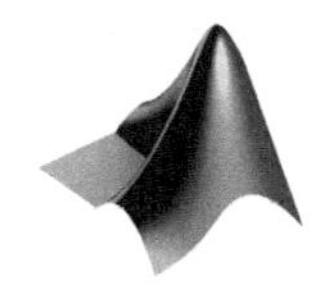

作为一款拥有上百个面向不同专业领域的工具箱，集工程数值和符号计算、数据验证测试、仿真优化等多项功能于一体的大型综合软件工具，MATLAB入门容易却很难精通。因此，如何有效掌握和驾驭MATLAB，并能借助它实现专业领域的各种想法，是在校本硕博学生、科研与教育工作者，以及工程师们都颇感兴趣的话题。

一般来讲，扎实的编程基本功是提高所有专业领域MATLAB运用水平的共同前提，编程能力也决定了后续专业学习和工作中，MATLAB究竟能在多大程度上发挥作用。作为一本主要讲述MATLAB编程书籍的开篇内容，本章将首先借助快速排序和"亲密数"两个代码案例，引出如何培养MATLAB编程能力中最重要的代码直觉的建议；接着通过本书中英文词云图，具体分析当MATLAB每年定期推出两个新的版本，不断添加新功能、新函数和新数据类型后，对初学者的MATLAB编程学习之路，究竟会产生哪些表面或者潜在的影响；最后简单评价MATLAB语言近年来的一些发展和演变趋势，期望通过这样的方式，使读者认识一个动态发展的全新MATLAB，从而激发读者学习MATLAB的热情与动力。

1.1 培养MATLAB编程的代码直觉

我们默认本书的读者已经知道在自己的专业学习规划中，需要使用MATLAB做与专业相关的数值计算、绘图、仿真或数据处理分析等方面的相关工作。鉴于无论何种性质的实践与科学研究工作的质量都与MATLAB的代码编程能力高低正相关，所以本节重点探讨的是如何通过培养"代码直觉"来有效提高MATLAB编程的能力。

所谓"代码直觉"，通俗讲就是在写程序之前已经预知将采用什么样的代码框架和具体的实施措施，笔者认为这是MATLAB编程学习过程中最应培养的关键能力之一，是建立在大量代码积累经验基础之上的综合感觉。以MATLAB为例，要在透彻理解循环流程、矢量化操作、数据类型、函数结构等方法的特点基础之上，面对各种类型问题做出合理的搭配组合，在满足代码编写难度、运行效率、运行结果准确性，是否利于后期代码维护和可复用性等方面，达到一个较优的平衡。本节将以C语言程序作为参照，先通过快速排序算法的代码实现问题，感受MATLAB在解决实际问题时的具体效能。注意，此类涉及执行效率的算法问题不是MATLAB擅长的领域，但先把它逼至墙角，看MATLAB在不利环境的运行情况，有时能说明许多问题。接着再用"亲密数"问题来测试和体现MATLAB在循环、向量化以及并行计算时执行效率的不同表现。

1.1.1 案例1:用 MATLAB 实现快速排序算法

C. A. R Hoare [1] 在 1960 年提出了快速排序算法，其通过递归迭代，体现了“分治”思想在算法中的实际意义和作用。快速排序算法比其他几乎所有排序算法的运行速度都更快，只需要一个很小的辅助栈就能实现原地排序，长度为 N 的数组排序时间与 $N\log N$ 呈正比关系[2]。因为以上特点，快速排序算法在与算法和数据结构有关的课程中被广泛讨论。一般课程多安排 C 语言为环境讨论快速排序，在这里不妨同时用 C 和 MATLAB 实现快速排序算法①。

Jon Bentley 在其著作 *Programming Pearls* 中介绍了一个经典的快速排序 C 代码实现方案，对其略作修改，增加带有测试数组的入口函数，代码如下：

```
1   #include <stdio.h>
2   void swap(int *a, int *b) {
3       int temp;
4       temp = *a;
5       *a = *b;
6       *b = temp;
7   }
8   voidqsortC(int Seq[], int low, int u) {
9       if (low < u) {
10          int m = low;
11          for (int i = low + 1; i <= u; i++) {
12              if (Seq[i] < Seq[low]) {
13                  swap(Seq + ++m, Seq + i);
14              }
15          }
16      swap(Seq + m, Seq + low);
17      qsortC(Seq, low, m - 1);
18      qsortC(Seq, m + 1, u);
19      }
20  }
21  int main() {
22      int a[] = {55, 41, 59, 26, 53, 58, 97, 93, 114, 17, 22, 26};
23      int u = 11;
24      qsortC(a, 0, u);
25      for (int i = 0; i <= u; i++) {
26          printf("%d ", a[i]);
27      }
28  }
```

快速排序算法的“快速”二字，源自算法通过选择待排序数组中的一个枢(Pivot)值，分别将大于和小于枢值的元素，按原数组次序分别摆放在枢值两边，对两侧数据分别排序。以图 1.1 为例，对 0～9 共计 10 个数字排序，用第(0)个数字 3 做枢值(C 语言数组约定首地址以 0 起始)，则按原序列次序将小于枢值的数字放在枢值左侧，其他放右侧，数字 3 的位置经排序后，变为第(2)个，然后对两侧元素排序，这样整个序列就排好了。“分治”操作能够大大加快排序速度，因为 n 个元素的划分后，通常约有半数元素大于枢值，剩余一半小于枢值，在大约相近的时间，插入排序($O(n^2)$时间复杂度)只能让一个正确的元素排到正确位置。

---

① 应当强调：本书提到的 MATLAB 和 C 之间有关效率的比较是直白浅显的，并未深入底层——毕竟 MATLAB 矩阵运算方面调用了 C 语言写成的 LAPACK 或 BLAS 库。

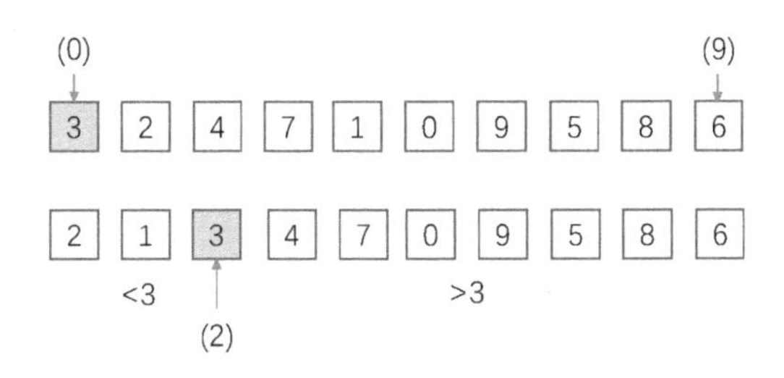

图1.1　快速排序算法示意图

用MATLAB改写上述C语言程序，注意以枢值切分序列做分治快速排序时，采用了递归流程，即："qsort.C"程序在第17～18行调用自身，同时还调用了另一个相当于C语言程序中，交换两元素指针访问地址位的子函数swap。递归调用过程持续到某个枢值不能继续将序列分为3个部分为止，这样就实现了对枢值两侧的分治排序。再看MATLAB程序，其核心语句只有一行，同样采用递归流程，为清晰表达枢值两侧分治排序的算法思想，把序列拆成"枢值左侧""枢值"和"枢值右侧"3部分，代码如下：

代码1　快速排序算法的MATLAB实现

```
1  function x = quicksort(x)
2    if length(x) >= 2
3        x = horzcat(...
4            quicksort(x(x <= x(1) & find(x + eps) > 1)),...      % 枢值左侧序列
5            x(1),...
6            quicksort(x(x > x(1)));                              % 枢值右侧序列
7    end
8  end
```

比较C语言和MATLAB关于快速排序算法的代码方案，发现MATLAB无须申明变量类型，逻辑数组构造方式直观形象，比较接近数学思维的"基本"表述，很多C程序中需要用户实现的步骤，在MATLAB中执行前就已被封装。以上原因导致近20行的C语言代码在MATLAB中可压缩至1～2行。因此，MATLAB代码这种表面形式上的简洁紧凑，在中小规模的工程运算和算法测试中，无疑会受到许多没有完整算法知识储备的工程师的衷心欢迎，一些图书也会把MATLAB代码编写时的低负担作为语言特色进行宣传，但在初学MATLAB的阶段，首先还是要强调语言简洁性的特色优势也要付出相应的代价：根据Jon Bentley的介绍，快速排序C代码对100万个随机整数的排序，时间消耗是1 s多一点[3]，而笔者在计算机上调用MATLAB代码1，同样对100万个随机整数排序，执行语句和结果如代码2所示。

代码2　快速排序MATLAB代码执行效率

```
1  >> tic;x = quicksort(x);toc;
2  Elapsed time is 6.026843 seconds.
```

代码2的执行时间说明：和基于指针完成引用传递的C程序相比，MATLAB本身的"Copy on Write"值传递机制决定了当传递较大的数组时，其耗时相对更长。结果就是实现相同的快速排序算法时，MATLAB代码量更小，时间消耗却数倍于C语言程序，因此代码的表面总长度和执行速度并不正相关，相当一部分情况下甚至相反。当然一些情况下MATLAB可采用映射表结构的containers. Map内置类，底层实现时间复杂度为常数的哈希搜索，达到快速搜索的意图，通过下面的代码能看出containers. Map的映射特征，和普通数值变量在关系上是有差别的，第8行的变量c和d是引用类型，与其说它们是两个变量，不如说是指向同

一对象的两个标签。

代码 3 containers. Map 的赋值方式

```
1  >>clear;clc;close all
2  >>[a,b] = deal(1);                              % 对 a 和 b 分别赋值为 1
3  >>fprintf('a = %d, b = %d\n',a,b);              % 打印变量结果各自为 1
4      a = 1, b = 1
5  >>a = 2;                                        % 修改变量 a,但 b 的值与其修改无关
6  >>fprintf('a = %d, b = %d\n',a,b);              % 打印变量结果 b 不受影响
7      a = 2, b = 1
8  >>[c,d] = deal(containers.Map(1,2));            % c 和 d 初始化 Map 类;key 为 1,映射值为 2
9  >>fprintf('c(1) = %d, d(1) = %d\n',c(1),d(1));
10     c(1) = 2, d(1) = 2
11 >>c(1) = 3;                                     % 仅修改 c 的值为 3
12 >>fprintf('c(1) = %d, d(1) = %d\n',c(1),d(1)); % 打印结果 d 同样变为 3
13     c(1) = 3, d(1) = 3
```

此外，MATLAB 内置函数是用 C++(早期版本是 Fortran)编写的 dll 或者 mex，运行时间中包含了调用内置代码运算前的接口开销。因此表面上的代码简洁是指编写代码时用户的体验，而非针对计算机本身。所以执行效率和代码编写效率二者是矛盾的两极，究竟选择让程序辛苦还是让程序员辛苦，初学者要根据程序用途、开发时间和自己的研究方向等因素来选择，判断并找到适合自己编程需求的语言；另一方面，尽管执行效率方面 MATLAB 和 C 的差距客观存在，但在很多中小型问题中，还没有大到难以想象的程度，尤其考虑到快速排序代码中，没有回避 MATLAB 在效率方面一直为人诟病的递归流程，换句话说，MATLAB 选择了效率木桶上那块比较短的木板，执行时间并没有一个或几个数量级的差距。

综上，针对数据结构中一些底层算法的实现，的确适合选择 C 这样的强类型、编译型语言，它没有内置面向对象、函数式编程、元编程等编程范式或功能，直接通过循环、递归和判断等基本控制流程组合来实现内存分配、管理和存取访问等基本需求。而 MATLAB 编程强调将矩阵作为基本的表达单元，已经明示了它是更高抽象层次的语言，适合解决对效率没有苛刻要求的中小规模计算问题。但随着 MATLAB 的不断改进，有时效率也不存在绝对的鸿沟，一方面 MATLAB 和其他语言如 C/C++、Fortran、Java、Python 具有丰富的接口，可通过接口实现混合编程，加速程序运行；另一方面，硬件几十年持续、长足、迅猛地发展，也在逐渐模糊某些关于效率绝对高下的判断，比如 MATLAB 在一些特定情况下通过多核并行实现程序加速，有时也能获得不错的效果，下面的“亲密数”计算程序的编写，将探讨这方面的问题。

1.1.2 案例 2:MATLAB 计算“亲密数”

谈到运行效率，有必要提及长期以来为人诟病的 MATLAB 循环效率低下的问题，是否在新版本中得到了有效地解决？这是影响有关代码方案构思决策的重要因素之一，本节将以 10 000以内的亲密数计算为例进行分析与探讨。

所谓“亲密数”指两个正整数 a,b，满足：a 不包括本身的因数之和等于 b，反之亦然。例如 220 的全部因数恰好满足：1+2+4+5+10+11+20+22+44+55+110=284；同样，284 的全部因数满足：1+2+4+71+142=220，因此 284 与 220 就是一对亲密数。代码编写的思路是进行模运算，先筛出 a 的因子求和，得到 b，继续对 b 的因子求和判断其是否等于 a，相等即互为亲密数。按照这个思路编写 C 代码，并增加计时语句，在笔者的计算机上统计 1～10 000 以内亲密数的代码平均运算时间为 0.22 s。

```
1  #include <stdio.h>
2  #include <time.h>
3      int main() {
4      clock_t start, end;
5      start = clock();
6      int i, j, k, sum1, sum2;
7      for (i = 1; i <= 10000; i++) {
8          sum1 = sum2 = 0;
9          for (j = 1; j <= i/2; j++) {
10             sum1 = (i % j == 0) ? sum1 + j : sum1;
11         }
12         for (k = 1; k < sum1; k++) {
13             sum2 = sum1 % k == 0 ? sum2 + k : sum2;
14         }
15         if (sum2 == i && i < sum1) {
16             printf("%5d==>%d\n", i, sum1);
17         }
18     }
19 end = clock();
20 printf("time=%f\n", (double)(end - start) / CLK_TCK);
21 }
```

以和C语言程序完全相同的亲密数算法编写如下MATLAB代码，在同一台计算机上用R2021b版本得到的运行时间是0.87 s，后者耗时为前者的4倍。

代码4 亲密数问题的MATLAB代码

```
1  functionIntemacy()
2      tic;
3      for i = 1:10000        % 可将for改为parfor则执行并行计算
4          s = zeros(1,2);
5          for j = 1:i/2
6              if ~mod(i,j)
7                  s(1) = s(1) + j;
8              end
9          end
10         for k = 1:s(1)-1
11             if ~mod(s(1),k)
12                 s(2) = s(2) + k;
13             end
14         end
15         if s(2) == i && i < s(1)
16             disp("Intimacy Number:" + i + "==>" + s(1));
17         end
18     end
19     toc;
20 end
```

亲密数问题的C语言程序与MATLAB代码的比较结果一方面反映出递归流程在很大程度上仍然是MATLAB运算效率的短板；另一方面也表明经过历代版本的改进优化，MATLAB的循环流程很多情况下并不会慢得令人难以忍受。在某些特殊情况下，例如相邻循环运算中的变量结果相互独立时，还可以依靠“核多势众”，引入并行计算工具箱来实现加速。比如代码4，如果将第3行外层循环改为支持并行的parfor函数，本机运算时间可缩短到0.12 s，执行结果如代码5所示。

代码 5　亲密数 MATLAB 代码执行结果

```
1  >> Intemacy
2  Intimacy Number:1184 ==> 1210
3  Intimacy Number:220 ==> 284
4  Intimacy Number:2620 ==> 2924
5  Intimacy Number:6232 ==> 6368
6  Intimacy Number:5020 ==> 5564
7  Elapsed time is 0.118197 seconds.
```

当然，通常不推荐代码 4 这种用多重循环逐个处理数组元素的方案，对 MATLAB 编程有进一步的理解后，可以用如下纯向量化方式编写亲密数代码。

代码 6　亲密数 MATLAB 矢量化代码方案

```
1  function c = IntemacyVec(a)
2      tic;
3      b = a * ~mod(a,a') - a;          % 输入 a 写成:a = 1:10000 的形式
4      c = reshape(find(arrayfun(@(a)b(b(a)) == a&b(a) ~= a,a,...
5          'ErrorHandler',@(varargin)false)),2,' ');
6      toc;
7  end
```

代码 6 在 R2016b 以上版本才能正常运行，该程序很考验用户对 MATLAB 代码的理解水平和应用能力，比如 reshape+find 结合 arrayfun 套一层逻辑数组的做法，或者 arrayfun 后置参数 ErrorHandler 的用途等，有一定 MATLAB 使用经验并且对矢量化代码编写方法有兴趣的读者不妨自行分析，此处不再赘述。

最后，同样是 10 000 个亲密数的判断运算，代码 6 在笔者的计算机上运行耗时约 0.68 s，跟用 for 循环逐个元素判断的方式运行时间 0.87 s 相比，速度有小幅提升，证实新版本 MATLAB 中的循环效率差距远未达到“惨不忍睹”的地步。不仅如此，一些矢量化代码的运行时间，有时还可能因为内存预载数据量大，反而导致运行不流畅，此时循环方案却有相对不错的表现。

代码 7　亲密数矢量化程序(代码 6)运行结果

```
1  >> IntemacyVec(1:10000)
2  Elapsed time is 0.676961 seconds.
3  ans =
4       220       1184       2620       5020       6232
5       284       1210       2924       5564       6368
```

1.2　使用新版本 MATLAB

翻阅 MathWorks 官方主页历代版本的更新记录，会发现经过几十年不间断地迭代更新，MATLAB 在很多方面发生了巨大变化，很多甚至颠覆了早期图书对 MATLAB 软件的既有认识，1.1 节中关于循环效率的阐述即为其中一例。此外，还有许多新添加的数据类型、函数全新的参数重载方式以及基本操作方式的改变，都并没有大张旗鼓地宣传，但不能因此就觉得这些积累的变化不重要，恰恰相反，当用户仔细查看最新的帮助文档，按新版本推荐方式使用 MATLAB 编写代码时，会逐步体会到这个功能已经非常全面和强大的软件，还在继续变得更加全面和强大。本书的特色之一，就是特意针对近 10 年部分新版本出现的新操作、新功能和新函数，结合具体的代码案例做了比较详尽的介绍，从本书文字的词云图就能看出一些端倪。

本书初稿完结时，笔者对书稿做了分词（中文分词在 Python 中实现），再调用 R2017b 新增函数 wordcloud 统计和绘制了本书书稿的中文和英文词云图，大致能为读者勾勒出本书的框架轮廓。

中文词云如图 1.2 所示，词云图中已经手动剔除了虚词，由于词频和字体大小正相关，因此“数组”“构造”“扩展”“图形”“匿名”“对象”等高频词，围绕“代码”这一中心词，构成了本书的基础框架体系，同时图 1.2 也侧面说明本书基本是紧扣“MATLAB 编程”的主旨所撰。

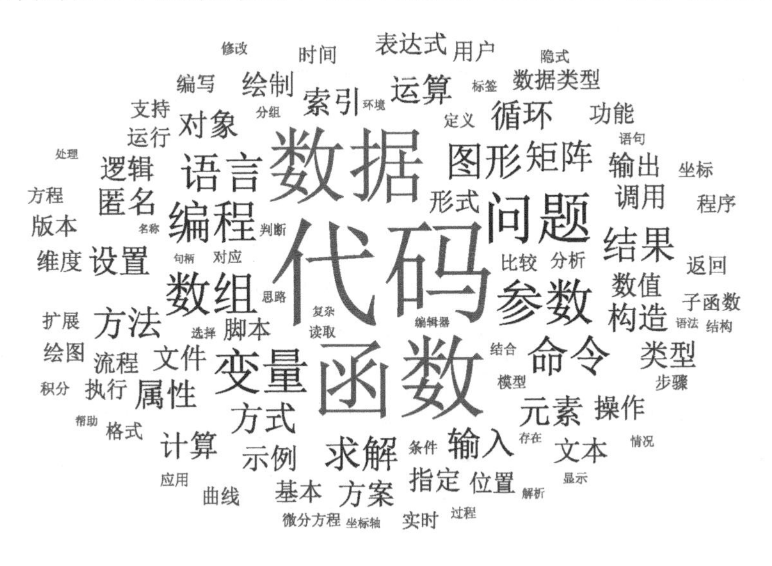

图 1.2　本书的中文词云统计结果

英文词云如图 1.3 所示，英文词云同样剔除了虚词以及一些常用变量名称，因此图中出现的大多数都是代码中被调用或正文中被提及的 MATLAB 函数名。

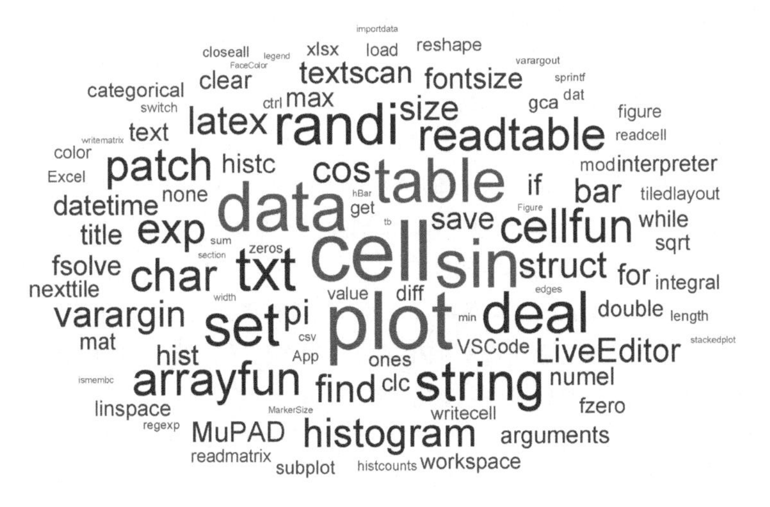

图 1.3　本书的英文词云统计结果

本书英文词云图最高频词汇是 plot、cell、table、data 以及 sin，因为本书许多代码示例应用了 cell 和 table 数据类型；“数据”一词在中英文词云图中均属于高频词，符合 MATLAB 作为数值计算软件的功能设定，读者可以在阅读本书前，提前知悉本书的主要特点是在版本内容和函数搭配组合上更有新意。

- 内容新。readtable、arguments、string、datetime、histogram 等新版函数、数据类型或关键字在各种代码示例中反复出现，Live Editor 和 VS Code 在词云图里上榜暗示了讲述的内容侧重于 MATLAB 在加入新工具、新手段之后的用法变化。
- 搭配组合新。新版本函数的不断涌现让许多问题的解决思路发生变化，词云既包含许多经典函数，如 set、exp、patch、textscan 等，也有近几年的新函数 histogram、readmatrix 以及 stackedplot 等，新函数的不断加入意味着更多代码方案构思时的可选择性。例如子图绘制的新老函数 nexttile 与 subplot 同在词云图中出现，新老两个文本类型 char 与 string 也都有较高的词频，新版本函数和已有的常用命令在代码体系中的自由搭配，表述各类问题时程序能有更丰富的层次，这也是阅读本书时值得关注的重点之一。

词云统计图带有一定游戏性质，但从某些方面反映出 MATLAB 近年的变化趋势，而且随着对 MATLAB 的了解越发深刻，会发现版本变化对编程方式的影响和冲击只会比预想的更加猛烈。以运算效率的改善为例，部分承担大规模数据处理或计算的工具箱下属函数，已经逐步开始支持并行计算，例如：统计与机器学习工具箱的偏最小二乘回归的 plsregress 函数、机器视觉工具箱基于深度学习的目标检测图像分类器训练函数 trainImageCategoryClassifier、全局优化工具箱基于遗传算法的极值搜索的 ga 函数，以及优化工具箱中经常使用的 folve、fmincon、fminmax、lsqnonlin 函数等[①]；此外，在函数控制流程和 Simulink 中引入 parfor 和 parsim 来加快相关程序和 Simulink 仿真的运算速度，这类通过并行计算提高大规模数据处理的函数在未来版本必然会越来越多。

自 R2016b 版本起，函数调用和矩阵操作时，全面引入了对隐式扩展操作的支持，这个改变称得上是 MATLAB 编程语言的里程碑式变革，一条语句经过隐式扩展可以轻松集成更丰富的运算操作，可进一步提高用户代码的简洁度。例如代码 6 第 3 句的求余函数 mod 就应用了隐式扩展操作；一些用户耳熟能详的函数，后置参数重载方式也在悄然调整，自 R2019a 版本起，如 sum、mean 和 max/min 等函数，开始支持用 vecdim 参数指定维度向量的求和、均值和最大/小值运算，多维数组的处理和操作更加方便。

在和其他语言的外部接口方面，MATLAB 的许多举措是比较开放的，例如有经验的早期用户应该很熟悉 MATLAB 与 Java 语言的无缝集成，和 C/Fortran 的混合编程更是历史悠久。现在随着 Python 语言在全世界的风靡，MATLAB 自 R2019b 版本开始着手布局与 Python 代码的集成，现在可以通过 MATLAB API 所提供的名为“matlab”的 Python 包，实现在 Python 环境下调用 MATLAB。本书第 2 章中，在 VS Code 的终端显示 MATLAB 计算结果的环境配置就利用了 MATLAB 引擎 API；此外，MATLAB 代码环境无缝支持包括元组、字典等 Python 变量类型，R2021b 版本新增的函数 pyrun 和 pyrunfile 可以在 MATLAB 环境下直接运行 Python 程序语句或者 py 文件，而不再需要使用 system 函数以 DOS 方式中转。

更进一步讲，新版本 MATLAB 最根本的转变在于逐步转向对象化设计的程序架构，用户会明显感受到“面向对象”方面的调整部署节奏在近几年版本迭代中逐步提速，具体表现如下：

- 新数据类型设计彻底对象化。2010 年后，MATLAB 逐步添加多种基于对象化设计思

① 查看哪些函数支持自动并行运算，可依次单击本地帮助主界面上方 Functions→Category，左侧类别选择想查看的工具箱，勾选下方 Extended Capability→Automatic Parallel Support 复选框，就能找到该工具箱哪些函数自动支持并行计算。

想的全新数据类型,旧版工具箱也开始进行对象化改造的尝试性探索。例如用于非数值数据归类的类型数组 categorical(R2013b)、全新的字符类型 string(R2016b)、全新改版的日期与时间类型 datetime(R2014b)、表/时间表类型 table(R2013b)/timetable(R2016b)等,都可称之为函数设计对象化的成果。新颖的参数设置方法与调用方法被全方位渗透到很多基本的内置函数的设计思路中,说明新数据类型不是从形式上加入 MATLAB 既有的数据类型这么简单。这方面有很多例子,比如提到 MATLAB 数据 I/O,在 R2013b～R2020a 版本相继推出的 readtable/writetable、readmatrix/writematrix、readcell/writecell 和 readstruct/writestruct 等函数,正在逐步覆盖或替换老版本中的函数,如 fprintf/fscanf、fopen/fclose 等。新函数的参数设置、调用方式都显示出比较彻底的对象化特征,可以视为 MathWorks 在数据 I/O 方面交出了一份令用户颇为满意的答卷。

- ❑ 用对象化思想调整已有工具箱函数的设计思路。这方面最典型的例子是优化工具箱在 R2017b 版本添加全新的"问题式优化模型"构造与求解流程。以往用户经常使用的求解器函数如 fmincon、fminsearchlsqlin 等,都增加了基于问题的模型描述方式,自 R2019b 版本起,新增 eqnproblem、optimproblem 和 fcn2optimexpr 等函数,优化模型被按照不同的类与子类来定义,求解时则统一调用 solve 函数指定对应的求解器,问题式模型的描述方法可以把用户从复杂模型的烦琐表述过程中彻底解放出来,采取的措施实际上就是借助面向对象的语言手段,让 MATLAB 向着主流优化工具的模型构造及求解模式上靠拢。
- ❑ 新增工具箱全面采纳面向对象的设计框架。近几年 MATLAB 新添加的工具箱均采纳面向对象的设计思想实现工具箱函数群的框架构造。例如:自 R2019b,图形界面编程工具 App Designer 正式替代使用多年的 GUIDE,后者在 R2021a 版本开始提示"警告将被删除",意味着继续学习该工具箱的相关知识不再被官方所推荐;新增实时脚本编辑器具有代码补全、运行结果和文本无缝嵌入整合、多种交互控件辅助交互式编程、数学公式以 LaTeX 语法模式手动输入并实时显示等一系列实用功能,已经有了后来居上、逐步挤占 M 代码编辑器舞台空间之势。

以上都表明,即使仅从编程语言特征的演变来看,在过去一段不算短的时间内,基于对象化的设计主线,MATLAB 完成了一系列整体或局部的调整部署,不是小修小补,而是深入筋骨血脉的改头换面。用户以更开放的视角看待学习 MATLAB 的过程,可能会在解决问题的同时额外收获更多的知识与技能。这也是促使我们编写这本书的原因,书中提到的实例代码,如未作特别说明与引用,都是笔者多年坚持网络探讨以及一线 MATLAB 的实践教学工作所得到的感悟与体会。期望这本书尽可能全面和准确地反映 MATLAB 近年来的新功能和新变化,如果初学者在阅读本书后有所启发,把习得的一些新技巧运用于实际问题的解决,这将是我们前进在 MATLAB 编程技巧探索道路上的最大动力。

第 2 章

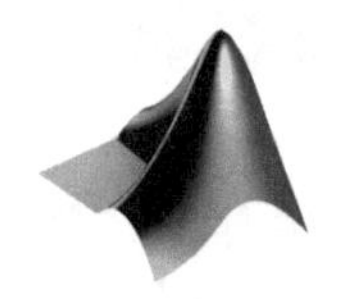

MATLAB环境设置与代码调试工具

本章介绍 MATLAB 代码编写环境的基本设置方法：首先是包括工作路径、主题配色等在内的外部环境的设置，可以让 MATLAB 软件从一开始就更美观便捷和顺手耐用；接着，借助简单语句和小程序示例，呈现多种与代码编写调试有关的设置技巧，包括：几种在编辑器中运行 M 代码的方法、帮助文档关键词的搜索过滤、如何使用代码运行调试工具、设置长代码的行间跳转、怎样注释单行与整段代码、一键智能缩进等；然后介绍在第三方软件 Visual Studio Code 中编写和运行 MATLAB 代码的设置细节；最后用 3 个简单问题的多个代码方案，展现 MATLAB 在“函数命令选择”“矢量化操作方式”以及“索引操控”这 3 个方面的特色与功能。

2.1 设置 MATLAB 工作环境

2.1.1 修改默认工作文件路径

MATLAB 默认工作路径为：“🗀 C:\Users\ComputerName\Documents\MATLAB”。但自编代码的工作路径设在 C 盘通常并不合适，一般可以通过鼠标点击和命令行输出两种方法修改默认工作路径。鼠标点击操作方法如图 2.1 和图 2.2 所示：右击 MATLAB》属性》起始位置》指定文件夹，在指定文件夹输入用户设定的工作文件夹路径。例如在 D 盘根目录下新建文件夹：D:\MATLABFiles，自编程序就可以放在该文件夹下不同的子文件夹内了。命令行方法是调用“userpath”在命令窗口运行：“userpath(' D:/MATLABFiles ')”，效果与鼠标操作方法的相同。

2.1.2 工作文件夹间的快速切换

具有一定编程经验的用户可能经常同时处理主程序的数值计算、GUI 图形交互界面的编写、Simulink 运行仿真和运算结果的后处理等多个代码任务，不同任务的程序可能归类在不同的项目子文件夹内。这种情况下，对分类子文件夹的快速跳转访问就成为一项实用的功能。下面介绍在 MATLAB 主界面用 Favorites 下属的 Categories 功能建立多条工作路径，并快速跳转访问的设置步骤。

① 依次单击 Home》Favorites》New Category，弹出 Favorites Category Editor 对话框，按图 2.3所示填写，例如 Label 主分类为“Lecture”，下方的 Icon 在下拉菜单选择自选图片，勾选

Add to quick access toolbar和Show label on quick access toolbox将分类加入快速访问工具条，单击Save按钮退出。

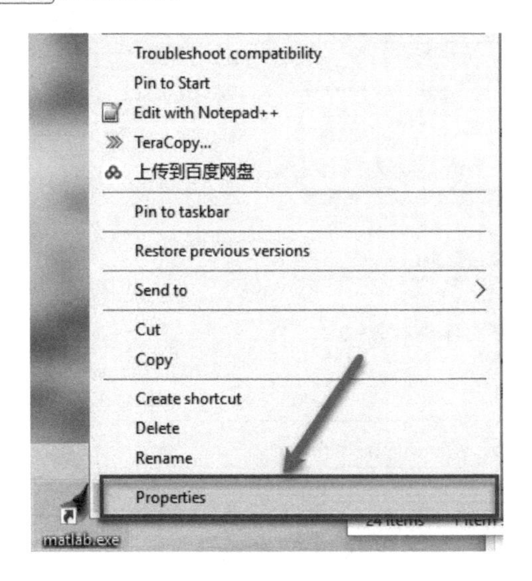

图 2.1　工作路径设置-1

图 2.2　工作路径设置-2

② 单击图 2.4 所示按钮Favorites，步骤 1 设置的"Lecture"将出现在快速访问工具条和Favorites 栏目，但 Lecture 下方子分类文件夹为空——因为尚未设置"偏好文件夹"(Favorites Folder)。

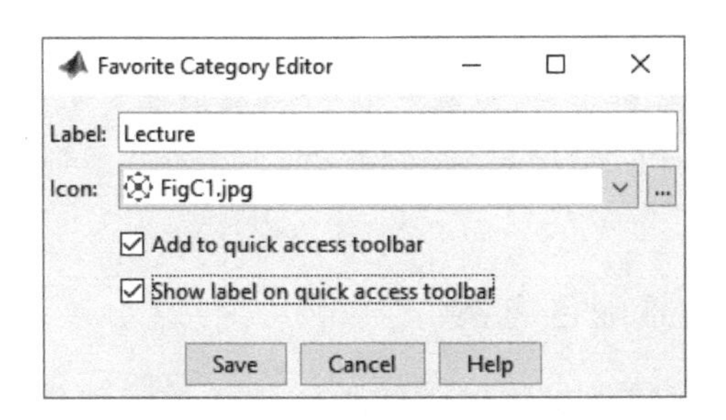

图 2.3　快速偏好文件夹设置-1

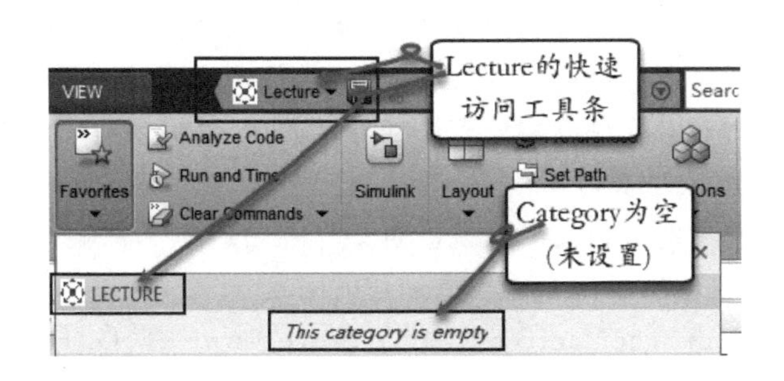

图 2.4　快速偏好文件夹设置-2

③ 依次单击Favorites》New Favorite，弹出图 2.5 所示的Favorites Category Editor对话框，为"Lecture"分类增加快速访问文件夹，选择"🗀 D:\MATLABFiles\PubEleCodes"，用 cd(...)命令跳转，如图 2.6 所示。

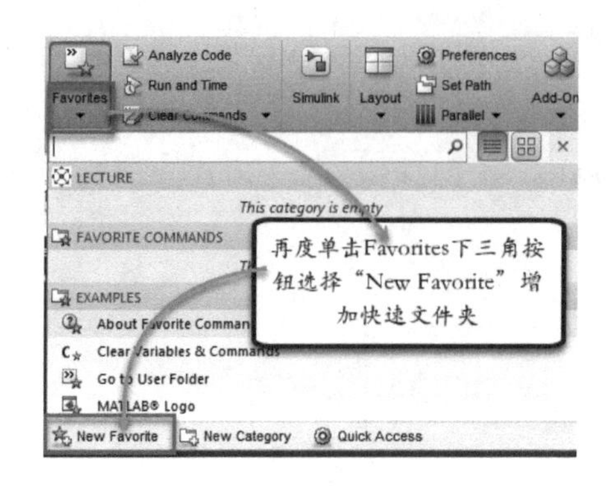

图 2.5　快速偏好文件夹设置-3

图 2.6　快速偏好文件夹设置-4

④ 按上述步骤设置完毕，依次单击 quick access toolbar 或 Favorites 的下三角按钮选择 Code Contents，就可以访问指定文件夹了。相同步骤可以继续设置其他访问路径。

点评　“多本地偏好文件夹”的设置类似于“网络收藏夹”功能，但收藏对象不是网址而是本地文件夹，对“重度 MATLAB 使用人群”来说，多文件夹快速跳转是每天都频繁使用的设置。

2.1.3　一键调换界面背景配色方案

MATLAB 默认界面的配色方案为白底色浅色主题，在夜晚等光暗对比强烈的环境状态下，用户长期盯着屏幕编写程序对眼睛的保护不利，MATLAB 可以在 Home 〉Preferences 〉Colors 中，修改屏幕配色方案。但修改配色应当同时保证代码字体、关键词、字符串、语法错误、超链接等的设置和背景色的对比协调，没有经验的用户在设置时要反复测试和调整，非常烦琐耗时。此外，一些用户对配色方案还有更加复杂的要求，很多使用 MATLAB 讲课或做报告的高校教师、科研人员，会频繁在截然不同的工作环境之间切换，夜晚想使用深色主题编写程序，白天又需要用浅色主题配合投影设备讲解工作项目或演示课程代码等。所以一键快速切换 MATLAB 主题配色就成了大家比较感兴趣的问题。

戴尔豪西大学（Dalhousie University）的 Scott Lowe 在 GitHub 提交了快速变换 MATLAB 编程环境配色方案的工具包 MATLAB Schemer[1]。下载文件为压缩包形式，将解压缩后的文件夹放入工作路径某个位置，依次单击 Home 〉Set Path 〉Add with Subfolders，指向

① Schemer 下载地址：https://codeload.github.com/scottclowe/matlab-schemer/legacy.zip/master。
Fileexchange 链接地址：https://ww2.MathWorks.cn/matlabcentral/fileexchange/53862-matlab-schemer。

解压缩后的文件夹，搜索路径的设置就完成了。

路径 D:\...\matlab - schemer - master\schemes 内有 11 个以“.prf”为后缀名的不同配色风格主题包，用户可通过内部配色预览截图查看不同主题包的设置效果，在命令窗口输入代码 8 所示的语句，只要修改输入的文本参数，就能快速修改 MATLAB 的整体配色风格。

代码 8 修改 MATLAB 配色方案

```
1  schemer_import('cobalt.prf')       % cobalt.prf 为工具包内置配色主题
```

工具包内的函数“schemer_export.m”用于导出自定义配色方案，调用该函数，用户可以把自己定义的配色方案导出为 prf 文件和其他人分享，事实上世界各地的 MATLAB 使用者也正在不断地分享这样的方案。曾有用户结合 pycharm 界面和语法关键词的对等层级关系，定制暗色系 MATLAB 界面配色方案①，使用时将下载的 prf 文件放在设定路径 D:\...\matlab - schemer - master\schemes 内，按照代码 8 的方法，替换相应的 prf 文件名称，快速更换配色的步骤就完成了。

但当用户要频繁切换各种背景配色来体验不同的外观效果时，就会感觉用命令行输入语句来替换 prf 文件名称的方法仍然有点儿烦琐，解决这个问题的办法是在上述“matlab - schemer”工具箱基础上，利用 App Designer 编写图 2.7 所示的 GUI 界面程序，实现配色方案的“一键切换”。

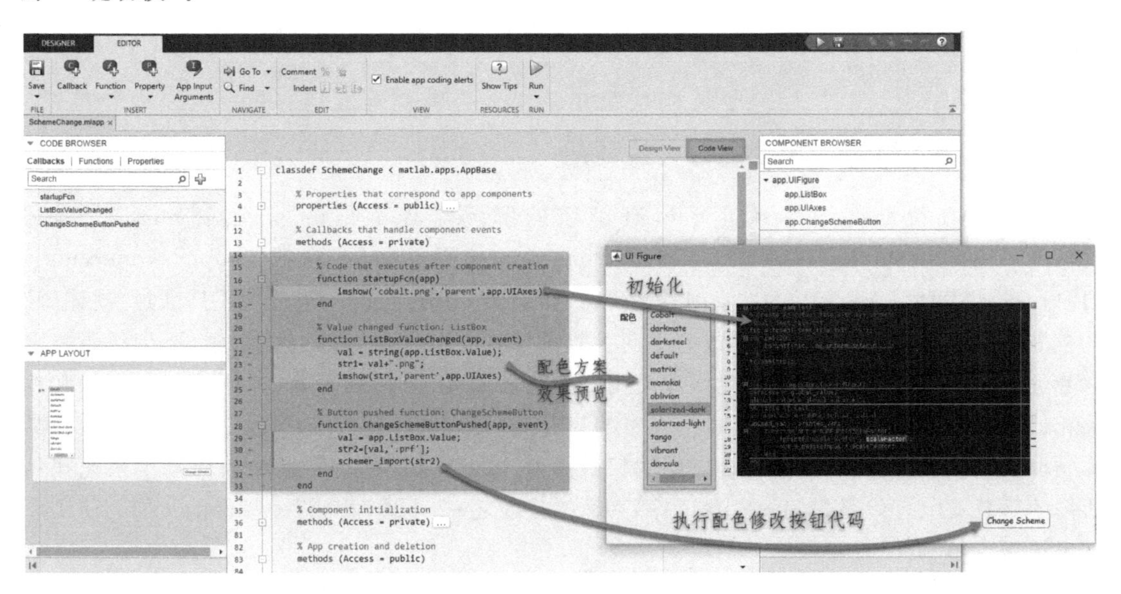

图 2.7 一键切换 MATLAB 配色方案 GUI 界面示意图

图形界面程序切换配色步骤：打开 App Designer，在设计模式(Design Mode)拖放添加一个 Listbox、一个 Button 按钮和一个图轴 Axes，把按钮名称修改为“ChangeScheme”，切换到代码模式(Code Mode)，对应位置加入代码 9 所示的成员方法，一个图 2.7 所示的配色方案切换工具就产生了。当然，界面切换调用的核心程序仍然基于 matlab - schemer 工具箱的 scheme_import 函数，所以图形界面程序需要放在 matlab - schemer 文件夹下，如果其他计算机也想使用类似的配色方案，把整个 matlab - schemer 文件夹拷贝到对应计算机的工作路径，

① 仿 pycharm 配色方案链接地址：https://github.com/StackOverflowMATLABchat/matlab - theme - changer。

设置加入搜索路径即可。

代码 9　配色方案 GUI 主要代码

```
1  % Callbacks that handle component events
2  methods (Access = private)
3  % Code that executes after component creation
4      function startupFcn(app)
5          imshow('cobalt.png','parent',app.UIAxes)
6      end

7  % Value changed function: ListBox
8      function ListBoxValueChanged(app, event)
9          val = string(app.ListBox.Value);
10         str1 = val + ".png";
11         imshow(str1,'parent',app.UIAxes)
12     end

13 % Button pushed function: ChangeSchemeButton
14     function ChangeSchemeButtonPushed(app, event)
15         val = app.ListBox.Value;
16         str2 = [val,'.prf'];
17         schemer_import(str2)
18     end
19 end
```

2.1.4　帮助文档的基本设置与有效利用

MATLAB 帮助文档体系几乎所有函数的解释流程都是由“语法(Syntax)”“描述(Description)”“示例(Example)”“输入参数(Input Arguments)”“输出参数(Output Arguments)”“技巧(Tip)”“算法(Algorithm)”“查阅其他(See Also)”等部分组成的，很适合用户通过“立体式”的扩展阅读进行自学。同一个函数的不同参数重载都有调用代码的典型示例，不少代码方案自带运行数据的完整示范用法，对函数使用的功能和限制、采用的算法、依据的参考文献和相关相似函数等，有详尽的解释，还自带大量的完整运行案例(Demo)，这是学习 MATLAB 在具体领域，或者工程问题中如何综合应用的权威参考。如何从庞大的帮助文档体系中快速找到所需的函数或综合代码案例，是用户很感兴趣的技能之一，下面就介绍一些帮助文档的使用和搜索技巧。

搜索一条具体的函数命令，可以在 MATLAB 界面的右上角找到帮助工具栏，在其中搜索具体关键词或者函数名即可，也可以在命令窗口键入语句“doc FuncName”(FuncName 代表期望搜索的函数名称)。搜索之前还要注意 MATLAB 在安装完毕会默认打开图 2.8 所示的官网的在线中文帮助系统。

在线帮助系统的英文解释通常是查找最新版本 MATLAB 函数或工具功能的最佳选择，不过对国内用户而言，在线帮助较慢的打开速度有时会影响使用体验，为此 MATLAB 软件可以设置触发帮助文档的搜索行为是选择在线帮助还是本地硬盘安装的文档。具体方法是按图 2.9 所示，在 Home》Preferences》Help 中修改调整为每次搜索打开安装路径的本地帮助；同时，本地帮助也可以选择中文或英文，习惯 MATLAB 英文操作界面的用户，依次单击 Home》Preferences》General 设置语言类型，如图 2.10 所示。

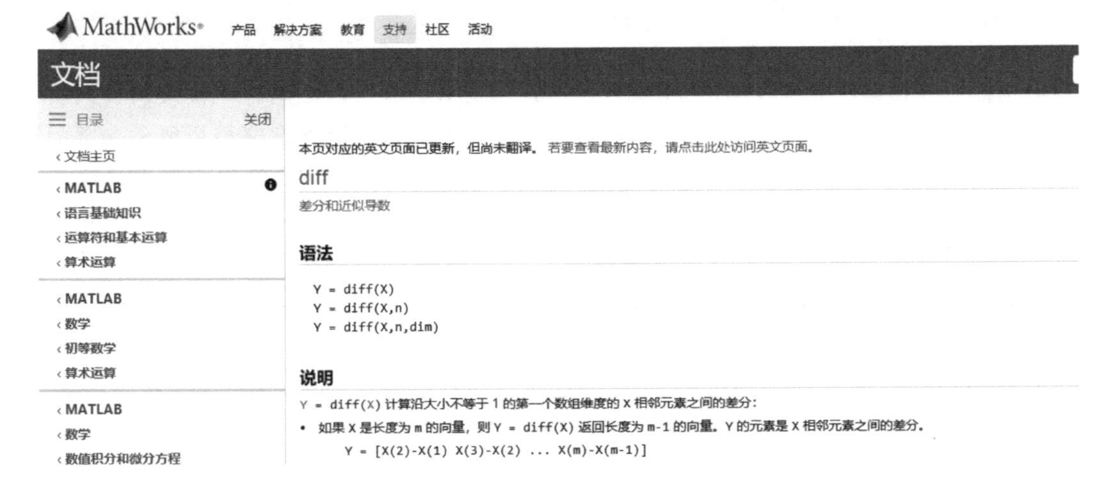

图 2.8　在线帮助界面

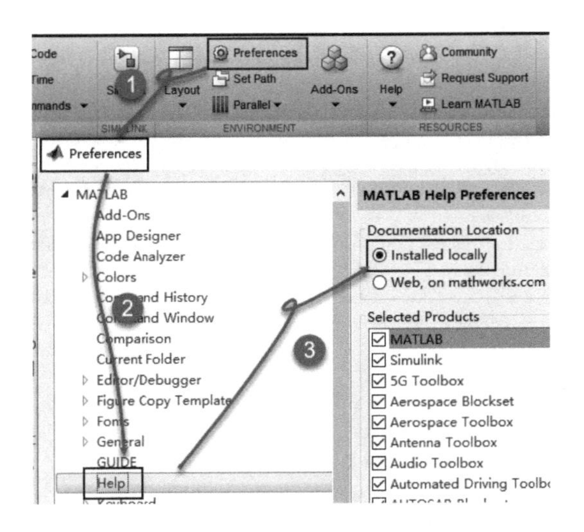

图 2.9　默认使用在线或离线帮助选项设置

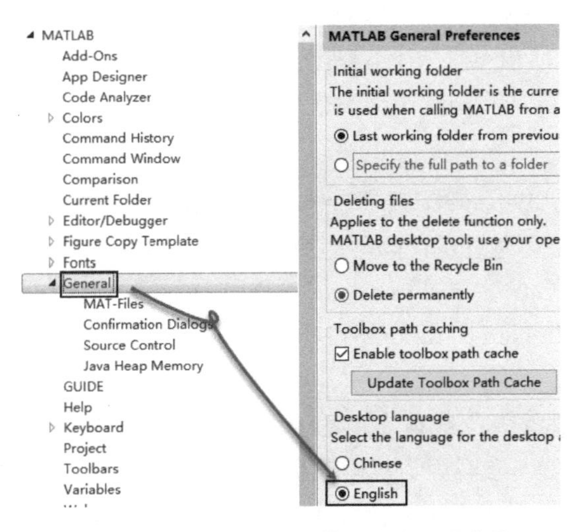

图 2.10　操作界面的中英文语言设置步骤

用帮助文档查阅函数用法，是 MATLAB 用户提高程序编写能力的必由之路。掌握帮助文档的用法，首先要掌握函数列表的用法，比如想学习某个工具箱函数的用法，最佳方法是先在帮助文档的工具箱函数列表中，快速浏览该工具箱全部函数。函数列表不仅按门类列出了函数名称、链接，还有函数自身功能的一句话介绍，这对于函数功能的理解和拓展是非常关键的。不仅如此，帮助文档的扩展功能过滤器中，甚至还能自动筛选出所有符合特定要求的函数，例如想知道优化工具箱中哪些函数具备自动并行计算的支持，就可以选择打开类别下方的“优化工具箱”分类，勾选下方“自动并行支持”复选框（见图 2.11），就可以看到该工具箱中支持自动并行的函数有 fmincon、fminunc 等 7 个函数。

图 2.11　帮助文档中的函数过滤搜索

2.1.5　MATLAB 代码编写环境

经过上述工作路径、配色方案等内容的配置，用户已经拥有了一个适合编写程序的基本工作环境，下面开始尝试编写 MATLAB 小程序，目的是让用户体会代码环境的设置效果。本节将介绍如何在命令窗口、脚本和函数中编写代码，以及一些简单的代码运行调试方法。

1. 命令窗口环境

在命令窗口（Command Windows）写代码，是 MATLAB 编程的第 1 步，做法如图 2.12 所示。

命令窗口的运行结果可通过在代码尾部加分号“;”抑制显示输出，但无论命令窗口是否显示计算结果，运行变量都会保存在 Workspace 开辟的“base”内存空间，以备调用查看；运行代码则保存在命令历史（Command History）中，可通过 Ctrl+F 组合键，或上下方向箭头（↑ 或 ↓）搜索查看。

另外，MATLAB 提供了几个比较实用的快捷键，会为命令窗口输入代码带来一些便利：

- ❑ 强制结束程序运行。有时因为代码逻辑错误造成死循环，或突然察觉程序某段出现问题要改正，想要强制中断程序执行，可以在命令窗口中按 Ctrl+C 或者 Ctrl+Break 组合键。

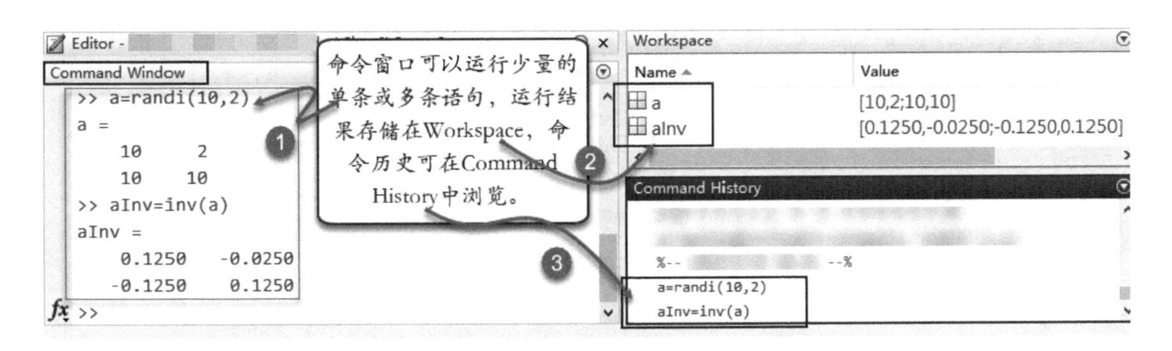

图2.12　命令窗口中输入代码并返回结果

- 指向性的“补全”搜索。经过一段时间的使用，MATLAB命令窗口历史记录可能会很长，如果想查找某一条历史命令就不是特别方便，例如：想查找以“x1=...”开头的代码，可在命令窗口先键入前面的“x1=”，再按方向键[↑]，就能自动查找所有以所输入内容开头的命令记录。
- 键入撤销。命令窗口输入语句写到一半想取消，长按[Backspace]键是很麻烦的，还有一种方法是按下[End]键使光标移至末尾，再按下Shift+[←]组合键，选中全部代码，最后用[Del]键删除整行语句。其实更快的办法是：按[Esc]或[Ctrl]+[U]键撤回本行操作①。
- clc、clear和home。这3组命令并非快捷键：第1个命令clc用于清屏，命令窗口如同草稿纸，连续输入则屏幕很快就会被占满，由于当前行始终在屏幕最下方，如果不习惯看着满屏幕的历史运行结果继续敲代码，就会频繁用到clc清除命令窗口之前的输出结果和命令记录；clear命令清理的是工作空间变量占用的内存，如果clear命令不带具体变量的参数，整个工作空间都被清空；命令home和clc功能上有相似之处，但清屏时相对更“温和”，在命令窗口键入“home”，光标回到命令窗口最开始，但之前的运行结果实际上并未清除，相当于草稿纸被翻至新页。

2. 脚本文件环境

脚本文件分2种：后缀名为“.m”的普通脚本文件和后缀名为“.mlx”的Live Script，本节介绍前一种，用实时脚本编辑器编写live script和live function的具体方法，将在第10章围绕实时编辑器的功能做详细介绍。

谈到脚本文件，需要先说MATLAB语句，语句在某种程度上类似于在DOS窗口输入的一条指令，语句本身和对应的运行结果可以在工作空间和命令窗口中显示；而脚本文件则是一系列MATLAB语句的组合，像是Windows的批处理文件，同时将多条指令批量执行。

图2.13显示了脚本script1.m(代码10)中的3行语句，用于取得自变量x在区间$[0,2\pi]$上均匀分布的10个点、计算每个点的正弦值$y=\sin 2x$，并绘制$x\sim\sin 2x$的曲线图。将这3条语句放入一个脚本文件，只要光标焦点位于script文件内部，单击图形上方的[Run]按钮，或按[F5]快捷键，这3条语句就能都被执行了。

---

① 按[Esc]或[Ctrl]+[U]键撤销整行语句的操作方式并不适用于M代码编辑器。

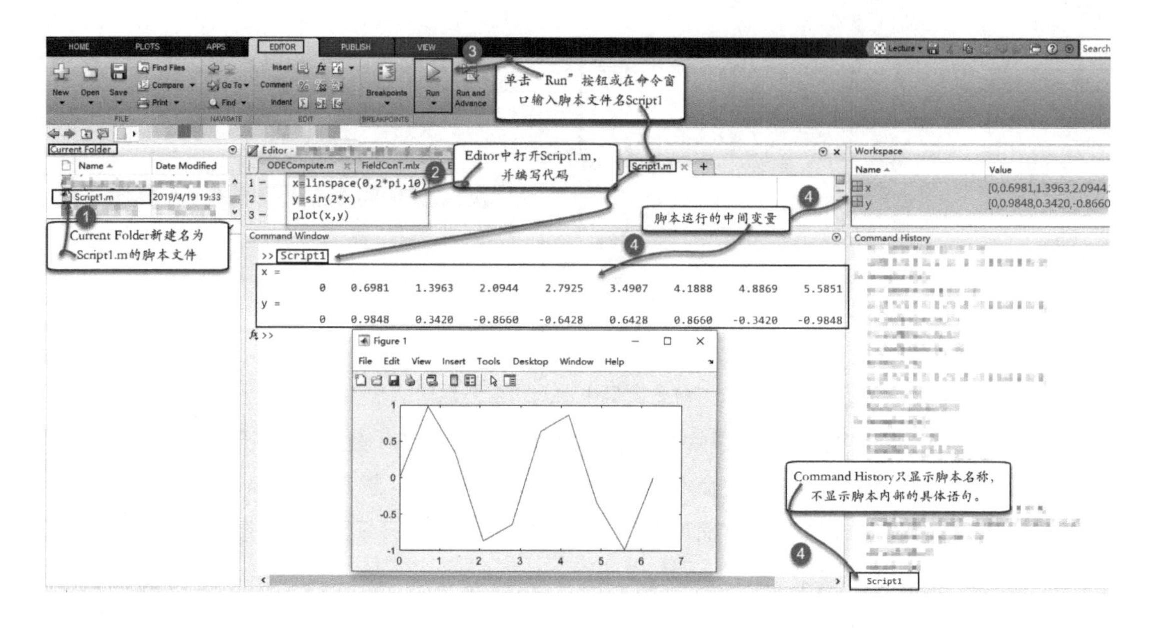

图 2.13　脚本代码

代码 10　脚本 script1.m 文件的执行代码

```
1  x = linspace(0,2 * pi,10)
2  y = sin(2 * x)
3  plot(x,y)
```

此外，执行D:\MATLABFiles\script1.m 文件后，所有中间执行数据都显示在右侧工作空间中，便于用户调试代码时查看中间变量的执行结果。

3. 函数文件环境

函数文件和脚本文件类似，后缀名都是".m"，都能用 M 代码编译器编写，如果函数文件不需要明确指定输入变量，也能按 F5 键或单击 Run 按钮执行，下面的代码 11 包含无输入参数函数 FunMain，可以按 F5 键运行，只是代码有两个输出，无参数默认运行只能返回第 1 个变量 x 的值。

代码 11　函数 FunMain.m 的执行代码示例

```
1  function [x,y] = FunMain()
2  a = 10;        % 无法显示在 workspace 中的中间变量
3  x = linspace(0,2 * pi,a);
4  y = sin(2 * x);
5  plot(x,y)
6  end
```

代码 11 最终输出的运行结果和代码 10 一致，但二者形式上有一定区别：代码 11 定义了一个函数，执行语句包裹在关键字 function 和 end 之间，但在函数文件中只有一个 function 的情况下（没有子函数和内嵌函数），关键字 end 可省略。function 的语法格式如代码 12 所示。

代码 12　函数(function)的语法格式

```
1  function [output1,output2,...] = Fun(in1,in2,...)
2  % 执行语句写在函数体内
3  end
```

比较前面脚本和函数文件后，将二者的差别总结如下：

- 输入输出。代码 12 第一行方括号内的 output 表示程序体指定的输出，函数名 Fun 右侧小括号内 input 指定输入，脚本 script 则不具备指定输入输出参量的功能。
- 中间变量。函数 function 的语句体内允许存在很多变量，除了输出中指定返回的以外，其他均可称为中间变量，中间变量在单独开辟的内存调用空间内，结果不显示在工作空间，中间变量的生存周期随函数 function 执行结束而销毁，无法查看，而脚本 script 内的全部变量结果都返回到工作空间。
- 运行方式。当函数 function 存在输入参量时，不能简单地按下 F5 键或单击 Run 按钮执行，例如下面的代码 13，按 F5 键运行将提示"Not enough input arguments."的错误，修改的方法是单击 Run 按钮下方的三角形按钮，在下拉菜单中选择 Run:Type code to run ，输入正确的带参数调用语句，或在命令窗口运行该调用语句。

代码 13　指定输入变量的 M 函数代码

```
1  function FunMain(x,y)
2  a = 10;      % 生存周期随 function 结束而结束的中间变量
3  plot(x,y)
4  end
```

上述只是体验 MATLAB 代码环境时，简单列出的函数和脚本文件的一些差异，有关函数或脚本更具体和深入的使用方法，详见第 5 章。

2.2　代码注释与智能缩进

编写代码要形成一些良好的习惯和规范，增加程序可读性，降低出错概率，在团队交流、代码后期维护时，这些细节都能起到很大的帮助作用。本节将介绍 MATLAB 所提供的一些用于规范代码的格式，以及调试代码的实用工具，它们可以在 Editor 》Edit 子选项组中找到，包括注释、缩进等一系列格式化代码、增加代码可读性的工具，其中比较常用的是注释和代码的智能缩进，说明如下：

（1）**注释**。恰当的注释可以增加程序的可读性，正式代码通常带有详尽而必要的规范化注释，包括程序用途、输入输出参数含义、调用方法等。此外，用户在调试代码时，经常会遇到某些可能被隐藏在某段执行语句内的运行时错误，但又不愿删除这段语句，最合理的方法就是临时注释这段语句。代码注释有以下三种方式：

- 单行或多行批量注释。选中所需注释的代码或者文字，按下 Ctrl + R 组合键，如果想取消段落注释，选中代码按下 Ctrl + T 组合键。
- 段落注释。在一对花括号前增加注释百分号，就代表其内整段代码被注释，但"%{"和"%}"各自独占一行，如代码 14 所示。

代码 14　代码的段落注释示例

```
1  %{
2  ------------------------
3  这是第 1 句注释，注意我的前面没有百分注释符号
4  这是第 2 句注释，注意我的前面也没有百分注释符号
5  ------------------------
6  %}
```

❑ 判断流程做段落注释。利用判断流程也能“跳过代码段”，变相注释多行代码。如代码15所示，在if流程中只有一段多行语句，但注意到判断条件是逻辑False(0)，意味着触发if流程内部这段语句的条件永远不会达到，因此形式上没有注释，却形成了注释的事实。

代码15　判断流程批量“注释”代码

```
1  if 0
2       ...   % 一段多行代码(语句前没有注释百分号)
3  end
```

（2）**缩进**。错落而排布整齐的程序在视觉效果上更整洁美观，同时也增加了代码的可读性，MATLAB提供了智能缩进的功能，可以快速格式化代码，而且比较复杂的程序通常存在多重循环、多路分支选择判断等情况，智能缩进还可以帮助查看end关键字是否丢失、循环间的对应嵌套关系是否正确等。执行智能缩进需要选中代码并按下Ctrl+I键。

✍ **点评**　注释和缩进是编写MATLAB代码时经常使用的工具，熟练使用Ctrl+R、Ctrl+T和Ctrl+I等快捷键操作，对提高代码编写的效率，作用是很大的。

2.3　MATLAB中的代码调试

2.3.1　MATLAB代码调试工具

用户在编写程序时，要不断跟运行时产生的语法或内在逻辑等方面的错误打交道，因此代码调试纠错工作和编写代码同等重要。MATLAB在Home》Editor工具栏下，设置了如图2.14所示的一系列辅助代码运行调试的工具，能为用户查找程序错误提供很多方便。

图2.14中部分工具的用法解释如下：

（1）**运行代码**：运行按钮在本章之前已经提到，如果是脚本代码，在命令窗口键入脚本文件名或单击工具栏Run按钮后可使程序运行；如果是带输入参数的函数文件，则有两种运行方法：在命令窗口运行调用语句执行，或者单击Editor界面Run按钮下方的下拉菜单，在第2项Run:Type code to run中输入与前一种方法相同的函数调用语句。

（2）**断点工具**：在M文件中设置断点要先将光标移动至需要设置断点的某一语句行内，接下来有3种设置断点的方式：

① 单击断点工具下拉菜单中的BreakPoints》Set/Clear；

② 按下F12键，这是个开关键，再按下F12就可以取消本行断点；

③ 如果使用的是R2021b以前的版本，单击Editor行序号右侧黑色小横线，程序在设置的断点行左端出现红色圆点；如果使用的是R2021b或以后的版本，直接单击行序号，序号上会增加一个红色的小矩形框，运行时会在此处中断执行。

上述任意一种方式设置的断点都能让程序运行到该行发生临时中断，断点前程序所产生的全部中间变量被展示在工作空间内。有时程序错误比较复杂，比如代码16所示的循环流程，直至$i=3$才出现运行错误，用户若想知道发生该错误之前其他变量的数值以协助调试，此时可将光标移至第4行，依次单击BreakPoints》Set Condition，第4行左侧出现黄色圆点标识（使用R2021b版本出现橙色矩形小方框），程序运行将中断于第3次循环。

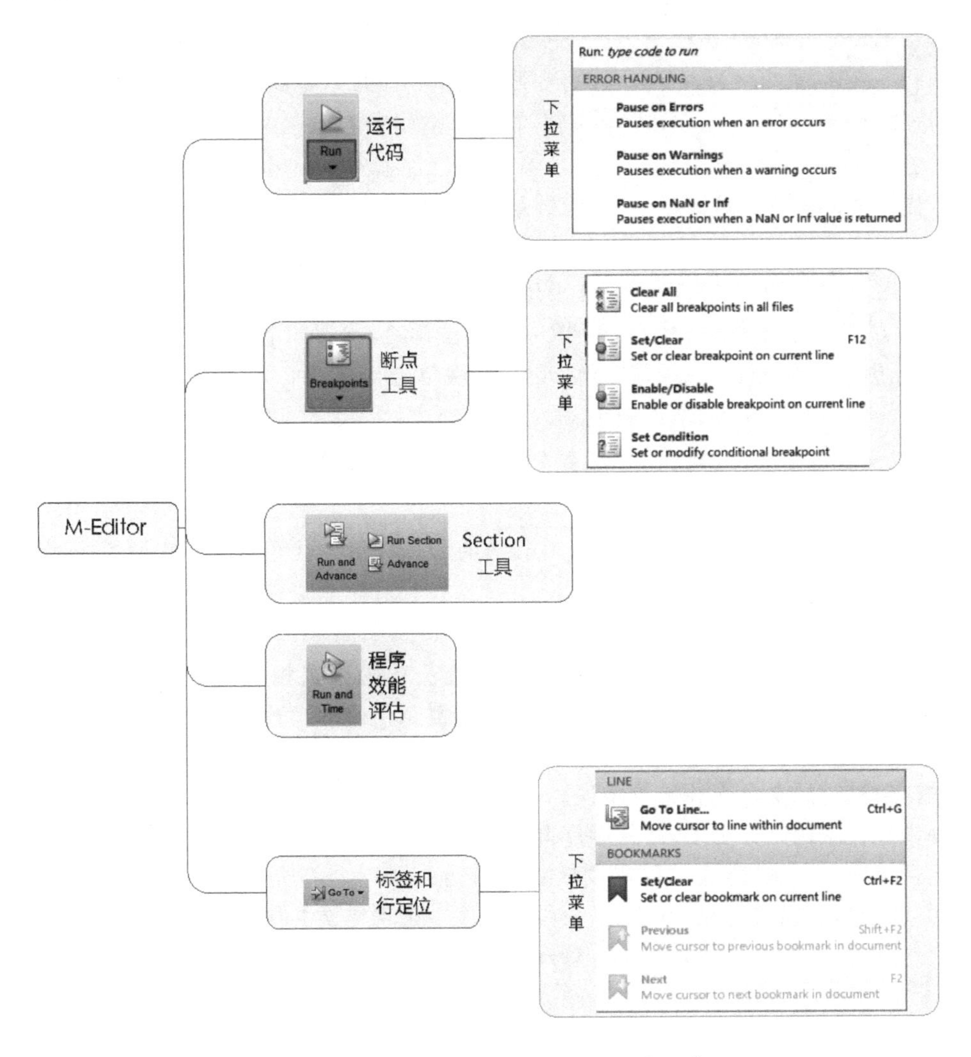

图 2.14　MATLAB 代码调试工具组成一览

代码 16　Pause on Errors 代码示例

```
1  function ans = fun()
2  for i = 1:5
3      if i == 3
4          (1:3)./(1:4);
5      end
6  end
7  end
```

(3) **逐行调试**:逐行调试有“主程序逐行调试”和“进入子程序调试”两种方式,两个操作可以交错进行:

① 主程序逐行调试。按下F10键,在跳转到下一行之前,本行语句如果有子程序,则子程序会被完全运行,子程序内部的变量不参与调试,也不显示在工作空间当中。

② 进入子程序逐行调试。按下F11键后,调试绿色箭头会跳转到子程序内部,子程序内部变量随调试过程逐步显示在工作空间。

(4) **Pause on Errors**:循环代码调试过程中,常遇到前几次运行正常、到中间某次循环出现运行时错误的情况,循环次数较多时,单步逐行调试查找第几次循环出现错误是非常麻烦的,解决办法是单击Editor界面Run按钮下方的下拉菜单，选择Pause on Errors，将断点设置在整个函数体的最末行end处，重新运行程序，程序将在循环内部出错位置中断。例如：在代码16末尾行设断点后，选择Pause on Errors，单击Run按钮，在工作空间中会显示中断时循环变量 i 的值为3。调试工具栏中Pause on Warnings和Pause on NaN or Inf的操作方式也类似，解释从略。

（5）**代码定位和行间跳转**：程序行数较多时，用户有时要在当前语句和之前某条语句之间来回跳转，假如跳转次数不多，可单击Editor》Go To 》Set/Clear，或按Ctrl+G快捷键定位，在弹出的"Go to"对话框中输入行数；如果用户要在相隔很远的两行或多行语句间频繁跳转，比较合理的方法是为相关跳转代码行定义一个定位标签，步骤如下：

① 光标焦点落在第1个需要跳转的行中，依次单击Editor》Go To 》Set/Clear，或按"开关"快捷键Ctrl+F2，如果要取消该行的跳转标签要再度按下Ctrl+F2键。

② 光标焦点落在程序中第2个要跳转的行内，依次单击Editor》Go To 》Set/Clear，或按"开关"快捷键Ctrl+F2。

③ 按F2键或者Shift+F2键，就能在设置有青色标签的代码行之间来回切换和跳转了。

2.3.2 代码调试示例1：逐行顺序调试

2.3.1节列举了MATLAB编辑器选项板上几个代码调试相关按钮的功能与设置步骤。一般来说，用户要在写一段时间的程序并能够胜任复杂代码的编写任务之后，才能逐步体会到代码调试工具的真实作用。本节将提前通过代码示例，说明当程序出错情况比较复杂的时候，用户应如何通过调试来发现并修改错误。

几种常规程序调试方法中，逐行顺序调试是最基本也是最常用的，当程序结构不很复杂却发生了运行错误时，一般会通过单步调试查找错误提示行之前所有变量的数值、维度和类型等，间接判断问题的症结所在。以下是一段子程序中出现错误的代码：

代码17 代码逐行调试(含子程序)示例

```
1   function Out = FuncLinebyLine(n)
2   %{
3   --------------------------------
4   1. 功能
5      测试MATLAB的逐行调试功能
6   2. 输入参数
7      n:确定返回参数Out维度的正整数
8      如果没有输入参数,默认n=3
9   3. 返回参数
10     Out:维度为n×n×2的三维数组
11  --------------------------------
12  %}
13  if ~nargin
14      n = 3;
15  end
16  [x,y] = Data(n);
17  Out = cat(3,x,y);
18  %子程序:提供Out两层的n×n数据
19      function [x,y] = Data(n)
20          x = randi(10,n);
21          y = cos(x).*x(:,1:n-1);
22      end
23  end
```

运行代码 17 中的函数，将提示执行到子程序“FuncLinebyLine/Data”第 21 行，发生了参与运算变量的维度不协调的错误，又因为当主程序执行到第 16 行调用子程序“Data”时也发生该错误，故中断时的返回信息指向这两行的序号并给出发生的原因。用户通常要把程序断点设置在主程序第 16 行前，综合运用F10与F11两个调试键，单步进入子程序查看错误，具体步骤如图 2.15(a)～(c)所示。

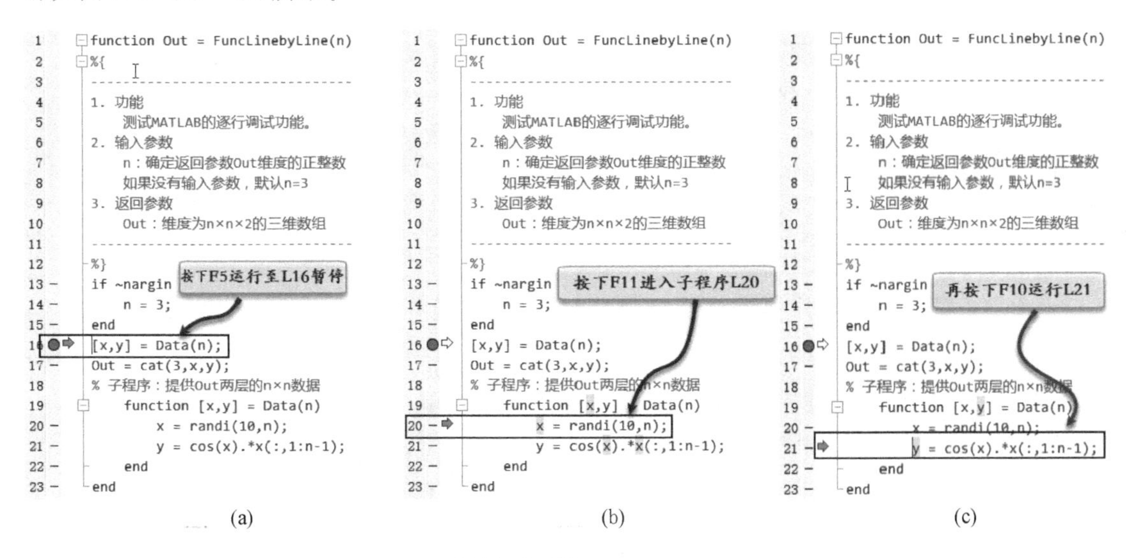

图 2.15　F10＋F11组合键实现逐行调试

2.3.3　代码调试示例 2：用 Pause on Errors 调试循环体

利用F10和F11键的组合基本能应付用户在编写简单程序时遇到的大部分的调试问题，但当程序中变量存在复杂关系，错误相对更加隐蔽的时候，还需要其他特殊的程序调试手段。例如在循环体内因变量动态改变数值而发生错误时，单步逐行调试就无法判断出错位置了，代码 18 就说明了这种情况。

代码 18　Pause on Errors 调试示例

```
1   function a = FuncPauseOnErr(n)
2   %{
3   ----------------------------------
4   1. 功能
5      测试 MATLAB 的 Pause On Errors 功能
6   2. 输入参数
7      n:确定输入数组长度的正整数(默认 n = 5)
8   3. 返回参数
9      无
10  ----------------------------------
11  %}
12  if ~nargin
13      n = 5;
14  end
15  a = zeros(n,4);
16  for i = 1:n
17      a(i,:) = randi(10,1,4 * sign(i + 1.5 - randi(5)));
18  end
19  end
```

第 16～18 行的 for 循环内，语句每次要动态构造一个数组"a(i,:)"，因为随机数的缘故，列维度可能是[4,0,－4]中的任意一个，因此它有时能顺利执行，有时则会出错。这个程序故意制造了错误，本身是没有实际意义的，但用户在编写程序时，却非常容易出现此类循环体内的隐蔽错误。针对这种代码错误，适合通过 Pause on Errors 进行调试。

单击 Editor》Run 〉下方的下拉菜单，勾选 Pause on Errors，不需要在程序中添加任何断点，运行后可能出现赋值时维度不同的错误，说明列索引出现 0 或－4，导致无法继续赋值。

代码 19　Pause on Errors 调试:运行错误提示

```
1  >> FuncPauseOnErr
2  Unable to perform assignment because the size of the left side is 1 - by - 4 and the size of the right side is 1 -
3  by - 0.
4  Error in FuncPauseOnErr (line 17)
5  a(i,:) = randi(10,1,4 * sign(i + 1.2 - randi(5)));
```

代码 19 只有出错行序号和错误原因，无法判定究竟在第几次循环时出现该错误。但 Pause on Errors 和直接运行的区别在于：当程序因错误发生中断，工作空间能显示中断前全部变量的计算结果，包括关键的循环次数 i，其数值就代表在第几次循环时出现了错误，例如 $i=3$ 意味着在第 3 次循环时才发生该错误。

2.3.4　代码调试示例 3:添加逻辑断点或 assert 函数

使用 Pause on Errors 工具可以找到循环体内出现运行错误的位置，但当程序逻辑确实过于复杂，依据中断位置各变量的数据仍然不能诊断出错误原因时，用户如果想知道出现该错误前的几次循环的中间运行结果，此时要使用逻辑断点工具 Set Conditional BreakPoint，让程序停在希望暂停的位置，例如：

代码 20　逻辑断点调试测试程序

```
1  function FunAssert()
2  %{
3  --------------------------------
4  1. 功能:测试 MATLAB 的逻辑断点调试功能
5  2. 输入参数:无
6  3. 返回参数:无
7  --------------------------------
8  %}
9  n = 1;
10 while n <= 20
11     tf = floor(sqrt(n + 5));
12     n = n + 1;
13 end
14 end
```

假设不想让中间变量 tf 大于等于 4，只须右击第 12 行"n＝n＋1"的行序号右侧横线（R2021b 版本右击行序号），选择 Set Conditional BreakPoint，在弹出的对话框中输入"tf >＝4"条件，单击 OK 按钮退出。当前行出现黄色逻辑断点，运行时会追踪 tf 变量值，满足 tf≥4 时即临时中断程序。运行步骤如图 2.16 所示。

逻辑断点工具能灵活指定中断的逻辑条件，能在任意位置中断程序运行，在调试复杂的程序时非常方便。多种调试工具还可以灵活组合，比如勾选 Pause on Errors 找到循环出错的具体

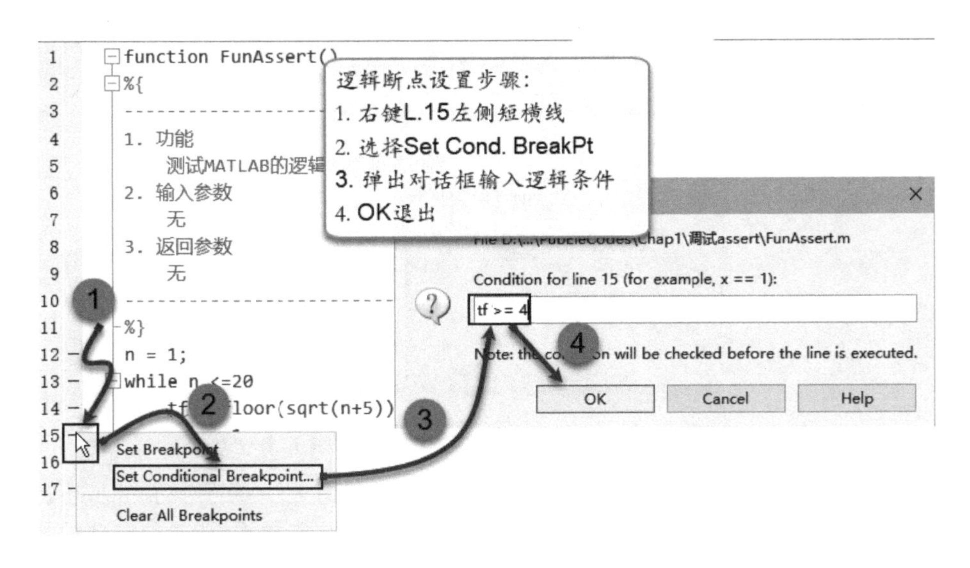

图 2.16　逻辑断点的设置步骤

次数 t，然后用逻辑条件 $i>=t-N$ 设置断点，程序在发生错误前的第 N 次循环的位置中断，再结合逐行调试工具 F10 和 F11，用户能掌握更丰富的中间变量数值变化信息，从而更容易推断错误发生的原因。

除了逻辑断点，验证函数 assert 也可用于程序的逻辑调试。该函数是"半透明"命令，常用于测试逻辑判断的结果是否准确，如果不符合给定的逻辑条件，会返回"Assetion Fail"信息并中断执行；反之则什么都不发生。例如前述逻辑断点追踪变量数值变化的例子，也能用 assert 命令结合 Pause on Errors 工具实现相同的调试过程，如代码 21 所示。

代码 21　函数 assert 实现程序调试

```
1  function FunAssert()
2  n = 1;
3  while n <= 20
4      tf = floor(sqrt(n + 5));
5      assert(tf < 4)     % 当 tf 小于 4 就不会触发退出程序的条件
6      n = n + 1;
7  end
8  end
```

本节用几个示例演示了通过 Pause on Errors 、添加逻辑断点、使用 assert 函数等手段，在 MATLAB 中调试程序的具体步骤和方法，这些方法的掌握，对于用户日后调试和维护中大型规模的复杂程序，是非常有用的。

2.4　Visual Studio Code 编写和运行 MATLAB 代码

MATLAB 的 M 代码编辑器近年有不少改进：除了能快速修改背景和前景配色方案（见 2.1.3 节），还提供 Windows 和 Emacs 两种备选快捷键偏好设置；自 R2021b 开始，M 代码编辑器正式添加了输入变量和选项参数语法的主动补全功能（如图 2.17 所示），能通过单击 Preferences > Editor/Debugger > Automatic Completions ，设置括号以及控制流程、函数和类的"end"自动补全等。

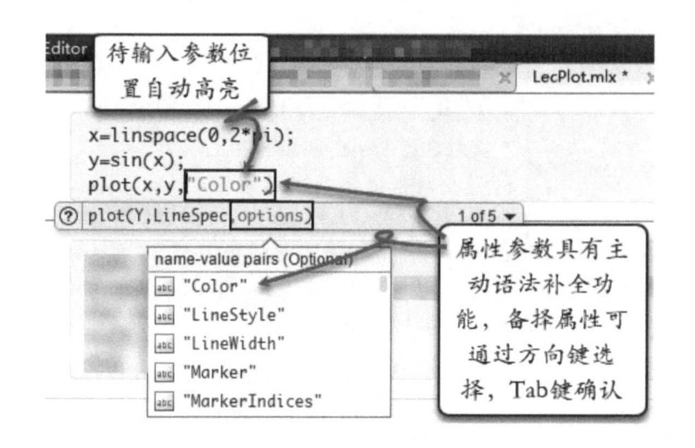

图 2.17　R2021b 版本中的 M 代码编辑器语法主动补全功能

尽管 MATLAB 代码编辑器的用户体验逐步向好，但考虑到软件的启动速度，还是有部分用户平时在编写一些简单小程序时，倾向于选择轻量化的第三方文本/代码编辑器。目前受人青睐的轻量级免费代码编辑器有很多，Visual Studio Code（VS Code）就是其中比较出色的一款，本节将介绍如何使用 VS Code 来设置 MATLAB 程序编写环境，以及怎样在不打开 MATLAB 的情况下，运行 MATLAB 程序。

2.4.1　VS Code 编写 MATLAB 代码的环境配置

在 VS Code 中编写和运行 MATLAB 程序需要先配置环境。应当注意：如果只是在 VS Code 中编写 M 代码，不需要安装 MATLAB 软件，可以将 VS Code 视作功能强大的记事本，但在 VS Code 环境运行 M 脚本，就要安装 MATLAB 了。另外，VS Code 通过两类扩展插件实现 M 代码的编写与运行环境配置，一类将运行结果显示在由 MATLAB 提供的简易独立命令窗口，另一类则显示在 VS Code 的终端上。本节将以 VS Code（V1.65）和 MATLAB（R2021b）为例，同时介绍这两类显示方式对应的环境设置方法。

① VS Code 下载与安装。进入 Visual Studio Code 项目主页选择下载及安装。

② 界面主题与配色设置。安装完毕的 VS Code 欢迎界面如图 2.18 所示，用户可以按喜好设置语言支持、快捷键绑定和主题配色等。

图 2.18　Visual Studio Code 界面

③ Python 下载与安装。配置 Python 环境是 MATLAB 运行结果显示在 VS Code 终端上的必要步骤，要安装用于 Python 的 MATLAB 引擎 API。如果用户感觉 Python 环境的配置有一定挑战性，比较简单的办法是安装 Anaconda，可以在清华大学开源镜像站上找到

Anaconda 的最新版本，安装时要注意添加环境变量。

④ 安装用于 Python 的 MATLAB 引擎 API。Anaconda 安装完毕，在 MATLAB 命令窗口输入代码 22，为 Python 安装 MATLAB 的引擎 API：

代码 22　为 Python 安装 MATLAB 引擎 API

```
1  cd (fullfile(matlabroot,'extern','engines','python'))
2  system('python setup.py install')
```

⑤ 在 Python 环境启动 MATLAB 引擎 API 。有些用户可能计算机中同时安装多个 Python 版本，所以要确定 MATLAB 识别的 Python 版本与路径，在 MATLAB 命令窗口输入命令“PyInfo = pyenv”，找到“PyInfo. Executable”属性值，其中包含 MATLAB 默认识别的 Python 环境，例如笔者计算机上的路径为 C:\ProgramData\Anaconda3\python. exe，运行 python. exe，在打开界面输入代码 23，运行后若未出现任何提示，则证明 MATLAB 引擎启动成功。

代码 23　在 Python 环境启动 MATLAB 引擎 API

```
1  import matlab.engine
2  eng = matlab.engine.start_matlab()
```

⑥ 下载相关扩展插件。按快捷键 Ctrl + Shift + X 打开扩展插件栏，搜索“matlab”，找到 Matlab Extension Pack 扩展插件，单击安装，注意该扩展插件会自动安装包含编译选项、括号与语法补全、语法片段搜集和 MATLAB 交互终端等与 MATLAB 代码编写运行相关的 6 个插件，再搜索 Code Runner 插件并单击安装。两组扩展插件的安装没有先后顺序。

⑦ 设置 MATLAB 可执行文件路径。在 VS Code 主界面依次选择 File > Preferences > Settings，或按快捷键 Ctrl + , 打开 VS Code 设置界面，在上方搜索栏搜索“matlab”，如果前一步的插件下载安装成功，在下方找到“Matlabpath”和“Mlintpath”的设置选项，分别填入如图 2.19 所示的 matlab. exe 和 mlint. exe 所在路径。

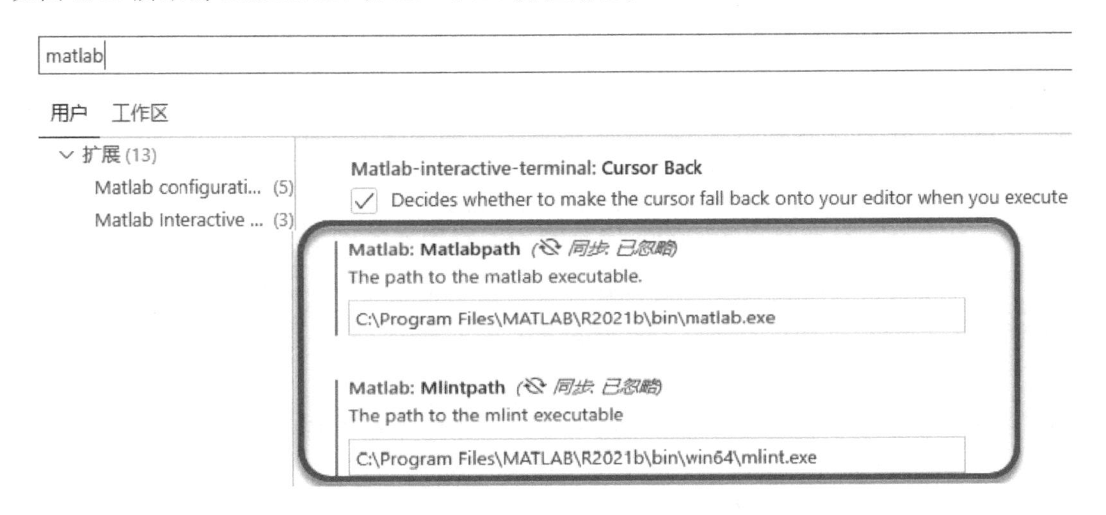

图 2.19　为 VS Code 指定系统的 MATLAB 路径

⑧ 配置 Code Runner 的 M 代码运行命令。Code Runner 能指定多达 40 余种语言的运行命令，但截止插件 v0. 11. 7 版本，语言选项中尚不包括对 MATLAB 执行命令的指定，不过用户可以自定义这条执行语句，步骤为：按 Ctrl + , 组合键打开设置，搜索栏搜索“settings”；下

方点选“在 settings. json 中编辑”打开设置的 json 文件；在已有代码最下方添加代码 24 所示语句，保存后重启 VS Code。

代码 24 自定义 Code Runner 运行 M 代码的指令

```
1  "code-runner.executorMap": {
2      "matlab": "cd $dir && matlab -nosplash -nodesktop -r $fileNameWithoutExt"
3  }
```

2.4.2 VS Code 运行 MATLAB 代码

经过 2.4.1 节的环境设置，VS Code 就能编写和运行 MATLAB 程序了。先在 VS Code 中编写 M 脚本，具体步骤如下：

① 打开 VS Code，依次选择菜单栏 File》Open folder，选择一个建好的文件夹（建议全英文路径）。

② 在资源管理器上方单击新建文件，输入文件名，如：“Code. m”，注意要写后缀名。

③ 将代码 25 所示的语句键入 Code. m 脚本文件。

代码 25 VS Code 编写测试脚本 Code. m

```
1  x = linspace(0,2*pi)
2  y = sin(x)
3  plot(x,y)
```

④ 按下快捷键 Ctrl + Alt + N 运行程序。

代码 25 中的变量 x，y 显示在独立的 MATLAB 命令窗口，当用户多次运行 Code. m 时，每次都会新增一个显示变量 x，y 的独立 MATLAB 命令窗口，因此当调试 Code. m 需要反复运行程序时，用户要反复手动关闭这样的命令窗口，比较麻烦。

推荐选择另一种运行 M 代码的方式：把运算数据等显示内容放入 VS Code 的内置终端，摆脱 MATLAB 提供的独立命令窗口。这是通过安装和配置 Python 以及 MATLAB 在 Python 的引擎 API，再借助 Matlab Extension Pack 中的 Matlab Interactive Terminal 插件实现的，在 2.4.1 节已经完成了相关的配置，现在可以直接按如下步骤运行 M 脚本：按快捷键 F1 或者 Ctrl + Shift + P 打开命令选项板，在其中输入“Run Current MATLAB Script”，按 Enter 键，此时变量 $ x，y $ 的数据结果、文件路径、MATLAB 版本和其他一些必要的信息就将显示在 VS Code 的终端上。如果想避免每次都在命令选项板中选择运行 MATLAB 脚本，还可以为该选项定义快捷键，步骤：按住 Ctrl 键不放，连续按下 K 键和 S 键，打开“快捷键定义方式”面板，双击“Run Current MATLAB Script”的“键绑定”栏，选择一个快捷键，如 Ctrl + Alt + F4，今后就可以用这个组合键运行 MATLAB 脚本了。

2.5 MATLAB 编程语言的特点与代码示例分析

MATLAB 编程语言具有独一无二的“个性”，表现在 3 个方面。第一，函数库丰富。针对工程计算、图形界面编程、仿真等实际工作场景，MATLAB 分别提供了丰富的命令组合选项、多样化的代码解决方案使得初学者只须简单地套用内置函数，就能解决一部分甚至超越其编程能力的问题，客观上降低了程序编写的门槛。第二，矩阵化的编程思想。绝大多数内置命令结合点乘运算、隐式扩展，对于矩阵数据都有批量处理的能力，程序的简洁性往往能达到令人惊讶的地步，因此鼓励培养“矩阵化”编程思维是 MATLAB 的核心要求，也是基本特色。最后，简洁而强大的索引寻址能力。综合运用 MATLAB 的索引控制、逻辑数组等操作，在复杂数据，尤其多维数组构造、表述、编辑和引用方面，有堪称强大的优势。更重要的是以上特色并不冲突，期望用户能在程序中灵活而综合地运用，最终形成一种独特的"MATLAB 编程能力"。

本节将通过 3 个简单编程示例代码方案的比较分析，呈现 MATLAB 作为编程语言的上述 3 种特色。对 MATLAB 初学者而言，也许会从中发现："用 MATLAB 写程序"和"写 MATLAB 程序"这两个概念是有很大区别的。

2.5.1　案例 1：指定元素包含的判断问题

问题 2.1　编写程序，要求判断输入向量中，是否包含某个指定的输入元素，输出判断结果 1(TRUE)或 0(FALSE)，如：

代码 26　问题 2.1 示例代码-1

```
1  >>a = 3;
2  >>b = [1 2 4];
```

给定代码 26 的输入，返回结果应当是 0，向量 b 中并没有等于 3 的元素。但如果输入代码为：

代码 27　问题 2.1 示例代码-2

```
1  >>a = 3;
2  >>b = [1 2 3];
```

运行程序返回结果应当是 1，因为向量 b 中包括等于 3 的元素。

分析：返回结果 0－1 代表逻辑布尔值是关键线索，MATLAB 有许多以"is"开头的条件判断命令返回 0－1 逻辑值，例如 isequal、ismember、isscalar 等。再如 all、any 等一般逻辑判定函数也能用于解决问题；其次，向量中是否存在某个元素，可以视为在集合中是否包含某个元素的问题，同样能转换为数组的运算。总之调用不同的函数，可以得到多种代码方案。

如果不熟悉 MATLAB 的基本函数命令，采用函数流程循环判断，程序会比较烦琐，如：

代码 28　问题 2.1 求解代码-1

```
1   function y = existsInVector(a,b)
2   y = zeros(1,length(b));
3     for i = 1:length(b)
4       if a == b(i)
5         y00(i) = 1;
6       else
7         y00(i) = 0;
8       end
9     end
10  y0 = 0;
11  for i = 1:length(y00)
12    y0 = y0 + y00(i);
13  end
14  if y0 >= 1
15    y = 1;
16  else
17    y = 0;
18  end
19  end
```

代码 28 的基本思想是循环判断输入向量 b 中每个元素 b(i)是否和 a 相等，相等则"中间变量 y_0 的中间变量 y_{00}(i)"赋值为 1，如果不相等则为 0，最后再在循环外通过判断中间变量的累加值 y_0 是否大于 0，决定最终输出 y 的结果应当返回 1 还是 0。

MATLAB是一种高级语言，对一般用户而言，不宜再抱着“重复造轮子”的思想，把MATLAB早就存在的现成函数，再低效而烦琐地重新实现一遍。代码21把所有元素放在循环中遍历，每次循环仅判断1个元素是否符合条件，没有充分挖掘MATLAB的函数潜力，从头到尾就循环节用到length做长度判定，恰好就是这种“一切从零开始”的典型代码。

所以要怎么修改呢？其实，无须遍历所有元素做判断，只须发现任意元素b(i)和a相等，就跳出循环退出程序并返回结果1：

代码29　问题2.1求解代码-2

```
1  function y = existsInVector(a,b)
2  n = length(b);
3  for i = 1:n
4    if b(i) == a
5      y = true;
6      break
7    else
8      y = false;
9    end
10 end
11 y
12 end
```

代码29与代码28相比，首先效率有一定提高，发现满足包含元素的条件就跳出循环结束程序执行；其次，省去中间变量，在循环中修改输出变量的结果，去掉循环结束后的判断。不过代码29对MATLAB自带函数的利用仍然是不充分的。

代码30　问题2.1求解代码-3

```
1  function y = existsInVector(a,b)
2  bs = sort(b);
3  for i = 1:length(b)
4    if a == b(i)
5      y = 1;
6      break
7    else
8      y = 0;
9  end
10 end
```

代码30使用了排序函数sort，不过sort函数在程序中似乎并不是完全必要的，因为和“相等”的逻辑判定没有直接联系，所以代码30对MATLAB函数的利用难说是恰当的。

代码31　问题2.1求解代码-4

```
1  function y = existsInVector(a,b)
2  c = b - a;
3  find(~c);
4  if isempty(find(~c))
5    y = 0;
6  else
7    y = 1;
8  end
9  end
```

代码31采用“逻辑取反”，问题被转换为isempty判断取反序列是否存在元素1，到这里开始有了一点MATLAB程序的味道，但还有优化空间，例如可以取消中间变量c，和重复出现的“find(～c)”，最后，isempty本身返回0或者1，可用于替代第4～8行的判断程序。

代码 32　问题 2.1 求解代码-5

```
1  function ans = existsInVector(a,b)
2    ~isempty(find(~(b - a)));
3  end
```

代码 32 只有 1 条语句，用两个函数、两次逻辑去反和一次 find 索引查找达到了解决问题的目的，不过从形式上看它还能继续简化，例如用 any 替换“isempty＋find”组合，语句“b－a”也可以改为“＝＝”判断是否逻辑相等。

代码 33　问题 2.1 求解代码-6

```
1  function ans = existsInVector(a,b)
2    any(b == a);
3  end
```

代码 32、代码 33 利用 MATLAB 内置的基本函数实现元素是否包含的判断，实际上，用内置函数 ismember 是可以直接解决问题的：

代码 34　问题 2.1 求解代码-7

```
1  function ans = existsInVector(a,b)
2    ismember(a,b);
3  end
```

MATLAB 函数 ismember 是专用于判定某集合元素是否属于另一集合的函数，如果深入研究 ismember 函数的使用方法，会发现 MATLAB 还提供了一个 Undocumented 的函数 ismembc，该函数在 Help 文档中找不到调用方式，但它的确是存在的，ismembc 函数也能被用于解决问题 2.1。

代码 35　用函数 ismembc 解决问题 2.1

```
1  >> ismembc(3,[1 2 4])
2  ans =
3    logical
4      0
5  >> ismembc(3,[1 2 3])
6  ans =
7    logical
8      1
```

ismembc 函数本身执行效率相当值得称道，例如下面例子用于测试在不同规模 $1\times n$ 随机 0－1数组中查找数据 2 的时间(测试 MATLAB 版本为 R2018b)：

代码 36　ismembc 和 ismember 的效率测试程序

```
1  clear;clc;close all
2  [n,x] = deal(1e7,[rand(1,n),2]);
3  t1 = timeit(@()test_ismembc(x));
4  t2 = timeit(@()test_ismember(x));
5  format longG
6  Ratio = [n t2/t1]
7  % ismembc 在数组 x 中查找数据 2 的子程序
8  function test_ismembc(x)
9    ismembc(2,x);
```

```
10  end
11  % ismember 在数组 x 中查找数据 2 的子程序
12  function test_ismember(x)
13    ismember(2,x);
14  end
```

运行发现随着 $1\times n$ 数组 x 规模增大，ismembc 在一维数组中查找单一数据的效率优势越来越明显。例如 n 为 10^5、10^6 和 10^7 这三种情况，即分别在 1×10^5、1×10^6 和 1×10^7 三个数组中查找是否存在数据 2，两个程序最终的运行时间之比分别是 122、833 和 7789，效率差距是数量级的。尽管由于测试数据单一，并没有充分的理由来断言 Undocumented 函数 ismembc 相比 ismember 效率一定更高，但代码 36 的结果从侧面也能反映出 ismember 一定的执行效率问题。

最后，也是最重要的：ismembc 在效率方面的突出表现并非毫无代价，首先函数本身不支持多变量返回输出；其次，当数组 x 没有升序排列时，查找结果很可能"随心所欲"地出错，如：

代码 37　数组不排序时 ismembc 执行错误说明

```
1   >> x = [randi(10,1,5),11]
2   x =
3        9     5     9     7     8    11
4   >> ismembc(11,x)
5   ans =
6   logical
7      1
8   >> ismembc(x,11)
9   ans =
10  1×6 logical array
11     0   0   0   0   0   1
12  >> ismembc(9,x)
13  ans =
14  logical
15     1
16  >> ismembc(5,x)
17  ans =
18  logical
19     0
20  >> ismembc(7,x)
21  ans =
22  logical
23     0
```

由代码 37 的运行结果看出：通过 ismembc 函数查找元素是否包含于集合 x，如果 x 不事先按升序排序，虽然程序能正常执行，但判断结果却出现了莫名其妙的错误，因此**使用 ismembc 函数时，一定要对数组做升序排列处理。**

2.5.2　案例 2:矩阵中的运算操作

矢量化的运算操作应该算得上 MATLAB 编程语言标志性的特色，在满足矩阵运算维度关系的前提下，很多代码操作在 MATLAB 中形成对位寻址、运算关系。例如点乘、点除、点乘方这样的矢量化运算操作被绝大多数 MATLAB 内部函数命令所支持，这对提高程序运算效率、降低代码规模以及简化程序流程具有实际好处。进一步地，MATLAB 自 R2016b 版本起，将隐式扩展并入普通矩阵运算操作，MATLAB 程序的运算简洁性再度得到增强，本节将通过一个简单的代码问题，与读者一起探讨和体验矢量化运算中的编程乐趣。

问题 2.2　给定 2 个输入变量 a 和 b，a 是 4×4 随机整数矩阵，b 为 1×4 随机整数向量，要求返回和 a 同维的矩阵 c，其中的元素每一列均满足条件 c(:,i)=a(:,i) * b(i)。例如对于输入变量：

代码 38　问题 2.2 示例代码-1

```
1  >> a = randi(10,4)
2  a =
3       2     8     7    10
4       5     8     2     4
5       5     3     2     6
6       7     7     5     3
7  >> b = randi(7,1,4)
8  b =
9       6     2     4     5
```

按照题意条件就应当返回结果：

代码 39　问题 2.2 示例代码-2

```
1  ans =
2      12    16    28    50
3      30    16     8    20
4      30     6     8    30
5      42    14    20    15
```

分析：要求矩阵 a 第 i 列和向量 b 第 i 个元素相乘，这类问题解决思路很多，常规方法是循环逐次提取矩阵 a 的列向量，和输入变量 b 的第 i 个元素相乘，将结果赋值给新变量 c(:,i)；另一种常规方法是把向量 b 扩展成 a 的同维矩阵，返回点乘运算的结果。

即使是采用循环，也有多种方案可以实现问题的求解，例如按索引逐步扩维增加列向量：

代码 40　循环方案-1

```
1  for i = 1:numel(b)
2    c(:,i) = a(:,i) * b(i);
3  end
4  c
```

还可以采用向矩阵末尾拼接列向量的形式：

代码 41　循环方案-2

```
1  c = [];
2  for i = 1:numel(b)
3    c = [c,a(:,i) * b(i)];
4  end
5  c
```

也可以把 for 循环改成 while 循环，循环节执行是否跳出循环的判断条件：

代码 42　循环方案-3

```
1  c = [];
2  i = 1;
3  while size(c,2) ~= numel(b)
4    c = [c,a(:,i) * b(i)];
5    i = i+1;
6  end
7  c
```

如果不了解 MATLAB 的数据操作，会感觉问题 2.2 求解代码中的循环似乎无法避免，实际上，如果把 1×4 的向量 b 扩展到与 a 同维，再接一个点乘操作就可以达到目的：

代码 43　用向量扩维求解问题 2.2

```
1  c = a. * repmat(b,numel(b),1)
```

代码 43 通过沿第 1 维度 3 次复制向量 b，形成 4×4（也就是和 a 同维）的矩阵，再做点乘获得结果。这种矩阵的扩展操作常见于 MATLAB 各种代码，而且能做到这样矩阵扩展的函数或者操作还不止一种：

代码 44　向量扩维的 4 种方法

```
1  >> b
2  b =
3  5     3     6     4
4  >> repmat(b,4,1)
5  ans =
6  5     3     6     4
7  5     3     6     4
8  5     3     6     4
9  5     3     6     4
10 >> b(ones(1,4),:)
11 ans =
12 ...              % 输出结果省略，同 repmat 结果
13 >> repelem(b,4,1)
14 ans =
15 ...              % 输出结果省略，同 repmat 结果
16 >> kron(ones(4,1),b)
17 ans =
18 ...              % 输出结果省略，同 repmat 结果
```

代码 44 列举了 4 种把向量 b 沿行方向扩展的方法，可见 MATLAB 内置函数是比较丰富的，也为解决各种问题提供了多种备选工具。

代码 43 通过同维扩展将代码压缩至仅有一行，但它仍然有优化空间：MATLAB 解决这类问题的恰当方法是隐式扩展。自 R2016b 版本后，MATLAB 把隐式扩展操作并入普通矩阵运算，因此输入语句“c＝a. ＊b”就可以得到问题 2.2 的结果，这是 MATLAB 中的最简方案，只能在 R2016b 以上版本通过，老版本可选择函数 bsxfun 实现隐式扩展操作：

代码 45　隐式扩展函数 bsxfun 求解问题 2.2

```
1  c = bsxfun(@mtimes,a,b);
```

2.5.3　案例 3：列元素交换位置

索引操作是 MATLAB 编程中的特色技巧之一，索引是矩阵中某个元素的引用地址或者编号。实际工作中经常需要按照具体规则选择或排列矩阵的部分元素，就要通过索引编号，间接引用和控制矩阵的实际数据；此外，元素的索引集合也同样是以数组形式存在的数据，查找元素索引对用户找到数据排列内在规律并迅速抽象成模型的能力提出了要求。

本节通过一个和索引有一定关系的简单问题代码方案，探讨索引操控的若干基本技巧。

问题 2.3　给定 4×4 矩阵，保持该矩阵维度不变、第 1 和第 4 列元素位置、顺序不变，仅把中间 2 列互换后输出。例如：

代码 46　问题 2.3 示例代码-1

```
1  >> a = randi(10,4)
2  a =
3        4     7     5     3
4       10     6     3     2
5        9     3     9     3
6        6     4     2     5
```

应当返回结果：

代码 47　问题 2.3 示例代码-2

```
1  b =
2        4     5     7     3
3       10     3     6     2
4        9     9     3     3
5        6     2     4     5
```

分析　中间 2 列互换的问题如果用常规思路编写代码，首先建立中间变量 temp，令 temp＝x(:,2)，再把第 3 列摆在第 2 列，最后让 temp 去第 3 列。而当熟悉 MATLAB 的索引变换和操作技巧之后，对某个矩阵的内部数据位置的变换、提取和编辑，方法上会发生很大的变化。

为便于比较，不妨先写出利用中间变量 temp 中转赋值的代码方案：

代码 48　问题 2.3 求解代码-1

```
1  function  x = swapmid(x)
2  temp = x(:,2);
3  x(:,2) = x(:,3);
4  x(:,3) = temp;
5  end
```

在 MATLAB 中，索引内的冒号代表该维度上的全部数据，因此代码 48 解决了对整列元素同时进行处理的问题，却需要通过中间变量 temp 对两列数据来回赋值。另一个基本等效的办法是把中间变量赋值为整个输入矩阵 $\boldsymbol{x}$，结果如代码 49 所示。

代码 49　问题 2.3 求解代码-2

```
1  function x = swapmid(x)
2  y = x;
3  x(:,2) = y(:,3);
4  x(:,3) = y(:,2);
5  end
```

总之，列交换在代码 48 和代码 49 中都要用中间变量“缓存”结果，但使用中间变量的步骤在 MATLAB 中，用一次简单的索引排布变换就可以代替：

代码 50　问题 2.3 求解代码-3

```
1  function ans = swapmid(x)
2  x(:,[1,3,2,4]);
3  end
```

代码 50 中的索引批量赋值技巧为矢量化操作快速改变元素数值和位置，提供了简单却实用的选择。此外，代码 50 还能简化为：x(:,2:3) = x(:,[3 2])，在列数比较多的时候，这个方案也很实用。

2.6 总　结

本章的目的是让初学者以最快速度熟悉 MATLAB。为此，叙述结构方面并未采取以往多数图书对 MATLAB 界面上各种按钮事无巨细逐一介绍的方法，而是根据作者多年经验，择其中必要的部分重点加以分析和拓展，通过定义默认工作路径、多工作文件夹跳转、代码调试工具以及 VS Code 编写运行 MATLAB 代码等一系列设置的叙述介绍，我们有信心让一个初学者迅速地适应 MATLAB 工作环境，并像一个真正的 MATLAB Coder 一样，在更专业的环境下编写代码。值得一提的是，即使把 MATLAB 单纯视为一门编程语言，所涉及的专业知识门类也堪称博大庞杂、线索繁多，不能一言尽述，因此本书其他章节将继续贯彻这一原则，即：根据我们在学习 MATLAB 时的偶得经验，不求面面俱到，仅择我们认为常用和重要的部分，并尽量以实例的形式来讲解这些内容。

除此之外，这一章还通过 3 个简单的代码问题的多种代码方案比较和分析，引导读者了解究竟应该怎样写出真正带有 MATLAB 味道和风格的程序。总结下来，我们所认为的"MATLAB 味道"与"代码直觉"，至少应当包含对 MATLAB 内部各种函数命令的了解；对点乘(除)、隐式扩展等矢量化操作的深刻理解；通过索引、逻辑数组构造等手段，进行更灵活的矩阵数据处理这 3 方面的要求，这也是目前国内 MATLAB 图书中较少涉及的内容。

第 3 章

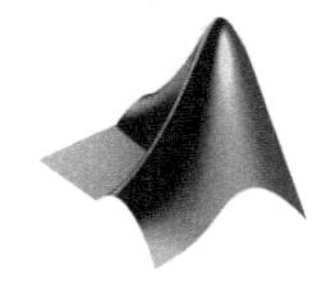

运算操作符与数据类型

运算操作和数据类型是 MATLAB 软件的基本模块，对一门编程语言而言，这通常属于当语法框架结构一旦确定，多年不会改动的内容。不过 MATLAB 正在加速部署对象化程序风格的转变流程，因此浏览近几年 MATLAB 的版本新特征发布的相关说明，会发现最多相隔一到两个版本，就会有一些新的衍生型数据类型涌现出来，如 categorical、datetime、string 等。在一些函数操作的局部范围，新构造的类，或者通过对象化方法重新描述与诠释旧有内容的例子就更是层出不穷：例如早期版本中的图形类也是引用类，但使用图形句柄，以编号形式定义，后来就逐步转向使用对象分别描述，包括柱子图的 Bar 类、曲线/曲面图的 Line/Surface 类等等，都是对图形基类的继承和引用；再如一些专业领域，根据某种需要，也会自定义能在某个封闭空间内完成被允许操作的数据类，这里面优化领域著名的 Yalmip 工具箱，其优化变量的定义就采用了 MATLAB 早期“@”文件夹的形式，对优化变量定义了 sdpvar 类，因此数据类型和运算操作逻辑，在某种层次上是相互关联和融合的，甚至一些数据类型，由于特定的限制，还存在与一些操作矛盾冲突的情况。例如优化工具箱自 R2017b 版本后，终于有了自己的问题式建模和求解方式，但利用 optimvar 命令(R2019a)定义的决策变量，在构造复杂的目标函数或约束条件时，可能还需要用 fcn2optimexpr 这样的函数来间接实现类似隐式扩展这样的操作。总之，现在 MATLAB 的基础运算操作和数据类型中，包含着很多新的内容，一些富有趣味和新意的命令搭配组合，时不时会出现在眼前。

本章将以解决新问题，描述引入新操作和思路为出发点，结合原有矩阵运算操作和一般数据类型的内容，对运算操作符以及数据类型做扼要讲述。在运算操作方面，重点结合具体代码实例，介绍矢量化数据操作方式，如点乘点除、左除右除等，尤其是自 R2016b 版本起，引入普通矩阵运算操作的隐式扩展；在数据类型部分，除了常用的 double 类型，还将结合实例重点介绍 cell|struct|table，例如 cell 类型中的逗号分隔列表(逗号表达式)。前面提到 MATLAB 一些为特定目的而新增的数据类型，实际上是对象化的类构造，例如本章将介绍的文本类 string(R2016b)、时间变量类型 datetime(R2014b)和最后提到的映射表结构 containers. Map 等都是这样的例子，其部分操作逻辑是对 MATLAB 基本数据类的继承。作为基础内容，本章相当一部分关于运算操作和数据类型的结合与应用，还将在本书后续章节中反复出现。

3.1 运算操作符

帮助文档关于“Matrices and Arrays”的内容介绍，提到 MATLAB 作为编程语言的最大特色："当其他绝大多数编程语言一次只能处理一个数字的时候，MATLAB 已经在考虑设计一套对矩阵和数组整体进行处理的操作逻辑了"。这句话侧面反映出 MATLAB 组织、排列和存储数据的方法和主体思路，同时也表达了"无视数据类型，所有变量都将在 MATLAB 中被视为'多维数组'(Multidimensional arrays)"这样一个明确的概念，比如线性代数教材中的矩阵，在 MATLAB 中就被视为二维数组进行处理。

这段描述，实际上为 MATLAB 各类丰富多彩的运算操作，定下了矢量化运算的基调，由此，为满足数值、矩阵、字符串、符号(symbol)、逻辑数组各种形式以及其间的交叉运算要求，MATLAB 提供了多种操作符，本节的重点即是探讨这些运算操作符的用法。

3.1.1 MATLAB 中的常用运算符

1. 基本运算操作符介绍

MATLAB 基本运算操作符与数值(scalar)有关，数值在 MATLAB 中理解成 numel(x)＝1 的矩阵，数值运算方式、优先度和计算器并无二致：

代码 51 数值运算符基本操作

```
1  >> [a,b] = deal(randi(10),randi(100))
2  a =
3       9
4  b =
5       91
6  >> a + 2 * b - a^2/(b - a)
7  ans =
8       190.0122
9  >> format longG
10 >> a + 2 * b - a^2/(b - a)
11 ans =
12      190.012195121951
```

代码 51 完成对两个双精度(double)类型的数 a 和 b 的运算，命令窗口显示精度由函数 format 的参数 longG 控制。代码 51 说明 MATLAB 数值运算代码和多数编程语言一致，区别通常集中在更高维度的数组运算上。

2. 运算操作：与常用函数结合

如何掌握并熟练运用 MATLAB 多达上百种的基本运算函数，是摆在每个初学者眼前的实际问题，在这方面我们推荐从在线帮助的常见函数汇总①入手，因为在这里，MATLAB 工具箱常用函数是分门别类被汇总在一起的，打开页面后，能够以"簇"为单位成批学习相似的相关命令，单击某个命令链接可以找到该命令的调用方法细节。以三角函数中的正弦概念为例，三角函数命令序列中，同时汇总了 sin、sind、sinpi、asin、asind、sinh 和 asinh 共计 7 个函数，毫无疑问，通过帮助文档，以这种汇总形式来学习某类功能相似的函数，学习效率会有更大幅度的提高，更重要的是，在函数学习过程中，可以培养思维迁移发散的特质，比如：

① 链接地址：https://ww2.MathWorks.cn/help/matlab/referencelist.html?type=function&s_cid=doc_ftr。

代码 52　函数命令的学习方法示例

```
1  >>[sin(pi/6) sind(30)]
2  ans =
3      0.5000    0.5000
4  >> sin(0:pi/6:pi/2)
5  ans =
6       0    0.5000    0.8660    1.0000
```

首先，代码 52 测试 sin 和 sind 两个使用频率较高的弧（角）度正弦函数，发现它们均支持对矩阵数组（角度或者弧度数组）的运算，这并不是偶然的，进一步学习其他函数，也会发现绝大多数 MATLAB 函数支持矩阵或多维数组的批量运算操作，这在很大程度上减少甚至避免了循环流程运算，这是 MATLAB 代码看起来更简洁的原因之一。

如果再延伸思考，自 R2018b 新增的 sinpi/cospi 函数还能推广出其他用途，例如有时可能需要构造指定长度的[1，−1，1，−1，…]数组，一般方法当然是用 if 流程判断实现，或者在 MATLAB 中也能借助索引，以如下形式构造：

代码 53　索引构造[1，−1] 数组

```
1  x = ones(1,10);
2  x(2:2:end) = -1;
```

但有了 sinpi/cospi 两个函数，代码可以得到进一步压缩，以 cospi 为例，有：

代码 54　sinpi/cospi 构造[1，−1] 数组

```
1  >> cospi(2:11)
2  ans =
3       1    -1     1    -1     1    -1     1    -1     1    -1
```

✍ **点评 3.1**　函数命令的学习完全不应当只是个死记硬背的僵硬过程，通过思维的迁移和发散，以多个角度理解哪怕非常简单和常用的函数，往往也可以找到很多不一样的内容，上述三角函数的联想式学习，就是其中的一个例子。

3.1.2　最“MATLAB”的操作方式：矢量化运算

矢量化运算是 MATLAB 基础操作里最具特色，甚至可称之为激动人心的部分，其特点是通过运算符，同时实现多个数据的对位运算操作。例如给定函数表达式：$f(x)=x\cdot e^{(5*\sin(x-\pi/6))}$，要求计算出当 $x=[0,0.02,0.04,\cdots,1]$时的所有结果。该问题可以用循环，代入每个数据点 $x(i)$到函数表达式计算：

代码 55　循环计算各点的函数值

```
1  for i = 1:length(x)
2      f(i) = x(i) * exp(5 * sin(x(i) - pi/6));
3  end
```

代码 55 可用点乘操作的矢量化运算来简化，一次性获得所有数据点 x 的函数计算值：

代码 56　循环计算各点的函数值

```
1  f = x. * exp(5 * sin(x - pi/6));
```

✍ **点评 3.2**　代码 56 利用被称为“点乘（. *）”的操作，在形式上令 MATLAB 运算表述变得比使用循环的方案更简洁，建议读者学习 MATLAB 时，能适应使用这种计算方式来理解所遇到的计算问题。

1. 点乘、点除和点乘方运算

沿用代码 56 中的例子，进一步理解点乘运算和线性代数矩阵乘法的区别。代码 56 中的自变量 x 是 1×51 的数组，表达式"exp(5 * sin(x－pi/6))"的结果也是 1×51 的同维度数组，按矩阵乘法法则，二者不满足运算条件，但点运算是当二者同维时（如果参与运算的某个数组本身是数值，则可以理解为先将数值按另一数组的维度扩展成相同大小的数组），两数组中相同位置元素间就如同带有矢量方向一般，完成数值间的乘运算，对应称为点乘运算，点除和点乘方也具有类似的特性，因此这种对位操作的运算方式有时也冠之以"矢量化运算"的总称。

点乘、点除和点乘方运算的使用频率很高，加上绝大多数 MATLAB 函数命令本身支持矢量化运算，因此这种运算逐渐成为 MATLAB 编程语言的关键特色之一，例如判断某个序列所有元素和数值 5 相比较的最大值，一般的高级编程语言用循环来完成：

代码 57　逐点比较最大值的循环代码

```
1  x = randi(10,3)
2  for i = 1:size(x,1)
3    for j = 1:size(x,2)
4      ans(i,j) = max(x(i,j),5);
5    end
6  end
```

如果能正确地使用 max 函数，实际上 for 循环可用一行代码来替代：

代码 58　支持矢量化运算的 max 函数

```
1  >> max(x,5)
```

高度集成化的矢量化运算，在"多组数据-相同处理方法"的运算中相当有用，例如给定空间点$(x,y,z(x,y))$，要求绘制三维图形，采用点乘运算时代码会变得十分简洁：

代码 59　矢量化运算支持下的三维曲面绘图示例

```
1  >> [x,y] = meshgrid(-.5:.01:.5);
2  >> surf(x,y,cos(2 * pi * x). * sin(2 * pi * y))
3  >> colormap jet     % 更改曲面每个 patch 填色的默认色系为 jet
4  >> camlight left    % 为曲面增加一个左侧光源
5  >> material shiny   % 设定曲面的光源反射属性为 shiny
6  >> shading interp   % 设定颜色平滑插值显示
```

代码 59 把 3D 曲面的绘制分成 meshgrid 网格布点、空间数据运算和绘图 3 个阶段，6 行代码就能得到不错的视觉效果。

✍ **点评 3.3**　代码 59 三维曲面绘图，如不指定第 4 个曲面颜色参数，默认数据 z 的高度值向指定颜色谱系映射，例如前述代码的 jet 色系，默认 jet 色系提供 64 色，可通过代码 t=jet;length(t)显示查看，如需更多的颜色映射，则用代码 t=jet(80)指定，这样能够变成在 jet 颜色谱系中使用 80 个颜色映射 z 的高度数据；还可用曲面上网格点梯度值定义颜色，比如命令：surf(x,y,z,gradient(z))，曲面颜色将指示数据的梯度变化规律。这个操作意味着我们可以更加直观地组织图形背后的数据，曲面是三维的，但曲面颜色则可视为"附着"于曲面三维空间表达之上，属更高维度的属性，在设计或自定义曲面颜色 CData 属性时应注意这一点。

2. 矩阵左除运算

MATLAB 定义了左除操作(\)，用于求解线性方程组，等效函数命令是 mldivide。设 n 阶满秩系数矩阵和 $n\times1$ 列向量分别为 $\boldsymbol{A}$ 和 $\boldsymbol{b}$：

$$\begin{bmatrix} a_{11} & a_{12} & \cdots & a_{1n} \\ a_{21} & a_{22} & \cdots & a_{2n} \\ \vdots & \vdots & & \vdots \\ a_{n1} & a_{n2} & \cdots & a_{nn} \end{bmatrix} \cdot \begin{bmatrix} x_1 \\ x_2 \\ \vdots \\ x_n \end{bmatrix} = \begin{bmatrix} b_1 \\ b_2 \\ \vdots \\ b_n \end{bmatrix} \tag{3.1}$$

式(3.1)中的解向量 $\boldsymbol{x}$ 在 MATLAB 中的求解代码为 x=A\b。选择左除求解线性方程组无疑从形式上是非常简单的，但查看帮助文档会发现隐藏在左除操作里的算法远不像表面上那么简单，它实际上集成了 LU、QR、LDL、Cholesky 等众多求解器的线性系统求解命令，可针对不同矩阵系数的特征使用最优算法求解线性方程组，而与线性系统有关的各类问题出现频率很高，使得该命令应用非常广泛。

问题 3.1　求解式(3.2)所示线性方程组 $\boldsymbol{A}\cdot\boldsymbol{x}=\boldsymbol{b}$`的解 $\boldsymbol{x}$。

$$\begin{bmatrix} 9 & 1 & 2 & 2 & 7 \\ 10 & 3 & 10 & 5 & 1 \\ 2 & 6 & 10 & 10 & 9 \\ 10 & 10 & 5 & 8 & 10 \\ 7 & 10 & 9 & 10 & 7 \end{bmatrix} \times \begin{bmatrix} x_1 \\ x_2 \\ x_3 \\ x_4 \\ x_5 \end{bmatrix} = \begin{bmatrix} 8 \\ 8 \\ 4 \\ 7 \\ 2 \end{bmatrix} \tag{3.2}$$

分析 3.1　问题 3.1 是基本的线性方程组求解，式(3.2)给出矩阵形态，MATLAB 有不止一种求解此类问题的代码方案，此外也可根据数值分析算法自行编程求解，这里采用系数矩阵求逆、linsolve[①]、mldivide 和矩阵左除共 4 种不同的形式求解，实际上第 3 和第 4 种是等效的。

为节约篇幅，省去变量输入过程，如下代码中的 A 即为式(3.2)中系数矩阵，b 为 5×1 的列向量，在 MATLAB 中，推荐优先选择方案 4，运行结果省略。

代码 60　线性方程组求解的 4 种方法

```
1  >> inv(A) * b            % 方案 1
2  ...
3  >> linsolve(A,b)         % 方案 2
4  ...
5  >> mldivide(A,b)         % 方案 3
6  ...
7  >> A\b                   % 方案 4(推荐)
```

3. 矩阵右除运算(最小二乘解)

除左除命令，还有完成最小二乘运算的矩阵右除(/)操作，其等效命令为 mrdivide。和矩阵左除命令 mldivide 一样，这些函数都是内置函数(built - in function)。关于矩阵的右除操作在其他教材里介绍的相对较少，mrdivide 命令帮助文档中也提到其较低的使用频率，但 MATLAB 中最核心的内置函数通常都对应着一些特定的数学问题/模型，用得少不意味着没有用，本小节通过示例，帮助初学 MATLAB 的用户进一步认识矩阵右除操作。

MATLAB 的在线 Help 文档中，对矩阵右除操作方法有如下 3 条描述：

- 如果 A 是一个数，$\boldsymbol{x}=\boldsymbol{B}/A$ 等效于 $\boldsymbol{B}./A$，也即 $\boldsymbol{B}$ 的每个元素除以数 A；
- 如果 $\boldsymbol{A}$ 是 $n\times n$ 方阵，$\boldsymbol{B}$ 是 $t\times n$ 矩阵，$\boldsymbol{x}=\boldsymbol{B}/\boldsymbol{A}$ 是方程 $\boldsymbol{x}*\boldsymbol{A}=\boldsymbol{B}$ 的解，假如解存在的话，这个解从代码上等价于：$\boldsymbol{x}=(\boldsymbol{A}'\backslash\boldsymbol{B}')'$；

① linsolve 是 7.0 版本时代的老命令，当系数矩阵为方阵时，采取部分主元消元，此时选择 LU 分解算法；如果系数矩阵为非方阵则选择列主元消去法的 QR 分解算法。

- 如果 $\boldsymbol{A}$ 是 $m\times n$ 矩阵，且 $m\neq n$，$\boldsymbol{B}$ 是 $t\times n$ 矩阵，$\boldsymbol{x}=\boldsymbol{B}/\boldsymbol{A}$ 返回方程组 $\boldsymbol{x}*\boldsymbol{A}=\boldsymbol{B}$ 的最小二乘解。

上述3条关于矩阵右除操作的解释，第1条无须进一步说明，这相当于矩阵与数值的除法运算；第2条则代表右除可以被理解为矩阵乘法的逆运算，例如：

代码61　线性方程组求解的4种方法

```
1  >> A = randi(10,3)
2  A =
3      3   9   10
4      1   7    1
5      1   4    5
6  >> B = randi(10,2,3)
7  B =
8      2   5   8
9      5   7   8
10 >> xRight = B/A;                           % 矩阵右除
11 >> xLeft = (A'\B')'                        % 矩阵左除的等效实现方法
12 xLeft =
13     0.6667   -0.3333    0.3333
14     3.8148   -0.5185   -5.9259
15 >> isequal(round(xRight * A,10),B)          % 检验结果是否等效
16 ans =
17 logical
18     1
```

第3条解释代表矩阵右除操作最核心的数学含义，即：$\boldsymbol{x}=\boldsymbol{B}/\boldsymbol{A}$ 返回方程组 $\boldsymbol{x}*\boldsymbol{A}=\boldsymbol{B}$ 的最小二乘解。为理解这个操作的用法，不妨先列举一个和最小二乘解有关的简单示例。

问题3.2　求下列线性超定方程组的最小二乘解：

$$\begin{cases}4x_1+2x_2=2\\3x_1-x_2=10\\11x_1+3x_2=8\end{cases}$$

分析3.2　最小二乘法为曲线拟合常用的计算手段，假定得到函数 $y=f(x)$ 的共计 m 个不同观测值：

$$y_i\approx f(x_i),\quad i=1,2,\cdots,m.$$

所谓最小二乘法即寻找 $f(x)$ 的简单近似解 $\varphi(x)$，使其满足 $\varphi(x_i)$ 与 y_i 的残差

$$e_i=\varphi(x_i)-y_i,\quad i=1,2,\cdots,m$$

的平方和

$$S=\sum_{i=1}^{m}e_i^2=\sum_{i=1}^{m}[\varphi(x_i)-y_i]^2$$

最小。

问题3.2中，$y_i\approx f(x_i)$ 有 $y_i=[2,10,8]$ 共计3组观测值，需要通过左侧 $m=3$ 组线性组合和观测值间的相等关系，获得满足残差平方和最小的 $x=[x_1,x_2]$，按最小二乘原理，相当于下列函数取极小值：

$$S(x_1,x_2)=(4x_1+2x_2-2)^2+(3x_1-x_2-10)^2+(11x_1+3x_2-8)^2$$

即

$$\frac{\partial S}{\partial x_1}=\frac{\partial S}{\partial x_2}=0\Rightarrow\begin{cases}73x_1+19x_2=63\\19x_1+7x_2=9\end{cases}$$

由方程组解得 $x=[1.8,. 3.6]$，它虽然不是方程组的解，却是在最小二乘意义下的最佳近似解。

MATLAB 中求解问题 3.2 中方程的最小二乘法，适合使用矩阵右除，按照之前的分析，代码方案如下：

代码 62　问题 3.2 求解代码

```
1  >>[yi,A] = deal([2 10 8],[4,3,11;2,-1,3]) % 系数矩阵 A 和观测值 yi 需转置处理
2  yi =
3       2      10      8
4  A =
5       4       3     11
6       2      -1      3
7  >> x = yi/A
8  x =
9       1.8000    -3.6000
10 >> x = mrdivide(yi,A)
11 x =
12      1.8000    -3.6000
```

4. 矩阵左除和右除的综合训练示例

问题 3.2 给出了 MATLAB 用右除操作获得最小二乘方法的实现方法，实际上如果对模型理解到位，最小二乘方法在不少问题中用途广泛，例如下面这个多项式拟合的问题。

问题 3.3　式(3.4)中给定一组二维点坐标，按 3 次多项式拟合。

$$\begin{aligned}x&=[0\quad 1\quad 2\quad 3\quad 4\quad 5\quad 6\quad 7\quad 8\quad 9\quad 10]\\ y&=[2.1\quad 3.2\quad 4.3\quad 5.7\quad 8.9\quad 13.5\quad 17.9\quad 16.8\quad 14.2\quad 11.2\quad 8.9]\end{aligned}\tag{3.4}$$

分析 3.3　问题 3.3 要从数据点的最小二乘解入手，MATLAB 提供 polyfit 命令解决这类问题，但它不是唯一选项：直接从最小二乘解原理入手，结合 MATLAB 函数计算拟合多项式系数就是替换方案之一。值得强调的是，不管何种方式，解决多项式系数拟合问题的数学本质相同。

第 1 种方案先给出直接利用 polyfit 函数计算的方式和结果(其他解法略去相同的返回结果)。

代码 63　问题 3.3 求解代码-1

```
1  >>[p,s] = polyfit(x,y,3)
2  p =
3       -0.0861   0.9667   -0.5261   2.1650
4  s =
5    struct with fields:
6      R: [4×4 double]
7      df: 7
8      normr: 4.3137
```

polyfit 返回结果中除了必需的拟合多项式系数 p，还包括一个求解信息结构数组，依次包括：经 QR 分解后满足 $\boldsymbol{Q}\cdot\boldsymbol{R}=\boldsymbol{V}$ 的矩阵 $\boldsymbol{R}$、相应 χ^2 量自由度 $N-(n+1)$ 以及拟合参数的 2-范数

$$\|\boldsymbol{r}\|\left[\sum_{i=1}^{N}(y_i-f(a,x))^2\right]^{\frac{1}{2}}$$

第 2 种方案是拟合工具箱中的工具集命令 cftool，这个函数集合了众多 MATLAB 拟合函数，且全部操作在图形界面内完成，可在给出数据、确定拟合方式后自动计算及反馈拟合结果，

比较傻瓜化。使用方法是在命令窗口输入 cftool 命令打开图形界面，再在命令窗口输入数据 x 和 y，按界面要求将两组数据导入，并选择 3 次多项式拟合，结果如图 3.1 所示。

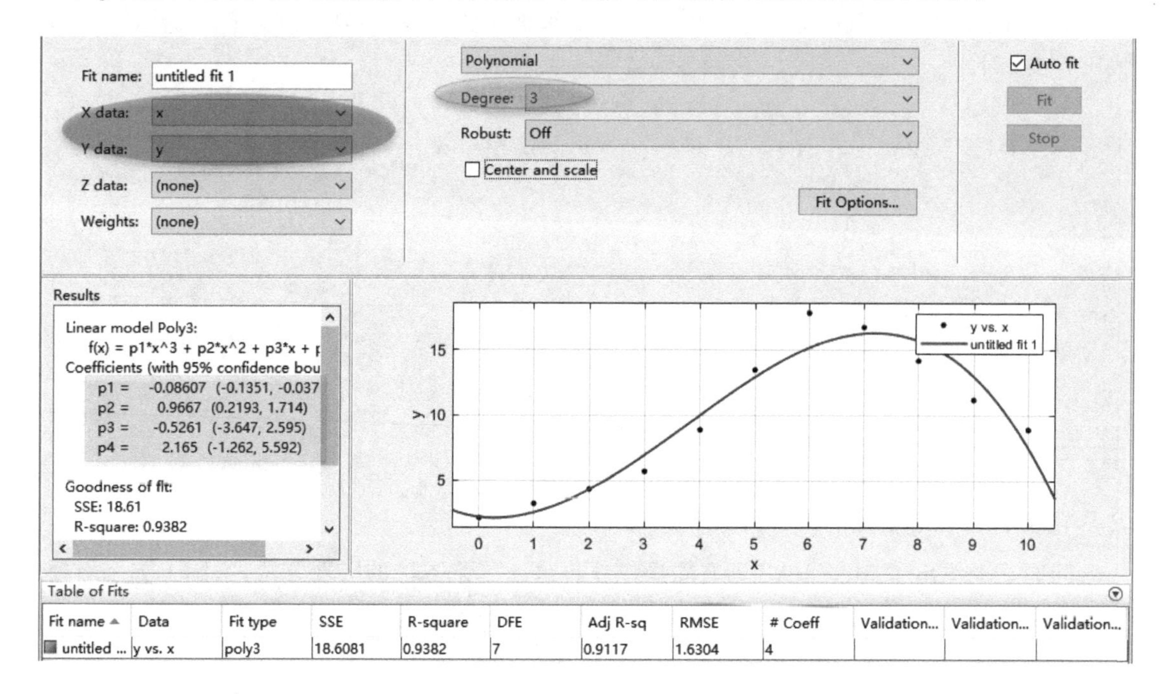

图 3.1　cftool 拟合工具结果显示

polyfit 函数返回结果为输入多项式的最小二乘解，MATLAB 中的左除、右除等都能得到这个结果，事实上，polyfit 函数帮助中已经提到了 polyfit 函数的基本算法实际上就是用 x 构造具有 $n+1$ 列和 $m=\text{length}(x)$ 行的 Vandermonde 矩阵 $\boldsymbol{V}$ 并生成线性方程组，即

$$\begin{bmatrix} x_1^n & x_1^{n-1} & \cdots & 1 \\ x_2^n & x_2^{n-1} & \cdots & 1 \\ \vdots & \vdots & & \vdots \\ x_m^n & x_m^{n-1} & \cdots & 1 \end{bmatrix} \begin{bmatrix} p_1 \\ p_2 \\ \vdots \\ p_{n+1} \end{bmatrix} = \begin{bmatrix} y_1 \\ y_2 \\ \vdots \\ y_m \end{bmatrix} \tag{3.5}$$

基于该叙述，能产生一系列的 MATLAB 最小二乘代码表述，首先是解线性方程组的左除右除方式：

代码 64　问题 3.3 求解代码-2

```
1  >> tL = interp1(vander(x)',8:11)'\y';
2  >> tR = y/interp1(vander(x)',8:11);
```

MATLAB 有基于最小二乘解算非线性曲线拟合问题的 lsqcurvefit 函数：

代码 65　问题 3.3 求解代码-3

```
1  >> x = lsqcurvefit(@(t,x)t * interp1(vander(x)',8:11),...
2       randi(10,1,4),x,y,[],[],optimset('display','none'))
```

最后是基于 polyfit 帮助的算法叙述，用 QR 分解方式获得最小二乘解：

代码 66　问题 3.3 求解代码-4

```
1  [Q,R] = qr(interp1(vander(x)',8:11)',0)       % QR 分解
2  p1 = (y * Q)/R'                                % 右除方式
3  p2 = R \ (Q' * y')                             % 左除方式
```

✍ **点评 3.4**　问题 3.3 可用多项式拟合函数 polyfit 来求解，现成命令是简单的，但学习 MATLAB 有时可以适当放弃一些便利，尝试倒溯追源，用基本命令组合做运算，这也是理解 MATLAB 运行方式的良好时机。问题 3.3 代码方案包含有关最小二乘解的左除、右除和 QR 分解 3 种 MATLAB 代码表述，其中运用 QR 分解，形象展示了矩阵分解可以看作是对矩阵复杂互相关数字特征的"定向解耦"。此外，如果体会代码 64～66 中 vander 命令的作用，会发现这个命令包揽了 $f(x)=[x^n \quad x^{n-1} \quad \cdots \quad x \quad 1]$的求值过程，这么一来，就从代码的角度，体现了范德蒙矩阵在多项式理论中的重要性。本章后续隐式扩展操作中，还要继续探讨范德蒙矩阵的构造方法。

问题 3.4　试通过一个球表面上如式 3.6 所示的 4 个不共面的空间点坐标数据，确定该球的半径 r。

$$\text{pts}=\begin{bmatrix} x_1 & y_1 & z_1 \\ x_2 & y_2 & z_2 \\ x_3 & y_3 & z_3 \\ x_4 & y_4 & z_4 \end{bmatrix} \tag{3.6}$$

当坐标矩阵取代码 67 所示的值，半径输出结果应当为 $r=1$。

代码 67　问题 3.4 坐标点矩阵 pts

```
1  >> pts = [1 0 0; 0 1 0; 0 0 1; -1 0 0];
```

分析 3.4　如果目的只是想计算出问题 3.4 的结果，在 MATLAB 工具箱中有直接求三角形或四面体外心的函数 circumcenters：

代码 68　用外心命令 circumcenters 求解问题 3.4

```
1  [~,r] = circumcenters(DelaunayTri(pts))
2  r =
3       1
```

问题 3.4 出自 Cody①。如果深入了解这个关于外心坐标计算的几何问题，会发现所涉及的数学知识非常有趣，经过恰当的模型构造，MATLAB 的矩阵左除和右除操作都能圆满地解决这个四面体外接球面中心坐标求解的几何问题。首先想到的是利用已知坐标数据，依据球面方程构造关于外接圆心的线性方程组。根据

$$(x-a)^2+(y-b)^2+(z-c)^2=r^2$$

相当于将 4 个球面坐标点 pts 代入方程，构造有关外接圆心坐标 (a,b,c) 和半径 r 的方程组：

$$2ax+2by+2cz+[r^2-(a^2+b^2+c^2)]=x^2+y^2+z^2 \tag{3.7}$$

令 $t=2^2-(a^2+b^2+c^2)$，式(3.7)变换为关于 $\boldsymbol{v}=[a,b,\ c,t]^{\mathrm{T}}$ 的线性方程组，利用矩阵左除操作可得解 $\boldsymbol{v}$，将解向量中第 1 到 3 个元素代入 t 即求得半径 r。

① 链接地址：https://ww2.MathWorks.cn/matlabcentral/cody/problems/636，出题人：Richard Zapor。

$$\begin{bmatrix}2x_1 & 2y_1 & 2z_1 & 1\\ 2x_2 & 2y_2 & 2z_2 & 1\\ 2x_3 & 2y_3 & 2z_3 & 1\\ 2x_4 & 2y_4 & 2z_4 & 1\end{bmatrix}\cdot\begin{bmatrix}a\\ b\\ c\\ t\end{bmatrix}=\begin{bmatrix}x_1^2+y_1^2+z_1^2\\ x_2^2+y_2^2+z_2^2\\ x_3^2+y_3^2+z_3^2\\ x_4^2+y_4^2+z_4^2\end{bmatrix} \tag{3.8}$$

另一种做法是将式(3.7)左端视为函数 $f(x,y,z)$，即

$$\begin{cases}f(x,y,z)=t_1x+t_2y+t_3z+t_4\\ t_1=2a\\ t_2=2b\\ t_3=2c\\ t_4=r^2-a^2-b^2-c^2\end{cases} \tag{3.9}$$

右端移项至左端，按最小二乘法的原理，所有在球面的数据点（坐标）满足误差平方和为最小：

$$\min\left|f(x,y,z)-(x^2+y^2+z^2)\right|^2 \tag{3.10}$$

采用线性方程组求解问题3.4的代码方案很多，从字面意思“抠”算法，可写成代码69的形式：

代码69　矩阵左除求解问题3.4方案-1,by Bart

```
1  [x,y,z] = deal(pts(:,1),pts(:,2),pts(:,3));
2  a = [x y z ones(size(x))] \ ( - x.^2 - y.^2 - z.^2);
3  r = sqrt(sum(.25 * a(1:3).^2) - a(4));
```

进一步结合隐式扩展和空间矢量减法，重新表述线性方程组，代码得到进一步简化：

代码70　矩阵左除求解问题3.4方案-2

```
1  sum(pts.^2,2);
2  dist(pts(1,:),2 * (pts(1,:) - pts(2:end,:)) \ (ans(1) - ans(2:end)));
```

还可以用矩阵运算操作函数norm重新解释线性方程组的模型：

代码71　矩阵左除求解问题3.4方案-3,by Peng Liu

```
1  norm(pts(1,:).'- 2 * diff(pts) \ diff(sum(pts.^2,2)));
```

这个问题按最小二乘原理(式(3.9)～(3.10))，也可以写出如下代码：

代码72　问题3.4的最小二乘解决方案

```
1  sum(pts.^2,2)' / [pts,ones(4,1)]';
2  sqrt(sum([ans(4) .25 * ans(1:3).^2]));
```

✍ **点评3.5**　问题3.4形式上是求取四面体外接圆心的几何问题，但从几种求解运算的代码方案演变来看，中途顺势又变成了模型的最小二乘解的问题，从代码和数学结合的角度看，应该说是非常漂亮的。

5. 共轭与非共轭转置操作

MATLAB中提供了两种转置操作。一类称为复数共轭转置（Complex conjugate transpose），用命令“ctranspose”或单引号操作“'”实现，例如：

代码 73　共轭转置运算结果

```
1  >> b = randi(10,2,3)
2  b =
3       8  7  8
4       4  2  1
5  >> ctranspose(b)
6  ans =
7       8  4
8       7  2
9       8  1
10 >> b'
11 ans =
12      8  4
13      7  2
14      8  1
```

和线性代数中的转置概念一致，矩阵 b 中元素的行、列编号全部互换。

还有一类转置方式称为非共轭转置（nonconjugate transpose），用命令“transpose”或“.'”实现，如对代码 73 中变量 b 做非共轭转置：transpose(b)或 b.'，运行结果和代码 73 完全一致，这是因为变量 b 中的元素全部为实数，尚未触发两种转置的差异条件。如果变量中存在复数，两种转置操作的运行结果有很大差别：

代码 74　非共轭和共轭转置的运算结果比较

```
1  >> a = sqrt(randi([-10 10],3))               % 构造带有复数元素的 3-3 矩阵
2  a =
3       2.6458 + 0.0000i 3.0000 + 0.0000i 0.0000 + 2.2361i
4       3.0000 + 0.0000i 1.7321 + 0.0000i 1.0000 + 0.0000i
5       0.0000 + 2.8284i 0.0000 + 2.8284i 3.1623 + 0.0000i
6  >> a'                                         % 共轭转置操作
7  ans =
8       2.6458 + 0.0000i 3.0000 + 0.0000i 0.0000 - 2.8284i
9       3.0000 + 0.0000i 1.7321 + 0.0000i 0.0000 - 2.8284i
10      0.0000 - 2.2361i 1.0000 + 0.0000i 3.1623 + 0.0000i
11 >> a.'                                        % 非共轭转置操作
12 ans =
13      2.6458 + 0.0000i 3.0000 + 0.0000i 0.0000 + 2.8284i
14      3.0000 + 0.0000i 1.7321 + 0.0000i 0.0000 + 2.8284i
15      0.0000 + 2.2361i 1.0000 + 0.0000i 3.1623 + 0.0000i
```

代码 74 比较了两种转置操作，发现共轭转置对含有复数的矩阵转置，每个元素不但按正常转置操作将行列编号互换，且元素变换为自身的共轭复数，而非共轭转置则执行的仍然是线性代数中元素行列编号互换、元素值不发生变化的操作。

3.1.3　低调而强大的隐式扩展

自 R2007a 后，MATLAB 新增“隐式扩展”运算，有时它也被称为“单一维扩展”，其时，它还要通过 bsxfun 函数完成，第 2 章已经用 bsxfun 的示例初步展现隐式扩展的特点（见问题 2.2 代码 45）。自 R2016b 版本起，隐式扩展纳入常规矩阵操作，可以不经由 bsxfun 函数实现。以近 4 年的使用和普及状况看，有关隐式扩展操作都还只是偶尔零星出现。但从使用感受看，隐式扩展在 MATLAB 运算操作符中的重要性和实用价值完全不亚于点乘、点除等核心操作。对绝大多数用户而言，隐式扩展仍然低调神秘，4 年时间过去了，它依旧是那把蒙尘的锋利宝剑。这一节，我们会把它拿出剑匣，拭去灰尘，用实实在在的代码案例，让读者看到它璀璨

的光华。

为说明什么是隐式扩展，不妨先从矩阵 ***a*** 和 ***b*** 的乘运算谈起。数学上要求矩阵 ***a*** 和 ***b*** 满足“前一矩阵的列数与后一矩阵行数相等”的关系：

代码 75　线性代数中的矩阵乘法

```
1   >> a = randi(10,3,4)
2   a =
3        9    10     3    10
4       10     7     6     2
5        2     1    10    10
6   >> b = randi(5,4,2)
7   b =
8        5     3
9        3     5
10       5     4
11       1     5
12  >> a * b
13  ans =
14     100   139
15     103    99
16      73   101
17  >> b * a
18  Error using *
19  Incorrect dimensions for matrix multiplication. Check that the number of columns in the first matrix
20  matches the number of rows in the second matrix. To perform elementwise multiplication, use '.*'.
```

代码 75 中的矩阵 ***a***(3×4)和 ***b***(4×2)可以实现 ***a***×***b*** 的乘运算，但调换次序为 ***b***×***a***，会产生错误，因为它不符合线性代数矩阵的乘法规则。不过当参与操作的任一矩阵，其行或列维度为 1，且两矩阵对应的另一维度又相等时，在 MATLAB(R2016b 或以上版本) 中可按如下方式运行。

代码 76　对隐式扩展运算方式的解释

```
1   >> t1 = randi(6,3,4)                          % 构造 3×4 的随机整数矩阵 t1
2   t1 =
3        2     6     6     1
4        4     1     3     3
5        6     6     5     6
6   >> t2 = randi(5,1,4)                          % 构造 1×4 的随机整数矩阵 t2
7   t2 =
8        4     5     4     1
9   >> tOut = t1.* t2                             % 隐式扩展操作示例
10  tOut =
11       8    30    24     1
12      16     5    12     3
13      24    30    20     6
```

代码 76 的运行结果似与线性代数常识相悖，因为变量 t_1 的维度为 3×4，对应相乘的变量 t_2 的维度则为 1×4，既不满足同维度对应点乘的运算规则，和线性代数中“前矩阵列数与后矩阵行数相等”的要求也相去甚远。可它在 MATLAB 中却顺利运行，并返回 3×4 的结果变量 tOut。这引出一个问题：矩阵 tOut 究竟是按什么规则计算的？

这一点需要从 R2016b 的版本更新说起：该版本下，隐式扩展被并入普通矩阵操作，如此一来，就有如下规则，用于判断是否有条件执行 MATLAB 中的矩阵运算：

- **规则 1**：参与操作的数组变量，其对应的维度相等；
- **规则 2**：如果参与运算操作的数组对应的维度不相等，其中一个等于 1——这可能是“单一维扩展”名称的由来。

当参与运算的矩阵每个对应维度满足上述规则 2 时，一个隐藏的、表面上不会被用户看到的适配扩展操作就被施加在维度为 1 的矩阵上，“隐式扩展”故此得名。例如代码 76 中，矩阵 t_1、t_2 列维度相同，行维度虽然不等，但 t_2 行维度为 1，满足条件 2，t_2沿行维度扩展到和矩阵 t_1 同维，再执行点乘运算，返回结果 tOut，等价于如下代码：

代码 77　代码 76 隐式扩展的等效操作

```
1   >> t2S = t2(ones(3,1),:)                 % 运算中“隐藏”的扩展操作
2   t2S =
3        4     5     4     1
4        4     5     4     1
5        4     5     4     1
6   >> tOut = t1. * t2S
7   tOut =
8        8    30    24     1
9       16     5    12     3
10      24    30    20     6
```

✍ **点评 3.6**　MATLAB 中的加减乘除、乘方以及逻辑运算等，都适合进行单一维或隐式扩展运算；如果使用的是 R2016b 以前的版本，代码 77 中返回 tOut 的运算会提示错误，因为当时隐式扩展尚未并入普通矩阵运算操作，老版本实现隐式扩展要借助 bsxfun 函数：

代码 78　bsxfun 函数完成隐式扩展

```
1   >> tOut = bsxfun(@mtimes,t1,t2)
2   tOut =
3        16    12    25     2
4         4    10    15     5
5        24    10    20     1
```

掌握了隐式扩展操作的基本规则和原理，今后随着 MATLAB 编程能力逐步提高，会发现它在解决实际问题时大有用武之地。本书随后在讲述其他有关 MATLAB 的知识和内容(如逻辑数组和一些相关函数命令)时，隐式扩展操作的综合应用还会不断在各种代码示例中继续且频繁出现，下面先例举有关多参变量取值条件下的曲线绘制代码问题，简单说明隐式扩展在运算中的作用。

问题 3.5　绘制表达式

$$f(x)=A\sin(\omega x+\varphi)\quad x\in[0,\ 2\pi] \tag{3.11}$$

在参数取不同值时的曲线，其中 $A=[1,\ 2,\ 3,\ 4]$，$\omega=[0.5,\ 1.0,\ 1.5,\ 2.0]$，$\varphi=\frac{\pi}{6}$。

分析 3.5　问题 3.5 要求绘制不同参变量取值的 4 条表达式曲线，即：参数 $A(i)(i=1,\ 2,\ 3,\ 4)$ 分别对应 $\omega(i)$，相位 $\varphi=\pi/6$ 保持不变。循环逐条绘制是方案之一，当然也有更好的办法。

逐对参数取值绘图的常规做法：

代码 79　for 循环逐条绘制

```
1  [A,k,p,x] = deal(1:4,.5:.5:2,pi/6,linspace(0,2 * pi));
2  hold on
3  for i = 1:numel(A)
4    y(i,:) = A(i) * sin(k(i) * x + p)
5    plot(x,y(i,:));
6  end
```

因为 2-D 曲线绘制命令支持矢量化的绘图方式，不妨把应变量数据全部计算并存入变量，省略 hold on 的连续绘图开关指定代码，统一绘制 4 条曲线：

代码 80　for 循环计算数据统一绘制带参数曲线

```
1  for i = 1:numel(A)
2    y(i,:) = A(i) * sin(k(i) * x + p);
3  end
4  plot(x,y)
```

代码 80 先循环汇总了多条曲线的数据，最后统一绘图。还可以用 arrayfun 替代循环，此用法将在后续了解匿名函数基本用法后，再做更详细的介绍，目前仅给出代码：

代码 81　arrayfun 绘制带参数曲线

```
1  >> hold on
2  >> arrayfun(@(i)plot(x,A(i) * sin(k(i) * x + p)),1:numel(A))
```

实际上，问题 3.5 中的多参数取值绘制曲线，用隐式扩展可不用 hold on 而用一行代码解决：

代码 82　隐式扩展绘制带参数曲线

```
1  >> plot(x,A. * sin(k. * x'+ p))
```

代码 82 能够成功运行的主要原因是把多参数函数求值利用隐式扩展形成了 $4\times n$ 共计 4 条曲线的数据。这就不得不提到隐式扩展中，关于"扩展"的部分。以 bsxfun 函数为例，从内部运行机制来看，它其实仍然是循环，因此所谓隐式"扩展"，并非真正的扩展，而是虚拟扩展，例如通过下面代码 83 查看 bsxfun 的运行机制，发现子函数 myfun 被调用了 3 次：

代码 83　隐式扩展机制的探查

```
1  c = bsxfun(@myfun, magic(3), [1, 2, 3])
2  function y = myfun(x,z)
3      x,z
4      y = x + z
5  end
```

问题 3.6　在本章矩阵左除和右除操作部分，探讨了在 MATLAB 中结合 QR 分解，用左除、右除等不同方式，编写多项式拟合函数 polyfit 中最小二乘解的代码，思路虽各有差异，但每种方法却都用到范德蒙矩阵（如式(3.5)），以多项式求值点 $x=[1\quad 2\quad 5\quad 3]$为例，尝试在不使用 vander 函数的情况下，实现范德蒙矩阵的构造。

分析 3.6　首先，最简单的范德蒙矩阵构造方法肯定是工具箱函数 vander，这在代码 64～66 中已经用到。问题是，如果不用这个工具箱函数，能否通过基本的运算操作得到这个著名的矩阵？范德蒙矩阵是变量 x 以 $x^{(i)}$ $(i=3,2,1,0)$降幂排列的矩阵：

$$\mathbf{V}=\begin{bmatrix}1 & 1 & 1 & 1\\ 8 & 4 & 2 & 1\\ 125 & 25 & 5 & 1\\ 27 & 9 & 3 & 1\end{bmatrix}$$

范德蒙矩阵的数字规律很强，比较容易想到的方法是按列循环求点乘方：

代码 84　范德蒙矩阵实现方法-1

```
1  for c = fliplr(0:length(x) - 1)
2      y(:,c+1) = (x').^c
3  end
```

也可以用 arrayfun 函数等效代替循环，power 是乘方的等效命令方式：

代码 85　范德蒙矩阵实现方法-2

```
1  >> cell2mat(arrayfun(@(i)power([1;2;5;3],i),flip(0:3),'un',0))
```

既然是多项式，当然也能使用多项式求值命令 polyval 对相应点依次求值：

代码 86　范德蒙矩阵实现方法-3

```
1  >> cell2mat(arrayfun(@(i)polyval(interp1(eye(4),i),[1 2 5 3])',1:4,'un',0))
```

代码 84～86 这 3 种方式实际上都是按行(列)循环的方式构造矩阵，那么有没有形式上无须循环的代码方案呢？

代码 87　范德蒙矩阵实现方法-4

```
1  >> xt = [1 2 5 3];
2  >> xt(ones(1,numel(xt)),:)'.^(fliplr(0:numel(xt) - 1))
```

代码 87 在索引位置使用指定的全 1 阵，对数组 xt 扩维，然后再做点乘方运算，已经算是不使用 vander 情况下，比较简洁的代码方案了，实际上这个扩维操作自 R2016b 版本起，完全可以隐藏在普通矩阵运算中，即采用隐式扩展再度简化：

代码 88　范德蒙矩阵实现方法-5

```
1  >> [1;2;5;3].^fliplr(0:3)
```

观察范德蒙矩阵的形式发现，其中存在着明显的累积相乘数字特征，所以 cumprod 命令恰能派上用场，只是构造出的累积相乘矩阵形式上和范德蒙矩阵还不相符，需要再补充一个全 1 的序列，如代码 89 所示。

代码 89　范德蒙矩阵实现方法-6, by Tao

```
1  >> v = [1 2 5 3];
2  >> [interp1(cumprod(ndgrid(v,v),2,'reverse')',...
3      2:numel(v))' ones(numel(v),1)];
```

问题 3.3 中，求值点为 x=0:10 共 11 个点，3 阶多项式的拟合要求返回的不是全部范德蒙矩阵，而是最后 4 列，受代码 88 启发，利用隐式扩展，可以写成代码 90 的形式：

代码 90　重写问题 3.3 代码

```
1  tR = y/interp1(flip(x'.^x,2)',8:11)
```

✍ **点评 3.7**　本节的问题 3.5 和问题 3.6 都算是展现隐式扩展操作的代码实例，比较发现利用隐式扩展操作的代码往往更简洁，理解和掌握隐式扩展对编写和调试代码有很大好处。当然，隐式扩展也是把双刃剑，因其迥异于 MATLAB 其他数据操控方式，初学者学习隐式扩展要通过一些具体实例加深理解方可熟练运用，否则一旦使用不当，就会出现一些莫名其妙的运行结果。针对这一状况，后续内容章节刻意增添了一些用隐式扩展操作的代码问题，相信通过理解编写思路，用户可逐步掌握其运用方法。

3.2 数据类型

初学者普遍存在一个误区：很容易适应 numeric 数据类型的运算方式，但对 char、handle、cell 和 struct 等类型则不愿花费精力，这种倾向导致日后实际项目或具体问题的 MATLAB 编程，也本能地避免使用这些数据类型，猜测是受“MATLAB 只是数值计算软件”这类错误观念误导所致，给 MATLAB 打上这种标签，是简单和武断的，因为数值运算根本不能完整概括 MATLAB 的实际功能。鉴于此，本节将结合一些具体的代码实例，讲述 cell、struct、文本类型和一些其他的新衍生数据类型在代码实例中的应用，我们相信，只要通过实例体会，初学者会很快熟悉和适应这些数据类型和相关函数的用法，并且在代码中顺手把它们用出来，更全面地发挥 MATLAB 的潜力。

3.2.1 MATLAB 中的基本数据类型

MATLAB 包含浮点(floating - point)、整型(integer)、字符(char)、逻辑(logical)、函数句柄(handle)等 16 种基本数据类型，除函数句柄必须为数值(1×1)外，其他数据类型都可构造矩阵或多维数组，此外，表(table)、结构数组(struct)、单元数组(cell)等，可在基本“容器”中容纳类型不同数据。

要想在具体代码中恰当运用多达 16 种的基本数据类型，需要对各种数据类型有所了解，才能针对不同环境自如使用。要想达到这种程度，首先强调帮助文档里的一句话：“不管什么数据类型，MATLAB 任何变量都被视为多维数组处理”，这对于是否能在问题中熟练运用各种数据类型有指导意义。

图 3.2 所示为帮助文档里罗列的 MATLAB 基本数据类型。其中数值类型(numeric)下又有整型、单精度和双精度 3 个分支，共计 10 种不同的子类型。这些类型中，逻辑数组将在第 4 章结合逻辑索引单独开辟章节讲述；函数句柄则放在第 7 章，通过子函数、匿名函数，在具体问题中熟悉和掌握；table 数据在第 9 章结合 xlsread、readtable 等命令，在代码示例中探讨。

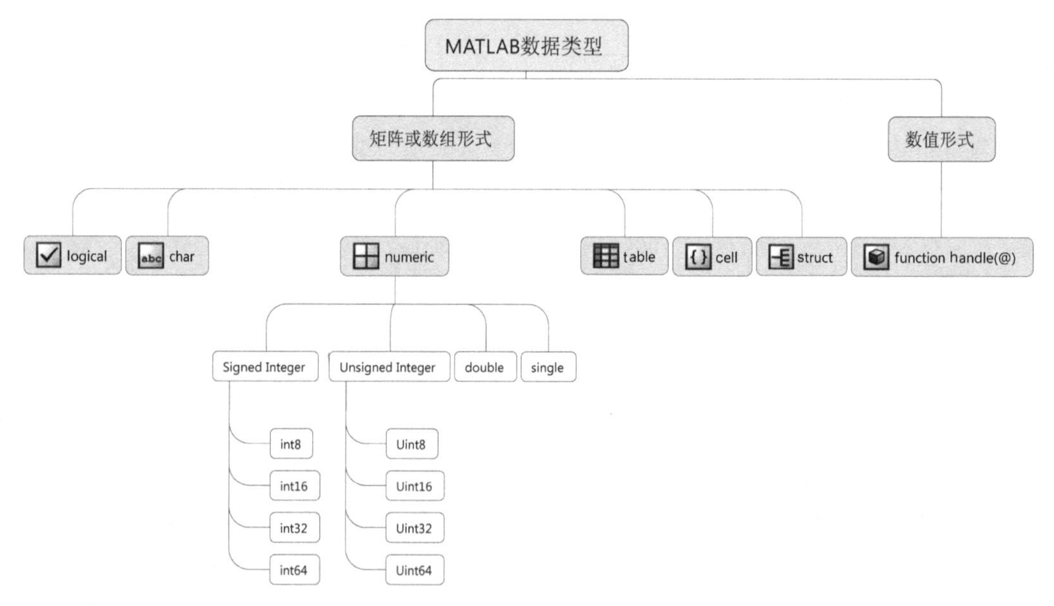

图 3.2 MATLAB 中的基本数据类型

3.2.2 cell/struct/table 类型特征辨析

基本数据类型中，table、cell 和 struct 的基本存储单元可以容纳维度大于 1 的数值型、字符型或其他类型的数组数据，从具体问题运用来看，有相似之处，例如：

代码 91　table,cell 和 struct 数据类型的特点

```
1  >> t = rng; % 设置数据随机数的种子
2  >> a = struct('f1',["a1";"a2"],'f2',randi(10,2,4),'f3',randi(10,2,3))
3  a =
4    struct with fields:
5      f1: [2×1 string]
6      f2: [2×4 double]
7      f3: [2×3 double]
8  >> a.f1                     % 点调用从域内读取数据
9  ans =
10   2×1 string array
11     "a1"
12     "a2"
13 >> size(a)
14 ans =
15     1   1
16 >> rng(t);                  % cell 数组采用相同种子的随机数
17 >> b = {["a1";"a2"],randi(10,2,4),randi(10,2,3)}
18 b =
19   1×3 cell array
20     {2×1 string} {2×4 double} {2×3 double}
21 >> b{2}
22 ans =
23       2   1   9   1
24      10   8   9   4
25 >> size(b)
26 ans =
27      1   3
28 >> rng(t);                  % table 数组采用相同种子的随机数
29 >> c = table(["a1";"a2"],randi(10,2,4),randi(10,2,3))
30 c =
31     2×3 table
32         Var1            Var2                Var3
33         ____     _________________      __________
34         "a1"      2    1    9    1     3    5    2
35         "a2"     10    8    9    4     9   10    3
36 >> isequaln(b{3},c.Var3) % cell 数组和 table 数据是否相等的判断
37 ans =
38 logical
39 1
40 >> size(c)
41 ans =
42     2    3
```

代码 91 用 3 种数据类型存储 3 组相同数据，可以把 struct、cell 和 table 的最小存储单元域（field）、元胞（cell）和变量（Variable）理解为某种特殊“容器”，能放置不同维度、不同类型

的数组，意味着结构体的“域”、cell的“元胞”和table的“变量”在层级上对等，因此都具备元素位的编号索引能力，例如struct用域名索引，单元数组用编号索引，table可用变量名索引，但struct、cell和table类型各自基本的数据单元中，存储数据的方式和维度也存在区别：

- **struct**：存储数据的基本单位为“域(field)”，调用每个域内的数据采用的是点调用方式，代码91中结构数组a的维度为1×1，说明结构数组变量a下属的域并不单独占用一个数据维度。
- **cell**：存储数据的基本单位是“元胞(cell)”，MATLAB用花括号表示cell数组，数组b的维度为1×3，说明cell数据每个cell占用一个数据维度。
- **table**：存储数据的基本单位为“变量(variable)”，同一变量的数据如果有多行，在table中只能按行存储，这暗示了table中每组变量的数据可以有不同的列宽，但行数必须相同，因此变量c的维度是2×3，不过table最大的优势是能以变量名为基本单元存储一组完整数据，此外，和struct一样，形式上它也采用点调用方式。

MATLAB中的struct、cell和table在处理数据最基本单位时，把数“数”变成了数“容器”。相比于numeric，这3种类型都擅长描述更复杂的数据特征，也适合表达函数经运算返回的复杂输出结果，故很多MATLAB工具箱命令都以cell、struct等类型返回结果，或要求以这两种数据类型作为输入变量。比如绘图时，legend命令用cell数组描述不同曲线的文字(字符串长度不同)标签，当然，自R2016b版本开始，还可以用string类型存储曲线标签，如代码92所示。

代码92　用cell+char和string两种方式设置曲线标签

```
1  >> x = linspace(0,2 * pi)';
2  >> y = [sin(x) cos(x)];
3  >> plot(x,y(:,1),'r',x,y(:,2),'bs - -','markerindices',1:5:length(x))
4  >> legend({'$ $\sin x$ $','$ $\cos x$ $'},...              % cell + char 类型构造标签文字
5      'interpreter','latex','fontsize',14)
6  >> legend(["$ $\sin x$ $","$ $\cos x$ $"],...              % string 类型构造标签文字
7      'interpreter','latex','fontsize',14)
```

结构数组的常见用途之一是存储程序返回的输出信息，例如优化拟合、方程(组)求解函数lsqcurve-fit、fminsearch、fminunc、fsolve等，用结构数组返回输出结果参数output，其中包含迭代次数、算法名称、计算步长等信息。工程计算问题中，输入参数较多，且各个参数的类型、维度各异时，也可以用struct把所有输入信息归拢在一个参数中，这样做的好处是便于管理，如果某子程序用到结构数组多个域内的参数，将整个结构数组作为输入参数传入即可，可读性也有所提高，例如代码93中的结构数组包含Name、Age、Number和Source 4个域，类型、维度不同，这组数据虽然也能通过cell或者table类型构造，但cell只能采用数字编号索引，当数据较多时会降低数据可读性，table类型则要求各变量行数相同，若某变量行数与其余变量不同，如将Source中的数据改为3×100时，table命令以默认参数保存数据可能会出错。本书第5章也有一个子函数向微分方程求解函数ode45传递多个参数的例子(详见问题5.9，代码239)，利用结构数组可以更方便地实现这个意图。

代码 93　结构数组管理复杂输入参数

```
1  >> data = struct(...
2      'Name',["John";"Jane Smith"],...
3      'Age',[34;21],...
4      'Number',[12345678901;10987654321],...
5      'Source',randi(10,2,100));
6  DataTable = table(["John";"Jane"],...          % Name 域名对应数据
7      [34;21],...                                % Age 域名对应数据
8      [12345678901;10987654321],...              % Number 域名对应数据
9      randi(10,2,100),...                        % Source 域名对应数据
10     'VariableNames',["Name","Age","Number","Source"])
11 DataTable =
12 2×4 table
13     Name      Age       Number          Source
14     ------   -------   ------------   --------------
15     "John"    34      1.2346e+10     [1x100 double]
16     "Jane"    21      1.0988e+10     [1x100 double]
```

cell、table 等数据的另一个优势在于，MATLAB 提供 arrayfun 等函数，其可遍历数组内所有元素，执行匿名函数或子函数指定的运算。类型 struct、cell 和 table 与之类似，MATLAB 提供对等的函数命令 structfun、cellfun 和 varfun|rowfun 等，这些函数可访问并遍历上述 3 类数据类型数组，结合匿名函数处理数组各基本单元内的数据。下面是一个把 8×8 的随机整数矩阵，用 mat2cell 分块成 16 个小的 2×2 子矩阵，再通过 cellfun 和 structfun 两个函数分别求每个子矩阵行列式值[①]的例子：

代码 94　分块子矩阵行列式值

```
1  >> t = mat2cell(randi(10,8),repmat(2,1,4),repelem(2,1,4));
2  >> c = cellfun(@det,t)
3  >> t1 = t(:);                    % 4-4cell 矩阵转为 16-1cell 数组
4  >> s = reshape(structfun(@det,...
5      cell2struct(t1,regexp(char(65:80),'\w','match')')),4,[])
```

以上问题不太适合采用 structfun 函数处理，因为 structfun 函数只接受标量形式的结构数组，如果用 structfun 计算，维度变换相比 cellfun 稍显烦琐，同时因为不能直接转换子矩阵为 struct 数组，还要用 cell 中转一下，加上正则表达式适配设置域名，所以 struct 数据类型总体讲，不太适合解决这类矩阵分块的问题。

3.2.3　技巧：神秘的逗号表达式

在 cell 数组类型里包含一个重要的概念，称之为“逗号表达式”(Comma-SeperatedLists)，一些资料称其为“逗号分隔列表”。逗号表达式和 cell 数据类型联系紧密，甚至可以说它是 cell 数据在函数运用中的具体表现。逗号表达式的重要特征之一，是把每个 cell 内存储的变量或数据，单独用多个变量名分别赋值，赋值过程无须关心各 cell 数组中的数据在维度大小和数据类型方面是否一致，例如代码 95 中变量 DataCell 是包含 3 个维度和类型各自不同的 cell 数组，

---

① 与 table 相关的 varfun|rowfun 函数的用法将在第 9 章有关 table 数据的介绍中结合实例详述。

但这并不影响 3 个 cell 内的数据分别以不同的名称赋值到各自的变量名 D1～D3 上：

代码 95　逗号表达式的基本特征分析

```
1  >> DataCell = {randi(10,2),table(1,2),calmonths(1:3)};
2  >> [D1,D2,D3] = DataCell{:} % 逗号表达式对 cell 内 3 个变量单独赋值
3  D1 =
4       8    2
5       8    5
6  D2 =
7    1 × 2 table
8       Var1     Var2
9       ----     ----
10        1        2
11 D3 =
12   1 × 3 calendarDuration array
13      1mo  2mo  3mo
```

这种赋值方式很实用，例如对支持多个输入参数的官方函数，利用逗号表达式可以简化函数输入形式。以多个低维数组串联为高维数组的 cat 函数为例，通过逗号表达式，烦琐的赋值过程一行语句就可以解决：

代码 96　逗号表达式基本用途

```
1  >> T = {randi(10,2),rand(2),randn(2),reshape(randperm(8,4),[2 2])};
2  >> TCat = cat(3,T{:})
3  TCat(:,:,1) =
4       2    10
5       5     4
6  TCat(:,:,2) =
7       0.5853    0.7513
8       0.2238    0.2551
9  TCat(:,:,3) =
10      0.0326    1.1006
11      0.5525    1.5442
12 TCat(:,:,4) =
13      8    3
14      2    6
```

✍ **点评 3.8**　cat 命令用于将多个同维的低维数组串联为高维数组，代码 96 中，cat 将 4 个2×2 的数组沿层维度方向串叠成 2×2×4 的 3 维数组，在 cat 命令帮助文档的调用格式中，多个低维数组以独立变量形式出现，导致初学者可能形成一种误解，即想用 cat 串联多个低维数组，这些低维数组就都必须要单独命名，代码 96 则证实如果掌握了逗号表达式，这一看似必不可少的赋值过程可以省略。

逗号表达式的用途不止于此，本书经常选择 arrayfun、cellfun 等函数代替循环，这两个函数在关闭统一输出开关的情况下，返回结果就是 cell 数组，所以 arrayfun 或 cellfun 函数都可直接作为 cat 这类支持逗号表达式的命令的输入参数。这对于简化代码是有帮助的，例如代码 97 通过 arrayfun 构造 1×4 的 cell 数组，每个 cell 包含 2×2 的随机整数方阵，用 diagblk 构造分块对角矩阵。

代码 97　逗号表达式＋diagblk 构造分块对角矩阵

```
1  >> T = arrayfun(@(i)randi(10,2),1:4,'un',0);
2  >> blkdiag(T{:})
3  ans =
4       3     7     0     0     0     0     0     0
5       7     8     0     0     0     0     0     0
6       0     0     5     3     0     0     0     0
7       0     0     1    10     0     0     0     0
8       0     0     0     0     2     6     0     0
9       0     0     0     0     9    10     0     0
10      0     0     0     0     0     0     1     2
11      0     0     0     0     0     0     5    10
```

✍ **点评 3.9**　代码 95～97 的结果表明了逗号表达式返回多输出变量的基本特征，这在自定义函数或官方函数中被频繁地使用，一些常用函数例如 plot、patch、text 等，都支持将逗号表达式所返回的多个输出变量作为自身的输入参数。此外，当设置多个属性值的时候，绘图函数属性查看与设置命令 set/get 采用的也是逗号表达式，这在第 8 章会有进一步的细节讨论和代码应用示例。

3.2.4　技巧：两种快速生成结构数组的方法

结构数组能够以域为基本单位存储不同类型、不同维度的数据，具备良好的数据可读性，在实际问题中，如果输入参数比较复杂，使用结构数组实现参数传递通常是个很好的主意。不过当一个结构数组的域名较多时，初始的构造代码可能会比较烦琐，这里提出两个参考方案，在一些特定情况下或许能发挥出恰当的作用。

1. 生成结构数组方法 1：利用 cell 数组

struct 和 cell 数组类型之间具有良好的契合性，二者的组合在具有一定规律的复杂数据构造方面，经常会产生令人意外的“化学反应”。例如全国大学生数学建模竞赛 1995 - A：空域飞行管理问题，其初始数据是共计 6 架飞机在 10 000 m 高空平面上的坐标$(x_i^{(0)}, y_i^{(0)})$，$i=1,2,\cdots,6$ 和初始方向角 $\theta_i^{(0)}$，$i=1,2,\cdots,6$。为方便后续可能需要参与的一些处理和计算，可以用 cell＋struct 将初始数据处理成如下多维结构数组：

代码 98　快速生成结构数组示例－1

```
1  >> x = {150,85,150,145,130,0};
2  >> y = {140,85,155,50,150,0};
3  >> th = {243,236,220.5,159,230,52};
4  >> FlyData = struct('x',x,'y',y,'th',th);
```

代码 98 前三行的坐标和方位角数据均为 cell 类型，在第 4 行构造结构数组时，MATLAB 自动提取每个 cell 数组内的数据分配到三个固定域名，因此不通过循环，自动构造出了 1×6 的结构数组，每个结构数组内存放的就是某架飞机的初始坐标和方位角数据，例如：

代码 99　代码 98 结构数组数据的结构分析

```
1  >> FlyData(2)                  % 第 2 架飞机的全部初始坐标数据
2  ans =
3  struct with fields:
4      x: 85
5      y: 85
6      th: 236
7  >> FlyData(1).th               % 第 1 架飞机的方位角数据
8  ans =
9      243
```

这样的结构数组，不但凸显了数据的条理性，而且便于后期提取以及循环计算。

2. 生成结构数组方法 2：利用 save/load 命令

有时在 workspace 中生成了多个数据，可以通过 save 存储为 mat 数据文件，再通过 load 快速产生 struct 类型，该结构数组的域名就是 save 时，每个变量的变量名称如代码 100 所示。

代码 100：快速生成结构数组示例-2

```
1  >> a1 = ["a";"b"];
2  >> a2 = randi(5);
3  >> save data.mat
4  >> tStruct = load('data.mat')
5  tStruct =
6  struct with fields:
7       a1: [2×1 string]
8       a2: 5
```

3.2.5 文本类型：char 或 string

MATLAB 早期版本的文本类型只有 char，char 数组存储一系列字符（characters），这与包含多个数值的普通数组（array）类似，实际上 char 数组的确能以与字符对应的 ASCII 码值为桥梁，与一般数值数组在形式上统一起来。基本 ASCII 码共有 $2^7=128$ 个。第 8 位上，允许有后 128－1＝127 个扩展 ASCII 码，因此 ASCII 码共计 255 个，这是文本元素和数值相互对照的第一份"密码本"。英文字符、数字、英文标点符号以及其他特殊字符可用 1:255 数组对应表示其 ASCII 码，意指每个单字符在 ASCII 码表中，存在唯一对应数值，如：26 个大写字母 A～Z 对应 ASCII 码值 65～90；小写字母 a～z 对应 97～122，空格对应 32，数字 0～9 码值为 48～57 等，其他回车、退格、换行等也都存在独有的码值。当然，为适应其他语言，这份码表的数量后来被急剧地扩展了，但原理是类似的。代码 101 的运算显示了在 MATLAB 中 char 命令在字符类型和数值类型间的切换模式，其中四则运算针对编码具体的数值，char 命令则负责将其转换为对应的 char 类型字符：

代码 101　文本和数值类型的内在联系-1

```
1  >> char(65:90)
2  ans =
3      'ABCDEFGHIJKLMNOPQRSTUVWXYZ'
4  >> char(1 + (65:68))
5  ans =
6      'BCDE'
7  >>'BCDE'- 1
8  ans =
9      65    66    67    68
```

对上述转换思想进一步扩展，汉字也唯一对应某个编码数值，因此 char 字符型所允许的码值范围是[0,65 535]之间的整数，而不是 ASCII 码值的[0,255]：

代码 102　文本和数值类型的内在联系-2

```
1  >> char([25105  21916  27426  77  65  84  76  65  66])    % char 以数字编码查找对应字符
2  ans =
3  '我喜欢 MATLAB'
```

通过代码 101～102 推测出：MATLAB 通过字符与其唯一对应的编码值实现对 char 类型的解释，因此，char 类型字符实际上等效于其中每个单字符编码值顺序构造出的数值型数组，这也是二者间能够无缝切换，甚至进行四则运算的原因。因为这个特点，char 文本类型很容易通过一系列数值计算命令，构造出符合用户意愿的动态字符数组。

部分程序运算结束时输出结果需要考虑导出结果的可读性，包括结果的物理意义、单位等，可通过构造动态文本，利用 MATLAB 提供的文本处理及类型转换函数，如 char、num2str、str2num、str2double、sprintf、strsplit 等，获得期望的效果。

代码 103　动态生成变量保存至 mat 文件

```
1  for i = 1:5
2    a = randi(10,5);                          % 循环生成不同的随机矩阵
3    save(sprintf('a%d.mat',i),'a')           % 动态生成不同名称的 mat 文件保存变量
4    sprintf('第 %d 次循环变量保存至 a%d.mat 文件内',i,i)
5  end
6  % ----------- 以下为执行结果 ------------
7  ans =
8      '第 1 次循环变量保存至 a1.mat 文件内'
9  % ...
10 % ------ 略去中间第 2～5 次循环的结果 ------
```

代码 103 在 for 循环内，连续两次使用 sprintf 命令组成动态文本，第 1 次在 save 命令内部构造 mat 数据文件名称，参数“%d”代表在 sprintf 中提取第 2 个输入，即每次循环的 i 值，第 2 次则构造 char 类型动态文本数组，说明本次循环的执行结果。sprintf 函数适合构造此类动态的 char 数组变量或文件名，该函数的功能就是基于 char 类型本身可运算、可转换的两个特征实现的。

自 R2016b 版本起，MATLAB 新增 string 文本类型，它和 char 类型的形式差别在于前者将文本置于一对双引号内，后者则将文本置于单引号内，例如：“abc”为 string 类型的文本，而‘abc’则为 char 类型。二者在很多场合下可以相互替换，很多新老函数甚至完全不区分两种类型，例如：findstr（“abc”，‘a’）和 findstr（‘abc’，“a”）有相同的返回结果 1；string 和 char 命令也能随意转换这两种类型，二者用 iseuqal 命令判断，返回结果为“TRUE”。

为提高类型转换效率，自 R2017b 起，MATLAB 新增一对转换函数：convertCharsToStrings 和 convertStringsToChars，虽说其功能与 char 和 string 类似，但这对函数支持返回多输出，且能够更“聪明”地辨别所需转换的类型，比如下列代码可以展示出这对函数是如何从输入中有选择地转换类型的：

代码 104　string 和 char 类型转换函数示例

```
1  >> T = {["A" "B"],12,"1"}
2  T =
3    1×3 cell array
4      {1×2 string} {[12]} {["1"]}
5  >> [x,y,z] = convertStringsToChars(T{:}) % 逗号表达式返回多输出
6  x =
7    1×2 cell array
8      {'A'} {'B'}
9  y =
10     12
11 z =
12     '1'
```

代码 104 显示：convertStringsToChars 函数只把 cell 中的 string 类型转换为 char 类型，自动跳过其他类型（比如 double 类型的 y）。与两函数类似的还有 R2018b 新增的 convertContainedStringsToChars 函数，读者可自行查看帮助文档。string 和 char 命令则不支持这种功

能——甚至不支持cell类型的输入参数。

string和char这两种类型虽然有很多相似之处，但也存在差别，有时还会相应导致代码处理方法发生变化，比如代码105就表达了两种类型关键的区别：字符串的“并”操作方式和字符串维度。

代码105　用“+”运算符操作string和char文本

```
1  >> str1 = "abc" + "123"               % string类型的'加'操作相当于合并
2  str1 =
3      "abc123"
4  >> length(str1)                       % str1变量的列维度是1
5  ans =
6      1
7  >> char1 = 'abc'+'123'                % char类型'加'操作是编码值的运算
8  char1 =
9      146    148    150
10 >> length(char1)                      % char1变量的列维度是3
11 ans =
12     3
```

首先，代码105证实string和char类型对于“+”操作符的重载方式完全不同：两个char类型数组相加，返回对应字符ASCII码值之和，例如，字符‘a’的ASCII码值为97，‘1’的ASCII码值为49，故97+49=146；两个string相加，实现字符串的“并”，string的这个特点，让string类型在批量生成规律性文件名或变量名时有一些方便之处。

代码106　string批量生成文件名

```
1  >> filename = "test" + [1 2 3] + ".txt"
2  filename =
3    1×3 string array
4      "test1.txt" "test2.txt" "test3.txt"
```

前述代码103如果采用的是string类型，可改写为如下形式：

代码107　string类型动态生成变量名和文件名

```
1  for i = 1:5
2    a = randi(10,5);
3    save("a" + num2str(i) + ".mat")
4    disp("第" + num2str(i) + "次循环变量保存至a" + num2str(i) + ".mat文件内")
5  end
```

✍ **点评3.10**　代码107中的num2str(i)是char类型，但参与了string类型“a”和“.mat”的合并运算，这是因为MATLAB隐藏了一个它向string类型归并的操作，这使得string和char两种文本类型在字符串合并时，有一种“无缝切换”的视觉效果。

其次，代码105通过size命令返回变量str1(1×1)和char1(1×3)的维度，维度定义的差异意味着两种文本类型在使用过程中同样存在差异，由于string类型文本(这里指的是1行文本)无论长短，都识别为一个值(统计string内字符的数量参考strLength函数)，因此排列多行string类型的数组时，无须像char一样做列对齐，char数组每行字符数如果不相同，会因维度不协调导致运行出错，故当每行char字符数目不同时，需要用cell类型存储。

代码 108　string 和 char 的区别

```
1  >> char0 = ['a';'abc']               % 每行字符数量不同,运行结果出错
2  Dimensions of arrays being concatenated are not consistent.
3  >> char1 = {'a';'abc'}               % 需要用 cell 数组存储长度不等的 char 字符数组
4  char1 =
5    2×1 cell array
6     {'a'}
7     {'abc'}
8  >> str0 = ["a";"ab";"abc"]           % 每行 string 数组被识别为一个单独文本值
9  str =
10   2×1 string array
11     "a"
12     "abc"
```

同样地,在 MATLAB 中,string 类型的文本也不再被解释为 ASCII 编码,自然也不能像 char 一样参与数值运算,或者和 ASCII 码值的类型归并:

代码 109　string 和 char 的区别

```
1  >> +"ab"
2      Undefined unary operator '+' for input arguments of type 'string'.
3  >> +'ab'
4  ans =
5      97    98
```

MATLAB 为 string 类型在随后版本中陆续新增了一系列操作函数,如:

- contains、count;
- startsWith|endsWith;
- replace|replaceBetween;
- extractBefore|extractAfter|extractBetween;
- insertBefore|insertAfter;
- convertStringsToChars|convertCharsToStrings;
- append。

这些函数的出现,增强了对 string 文本类型的操控和编辑能力,下面通过问题 3.7,简单测试 string 处理文本的能力。

问题 3.7　给定 3 个输入参数,第 1 参数 a 为 cell 数组,数组内包含多个文本字符串;第 2 参数 b 是 1 个目标字符串;第 3 参数 ind 是目标索引位置,假定 ind 为大于 0 的整数数值,且小于等于 a 中最小长度字符串长度+1。

编写代码返回与 a 同维的 cell 数组 c,在每个 c{i}中存储输入 a{i}对应的文本字符串,再在 ind 变量所指定的位置上,插入目标字符串 b。例如针对代码 110 中的 3 个输入参数 a,b 和 ind,要返回 cell 类型的数组 c,每个 c{i}中的文本字符串都要在第"ind = 9"的位置处插入一个下划线(由变量 b 指定):

代码 110　问题 3.7 示例代码-1

```
1  a = {'filename1';'filename2';'filename3'};
2  b = '_';
3  ind = 9;
```

返回的 cell 数组变量 c 的结果应为:

代码 111　问题 3.7 示例代码-2

```
1  c = {'filename_1';'filename_2';'filename_3'}
2  c =
3    3×1 cell array
4      {'filename_1'}
5      {'filename_2'}
6      {'filename_3'}
```

分析 3.7　问题 3.7 最有趣的地方在于时间线，题目源自 MathWorks 主页的 Cody 版块，问题的提出时间是 2014 年 9 月，注意到这时 string 数据类型尚未出现，猜测出题人 MatthewEicholtz 当时本意只是想测试代码编写人如何处理 cell 数组中的文本合并，代码编写可能涉及 cellfun、strcat、sprintf 等函数的综合应用。

用循环遍历 cell 内部的文本，实现逐个拼接，这是最容易想到的方法：

代码 112　循环求解，by Mu

```
1  function c = cellstrcat(a,b,ind)
2  for i = 1:length(a)
3    c{i} = [a{i}(1:ind-1) b a{i}(ind:end)];
4  end
5  end
```

由于问题处理的是 cell 内的文本，因此代码 112 中的循环过程可以“压缩”到 1 行 cellfun 语句中：

代码 113　cellfun+strcat，by Matthew Eicholtz

```
1  cellfun(@(x) strcat(x(1:ind-1),b,x(ind:end)),a,'uni',0);
```

正则替换是 MATLAB 处理文本的最强技能，因此问题 3.7 也能用正则表达式完成动态替换：

代码 114　regexprep+sprintf，by Guillaume

```
1  regexprep(a, sprintf('^(.{%d})(.*)', ind-1), sprintf('$1%s$2', b))
```

上述方法基本代表了老版本解决此类 cell 内文本合并的常见思路，不过，随着 R2016b 版本 string 类型的出现，事情有了变化，题目的难度开始“跑偏”了，因为 MATLAB 提供了 insertBefore 命令。

代码 115　insertBefore 解决问题 3.7，by Peng Liu

```
1  insertBefore(a,ind,b);
```

✍ **点评 3.11**　string 类型和不同命令间的组合搭配在计算中非常实用。对 string 类型的操作手段也逐步丰富，自 R2018b 起，string 类型全面支持 MATLAB 和 Simulink，R2019a 版本新增用于组合 string 文本的函数 append，全面支持矢量化文本拼接方式，例如帮助文档里给出的拼接多个 string 文本的代码：

代码 116　append 函数的用法

```
1  >> append(["data" "report" "slides"],[".xlsx" ".docx" ".pptx"])
2  ans =
3    1×3 string array
4      "data.xlsx" "report.docx" "slides.pptx"
```

3.2.6　R2020b 新功能：pattern 模式搜索匹配 string 文本

MATLAB 中的文本类型搜索匹配一直是通过正则表达式实现的。当灵活的正则语法和 MATLAB 特有的动态正则构造相结合，利用 regexp 和 regexprep 能胜任几乎所有规则复杂的文本搜索与匹配任务。在 R2016b 新增文本类型 string 后，尽管也陆续增加了专门针对 string 类型的文本编辑和搜索命令，诸如 extract、replaceBetween、contains、startsWith 等，不过和强大的正则搜索匹配相比仍然相去甚远，尤其是文本搜索匹配规则不能自由定制，只能实现一些比较单一和固定的功能。regexp/regexprep 函数同样适用于在 string 文本中的搜索匹配——char 和 string 在搜索匹配方面是完全无缝切换的。不过构造正则表达式的搜索和匹配语法规则，对普通用户而言具有极高的学习门槛，绝大多数用户，甚至包括部分具有多年 MATLAB 使用经验的中高级用户，见到复杂的文本正则匹配，也会感到十分棘手。对正则语法感兴趣的读者不妨参阅拙作《MATLAB 向量化编程基础精讲》(ISBN 978－7－5124－2209－4)第 4 章的相关介绍，其中有关于正则语法比较详尽的解释与介绍，并包含大量代码实例，通过阅读读者可能也会发现，复杂正则搜索匹配规则构造困难，晦涩难懂，而且不易调试，很多时候编写一条成功搜索或匹配的正则表达式是富有挑战性的。

但 R2020b 新增的 pattern 类似乎让普通用户看到了一点希望，通过短时间的试用，我们认为 pattern 系列中多达 23 种的成员方法（见图 3.3）及各种组合搭配极有可能大幅降低一般用户定制复杂文本搜索和匹配规则的门槛。

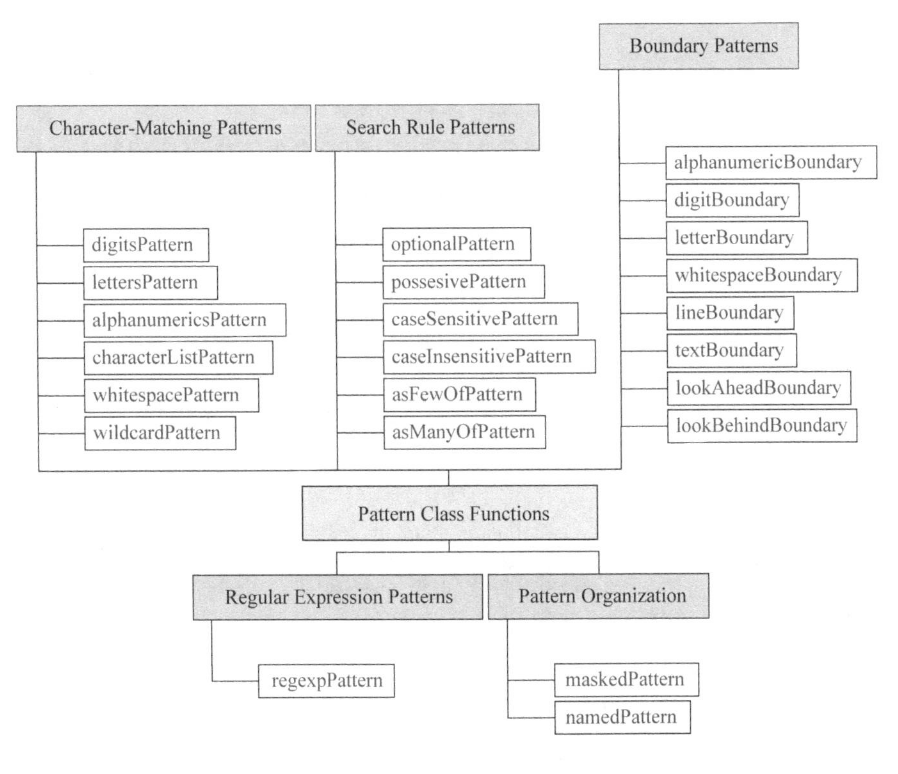

图 3.3　pattern 模式类的搜索匹配成员方法一览

譬如可以用 pattern 函数在帮助文档中的第 1 个例子（略作修改）说明其基本特点：

代码 117 利用 pattern 类成员方法函数搜索文本

```
1  STR = "We are all using MATLAB R2020b right now, Not r2019b.";
2  >> PAT = "R" + digitsPattern(4) + ("a"|"b")          % 构造模式表达式
3  PAT =
4      pattern
5      Matching:
6          "R" + digitsPattern(4) + ("a" | "b")
7  >> extract(STR,PAT)                                    % 提取符合模式的文本
8  ans =
9      "R2020b"
10 >> class(PAT)                                          % 查看模式表达式数据类型
11 ans =
12     'pattern'
13 >> extract(STR,caseInsensitivePattern(PAT))            % 开启大小写不敏感模式
14 ans =
15   2×1 string array
16     "R2020b"
17     "r2019b"
18 >> extract(STR,regexpPattern('R\d{4}[ab]'))            % 支持使用正则搜索的模式函数
19 ans =
20     "R2020b"
```

从代码 117 的运行结果能够间接推断出一些有关模式类 pattern 的信息：

- 模式类 pattern 是专为文本搜索匹配定义的类；
- 模式类 pattern 支持模式函数与 string 文本和数字的运算操作，构造模式表达式；
- 模式类产生的表达式应用在其他文本编辑和搜索函数当中；
- 模式类的成员方法函数既可以和文本与数字组合，也可以在方法函数之间组合。

为利于比较，以下提供正则搜索命令 regexp 搜索同一字符串 STR 的等效代码方案：

代码 118 利用 regexp 搜索文本

```
1  >> regexp(STR,'R\d{4}[ab]','match')
2  ans =
3      "R2020b"
4  >> regexp(STR,'(?i)R\d{4}[ab]','match')
5  ans =
6    1×2 string array
7      "R2020b" "r2019b"
```

这样就比较容易看出正则搜索和利用模式类成员方法函数搜索的区别了：模式类方法函数类似于搭积木，把不同条件以运算符进行组合与搭配，相对而言更直观，且从属于 MATLAB 的语法规则；正则表达式多数情况下为 3 个核心函数 regexp、regexpi 和 regexprep 服务，它采用一套独立的正则语法构造 char 形式的搜索（匹配）表达式，它和 MATLAB 更像是 MATLAB 环境下的一种合作关系。

当然，以上只是给出了 pattern 最简单和基础的搜索匹配示例，它远远不能展示出 pattern 丰富功能的全貌。不过我们也许已经可以断定：从 R2016b 新增的自定义 string 类型开始，MATLAB 已经围绕 string 为自己打造了一套完整的文本构成、编辑、搜索、匹配的，

完全采取面向对象语言编程的文字处理体系。同时，在目前提供的 23 个模式成员方法中，包括了正则搜索的方法函数——regexpPattern，这代表以模式类检索匹配文本，正则语法仍然是被支持的，这也达到了承上启下、兼顾新老用户需求的目的。最后，由于模式类是 R2020b 新增的内容，可以预见在未来几年，这套以模式类代替正则搜索的体系的功能还将继续拓展和完善。

3.2.7　用于时间描述的数据类型：datetim

日期和时间在很多问题分析中非常重要，例如工程计算中，按时间记录函数值、科学试验的观测值或经济领域的增长变化率、股票股价等。MATLAB 推出日期与时间数据类型，以及一系列相关函数，从使用情况来看，比较圆满地解决了描述、转换和计算时间的问题。

解决与日期和时间变量有关的代码问题，关键在于建立时间换算的基本标准，MATLAB 在 R2006a 版本提供了 datenum、datestr 等函数，可以创建日期数组，把每个时间点描述为 0000 年 1 月 0 日起的天数，因此它也可用于表述从这一天起，以“天”为单位所经过的时间。例如代码 119 第 1 条语句的执行结果说明自 0000 年 1 月 0 日至 0001 年 1 月 1 日，共经历 367 天，第 2 条语句用 diff 计算出自 2000 年 1 月 1 日至 2019 年 6 月 18 日，两个时间点相差 7 108 天，更重要的是：datenum 将时间点变换为距离某个基本时间点的天数，因此能通过它推算不同时间点的跨距，再用 datestr 函数把时间点重新换算为文本格式的日期。

代码 119　datenum 函数的用法示例

```
1   >> datenum('01-01-0001','dd-mm-yyyy')
2   ans =
3       367
4   >> diff(datenum({'01/01/2000','18/06/2019'},'dd/mm/yyyy'))
5   ans =
6       7108
7   >> t0 = datenum('01/01/2000','dd/MM/yyyy')
8   t0 =
9       7.3049e+05
10  >> datestr(t0+[-150 -100 100 150]) % 千禧日正负 100 和正负 150 天的日期换算
11  ans =
12    4×20 char array
13      '04-Aug-1999 00:01:00'
14      '23-Sep-1999 00:01:00'
15      '10-Apr-2000 00:01:00'
16      '30-May-2000 00:01:00'
```

MATLAB 自 R2014b 版本后新增了专用于计算、描述和处理时间数据的 datetime 类型，相比于 datenum，datetime 类显得更强大和灵活：识别时间的精度最高达到纳秒级，同时能考虑时区、夏令时和闰秒等的影响，因此 MATLAB 似乎正倾向于让 datetime 成为新的时间换算基本标准，不过 datetime 和 datenum 在未来多个版本中可能长期共存，且两类函数对时间的解释方式可以换算，例如：

代码 120　datenum 和 datetime

```
1  >> format long
2  >> datetime('now')        % 用 datetime 函数描述撰写本文的时间
3  ans =
4    datetime
5      2019 - 06 - 17 19:40:38
6  >> datenum(ans)            % datenum 函数换算时间
7  ans =
8      7.375938198956829e + 05
```

代码 120 证实 datenum 接受 datetime 返回的时间，运行结果代表 2019 年 6 月 17 日 19 时 40 分 38 秒距初始时间点 0000 年 1 月 0 日，一共经过 737 593.819 895 682 9 天。

与时间相关的代码问题令人感到棘手，往往是由于年月日时分秒、星期等多种进制间的转换，加上文本、数值等多种时间表述，时区约定等原因，datetime 本质上是一种按时间换算规则，横跨数值和文本的特殊数据类型，配合其他与 duration 类型有关的时间函数，很大程度上简化了时间的衡量表述和运算。

代码 121　datetime 构造时间数组

```
1  >> t = datetime('01/01/2019','inputformat','dd/MM/yyyy','locale','zh_CN')
2  t =
3    datetime
4      2019 - 01 - 01
5  >> isequal(t,datetime(2019,1,1,0,0,0))          % datetime 支持多种时间表示方法
6  ans =
7  logical
8      1
9  >> H = hours(0:4:8)                              % 构造小时为单位的时间数组
10 H =
11   1 × 3 duration array
12     0 hr   4 hr   8 hr
13 >> M = minutes(linspace(0,59,3))                 % 构造分钟为单位的时间数组
14 M =
15   1 × 3 duration array
16     0 min   29.5 min   59 min
17 >> dateArray = t + H + M                         % 不同进制单位时间的运算
18 dateArray =
19   1 × 3 datetime array
20     2019 - 01 - 01  00:00:00    2019 - 01 - 01  04:29:30    2019 - 01 - 01  08:59:00
21 >> datevec(dateArray)                            % 重新转换为数组类型时间格式
22 ans =
23     2019     1     1     0     0     0
24     2019     1     1     4    29    30
25     2019     1     1     8    59     0
```

代码 121 更进一步体现出 datetime 函数表述、构造时间变量时的一些特点和优势，例如具有丰富的后置参数用于指定时区、地区参数；支持多种形式时间变量的输入表示方法，不同类型的时间数值可通过 datetime 类型无缝完成单位换算，并转换为文本类型的时间数值，而且 datetime 输出的文本时间类型也可以通过 datevec 等命令方便地转换为数组形式，这些都是比用 datenum 描述时间变量更方便的地方。

时间和日期的函数无论是 datenum 或 datetime，都能结合 MATLAB 中其他常用基本函数，实现更复杂的时间点或日期的查找，例如统计某个时间段内共有多少个指定条件的日期，就是此类问题中比较典型的体现。

问题 3.8　输入中给定任意一个日期，计算需要经过多少个月，同一日期和输入日期有相同的星期数。例如 2018 年 9 月 12 日是星期三，那么经过多少个月后的 12 日，正好也是星期三呢？

分析 3.8　问题 3.8 来自 MathWorks/Cody 版块。解决时间有关的代码计算问题，首先应该把输入参数转换为 MATLAB 能够识别的时间或日期类型变量；其次，配合时间函数，要识别出输入时间变量中，具体数字或者字符串与具体年月日、星期数的对应关系；最后，通过 find、diff 等处理一般数组数据的函数，查找或运算。

一些常用的基本工具箱函数同样适用于日期和时间变量的运算，问题 3.8 是要查找两个时间点之间的跨度，这个问题首先需要找到满足条件的末尾时间点，因此 find 命令结合逻辑数组构造条件是一个比较容易想到的思路。

代码 122　问题 3.8 求解代码，by Peng Liu

```
1  function ans = monthsUntilMatch(d)
2    find(weekday(datetime(d) + calmonths(1:24)) = = weekday(d),1);
3  end
```

代码 122 通过代码 calmonths(1:24)，构造出以“月”为单位的 2 年跨距 calendarDuration1×24 数组，代码“datetime(d)”是这段 24 个月时间长度的左端点，在 find 内部，用这个时间跨距查找第 1 个和时间“d”相同的星期数，能够看出，除使用日期与时间变量外，问题 3.8 本质上仍然是个简单的查找函数应用问题。

代码 123　问题 3.8 运算示例

```
1  >> d = '2018 - 09 - 12';
2  >> find(weekday(datetime(d) + calmonths(1:24)) = = weekday(d),1)
3  ans =
4       3
```

最后，代入左端点时间 2018 年 9 月 12 日，运行结果表示：经过 3 个月，即 2018 年 12 月 12 日，和时间 d 具有相同星期数(都是星期三)[①]。

✍ **点评 3.12**　时间相关的代码问题，计算时须考虑不同进制、不同月份总天数、是否闰年等问题，如果自行编程计算是比较烦琐的。MATLAB 通过操控时间类型变量，这类问题就很容易解决。代码 122 中，输入变量 d 用 class(d)显示其为 char 文本类型，函数 datetime 把 char 文本类型识别成时间变量，这赋予普通文本类型时间的属性，calmonths 函数以该时间节点实现以“月”为单位的进制计算，构成以 2018 - 10 - 12 为起始、按月增加的时间数组，最后用 find 命令查找时间数组第 1 个日期周数相同的位置索引。代码 122 综合了文本向时间类型转换、时间四则运算、月进制向周进制转换以及索引查找 4 个操作的使用，对于体会时间变量的使用方法是有帮助的。

3.2.8　关于映射表结构：containers. Map

映射表结构是 MATLAB 的高级数据类型之一，顾名思义，映射表数据的基本结构中，以列表方式包含一系列的值“对”，通过一一映射，查询到该值“对”中的索引键，就能找到对应数据，这种数据类型和数学上的函数是类似的。在 MATLAB 中创建映射表数据类型是通过函数 containers. Map 实现的，从名称的特征就能看出，在函数的设计上，这就是对象化语言编程

① weekday 获取的星期数并非北京时间，要用 weekday 的数值减 1。

的成果。在映射表中包含“键”集合（KeySet）和“值”集合（ValueSet）两类数据，二者中的元素一一对应，即键集合中任何一个键唯一对应着值集合中相应的值，键本身可以是字符串（默认）、单双精度数值、整型数值，值可以是字符串、逻辑数组、整型或单双精度数组，代码 124 表达了映射表结构的创建、查询和键值删除过程。

代码 124　映射表结构基本知识

```
1  >> CM = containers.Map                 % 创建空映射表
2  CM =
3    Map with properties:
4      Count: 0
5      KeyType: char
6      ValueType: any
7  >> CM('1') = 1                         % 向映射表填充键和值对
8  CM =
9    Map with properties:
10     Count: 1
11     KeyType: char
12     ValueType: any
13 >> CM('2') = magic(3)                  % 继续向映射表填充键和值对
14 CM =
15   Map with properties:
16     Count: 2
17     KeyType: char
18     ValueType: any
19 >> CM('1')                             % 通过键查询映射表对应的值
20 ans =
21   1
22 >> CM.remove('1')                      % 用 remove 方法移除键为'1'的值
23 ans =
24   Map with properties:
25     Count: 1
26     KeyType: char
27     ValueType: any
```

本章之前探讨了元胞数组和结构数组的基本特点，下面将通过一个以学生学号映射和检索学生姓名以及成绩的例子，说明映射表数据类型的基本特征。首先创建一个学生学号（KeySet1）和姓名（Value Set）的映射表，代码 125 创建的映射表 NameIDMap 共有 4 对键值对，分别用学号对应着 4 个学生的姓名：

代码 125　1 -创建学生姓名学号表

```
1  NameIDMap = containers.Map(...
2  {'20190125','20190132','20190256','20180401'},...
3  {'张同良','李昊','王华','周兆军'});
```

用代码 126 另创建一个映射表 Score，其中包含学生的各科成绩：

代码 126　2 -创建学生成绩表

```
1  s1 = struct('ID','20190132','Phy',76,'Math',82,'Bio',67,'Geo',88);
2  s2 = struct('ID','20170432','Phy',92,'Math',73,'Bio',99,'Geo',78);
3  s3 = struct('ID','20180232','Phy',86,'Math',71,'Bio',75,'Geo',91);
4  s4 = struct('ID','20190256','Phy',81,'Math',77,'Bio',81,'Geo',70);
5  s5 = struct('ID','20190356','Phy',71,'Math',67,'Bio',61,'Geo',80);
6  Score = containers.Map(sprintfc('Score%d',1:5),{s3,s1,s2,s5,s4})
```

注意到学生成绩的结构数组中，第 1 个域‘ID’是学生学号，其中既有和映射表

NameIDMap 中键重合的，也有不属于 NameIDMap 的，顺序刻意被打乱，因此这是两个完全独立的数据源，可以通过成绩映射表反向查找学生姓名或者各科成绩。

代码 127 3-查询学生姓名及成绩

```
1  >> Name = NameIDMap(Score('Score5').ID)      % 反向查找学生姓名
2  Name =
3      '王华'
4  >> PhyScore = Score('Score5').Phy            % 物理成绩
5  PhyScore =
6  81
```

代码 127 第 1 条语句中的“Score('Score5')”找到了对应的结构数组，通过点调用“ID”域返回学生学号，这恰好是 NameIDMap 映射表的键，因此就在 NameIDMap 中找到了学生的姓名。

点评 3.13 MATLAB 中的映射表结构作为一个内置类(很多场合可以视其为数据类型)，通过 keys、values、isKey 和 remove 等成员方法，实现了键值新增、查询检索、删除等功能。相比于 cell、double 和 struct 等数据类型，无须遍历快速检索数据(相对于 cell)，支持数值编号键值(相对于 struct)，可同时容纳数值和文本(相对于 double)，更重要的是，从内存机制上来讲，映射表结构是一个可以灵活扩充的容器，每次添加(删除)内容无须重新分配内存，在数据库等特定场合下，可以发挥出重要的作用。

3.3 总 结

本章介绍了运算操作和数据类型两方面的内容。运算操作部分，除介绍代表 MATLAB 特色的矢量化运算如点乘、点除、点乘方和左(右)除等外，还重点结合代码示例，讲述了隐式扩展操作的基本原理和运用方法，证实了隐式扩展操作可以有效提高代码矢量化程度，经过推广，必将成为 MATLAB 编程数据处理和运算的主要手段之一。隐式扩展目前市面上的图书介绍的较少，案例也不是很多，但却应当引起初学者重视。数据类型部分介绍了几种 MATLAB 常用的类型如 cell、struct 和 table，示例比较了 3 种数据类型各自的特点以及适合各类数据的使用环境与相关函数命令；介绍了新老两类文本数据类型 char 和 string 的异同点，作为 MATLAB 主推的新型文本数据类型 string，在未来版本中也将扮演越来越重要的角色；此外结合实例，又介绍了与日期和时间计算有关的两个核心函数 datenum 和 datetime，前者为老版本函数(自 R2006a)，后者则是自 R2016b 推出的。

MATLAB 还有几种数据类型，例如用于分类的 categorical，将在绘图技术的相关章节中结合图形函数如 bar、histogram 等介绍它的应用；再如 table 类型，也需要和数据 I/O 部分的 readtable/writetable 等函数结合起来，才能发挥出函数真正的功能和用途。

不难看出 MATLAB 底层运算方式和数据类型在过去十几年间，发生了很大的变化，这种变化很大程度上已经到了足以迫使哪怕最固执的用户去改变对 MATLAB 看法的时候了，不能再以讹传讹，还用 R6.5、R7.1 时代的老眼光看待 MATLAB 的编程方式，不建议再把新版 MATLAB 以老版本的方式来用，而扩充加深对新版本函数命令用法的认识、掌握新数据类型和运算操作方式，对于初学者而言，则应该正是时候。

第 4 章

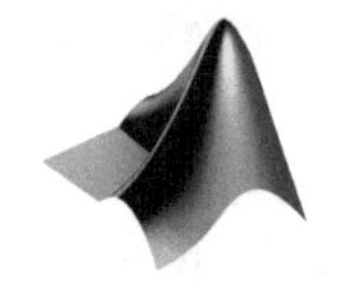

逻辑关系、逻辑运算与索引寻址

编程语言中的逻辑条件是程序流程的指向标识，对于是否执行、执行多少次、何时执行，都要以逻辑条件来判断。0-1 逻辑值（布尔值）用于判断事件真假，if 流程经常用它来判定某次语句结果是否执行，或执行哪一路分支语句；更多情况下，逻辑值用于矩阵元素操作的逻辑索引操作，也就是对矩阵元素做"开关"式的检索引用。MATLAB 提供了大量与逻辑关系、逻辑运算有关的函数和运算操作，相当一部分函数（例如以"is"开头的所有命令——ismember、isscalar、issorted 等）会返回逻辑值。

围绕逻辑关系与逻辑运算，MATLAB 提供了堪称完备的运算体系，除了基本的逻辑关系和运算，还有足够丰富的函数，以备用户完成各种复杂条件的判断；此外，作为一门弱类型语言，MATLAB 中的逻辑类型和其他类型运算时可以无缝切换（学习过强类型语言的用户初次接触 MATLAB 可能对这一点会感到不习惯）；更重要的是，围绕逻辑数组的构造，MATLAB 提供了一个极其强大的功能，即支持矢量运算（包括隐式扩展）的逻辑索引寻址，在 MATLAB 程序编写时，恰到好处的逻辑索引往往能在效率不减的情况下，大幅简化代码流程。我们说一个人能不能写出真正的 MATLAB 代码，就是从数组一到多次索引寻址的理解是否透彻开始判断的。MATLAB 逻辑数组的构造能力，一定程度上反映了程序编写者的代码编写能力，这一点已经过大量实践验证，准确性完全经得起考验。

因此，本章将结合实例对 MATLAB 中的逻辑关系、逻辑运算，尤其是通过逻辑索引进行寻址的各种技巧，做详细介绍。希望通过阅读本章，读者可以了解 MATLAB 向量化程序编写中的精粹操作之一——索引寻址的概貌。

4.1 逻辑关系和逻辑运算

4.1.1 逻辑条件里的 8 个"是非"断定

MATLAB 中的数值或数组可以概括出 8 种逻辑关系，其中数值间对应的关系共计 6 种，如表 4.1 所列，此外还为数组整体相等性提供了两种关系判断函数：isequal 和 isequaln，后者是自 R2012a 提供的函数，其将数组中的特殊元素（如非数 NaN、非时间 NaT、< missing >和未定义的类别元素）也视为是相等的。显然，提供 isequaln 的目的在于适应并配合 categorical、timetable、string 等新版本数据类型的一些特定要求。

学习 MATLAB 中的逻辑值，首先要厘清一个有关逻辑类型的概念：TRUE(1)和 FALSE(0)究竟是什么？为什么有时 0 和 1 可以用作真假判断，或出现在矩阵索引里用于挑选不同位置的元素，可有些时候，如写成“x(0)”又会出错呢？

表 4.1　MATLAB 逻辑关系符号列表

编　号	名　称	等效符号	意　义	示　例
01	eq	==	确定相等性	eq(a,b)或 a==b
02	ge	>=	确定大于等于	ge(a,b)或 a>=b
03	gt	>	确定大于	gt(a,b)或 a>b
04	le	<=	确定小于等于	le(a,b)或 a<=b
05	lt	<	确定小于	lt(a,b)或 a<b
06	ne	~=	确定不相等性	ne(a,b)或 a~=b

为讲清楚这个概念，代码 128 中列出了 1 和 2 两个数值间的 6 种逻辑关系，组成 1×6 的逻辑数组(logical array)。用 isequal 命令判定数组 tLogic 和 tDouble 的相等性，结果返回 TRUE，表面看，逻辑数组中的元素 0 和 1 与双精度数组中的 0 和 1 似乎一样。

代码 128　逻辑型和数值型的区别

```
1  >> [a,b] = deal(1,2);
2  >> tLogic = [a<b  a<=b  a>b  a>=b  a==b  a~=b] % 逻辑型数组
3  tLogic =
4  1×6 logical array
5      1   1   0   0   0   1
6  >> tDouble = [1 1 0 0 0 1] % 数值型数组
7  tDouble =
8      1     1     0     0     0     1
9  >> isequal(tLogic,tDouble) % 数组的相等性判断
10 ans =
11 logical
12     1
```

实际上两个类型不同，数值相同的数组变量是存在区别的，矩阵逻辑索引时，变量 tDouble 做索引提取数组 v 中元素提示出错，而变量 tLogic 则能成功检索到数据：

代码 129　双精度数值型 0-1 序列索引出错信息

```
1  >> v = randi(20,1,10)
2    v =
3      17    19     3    19    13     2     6    11    20    20
4  >> v(tDouble)
5    Array indices must be positive integers or logical values.
6  >> v(tLogic)
7  ans =
8      17    19     2
```

从代码 129 也可以看出逻辑值 0-1 类似电气设备开关，用“开|闭”状态来指示数组对应位置元素是否选取；数值型 0-1 则仅作为数值，如果一定要当成数组元素的索引依据，则 1 永远指向数组首元素，元素 0 则识别为绝对索引 0，会因 MATLAB 规定不存在第 0 索引而提示出错。

了解逻辑类型和数值类型差异后，更具意义的问题应该是：MATLAB 中双精度和逻辑类

型变量二者间是怎样转换的？例如用 logical 函数，或者下一节即将提到的逻辑“或”运算，都能实现数值型向逻辑型的转换；逻辑型转换为数值型也只须在逻辑变量前增加一个“+”号。

代码 130　双精度和逻辑型变量的相互转换

```
1  >> v(logical(tDouble))            % 转换逻辑索引方法 1：利用 logical 函数
2  ans =
3      17     19     2
4  >> v(0|tDouble)
5  ans =
6      17     19     2
7  >> v(or(0,tDouble))               % 转换逻辑索引方法 2：利用 or 函数
8  ans =
9      17     19     2
10 >> class(+logical([0 1 0]))      % 逻辑值转普通 double 数值："+"操作符
11 ans =
12     'double'
```

代码 130 中的第 3 种方法用的是命令 or，这是和逻辑运算符“|”等效的命令形式，在用 MATLAB 编写程序时，经常遇到从某个大的数组中提取满足特定条件的元素并进行编辑的代码问题，因此上述构造数值型并转换为逻辑类型的操作方式是经常采取的手段。

逻辑关系运算全面支持 MATLAB 的矢量化操作，例如：

代码 131　逻辑关系支持矢量化运算的示例

```
1  >> t = num2cell(randi(10,2,3),2);
2  >> [a,b] = t{:}      % 生成逻辑关系比较的同维数据
3  a =
4       5     8     2
5  b =
6       4     8     5
7  >> a <= b            % 遍历两个数组所有元素给出比较判断
8  ans =
9  1×3 logical array
10      0     1     1
11 >> a == b'           % 逻辑关系运算支持隐式扩展操作
12 ans =
13 3×3 logical array
14      0     0     0
15      0     1     0
16      1     0     0
```

代码 131 显示了 MATLAB 中的逻辑关系运算支持矢量化和隐式扩展操作，这给数组元素对位比较和逻辑判断带来方便，因为不需要再为元素的遍历比较而刻意设置多重外部循环，尤其是逻辑数组结合隐式扩展，往往在构造某些具有特定规律的逻辑矩阵时，具有令人惊讶的简洁性，有时可能获得一些堪称异想天开的代码思路。

4.1.2　6 种 MATLAB 逻辑运算操作

4.1.1 节的 8 种关系操作符和命令可用于处理简单的变量间两两逻辑判断，不过实际问题所涉及的逻辑条件通常要在多个条件之间，处理“与”“或”“非”“所有”“任何”以及“异或”等关系，这涉及多条件之间的集合从属或层级关系判断。MATLAB 提供了一系列函数或操作命令，用于处理复杂多条件逻辑关系，表 4.2 列出了一些基本的逻辑运算函数或操作命令。

表 4.2　MATLAB 逻辑运算操作符号与命令列表

编　号	名　称	等效符号	意　义	示　例
01	and	&	计算逻辑 AND	and(a,b)或 a&b
02	not	~	计算逻辑 NOT	not(a)或~a
03	or	|	计算逻辑 OR	or(a,b)或 a|b
04	xor	无	计算逻辑异 OR	xor(a,b)
05	all	无	确定所有数组元素非零或 true	all(a==b)
06	any	无	确定任何数组元素是否非零	any(a+b<=5)

逻辑运算全面支持数组矢量化的操作方式，这和关系运算符类似，例如在 2×4 的数组 a 中查找满足 $3\leqslant a\leqslant 7$ 的元素：

代码 132　逻辑运算的矢量化操作示例-1

```
1  >> a = randi(10,2,4)
2  a =
3       9     2     7     3
4      10    10     1     6
5  >> tLogic = (a >= 3) & (a <= 7)          % 构造满足范围条件的逻辑数组条件
6  tLogic =
7  2×4 logical array
8       0   0   1   1
9       0   0   0   1
10 >> [iLogic,jLogic] = find(tLogic);       % 查找满足范围条件的元素行列坐标
11 >> Idx = [iLogic,jLogic]'                % 显示 find 获得的元素位置行列索引
12 Idx  =
13      1   1   2
14      3   4   4
```

逻辑"AND"(&)操作将 $a<=7$ 和 $a>=3$ 两个条件以并列关系纳入逻辑数组，这是实际问题中提取某数组符合指定要求元素的常见方法。此外，代码 132 显示：数组逻辑运算，结果仍为同维数组。

4.1.3　进阶："短路"运算与常规数组逻辑操作特征辨析

关系运算和逻辑操作运算全面支持 MATLAB 矢量化操作，实际问题中两者之间的组合操作经常能大幅简化代码，在显著提高编程效率的同时，得到令人赏心悦目的效果。但在一些特定情况下，一般的关系和逻辑运算是受到限制的，例如两组或者多组数据的比较，要求得到唯一逻辑判断值，以便决定下一步如何执行代码。此时返回数组形式的逻辑值会产生潜在的错误，例如后续章节的 MATLAB 控制流程，对判断流程 if 和不定次数循环流程 while，往往设置一组条件，整体判定结果为 TRUE(FALSE)时，才结束(继续)执行循环或某组分支判断流程下的对应语句。

☞ **注意：**此时返回的判断结果不能为数组，必须是 TRUE|FALSE(1|0)的数值，例如下面演示排中律出错的代码 133，就形象地说明了返回数组形式的逻辑判断可能存在的矛盾。

代码 133　排中律出错情况的示例代码

```
1  [a,b] = deal([1 2],[1 3]);
2  if a == b
3      disp(1)            % a 和 b 确定相等时返回结果 1
4  elseif a ~= b
5      disp(2)            % a 和 b 确定不相等时返回结果 2
```

```
6  else
7      disp(3)              % a 和 b 的相等性属于其他情况时返回结果 3
8  end
```

代码 133 保存为🗀 D:/MATLABFiles/ShortCurcuiting.m，在命令窗口执行的结果如代码 134 所示：

代码 134　代码 133 运行结果

```
1  >> ShortCurcuiting
2       3
```

程序运行结果颇为尴尬：变量 a 等于 b 的判断结果竟既非“True”，也非“False”，而是返回“真”“假”之外的第 3 种情况。这种代码上的逻辑错误，相当于去银行验钞，得到“一半真、一半假”的验定结果。为避免需要单一判断结果时，却返回一组 0|1 混杂数组的情况发生，MATLAB 提供了针对两组逻辑表达式的逻辑运算方式，称为“短路”（Short-Circuiting）逻辑操作，它只有代码 135 所示的两种符号表示形式：

代码 135　短路逻辑操作符的两种表述形式

```
1  expr1 && expr2
2  expr1 || expr2
```

逻辑关系运算中的短路操作一般针对复杂的数组逻辑关系，返回结果是唯一的逻辑值。仍以代码 133 中的 a 和 b 为例，两个 1×2 数组变量整体并不相等，但两个简单变量结合短路运算操作，可以构造出不同形式的逻辑判断表达式。

代码 136　短路逻辑操作的特点分析

```
1  >> [a,b] = deal([1 2],[1 3]);
2  >> (a(1) - b(1)> = 0)&&(a(2) - b(2)< = 0)
3  ans =
4  logical
5     1
6  >> (a(1)~ = b(1))&&isreal(a - b)
7  ans =
8    logical
9      0
10 >> (a~ = b)||isreal(a - b)
11 Operands to the || and && operators must be convertible to logical scalar values.
```

代码 136 中的短路逻辑操作返回逻辑类型变量，形式上除了比普通逻辑“AND”和“OR”多一个“&”和“|”之外，也执行两个并列逻辑表达式间的“并”“或”操作，似乎没什么不同，但两者间的实际区别在于返回结果的维度和判断结果的执行优先度，这种区别也导致两个逻辑操作在使用场合、应用环境上的不同。

首先，返回结果维度存在差别，短路运算符比较两个分逻辑表达式的结果必须是维度 1×1 的逻辑值，普通逻辑运算符返回的结果则可以是逻辑数组，例如：

代码 137　一般逻辑操作的维度约束

```
1  >> [a,b] = deal(1:3,[2 1 2 3]);
2  >> a >= 2 & b <= 2              % “并”操作(普通逻辑条件) 返回逻辑数组
3  ans =
4    1 × 3 logical array
5       0  1  0
6  >> a >= 2 && b <= 2             % “并”操作(短路逻辑条件) 提示出错
7  Operands to the || and && operators must be convertible to logical scalar values.
```

其次，用“&”或“|”等逻辑操作构造逻辑条件并列，并列部分的条件全部执行完才能判断最后的结果为 TRUE 还是 FALSE，但短路运算符会先对左侧表达式 1 进行运算，如果通过条件 1 的执行已经确定整个逻辑表达式的结果，则条件 2 就不需要继续执行，这是更有效率的执行方式，例如：

代码 138　短路运算符的执行优先度示例

```
1  [a,b] = deal(1,2);
2  if a ~= 1 && b == 2
3      % 执行分支 1 语句
4  else
5      % 执行分支 2 语句
6  end
```

代码 138 中判断条件包含两组逻辑“并”的条件，必须二者同时结果为 TRUE，方可执行分支 1 中的语句。如果使用短路逻辑“并”操作（&&），执行条件 1 程序判定结果为假，此时执行右侧条件是没有意义的，因此将跳过右侧“b==2”条件，进入 else 执行分支 2 中的语句；如果使用普通逻辑操作符（&），右侧条件“b==2”同样会被程序执行。

由此 MATLAB 在 if 和 while 语句的判定条件中，强制采取短路操作符，避免当并列的多个逻辑表达式某段出现矩阵运算结果时，发生更隐蔽也更严重的逻辑错误。下面通过一个示例说明 MATLAB 是如何强制执行短路逻辑运算操作的：

代码 139　查看强制短路逻辑运算的代码

```
1   clc; clear; close all;
2   for i = 1:2
3       if i == 2
4           a = 1;
5       end
6       if i == 2 & a>0
7           disp(sprintf('Run %d working fine! ',i))
8       else
9           disp(sprintf('Run %d is not OK! ',i))
10      end
11  end
```

运行结果：

代码 140　代码 139 的运行结果

```
1      Run 1 is not OK!
2      Run 2 working fine!
```

✍ **点评 4.1**　代码 140 显示：两次循环 i 取不同值，循环体内两路分支判断均被执行。观察发现：第 i=1 次循环时，变量 a 不存在，预计本应出现的错误提示“Undefined function or variable‘a’”实际上并未出现，整个代码正常执行，因此断定执行 if 语句时，MATLAB 强制使用短路运算符操作方式，第 1 次循环因 i=1，不满足 if 条件“i==2”，没有执行将导致编译错误的第 2 部分“a>0”，“跳入”if 流程内部执行了 else 语句后的分支 2 语句。

由前述分析，普通逻辑操作和短路运算操作符各自有其用途和使用环境，短路运算可以回避无须执行的并列逻辑语句，执行效率更优，一般用于必须返回一个 1×1 逻辑值的场合，例如多路分支判断和不定次数循环的终止（继续）执行等；普通逻辑运算操作返回结果是数组，多用于程序数组运算，很多场合下对简化代码、提高执行效率（依靠矢量化运算）有一定帮助，事实上，逻辑运算也是 MATLAB 矢量化的核心操作之一。接下来将通过示例详述普通逻辑操作符构造特定要求的矩阵、向量开关式逻辑索引的方法。

4.1.4 逻辑运算代码示例 1:分段函数

MATLAB 许多函数和运算操作支持矢量化的逻辑值批量运算和操作，例如 isempty、isequal、any、all、not 等，这些函数结合逻辑数组构造，往往在解决问题时能起到很重要的作用。例如给定 5×5 的输入矩阵 $\boldsymbol{x}$：

代码 141 输入变量 5×5 矩阵 x

```
1  >> x = randi([-10 10],5)
2  x =
3       7    -8    -7    -8     3
4       9    -5    10    -2   -10
5      -8     1    10     9     7
6       9    10     0     6     9
7       3    10     6    10     4
```

要求在输入矩阵 $\boldsymbol{x}$ 中，找到所有满足小于－3 的元素位置，符合条件的位置元素为 1，不符合的则为 0。

此类问题如果用循环逐个判断，可能要连用 for＋if，遍历原矩阵每个元素做条件判定，无疑是烦琐的：

代码 142 循环查找满足小于－3 的元素索引

```
1  y = zeros(size(x));
2  for i = 1:size(x,1)
3    for j = 1:size(x,2)
4      if x(i,j) < -3
5        y(i,j) = 1;
6      end
7    end
8  end
```

实际上在了解 MATLAB 逻辑数组构造的原理后，只需要构造一个满足 $x<-3$ 的逻辑数组即可实现：

代码 143 构造逻辑条件查找满足 $x<-3$ 的元素索引

```
1  >> y = x<-3
2  y =
3    5×5 logical array
4      0   1   1   1   0
5      0   1   0   0   1
6      1   0   0   0   0
7      0   0   0   0   0
8      0   0   0   0   0
```

构造逻辑索引的操作和逐个元素循环相比，简洁而有效，类似代码 143 这种逻辑索引构造的思路，在分段函数求值、多个条件对应不同表达式的情况下，往往是非常有用的。

问题 4.1 以代码 141 所给出的变量 x 作为函数自变量数值，计算式(4.1)所示分段函数 $f(x)$在自变量 x 每个数值处的数值：

$$f(x)=\begin{cases}\sin 2x & x>5\\ e^{0.5x} & -3\leqslant x\leqslant 5\\ x^2 & x<-3\end{cases} \tag{4.1}$$

代码 141 给出 5×5＝25 个满足 $x\in[-10,10]$的整数值，要求逐一代入式(4.1)所示的分段函数，按各自要求解得其数值，并返回和 $\boldsymbol{x}$ 同维的 5×5 矩阵 $\boldsymbol{y}$。

分析 4.1　问题需要判断自变量每个取值处于 $f(x)$的哪个分段区间，然后才能选择对应的函数表达式。通过二重循环、遍历变量 x 中每个元素值，按式(4.1)给定的分段条件，可以求得结果，但是代码比较冗长烦琐。还可以考虑构造符合 3 个条件的元素逻辑开关数组，利用矢量化方式批量处理。

为方便比较，先提供二重循环＋3 路分支判断的对比代码：

代码 144　二重循环＋3 路分支判断求解代码

```
1  y = zeros(1 size(x));
2  for i = 1:size(x,1)
3    for j = 1:size(x,2)
4      if x(i,j) < -3
5        y(i,j) = x(i,j)^2;
6      elseif x(i,j) <= 5
7        y(i,j) = exp(0.5 * x(i,j));
8      else
9        y(i,j) = sin(2 * x(i,j));
10     end
11   end
12 end
13 y
```

代码 144 中的 3 路分支判断，如果构造恰当的逻辑开关数组，再以索引形式批量赋值，能够有效地压缩简化：

代码 145　逻辑索引的矢量化代码-1

```
1  y = zeros(size(x));
2  y(x<-3) = x(x<-3).^2;
3  y(x>5) = sin(2 * x(x>5));
4  y(x>=-3&x<=5) = exp(.5 * x(x>=-3&x<=5));
```

第 2 行赋值语句“y(x <－3)＝x(x <－3).^2”两端都出现了用于逻辑数组构造的“(x <－3)”，这种用法在今后可能会经常用到，分析如下：

(1) 赋值语句左端“y(x <－3)”：按索引位置对应存放赋值结果。在变量 y(和 x 维度相同)中检索符合条件“x <－3”的位置。

(2) 赋值语句右端“x(x <－3).^2”：构造矩阵逻辑索引和对符合条件位置的元素做批量乘方运算，相当于经过如下 3 个步骤：

① 里层输入把符合“x <－3”条件元素的位置，用逻辑开关“TRUE(1)”打开；

② “开关”索引作用于外层 $x(\ldots)$，符合位置条件的 x 元素勾选并入一个子集；

③ 遍历前一步骤子集内的所有元素，完成乘方运算。

代码 145 的所谓“简化”实际上是用逻辑索引赋值替换了多路分支选择，不妨再进一步，利用点运算的矢量化方式，将 3 个逻辑索引和赋值的语句合并到一条语句之中：

代码 146　逻辑索引的矢量化代码-2

```
1  >> y = (x<-3).*x.^2 + (x>5).*sin(2*x) + (x>= -3 & x<=5).*exp(.5*x)
2  >> y =
3     0.9906    64.0000    49.0000    64.0000    4.4817
4     ...
5     4.4817    0.9129    -0.5366    0.9129    7.3891
```

✍ **点评 4.2** 问题 4.1 阐述了构造逻辑数组的基本方法，通过循环逐个元素遍历判断求值和构造逻辑开关数组做矢量化运算这两种代码思路的比较，也从侧面再度体现了逻辑数组构造的重要性，很多构造方法涉及矢量化代码的编写技巧，熟练掌握后能大幅度提高复杂数据遴选代码的编写效率。

4.1.5 逻辑运算代码示例 2：构造字形矩阵

写出简洁的 MATLAB 代码，往往要求充分理解问题，挖掘出隐含条件，找到恰当的函数命令组合，问题 4.1 属于构造逻辑数组的基本题型，实际上逻辑数组和 MATLAB 基本函数之间的组合仍然大有潜力可挖，下面通过几个代码实例问题，进一步介绍逻辑关系、逻辑运算方面的有趣应用。

问题 4.2 给定一个 $n\times n(n\leqslant 5)$ 的随机整数方阵 $\boldsymbol{A}$，要求按如下要求生成新的矩阵：

（1）生成与 **A** 同维的"口"字形矩阵，要求输出矩阵最外圈元素和 **A** 相同，内部元素全部为 0；

（2）生成与 **A** 同维的"田"字形矩阵，要求输出矩阵外圈和内部中间"十"字上元素与 **A** 相同，其余为 0；

（3）生成与 **A** 同维的"米"字形矩阵，要求矩阵元素规律同上；

（4）生成与 **A** 同维的"栅栏"形矩阵，要求输出矩阵第 1,3,5,…,n 行（列）元素与 **A** 相同，其余赋值为 0。

分析 4.2 问题 4.2 的求解方法不止一种，比如"口"字形阵，可以将 **A** 内部元素赋值为 0，即 A(2:n,2:n)=0，但这个简单思路不能沿用到后续的"田""米"和"栅栏"形矩阵中，如果想找到相对通用的方法解决上述问题，就需要使用之前介绍过的隐式扩展操作。

生成"口"字形矩阵，关键步骤是如何构造出外圈为 1、内部为 0 的同维矩阵 $\boldsymbol{T}$，其后只须再和原矩阵 **A** 进行一次点乘即得到结果。4.1.1 节逻辑运算和关系运算提到逻辑型操作对矢量化运算的全面支持（见代码 131），发现可以用两个 1 维数组之间的逻辑运算，通过隐式扩展形成 2 维矩阵，受此启发，可设法构造出恰当的 1 维数组，用隐式扩展得到符合题目条件的 0-1 矩阵，分析外圈为 1、内部为 0 元素的条件，因此所需 1 维数组应该是"$t=[1,0,\cdots,0,1]$"的形式。

代码 147 隐式扩展生成"口"字形阵

```
1  >> n = 5;
2  >> t([1 n]) = 1               % 数组弹性扩维
3  t =
4       1     0     0     0     1
5  >> (t|t').*randi(10,n)       % 隐式扩展和点乘操作
6  ans =
7       4     4     3     1     2
8       2     0     0     0     6
9       3     0     0     0     5
10      7     0     0     0     1
11      5    10     6    10     4
```

注意代码 147 有注释的两行，首先，变量 t 事先并不存在，但利用矩阵的维度 n，在一行内同时实现"两端元素赋值为 1"和"弹性扩维至 1×5 数组"2 个步骤；接下来的隐式扩展是关键步骤，让 $1\times n$ 的 t 和 $n\times 1$ 的 t'，形成变量对位逻辑"或"操作，构造外圈为逻辑"1"、内圈为逻辑"0"的 $n\times n$ 同维矩阵。这种方法比内部元素赋值为零的解法多了一步，但隐式扩展的好处在于它对后续几个子问题仍然适用，仍以 $n=5$ 为例，生成"田"字形矩阵，只须构造和代码 147

类似的变量 t_1，不同之处是中间元素需要改成 1。

代码 148　隐式扩展生成"田"字形阵

```
1  >> t1([1  (n+1)/2  n]) = 1
2  t1 =
3       1     0     1     0     1
4  >> (t1|t1').*randi(10,n);
```

代码 147、代码 148 通过构造形式恰当的一维数组，结合隐式扩展和逻辑运算操作将其变换至所需的二维逻辑矩阵，最后通过点乘获取所需结果。

进一步地，子问题(3)中的"米"字形矩阵相当于"田"字形矩阵和正反对角线的叠加，因此仍沿用代码 148 中的 1 维数组，连续使用 3 次逻辑"OR"，得到返回矩阵：

代码 149　隐式扩展生成"米"字形阵

```
1  >> n = 9;
2  >> t([1  (n+1)/2  n]) = 1
3  >> (eye(n)|flip(eye(n)))|(t|t')      % 运行结果略去
```

同理，在第 4 个问题的"栅栏"形矩阵构造中，关键也在一维数组 t，基于前述思路，适合采用 mod 命令构造，以 $n=9$ 为例：

代码 150　隐式扩展生成"栅栏"形矩阵

```
1  >> t = mod(1:n,2)   % 求余辅助构造栅栏形矩阵
2  t =
3       1     0     1     0     1     0     1     0     1
4  >> t|t';   % 运行结果略去
```

问题 4.2 求解代码的核心在于从低维数组中找到高维数组的数字变化规律，这要求编写代码时，对 MATLAB 隐式扩展的使用方法、逻辑运算都有进一步的了解，实际上，此类问题的求解具有宽广的可拓展性，例如逻辑关系运算结合隐式扩展，有时也能够起到意想不到的效果。

问题 4.3　编写函数"O.m"，给定输入参数为正整数 $n(n\leqslant 2)$，要求返回 $n\times n$ 的 0－1 方阵 $\boldsymbol{O}$，方阵内部和四角元素值均为 0，其余为 1。例如当 $n=5$ 时，返回 5×5 方阵

$$\boldsymbol{O}=\begin{bmatrix}0 & 1 & 1 & 1 & 0\\ 1 & 0 & 0 & 0 & 1\\ 1 & 0 & 0 & 0 & 1\\ 1 & 0 & 0 & 0 & 1\\ 0 & 1 & 1 & 1 & 0\end{bmatrix}$$

分析 4.3　问题 4.3 看似与之前的"口"字形矩阵求解代码类似，实际上构造思路还是有一定差异的，由于四角元素为 0，所以构造一维数组，再和自身转置做逻辑"OR"的隐式扩展操作可能会遇到一些障碍。

问题 4.3 的数字特征比较明显，可以通过索引用两次赋值实现：

代码 151　两次赋值构造"口"字形矩阵

```
1  >> n = 5;
2  >> O = ones(n);
3  >> O(2:n-1,2:n-1) = 0;   % 第 1 次内部元素赋值为 0
4  >> O([1 n],[1 n]) = 0;   % 第 2 次四角元素赋值为 0
```

但四角元素为零的条件，限制了一维数组和其自身转置之间以逻辑"OR"进行隐式扩展一步到位的思路，实际上这样的问题可以转换一下思路，改用逻辑关系运算实现：

代码 152　逻辑关系运算＋隐式扩展构造"口"字形矩阵

```
1  >> [0 ones(1,n-2),0];
2  >> ans ~ = ans';
```

由于形式对称，所以构造一维数组时，代码 152 第 1 句替换成"[1　zeros(1,n－2),1]"，得到的是同样的结果。当然，利用逻辑关系运算构造符合要求矩阵的思路，具体实现代码是灵活的，例如下列构造逻辑条件的代码 153，借助测试矩阵 spiral 同样构造得到了"边缘为 1、内部元素为 0"的矩阵，该矩阵维度由 spiral 决定，因此就不需要隐式扩展了。

代码 153　逻辑关系运算＋测试矩阵 spiral 构造"口"字形矩阵

```
1  >> spiral(n)>(n-2)^2;
2  >> ans([1 n],[1 n]) = 0;
```

4.2　数组的索引寻址

使用 MATLAB 解决问题时，往往要应对海量复杂数据，很多情况下用户要在不同维度数组构成的复杂数据集中，查找符合条件的元素子集，这要求用户观察数据自身的特点，编写恰当规则，合理运用元素索引(Index)手段，据此构造能检索特定数据的模型寻找元素位置。检索数据时，索引相当于每个数组位置上数据元素的独有标识，观察数据标识，找到共有规律，由于索引构造方式的灵活与强大，索引寻址堪称 MATLAB 矢量化代码的精神与魂魄，运用数据索引能力的高下，很大程度上反映和衡量了代码编写人对 MATLAB 语言理解的程度。本节主要结合多组示例，介绍 MATLAB 中使用索引寻址的一些基本概念和技巧。

4.2.1　多角标的高维索引

MATLAB 对数据检索的形式可分为下标索引(高维索引)和线性索引(低维索引)。关于索引，首先要明白一个概念：数据索引。索引方式是不能统一的，原因是索引相当于数据元素的家庭住址，住址位置唯一确定，却应当依据用途，形成多样的表示方法。例如：快递投寄地址需要以街道、门牌号码、楼层的方式编写；如果是地图显示，经纬度坐标定位就更快；如果街边问路，则通过某些本地人所熟知或明显的地标建筑、景点做参考位置来定位就更通俗易懂。索引就相当于在 MATLAB 中对批量数据元素地址的指引，也可以描述为相当于引用数据集中的某个特定子集时，一个统一约定的规则或方式集合，之前本书所提及的逻辑数组对元素"开关式"的相对定位，也是其中之一。

数据集索引最基础的方式是依循行、列、层交叉定位元素，即所谓的"高维索引"，有些书也称其为"多角标索引"，其基本用法如代码 154 所示。

代码 154　高维索引

```
1  >> a = rand(5)                    % 定义原始数据总集 a
2  a =
3       0.8147    0.0975    0.1576    0.1419    0.6557
4       0.9058    0.2785    0.9706    0.4218    0.0357
5       0.1270    0.5469    0.9572    0.9157    0.8491
6       0.9134    0.9575    0.4854    0.7922    0.9340
7       0.6324    0.9649    0.8003    0.9595    0.6787
8  >> a(2,3)                         % 例 1：提取 a 第 2 行第 3 列的元素
9  ans =
```

```
10        0.9706
11  >> a(2:3,2:4)                   % 例 2:提取 a 第 2:3 行和第 2:4 行的 6 个元素
12  ans =
13        0.2785    0.9706    0.4218
14        0.5469    0.9572    0.9157
15  >> a([1  5],[2  4])             % 例 3:提取 a 元素(1,2)、(5,2)、(1,4) 和(5,4)
16  ans =
17        0.0975    0.1419
18        0.9649    0.9595
19  >> a(2:floor(sqrt(length(a))):end,3) % 例 4:提取 a 满足特定条件的元素
20  ans =
21        0.9706
22        0.4854
```

代码154给出数据集合中通过行列编号定位提取部分子集元素的几种代码方案，从中可以看出索引具有如下特点：

- 索引支持矢量化批量检索多个数据（代码154中的示例2～4），高维索引检索数据方式直观形象，容易理解；
- 非连续元素的"点名式"精确索引需要指定行列编号来确定元素的位置，但不一定非用实际数字，它同样支持利用函数得到的计算结果进行索引；
- 索引能实现动态检索数据，支持弹性扩维，例如代码154示例4，命令"2:floor(sqrt(length(a))):end"确定检索步距，其返回的结果是"2:2:5"，但左端点2、步长2的扩展等差序列只能到达数值4，因此检索行是第2和第4行，并非命令中列出的"size(a,2)=5"。

点评4.3 MATLAB的高维索引在提取单个元素、多个连续或非连续索引集合时，代码非常简洁；此外，索引自身是正整数元素集合，也支持使用函数构造索引（索引之索引），并以多重索引方式动态提取数据，这是令初学者感觉索引灵活强大，却也不容易轻易掌握的关键地方。

4.2.2 单一角标的低维索引

除了依照行列序号下标的交叉位置来检索数据的高维索引方式，还有与之对应的按元素在原数组排序，线性地检索数据的方式，称其为"低维索引"或"单角标索引"。它和高维索引类似的地方是都需要利用数组内元素的绝对编号对元素进行定位，但低维索引的元素按"列排布优先"原则，从左上角第1个元素到右下角最后一个元素，以1,2…的编号次序检索数据，如：

代码155 低维索引的元素编号顺序

```
1   >> x = magic(3) 1   % 生成数据集 x
2   x =
3        8     1     6
4        3     5     7
5        4     9     2
6   >> tx = num2cell(x);
7   >> [a1,a2,a3,a4,a5,a6,a7,a8,a9] = tx{:};   % x 中元素值依序转换为 table 数据
8   >> Tx = table(a1,a2,a3,a4,a5,a6,a7,a8,a9,'VariableNames',sprintfc('No%d',1:9))
9   Tx =
10     1×9 table
11       No1    No2    No3    No4    No5    No6    No7    No8    No9
12       ___    ___    ___    ___    ___    ___    ___    ___    ___
13        8      3      4      1      5      9      6      7      2
```

为方便观察，将3阶魔方阵 x 的数据转置成行并转换为表数据，表数组Tx的变量名"No…"中，数字即为低维索引检索排序编号，比如第3行第2列元素9，按代码x(3,2)=x(6)=9，因此低

维索引是$(c_6-1)\times r+r_6=(2-1)\times 3+3=6$，第 7 个元素 6 按代码 x(1,3)＝x(7)＝6，低维索引是$(c_7-1)\times r+r_7=(3-1)\times 3+1=7$，$c_i$，$r_i$ 代表元素高维索引的行、列编号，r 是矩阵 $\boldsymbol{x}$ 的行数，此外低维索引和高维索引一样，也支持多元素同时索引，如：$x([1\quad 7\quad 9])=[8\quad 6\quad 2]$。

很多涉及多维数组赋值或查找的代码中，低维索引被证明是有用的：如果按高维索引求解，很多情况下要用多重循环，但通过低维索引，则只需要一重循环。低维索引还有一个更为实际的应用场景，即"点名式"的精准检索数据，比如代码 154 第 15 行，用 $a([1\quad 5],[2\quad 4])$ 返回 4 个索引位置的元素：(1,2)、(5,2)、(1,4)和(5,4)，那么如果用户只想返回(1,2)和(5,4)这两个位置的元素值呢？

这类问题可以把两个指定高维索引，用 sub2ind 函数转换为低维索引，再检索[①]。

代码 156 "点名式"矩阵元素索引方法示例

```
1  >> a = randi(100,5)
2  a =
3       28    50    76    96    85
4       68    96    26    55    26
5       66    35    51    14    82
6       17    59    70    15    25
7       12    23    90    26    93
8  >> a(sub2ind(size(a),[1  5],[2  4])) % 索引(1,2)、(5,4) 两位置的元素
9  ans =
10      50    26
```

4.2.3 索引查找函数 find

find 命令用于查找符合条件的元素索引，例如一维数组中的索引查找：

代码 157 find 函数应用示例 1：一维数组

```
1  >> t = randi(10,1,10)
2  t =
3      2    10    10     5     9     2     5    10     8    10
4  >> idx = find(t<=5)
5  idx =
6      1     4     6     7
```

find 命令找到的索引 idx 是数组 t 中满足 t⩽5 的所有元素的索引，find 也可以查找二维矩阵和多维数组的高维索引，例如：

代码 158 find 函数应用示例 2:二维矩阵

```
1  >> b = randi(20,2,4)
2  b =
3      14    17    14    15
4       1    19    16     8
5  >> [i,j] = find(b>15);
6  >> [i,j]
7  ans =
8       1     2
9       2     2
10      2     3
```

① 我们曾经在网络上撰文探讨了有关 subsref/subsasgn 函数重载的 Cody 问题，对操作符重载有兴趣的读者，可查阅拙作(链接：https://zhuanlan.zhihu.com/p/137546945)。

返回的 2 个输出 i 和 j 代表输入 b 中满足 b≥15 的所有元素行列索引，二者必然同维度，从结果看一共有 4 个满足条件的数。

✍ **点评 4.4**　find 属于常用函数，经常会和逻辑条件构造联合使用，具有比较强的数据检索能力，一些情况下能完成逻辑索引无法一步完成的工作，例如查找某数组中，符合某条件(例如 $v \geq n$)的首个元素，可用"find(v >= n,1)"实现，最后 1 个元素则可用"find(v >= n,1,'last')"实现。此外 find 还有一个优势，其输出返回结果的形式灵活，以二维矩阵为例，当输出参数只有 1 个时，find 返回低维索引；而当输出参数是 2 个或多个时，只要满足维度协调关系，则 n 个参数对应返回行列层等系列对应维度的索引值。

4.2.4　进阶：示例解析不同索引应用方法

高维索引根据行、列编号定位数据，具有一定线性代数基础的用户会感觉这种索引方式更直观和容易理解；低维索引按数组元素"列排布"的原则查找和定位数据，相比之下可读性稍逊，因为一下不容易从索引编号联想到究竟对应哪个数据，但低维索引最大的优势在于能用一重循环降维遍历整个数组或矩阵数据。

逻辑索引和高、低维索引在各种 MATLAB 代码方案中的应用十分频繁，需要透彻理解三种索引方式的基本特点，才能决定什么环境下使用哪种索引最为适合。有些问题中，要求获取元素的位置形态比较直观，用高维索引更容易解决问题，比如：

问题 4.4　给定一个 $m \times n$ 输入矩阵($m,n \geq 2$)，求矩阵左上、左下、右上和右下角落 4 个元素的代数平均值，例如：

代码 159　适合于高维索引求解的问题

```
1  >> x = randi(10,4,6)
2  x =
3       8     2     1     4     4     5
4       8     8     1    10     8     5
5       4     1     9     1     8     7
6       7     3     7     5     2     8
```

返回结果应为：$[x(1,1)+x(4,1)+x(1,6)+x(4,6)]/4=(8+7+5+8)/4=7$。

分析 4.4　按索引数据的行列形态要求，相比于低维索引，问题 4.4 更适合采取高维索引检索四角元素完成计算，如果元素都非零，检索和计算的过程可以用一行代码实现。

在版本 R2018b 以前，如果规定矩阵元素是非零的，可先提取 nonzeros 四角元素并化为列形式，再用 mean 计算均值：

代码 160　问题 4.4 代码方案-1

```
1  mean(nonzeros(x([1  end],[1  end])));
```

当矩阵四角存在 0 元素，由于 nonzeros 自动剔除 0 元素，不再适合于提取元素和求均值，可用冒号操作将所提取元素强制归并为一列，但要增加一行代码：

代码 161　问题 4.4 代码方案-2

```
1  xm = x([1  end],[1  end]);
2  mean(xm(:))
```

sum、mean 和 prod 命令默认按列求和、均值和乘积，也能以数值形式指定某个维度完成对应的运算。自 R2018b 版本，这 3 个函数新增 vecdim 后置参数，能够以向量形式指定所需运算的数据维度，例如对于 3 维数组，可以指定对第 1 和第 3 维度的数据同时运算，例如：

代码 162　vecdim 参数指定参与计算的维度向量

```
1  >> t = randi(10,2,2,2)  % 构造 3 维数组 t
2  t(:,:,1) =
3      7     9
4      1    10
5  t(:,:,2) =
6      7     8
7      8     4
8  >> sum(t,[1  3])  % 对数组 t 的第 1 和第 3 维度数据求和
9  ans =
10     23    31
```

代码 162 中所谓的"对数组 t 的第 1 和第 3 维度数据求和"，可以理解成三维数组 t 每一层上的数据先沿行方向求和，再沿着层方向对应位置元素求和，于是得到代码 162 所示的结果[23,31]。

代码 163　对 vecdim 维度向量参数应用的解释

```
1  >> sum(t,1)
2  ans(:,:,1) =
3      8    19
4  ans(:,:,2) =
5     15    12
```

为方便用户使用，MATLAB 还提供了全维度运算的 vecdim 选项参数'all'，由于 sum 等 3 个命令都属于基础 MATLAB 工具箱函数，在用户代码中出现频率很高，可以预见未来 vecdim 参数会越来越频繁地被用到，问题 4.4 就是其中典型的例子，通过 vecdim 参数可以省略用 nonzeros 命令做维度转换，代之以设置'all'参数，用 mean 直接求均值。

代码 164　问题 4.4 代码方案-3

```
1  mean(x([1  end],[1  end]),'all');
```

低维索引求解问题 4.4，相比于高维索引方式略显烦琐，因为低维索引检索四角元素时，要按具体行列数换算位置：

代码 165　问题 4.4 代码方案-4

```
1  [m,n] = size(x);
2  mean(x([1  m  (n-1)*m+[1  m]]))
```

无论高维或者低维索引，实际上都是对同一矩阵内相同的元素集合指示其位置的方式，MATLAB 提供通过 ind2sub/sub2ind 实现下标索引和线性索引二者的相互转换的方式，故代码 165 可按如下方式优化：

代码 166　代码 165 的修改方案

```
1  [m,n] = size(x);
2  mean(x(sub2ind([m n],[1 m 1 m],[1,1,n,n])))
```

再进一步，问题 4.4 也可以用逻辑索引求解：

代码 167　问题 4.4 代码方案-5

```
1  [m,n] = size(x);
2  [tm,tn] = deal(1:m,1:n);
3  x(tm == 1|tm == m,tn == 1|tn == n);
4  mean(x(:))
```

代码 167 单独构造行列"开关"形成逻辑索引，还有另一种整体构造逻辑索引的思路：

代码 168　问题 4.4 代码方案-6

```
1  idx = (tm==1|tm==m)'&(tn==1|tn==n)
2  idx =
3  4×6 logical array
4        1   0   0   0   0   1
5        0   0   0   0   0   0
6        0   0   0   0   0   0
7        1   0   0   0   0   1
8  xIdx = x(idx);
9  mean(xIdx(:))
```

代码 167 和代码 168 借用逻辑关系表达式结合隐式扩展，构造出了四角元素的开关索引，但这并不是运用逻辑索引解决问题的最优方案。进一步思考发现，隐式扩展结合逻辑数组，是从低维数组扩展出高维数组的途径，如果深入挖掘数字规律，能得到“出乎意料”的巧妙解法：

代码 169　问题 4.4 代码方案-7

```
1  >>[tm,tn] 1 = size(x);
2  >> idx = [1;zeros(tm-2,1);1]&[1,zeros(1,tn-2),1] % 隐式扩展构造四角元素逻辑索引
3  idx =
4    4×6 logical array
5       1   0   0   0   0   1
6       0   0   0   0   0   0
7       0   0   0   0   0   0
8       1   0   0   0   0   1
9  >> SubM = x.*idx;  % 点乘得到四角元素实际数值
10 ans =
11      8     0     0     0     0     5
12      0     0     0     0     0     0
13      0     0     0     0     0     0
14      7     0     0     0     0     8
15 >> Out = mean(SubM([1  end],[1  end]),'all');
```

为方便理解，分行写出每个步骤的计算结果。代码 168 和代码 169 是通过观察低维数组的数字规律，结合逻辑数组构造、隐式扩展等操作，构造出符合问题要求的高维数组的。

✍ **点评 4.5**　问题 4.4 给出利用高维索引、低维索引和逻辑索引的 7 种不同方案，高维索引代码相对而言更加简洁，但不同问题自有其特点，没有最好，只有最适合。因此 3 种方式都应掌握，针对不同问题，选择最能配合问题求解环境的索引方式。

问题 4.5　给定二维正整数矩阵，提取其中所有是奇数的元素并求和，例如：

代码 170　问题 4.5 示例

```
1  >> a = randi(20,2,5)
2  a =
3      17     3    13     6    20
4      19    19     2    11    20
```

从中提取奇数元素，结果应为：17＋3＋13＋19＋19＋11＝82。

分析 4.5　注意：如果是提取奇数索引位的元素，可以用代码“a(1:2:numel(a))”实现，但问题 4.5 要提取的是矩阵 ***a*** 内部本身是奇数的元素。显然，这同样可以用高低维索引和逻辑索引求解。

容易想到利用二重循环遍历元素下标索引：

代码 171　方案 1:高维索引＋二重循环

```
1  s = 0;
2  for i = 1:size(a,1)
3    for j = 1:size(a,2)
4      if mod(a(i,j),2)
5        s = s + a(i,j);
6      end
7    end
8  end
```

相比之下，低维索引比较适合解决这类和元素具体位置无关，而只需要判断其数值是否满足某种条件的问题，因为低维索引只是按照列排布遍历矩阵内所有元素，因此循环可以减为一重：

代码 172　方案 2:低维索引＋一重循环

```
1  s = 0;
2  for i = 1:numel(a)
3    if mod(a(i),2)
4      s = s + a(i);
5    end
6  end
```

这段代码还可以根据“列排布优先”的规则进一步简化：

代码 173　方案 2:改进

```
1  s = 0;
2  for i = a(:)'  % 直接用 a 中元素对 i 赋值
3    if mod(i,2)
4      s = s + i;
5    end
6  end
```

代码 173 用矩阵 $\boldsymbol{a}$ 自身的元素参与循环，循环内的动态变量 i 变成了 $\boldsymbol{a}$ 中的元素，而不是元素的索引。

最后，提取奇数元素的规则，是很适合用逻辑索引构造满足要求元素集合的：

代码 174　方案 3-1:逻辑索引

```
1  sum(a(~~mod (a,2)));
```

代码 174 用 mod 命令对 $\boldsymbol{a}$ 所有元素求除以 2 的余数，正整数矩阵求余结果是 0 或 1，恰满足逻辑索引“真”和“假”的要求，但数据类型要转化为逻辑值才可用于开关索引，因此连续两次取反起到类型转换的作用。转换为逻辑数组的方法多样，下面再列举比较常用的两种，一种是直接通过 logical 命令转换类型：

代码 175　方案 3-2:逻辑索引

```
1  sum(a(logical(mod(a,2))));
```

另一种是令序列和“0”再做一次逻辑“或”操作：

代码 176　方案 3-3:逻辑索引

```
1  sum(a(0|mod(a,2)));
```

问题 4.5 证实 3 种元素索引方式各有实际用途，遇到具体问题，只有仔细分析，挖掘隐含条件，才能依据特征找到最适合的元素索引方式。

最后补充借助 find 第 3 返回参数来求解问题 4.5 的代码方案：

代码 177 方案 4:find 第 3 参数

```
1  >>[~,~,v] = find(mod(a,2). * a);
2  >> sum(v)
3  ans =
4      82
```

find 的第 3 参数 v 返回满足索引条件的实际元素值,在实际代码问题应用中相对少见,其原因可以通过代码 178 来解释:

代码 178 适合 find 第 3 参数的应用环境

```
1  >> data = randi([-2  1],2,5)              % 1.构造包含 0 元素 2 行 5 列正整数矩阵
2  data =
3       0     1     0     0     0
4      -2     1     1    -1    -2
5  >>[idx1,idy1,idv1] = find(data~ = 0);    % 2.find 满足不等于 0 元素行列位置及元素值
6  >> id1 = [idx1,idy1,idv1]'               % 3.重组数据
7  id1 =
8       2     1     2     2     2     2
9       1     2     2     3     4     5
10      1     1     1     1     1     1
11 >>[idx2,idy2,idv2] = find(data);         % 4.find 满足不等于 0 元素行列位置及元素值
12 >> id2 = [idx2,idy2,idv2]'               % 5.重组数据
13 id2 =
14       2     1     2     2     2     2
15       1     2     2     3     4     5
16      -2     1     1     1    -1    -2
```

代码 178 语句 2 和语句 4 用到 find 命令,查找源数据不等于 0 元素行列索引及该索引处的值,结果分别是 id1 和 id2,其行列索引一致,但第 3 行索引对应的值却不同,id1 第 3 行全部为 1,而 id2 第 3 行返回源数据 data 中,符合不等于 0 这一条件的实际值。

产生这种差异,其原因是表达式"data~=0"返回逻辑值 0 或 1,外层 find 查找的是这个逻辑数组,第 3 参数返回结果就是和索引向量同维的全 1 数组;而第 4 条语句 find 内部,用输入参数"mod(a,2). * a"把所有符合条件的索引位置逻辑值 1 变成了源数组实际值,这就可以用 find 第 3 参数 v 来获取符合条件的实际数据了。

应当注意,问题 4.4 和 4.5 中的索引控制涉及函数、数据类型、操作符和控制流程等知识的综合应用,而且 MATLAB 中的函数重载方式、支持的数据类型等,都随版本更替而有一些微调和更新,可能不同版本的 MATLAB 处理相同问题的代码都会有变化,例如 MATLAB 主页 Cody 版块的"Cody Challenge"分组中有这样一道题目①,就很好地诠释了新函数的出现给问题求解所带来的变化。

问题 4.6 编写一个函数"nearZero. m",其输入参数是一维数组序列 x,要求返回该数组中所有与 0 相邻元素中的最大值。例如:

$$x=[1,5,3,0,2,7,0,8,9,1,0]$$

返回结果应当是 8,因为 $x(8)=8$ 就是序列 x 中所有和 0 相邻元素中的最大值;再如

$$x=[0,3,1,0,2,9]$$

返回结果应为 $x(2)=3$。

分析 4.6 解决问题 4.6 的关键是能否提取所有和 0 元素相邻的元素索引序列,其中存

① 原问题地址链接:https://ww2.MathWorks.cn/matlabcentral/cody/problems/16。

在两个难点：一，序列0元素数量以及这些0出现的位置是未知量；二，所有0元素相邻位置的元素最大值和整个序列的最大值不是一个概念。这两个难点总结起来就是“动态索引、动态最值”。

容易想到用find获取所有 $x==0$ 的索引位idx，再通过idx±1提取相邻元素索引位，要考虑剔除因0元素处于左右端点导致的第0个和第length(x)+1个潜在错误索引，据此写出如下代码：

代码179　方案1:加减1获得相邻索引

```
1  function ans = nearZero(x)
2  idx = find(~x);
3  [idx-1,idx+1];
4  max(x(ans(ans>0 & ans<length(x)+1)));
5  end
```

代码179把逻辑操作、函数运算融入索引控制，思路直观，容易理解，注意到获取相邻索引时，代码179采取了对0元素索引“±1”的方法。还有一种算法是通过diff分别处理与0元素左相邻和右相邻的情况，然后用逻辑“或操作”整合所有符合条件的索引：

代码180　方案2-1:diff获得相邻索引,by bkzcnldw

```
1  >> max(x([diff(x == 0)>0  0]|[0 diff(x == 0)<0]))
```

注意到diff命令返回值维度比原数组少1，因此左右端点用0或一些特殊值补足，是索引控制中的常用操作手法。代码180选择在左右端点补0，以获取原数组0元素的左右相邻位置逻辑索引，如果进一步推广，会发现未必一定用0元素，NaN非数也是diff处理端点情况时常用的函数。

代码181　方案2-2:diff获得相邻索引,by Nikolai

```
1  >> max(a(diff([NaN,a]) == a|diff([a,NaN]) == -a));
```

无穷大也是处理端点的常用特殊值：

代码182　方案2-3:diff获得相邻索引,by Axel

```
1  >> y = diff(x)
2  >> max(x(x == [-y,inf]|x == [inf,y]))
```

另一类思路是构造左右移位序列，再用关系运算或其他操作生成0两侧相邻元素的逻辑索引序列：

代码183　方案3-1:移位序列获得相邻索引,by Peng Liu

```
1  >> max(x(any(~[1  x(1:end-1); x(2:end)  1])));
```

取源数组第“1:end-1”和第“2:end”两个部分，目的是向左、右各移一位，获取0的相邻元素；左右端各自补1取反相当于加了2个端点0元素；对一个 $2\times n$ 的数组，any的运算方式是按列对位，等价于循环执行：any((1,i),(2,i))，$i=1,2,\cdots,n$。此外，移位序列之间的点乘在这段代码中可以等效代替any函数的功能：

代码184　方案3-2:移位序列获得相邻索引,by Tao

```
1  >> max(x(~([x(2:end),1].*[1,x(1:end-1)])));
```

MATLAB中有个非常有趣的函数strfind，帮助文档指出该命令的作用是从一个字符串中查找子字符串的位置，例如：

代码185 strfind命令应用示例

```
1  >> idx = strfind('acbabcaabcd','abc')
2  idx =
3      4     8
```

代码185从字符串'acbabcaabcd'中查找子字符串'abc',发现共计出现2次,分别起始于原字符串的第4和第8索引位。之所以说strfind是有趣的函数,因为它不但能查找字符串,同样可用于查找普通数值类型的数组中满足某种模式的子数组,这让问题4.6的求解获得另一个窗口:

代码186 方案4:strfind获得相邻索引,by Jan Orwat

```
1  max(x([strfind(x == 0,[0,1]),strfind(x == 0,[1,0]) + 1]));
```

当提到数组中元素的相邻位置,容易联想到信号处理中的卷积[①],简单地讲,卷积能把某个量在一定时间内变化的累积效果用数学方式描述出来,因此当给定某个窗函数时,邻近变量间的影响关系也就相应确定下来了。

代码187 方案5:卷积获得相邻索引,by bkzcnldw

```
1  max(x(logical(convn(~x,[1,0,1],'same'))))
```

问题4.6的关键是要确定在给定输入x内,所有与0元素相邻的元素位置,因此卷积代码关键在于设置恰当的"数据窗口",代码187构造的数据窗口是$w=[1,0,1]$,卷积运算结果可用代码188解释:

代码188 卷积数据窗口的结果含义分析

```
1  >> x = randi(10,1,10).*randsrc(1,10,[1  0;.7  .3]) % 构造源数据
2  x =
3       0     3     0     7     0    10     6     2     2     3
4  >> T = [x;convn(~x,[1,0,1],'same')]
5  T =
6       0     3     0     7     0    10     6     2     2     3
7       0     2     0     2     0     1     0     0     0     0
```

代码188用randi+randsrc构造1×10数组x,指定其中存在30%的0元素(位置随机),把卷积结果和源数据并列,发现同维卷积运算结果代表源数据每个元素左右相邻位置上0元素个数,该结果有些类似扫雷游戏,0元素个数相当于周围"雷"的数目,因此反过来讲,构造窗函数[1,0,1]对数组x用卷积计算得到的非零元素位置,必然是原数组0元素的相邻位,例如T(2,4)=2,代表原数组$x(4)=7$这个位置和两个0元素相邻。这样代码187余下的部分就容易理解了:logical重新将不为零的位置转化为逻辑值1,作为逻辑索引检索外部x,即得到所有与0相邻的元素值。

问题4.6的关键是判断和处理数组中每个元素相邻位置的状况,通过上述解法发现,相比于构造逻辑数组关系表达式,卷积通过设置恰当的窗函数,处理元素相邻位置的问题更加方便。但处理相邻元素的思路不止卷积一种,MATLAB自R2016a版本起,新增数组移动求和(movsum)、移动均值(movmean)、移动乘积(movprod)和移动最值(movmin|movmax)等一系列命令,这组命令表面上看是解决数据局部区域元素的运算问题的,但从另一个角度,局部区域元素意味着相邻元素之间产生了特定的联系,因此,一些新的数字特征可能就包含在这些运

① 卷积概念可以在相关教材中查看,MATLAB中的代码应用示例则不妨参考我们的另一本书《MATLAB向量化编程基础精讲》(北京航空航天大学出版社,ISBN 978-7-5124-2209-4)。

算当中：

代码 189　方案 6:movsum 辅助构造逻辑索引

```
1  >> max(x(movsum(~x,3)& x))
```

代码 189 只有 1 行语句，但却并不容易理解，不妨通过一个示例，将其运算过程分解并逐步分析：

代码 190　方案 6 示例解析

```
1  >> x = randi(10,1,10).* randsrc(1,10,[1  0;.7  .3])
2  x =
3      0    1    10    7    2    0    2    0    8    2
4  >> T = num2cell([x;~x;movsum(~x,3);movsum(~x,3)&x],1);
5  >> [c1,c2,c3,c4,c5,c6,c7,c8,c9,c10] = T{:};
6  >> T = table(c1,c2,c3,c4,c5,c6,c7,c8,c9,c10,...
7              'RowNames',        "L" + char(49:52)',...
8              'VariableNames', sprintfc('c%d',1:10))
9  T =
10 4×10 table
11            c1    c2    c3    c4    c5    c6    c7    c8    c9    c10
12           ----  ----  ----  ----  ----  ----  ----  ----  ----  ----
13      L1    0     1     10    7     2     0     2     0     8     2
14      L2    1     0     0     0     0     1     0     1     0     0
15      L3    1     1     0     0     1     1     2     1     1     0
16      L4    0     1     0     0     1     0     1     0     1     0
```

源数据中的元素按问题要求被分成“0|与 0 相邻|与 0 分隔”这 3 种类型，以代码 190 为例，3 类元素通过执行语句“movsum(~x,3)&x”，产生的变化如下：

(1) ~x：执行结果见矩阵 ***T*** 第 2 行，对源数据取逻辑“反”得到 0－1 逻辑数组，所有 0 元素变为 1，非 0 元素变为 0；

(2) movsum(~x,3)：执行结果见矩阵 ***T*** 第 3 行，对步骤(1)得到的逻辑数组以长度为 3 的窗口在其上移动，每次框选数组内连续 3 个元素并求和[①]；

(3) movsum(~x,3)&x：执行结果见矩阵 ***T*** 最后 1 行，这是整个代码的关键，因为执行这部分代码后源数据中的 3 种类型元素会被分组：

- 0 元素：无论移动均值的计算结果是多少，和源数组 x 中的 0 对位执行逻辑 AND 操作，结果一定是 FALSE，所以对应索引开关永远处于关闭状态，“x(movsum(~x,3)&x)”不会检索逻辑索引对应位置的元素。
- 与 0 元素相邻：数组 x 中与 0 元素相邻的非零元素执行“movsum(~x,3)”时，由于相邻的 0 元素取反为 1，执行移动求和的结果也必不为 0，二者的逻辑 AND 操作结果为 TRUE，意味着索引开关处于打开状态，对应的元素将被“x(movsum(~x,3)&x)”检索。
- 与 0 元素分隔：原数组 x 与 0 元素不相邻的非零元素，执行“movsum(~x,3)”相当于原数组 3 个元素都非零，取反求和结果必为 0，故执行“movsum(~x,3)”的结果为 FALSE，对应索引开关处于关闭状态，“x(movsum(~x,3)&x)”不会检索逻辑索引对应位置的元素。

---

① movsum 的默认选项参数条件下，对 3 个元素的求和长度，计算结果相当于以 x 每个元素为中心，左右各延长 1 个索引位，端点位置则需要“虚设”1 个不存在的空索引位，因此端点处连续 3 个元素求和，源数据 x 中参与的实际只有 2 个。

✍ **点评 4.6**　代码 190 通过 movsum 构造的逻辑表达式，一定程度代表了新版本函数结合基本逻辑操作综合运用的思路。笔者在 R2016a 版本第 1 次看到“mov～”系列函数，还有早期版本的命令新增了设置参数时，就预料到这些新的函数命令和新功能可能会为 MATLAB 编程语言带来一系列微妙却深刻的改变，最直观的表现就是用新函数解决老问题时，可能会碰撞出一些令人眼前一亮的思维火花。

4.3　总　结

本章所介绍的逻辑关系和运算操作以及索引寻址是学习 MATLAB 编程的重要基本功，它对用户的空间想象、思维创意、逻辑思维能力提出一系列要求。甚至一些堪称精妙的解法，如果不认真思考，并且对 MATLAB 有一定的认识，是写不出来的。因此，在如何利用逻辑数组构造“开关式”矩阵索引、MATLAB 中各类关系运算符和逻辑操作符的用法、一般逻辑操作和“短路”逻辑操作异同点辨析等方面，本章做了重点阐述。紧接着的一系列问题求解的代码示例，由浅入深分析了高维索引、低维索引以及逻辑索引这三种方式在不同环境下的运用方法，以及和 MATLAB 函数尤其是新版本函数之间的组合方式。我们认为如果仔细阅读这部分的代码实例，对 MATLAB 编程水平的切实提高是有一定帮助的。

第 5 章

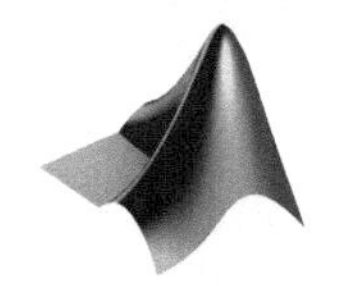

MATLAB脚本与函数

初学者首先要明确：命令窗口（Command Windows）不是编写 MATLAB 代码的主要环境，脚本（script）和函数（function）才是。命令窗口类似草稿纸，主要测试几行内能写完的简单语句，一旦有编写超过 5 行以上 MATLAB 代码的需求，就应当花费时间掌握怎样在 M－Editor 里规范地编写脚本和函数，并迫使自己习惯于这种 MATLAB 代码编写方式。

脚本和函数将一系列命令顺序写在可供反复调用的独立程序中，类似其他纯文本文件。脚本和函数都可以有独立的文件名，并且以“.m”的后缀名存储在硬盘上，方便后续的修改编辑、维护调试、传输携带以及交流。MATLAB 的 M－Editor 为用户提供了完善的脚本函数编写、调试和结果显示输出的一体化环境，几乎可以满足一般用户对代码编辑器的所有要求。

本章介绍 MATLAB 代码编辑器中普通函数和脚本的基本用法，重点介绍脚本和函数在工程计算等代码实战中的综合应用，包括脚本和函数分别调用子函数和内嵌局部函数、利用 varargin/varargout 等函数、结合 cell 类型的逗号表达式灵活定义输入输出参数、函数之间的参数传递等。

掌握脚本和函数的使用方法对于编写由众多子程序组成的复杂项目文件也是必要的，编写规范的脚本和函数能及早帮助发现并诊断用户和其他合作开发者以各种非常规方式给出的输入、逻辑、语法错误，以及诸多异常的抛出，这意味着为了测试新的改动，不但会验证新调用方法的可行性，还要顾及新加入的调用不会破坏已有程序的主体逻辑。鉴于以上，本章还将通过代码实例，讲述编写和开发中等规模以上 MATLAB 程序时，经常用到的解析校验输入参数合法性的 inputParser 函数以及 R2019b 才出现的 arguments 模块。

5.1 脚本、函数的基本功能辨析

编写用户自己的脚本或函数之前，需要先知道脚本和函数的基本特点，因为尽管都能集成多条语句，都能以独立程序文件形式存储，后缀名都是“.m”，但脚本和函数还是有不小的区别的：

（1）**脚本**。脚本不能指定输入输出参数，相当于把在命令窗口逐行执行的语句放在脚本文件中批量执行，如果把命令窗口比作便签小纸条，那么脚本就是一本完整的练习册。返回结果自动存储在 Workspace，变量结果可与函数在 Workspace 发生联系，实现入口和出口通道的共享。

（2）**函数**。函数和脚本形式上的区别在于每个函数，包括内嵌子函数都须以关键词“function”起始、以“end”结束（没有内部子函数情况下 end 可省略），定义“类（class）”时与之相似，须以关键词“classdef”开头、“end”结尾。函数与脚本在内存空间使用上也有区别：函数运行使用独立开辟的内存空间，MATLAB 将此内存空间称之为“调用空间(caller)”，与之对应的是 Workspace 使用的“基本空间(base)”，内存的调用空间中，如果变量未被指定为输出参数，会隐藏在调用空间不被显示，换句话说，只有指定返回的参数传递到函数外部，如果想强制将函数运行中的内部变量显示在工作空间，则需要通过 assignin 实现。如下是一个从自编函数 myAdd.m 向 workspace 传递和返回与变量 c 无关参数 str 的例子，值得一提的是，一般情况下不推荐采取这种强行沟通内存调用空间和基本空间的代码方式。

代码 191　assignin 向 workspace 传递中间变量数值

```
1  function c = myAdd(a,b)
2  c = a+b;
3  [y,m,d] = ymd(datetime('now'));
4  str = sprintf('今天是%d年%d月%d日',y,m,d); % 产生中间变量 str
5  assignin('base','DateNow',str) % 变量 str 从函数内部传递给 base 内存空间
6  end
```

保存函数 myAdd.m，在命令窗口运行代码 192，结果表明函数内的中间变量 DateNow(和输出参数 c 并无联系)跳过封闭的 caller 内存空间，直接被传递到工作空间了。

代码 192　assignin 向 workspace 传递变量 DateNow

```
1  >> c = myAdd(1,2)
2  c =
3     3
4  >> DateNow
5  DateNow =
6    '今天是 2019 年 7 月 3 日'
```

MATLAB 自 R2016b 版本开始支持脚本调用局部子函数，这个功能大幅扩展了脚本的应用范围，让单独脚本可以写出更复杂和有条理的程序，客观上增加了脚本在用户(包括笔者在内)计算机中的出场次数。不过相比函数，脚本仍然更适合程序功能测试，或相对简单的代码编写场景，例如不太需要通用化且无须频繁改变某项参数值反复调用的情况；相比脚本，函数可根据问题特点，按需定制数量和类型不同的输入参数和返回变量，函数支持调用其他函数，适合把计算程序分解为多个解决单独小问题的子函数，在相对正式的复杂计算问题中，降低代码重复率，逻辑层次也更分明，方便后期维护和调试。

掌握函数的编写方法，并熟练地在实际问题解决过程应用，需要相当数量的代码累积。因此接下来将介绍编写 MATLAB 函数的一些要点，使读者初步了解编写函数的基本流程，为写出规范的函数奠定基础。

5.2　m-function 的基本结构剖析

函数能指定输入和输出参数的数量和类型，设置方法比较灵活，以下是一个自编函数 MyFun.m 的语法结构示例：

代码 193　函数基本结构格式

```
1  function [out1,out2] = MyFun(input1,input2,input3)
2     % 在这里写函数体内的正式代码
3  end
```

代码 193 中的 MyFun 用于说明一个函数具有哪些必要或非必要元素，函数体内没有执行代码：

（1）**关键字**。任何一个函数，都应当由关键词“function”开头，如果函数中还有其他内嵌子函数，则必须由关键词“end”结尾；如果没有其他位于主函数体外的局部子函数或主函数体内的内嵌子函数，“end”可以省略。

（2）**函数名称**。函数名 MyFun 在等号右侧，注意：当函数是独立保存的 M 文件时，保存的文件名必须与之同名；脚本则没有这个限制。

（3）**输出变量**。输出变量如果有多个，既可以像代码 193 一样用中括号包裹、中间逗号分隔，也可以使用函数 varargout（在接下来的内容中详述）；如果只有单个输出，可以不加中括号；如果没有输出，可以在 function 关键词后写函数名。当然，语法上虽然允许这么做，但这样的函数也失去了编写的意义——它可以用脚本代替。

（4）**输入变量**。输入变量和输出变量类似，如果像代码 193 一样是多个输入参数，可用小括号包裹、中间逗号分隔，也可使用函数 varargin，或者二者的组合；如果是单输入，函数名后可跟一对空括号（也可不跟），无输入输出变量的函数示例见代码 194。

代码 194　没有输入和输出变量的函数

```
1  function fun1()
2  t = 0:pi/100:20 * pi;
3  [x,y,z] = deal(sin(t),cos(t),t. * sin(t).^2. * exp(cos(t)));
4  plot3(x,y,z,'rs-.',...
5          'markerindices',          1:10:numel(z),...
6          'color',                  'r',...
7          'markersize',             8,...
8          'markerfacecolor',        'y');
```

代码 194 中的 fun1 函数在 Workspace 中没有返回任何变量，只输出一条空间三维曲线。

代码 194 可以视作函数的“极简形式”，多数情况下，书写 M-Function 仍以带有指定输入和输出变量的形式为主，例如对代码 194 作出如下修改：

代码 195　带有输入和输出的绘图函数

```
1  function [x,y,z] = fun1(t)
2  [x,y,z] = deal(sin(t),cos(t),t. * sin(t).^2. * exp(cos(t)));
3  plot3(x,y,z,'rs-.',...
4           'markerindices',          1:10:numel(z),...
5           'color',                  'r',...
6           'markersize',             8,...
7           'markerfacecolor',        'y');
8  end
```

代码 195 中，t=[0,π/100,π/50,…,20π]为输入变量，即在命令窗口输入：t=[0:pi/100:20 * pi]，然后键入：[x,y,z]=fun1(t)，就能返回不同坐标(x,y,z)数值和不同形式的 3-D 曲线。MATLAB 同时支持对多变量输出的指定，例如运行代码 196，波浪号占位符抑制变量 x 和 y 的输出，只有 z 被返回。

代码 196　抑制部分函数的变量输出

```
1  [~,~,z] = fun1(t)
```

5.3　varargout /varargin 定制数量可变的输入输出

编写 M 函数时，有时为了参数重载的多样性，或者输出/输入变量数量无法提前确定，需要灵活订制参变量的个数。MATLAB 工具箱函数提供大量调用部分输入和输出参数的范例，供用户模仿和学习。合理的输入和返回参数设置，能有效提高函数本身经不同重载方式对一个或多个类别问题的适应性，MATLAB 提供 nargin、nargout、varargin 和 varargout 这 4 个函数，辅助设定输入和输出变量格式。例如改动代码 195，使 fun1 函数具有弹性的输入方式绘制 2-D 或者 3-D 的参数曲线，与此同时，当输入变量个数为 2 时，输入变量 1 为参数曲线数据 data、输入变量 2 则是参数“markerindices”的属性值，即 marker 的分布密度向量。整个程序 fun1 如只有 1 个输入变量，默认分布密度向量为“1:8:numel(t)”，其中 t 为参数方程的参数，输入时事先给定：

代码 197　弹性输入数量的绘图 function

```
1   function varargout = fun1(varargin)
2   % -------------- 设置输入输出参数个数 ----------------
3   switch nargin
4       case 1                                  % 满足输入参数个数是 1 的情况
5           mv = 1:8:numel(varargin{1}{1});     % 指定 marker 分布密度向量默认值
6       case 2                                  % 满足输入参数个数是 2 的情况
7           mv = varargin{2};                   % 设置分布密度向量为第 2 个输入参数的值
8       otherwise
9           error('wrong number of arguments! ') % 不符合参数个数 1 或 2 时提示出错
10  end
11  varargout = varargin{1};
12  % ------------- 根据输出数量判断调用句柄 --------------
13  if nargout == 2
14      f = @plot;
15  else
16      f = @plot3;
17  end
18  % ---------------- 调用句柄绘图 ------------------
19  feval(f,varargout{:},'rs-.',...
20          'markerindices',                    mv,...
21          'color',                            'r',...
22          'markersize',                       8,...
23          'markerfacecolor',                  'y')
24  end
```

代码 197 第 3～9 行指定输入变量个数允许 1 或 2 个的情况：参数个数为 1 时，默认 marker 显示密度为 1:8:numel(t)；个数为 2(nargin==2)时，第 2 参数指定曲线 marker 点的分布密度向量，varargin 依据输入变量个数，把这些输入依序存储在 cell；当输入变量数量不是 1 或 2 时，error 返回指定错误信息并退出程序，不执行后面的绘图语句。

代码 197 绘图语句设置返回参数个数的判断语句，分别按 plot 或 plot3 绘制平面或空间参数曲线，调用方法见代码 198：

代码 198　程序 fun1 调用代码

```
1   t = pi*(0:1/100:20);                                  % 指定参数曲线的参数 t 数据
2   data2D = {sin(t),t.*sin(t).^2.*exp(cos(t))};          % 构造 2-D 曲线 cell 数据
3   data3D = {sin(t),cos(t),t.*sin(t).^2.*exp(cos(t))};   % 构造 3-D 曲线 cell 数据
```

```
4  [x,y] = fun1(data2D)                    % 依据数据 data2D 绘制平面参数曲线
5  [~,~,z] = fun1(data3D)                  % 依据数据 data3D 绘制空间参数曲线
```

代码 197 和代码 198 中包含了几个值得初学者注意的编程技巧：

- 函数 fun1.m 用到 nargin、nargout、varargin 和 varargout 4 个函数，构造了可以接受输入数量不定(1 或者 2 个)，或返回参数数量不定(2 或者 3 个)的几种格式。
- 用于构造不定输入/输出的 varargin/varargout 函数与 cell 数据类型联系紧密，这两个函数在执行程序本体前，对输入/输出参变量用 cell 依序打包和解包，代码 197 第 19 行语句使用了“逗号表达式”，即“varargout{:}”，这保证无论 varargout 包含几个返回参数，都可以用 plot/plot3 获取正确数量的参数并绘图。
- 因 plot 和 plot3 调用方式类似，故采用判断流程获取函数句柄、通过 feval 调用相应句柄实现曲线绘制，避免了要把输入中相同的参数在 plot 和 plot3 中写两遍的情况。
- 代码 198 第 2 行语句使用 cell 数组构造 fun1 的输入参数 1，实际上也能把参数方程数据写成矩阵形式($2\times n$ 和 $3\times n$)，fun1.m 的程序体内用 num2cell 赋值给 varargout，读者可自行尝试。
- 代码 198 第 5 条语句使用波浪号语法结构，在命令窗口中抑制不希望返回的输出数据。

varargin/varargout 函数可实现不定输入/输出的程序定制，可以机动灵活地适应多类问题的不同需要，这种函数写法是值得推荐的。此外，在一些特定情况下，它甚至能大幅优化 MATLAB 代码。例如下面这个计算立方体体积的小问题，很适合展示 varargin/varargout 函数在简化代码方面的优势。

问题 5.1 写出一个计算长方体体积的函数，要求其能接受长方体长宽高 3 个输入变量，如果 3 个变量中任意 1 个为“[]”，或者没有赋值(变量数量少于 3)，所写程序要能默认其为 1。

分析 5.1 问题 5.1 在计算层面没有难度，可输入变量个数有个要求，即：缺少长、宽、高 3 个输入中任何 1 个或多个，或没有输入变量时，要把缺失变量默认为 1，这个要求并不好用代码表述。

如果不用 varargin 处理输入参数，代码会非常烦琐：

代码 199　Switch - Case 流程解法

```
1   function ans = computeVolume(x,y,z)
2   switch nargin
3     case 3
4       if isempty(x)
5         x = 1;
6       end
7       if isempty(y)
8         y = 1;
9       end
10      if isempty(z)
11        z = 1;
12      end
13    case 2
14      if isempty(x)
15        x = 1;
16      end
17      if isempty(y)
18        y = 1;
```

```
19          end
20            z = 1;
21      case 1
22          if isempty(x)
23            x = 1;
24          end
25            y = 1;z = 1;
26      case 0
27            x = 1;y = 1;z = 1;
28  end
29  x*y*z;
30  end
```

分析 varargin 函数的特点，问题 5.1 用一行代码就可以解决：

代码 200　用函数 varargin 解决问题 5.1

```
1  function ans = computeVolume(varargin)
2    prod(cell2mat(varargin));
3  end
```

代码 200 的函数体只有 1 条语句，用到 3 个函数：外层 prod 命令处理输入变量间的相乘；prod 不支持对 cell 数组元素的乘积操作，因此内层 cell2mat 把 cell 数组"解包"转换为数组矩阵；varargin 把输入参数依次存储在 cell 数组，输入为空时，则打包结果就是空矩阵，MATLAB 函数对 prod 的运算规则做了定义"prod([])=1"，正好满足问题 5.1 的要求。

✍ **点评 5.1**　小结：varargin/varargout 除了为函数设置灵活的重载形式使之适应多种计算问题需求外，还能在输入数量无法指定的情境下，省去大量无谓判断，这是了解 MATLAB 函数时，必须掌握的命令；此外还须注意，想让 varargin/varargout 发挥全部功效，就要进一步理解 cell 数据类型，以及与 cell 类型有关的函数和操作，例如 num2cell、mat2cell、cell2mat、cellfun 以及逗号表达式等。

5.4　用 inputParser 解析输入变量

5.3 节介绍了利用 varargin/varargout/nargin/nargout 函数灵活设置可变数量的输入/输出变量的个数，这为程序编写提供了很多方便。但编写复杂 MATLAB 程序时，仅允许拥有不同数量的输入参量是不够的，因为还要判断参数在数据类型、属性、默认值、内在逻辑关系（因为可能有些参量存在逻辑冲突，不能共存；有些参量却相互依赖，必须同时出现）等一系列方面的问题。基于这种状况，对输入参量进行关于数据类型、数量、属性、逻辑关联的解析就非常必要。本节将介绍利用函数解析器 inputParser 创建解析输入变量对象的方法。

在 R2007a 版本提供了一个称为"输入解析器"的函数 inputParser，其可以创建 inputParser 对象，主要通过图 5.1 所示的 4 个方法函数设置规则以解析程序输入参数的合法性。

inputParser 用 addRquired|addOptional|addParameter 三组函数为输入参数设置一系列限定，再经 parse 函数检查解析输入变量合规与否，如下是帮助文档中一个计算"正方形|矩形|平行四边形"面积的例子，它初步展示了 inputParser 解析输入参数流程用法的一些特征。

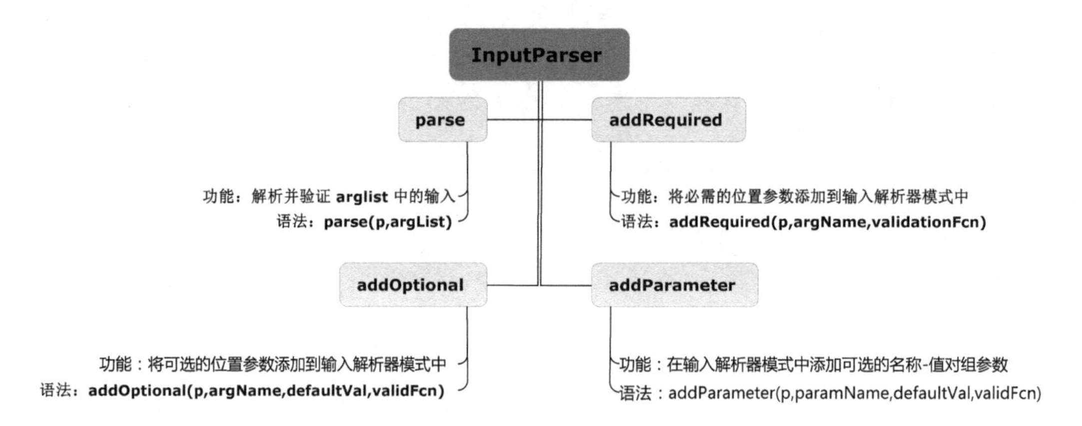

图 5.1　输入解析器相关成员方法函数功能图

代码 201　inputParser 创建输入参量解析对象示例

```
1   function a = findArea(width,varargin)
2   % 输入参量默认值设定
3   defaultHeight = width;
4   defaultUnits = 'inches';
5   defaultShape = 'rectangle';
6   % 求解面积的形状特征枚举
7   expectedShapes = {'square','rectangle','parallelogram'};
8   % 创建输入参数解析对象
9   p = inputParser;
10
11  % 输入参量类型合法性判断的定义
12  validScalarPosNum = @(x) isnumeric(x) && isscalar(x) && (x > 0);
13  % 为解析器对象 inputParser 添加必要的属性及限制
14  % 1. 必选参数解析定义:宽度(大于 0 的数值, 无默认值)
15  addRequired(p,'width',validScalarPosNum);
16  % 2. 可选参数解析定义:高度(大于 0 的数值, 有默认值)
17  addOptional(p,'height',defaultHeight,validScalarPosNum);
18  % 3. 初始化单位(Units) 值对参数(文本类型, 有默认值) ,检查输入类型合法性
19  addParameter(p,'units',defaultUnits,@isstring);
20  % 4. 初始化形状(Shape) 值对参数(文本类型, 有默认值),检查输入内容合法性
21  addParameter(p,'shape',defaultShape,...
22                @(x) any(validatestring(x,expectedShapes)));
23  % 测试:输入参数在上述检测中不合规将报错并终止程序
24  parse(p,width,varargin{:});      % 按 p 对象设置检查所有输入数据的合法性
25
26  % 计算面积
27  a = p.Results.width * p.Results.height;
28  end
```

通过代码 201 增加的注释，对于帮助文档中这个利用 inputParser 对象创建输入参量检查与解析的函数应该能有所了解。这个示例在输入参变量方面的复杂特点，已经充分阐释了对输入参数的解析工作是相当有必要的：

- 函数 findArea 最多包含宽|(高)|(单位)|(形状)共计 4 个参量，括号内的是可选参数，前两个必须为数值。
- 第 3 和第 4 可选参数属于“Name-Val”的值对参数，在输入中依次以名称和该名称变量的数值占据两个输入位，前者单位参数要求为任意输入的 string 类型文本，后者形状参数要从 cell 类型变量 expectedShapes 列举的三种形状中选择其一。

❑ 当 expectedShapes 参数选择正方形时，可不填第 2 参数。

仅以上 4 个变量在数值、类型、属性方面的逻辑关系，如果采用 if 流程或 switch - case 流程，判断流程的分支就会写很多条，且并不能保证是否有遗漏。毫无疑问，实际问题中遇到的输入参量，无论数量还是内部的逻辑关系，会远比代码 201 复杂。

代码 202 为在命令窗口运行上述程序的结果，其中有合法输入变量，也有不合法的。

代码 202　运行代码 201 测试输入变量合法性

```
1   >> a = findArea(13)              % 支持输入 1 参量(width)
2   a =
3       169
4   >> valWnH = num2cell([2,124]);
5   >> a = findArea(valWnH{:})       % 支持输入 2 参量(width|height)
6   a =
7       24
8   >> a = findArea(13,3,'units',"cm") % 支持输入 3 参量(width|heigtht|units)
9   a =
10      39
11  >> a = findArea(13,'units',"miles",'shape','square') % 支持全参数输入
12  a =
13      169
14  >> a = findArea(13,3,'units','cm') % 未通过 string 类型解析
15      Error using findArea (line 25)
16      The value of 'units' is invalid. It must satisfy the function: isstring.
17  >> findArea                      % 未通过参数数量解析(至少要有 width 参数)
18  Not enough input arguments.
19  Error in findArea (line 3)
20      defaultHeight = width;
```

通过编写和运行 findArea 函数，最后总结出如下几个有关 inputParser 解析输入参量过程的特点：

❑ inputParser 借助 addRequired|addOptional|addParameter 函数，依次为函数指定必选参数、可选参数以及“名称-值”对参数的初值、数据类型等；

❑ inputParser 通过 validatestring|validateattributes 这两个函数，校验某个具体输入参数(文本或各种类型的数组)的某项属性是否符合要求，例如本例使用了 validatestring 校验可选的名称-值对参数 shape，判断其输入形状是否是指定的三种形状之一；validateattributes 甚至有着更广泛的应用，结合 cell 数组、各种判断函数以及逻辑表达式，它可以胜任包括但不限于数组类型、数值范围、是否整数、非负、递增(减)、矩阵|向量|数值、奇偶在内的一系列复杂判定工作。

✍ **点评 5.2**　综上可知，inputParser + validateattributes + validatestring 为用户编写大型程序提供了一整套校验手段和错误提示信息，如果编写相对正式和规范的 MATLAB 代码，这三个函数以及相关校验命令是需要掌握和学习的。

5.5　R2019b 新功能：用 arguments 解析输入变量

MATLAB(R2019b)版本提供了一种全新的输入变量解析方案：arguments 模块。如果在函数里编写 arguments - end 模块，会发现显示为蓝色，这代表 MATLAB 已经把解析输入变量的重要性提升到了关键字的高度。下面对 arguments 的特点做详细的介绍。

5.5.1 arguments 调用格式与基本功能

arguments 的格式定义如代码 203 所示。

代码 203 arguments 语法格式解读

```
1  function myFunction(inputArg)
2      arguments
3          inputArg (dim1,dim2,...) ClassName {f1,f2,...} = defaultValue
4      end
5       % Func Code goes below
6  end
```

代码 203 解释了在 arguments 块内部，如何使用语句来解析一个输入的变量 inputArg。语句分 5 个部分(后 4 个可选)，以空格或等号分开，语句终结位置不加分号。这 5 个部分的含义与功能如下：

① **inputArg** 代表 arguments 需要解析和检查的输入变量——arguments 的核心功能和目的。

② **(dim1,dim2,...)** 设定变量维度，例如定义“(1,1)”代表 inputArg 为 1×1 数值、“(1,:)|(:,1)”为行|列向量、“(:,:)”为不限定维度的二维矩阵等。

③ **ClassName** 指变量 inputArg 的数据类型，如 double、string、cell 或 struct 等，它也可以是自定义的数据类型。

④ **{f1,f2,...}** 指变量解析和校验函数，多个校验函数用花括号包裹，彼此用逗号分隔。解析与校验函数可以使用图 5.2 所示官方提供的多达 6 个分类、30 种以“mustBe”开头的系列校验函数，也支持子函数或匿名函数自定义校验函数。

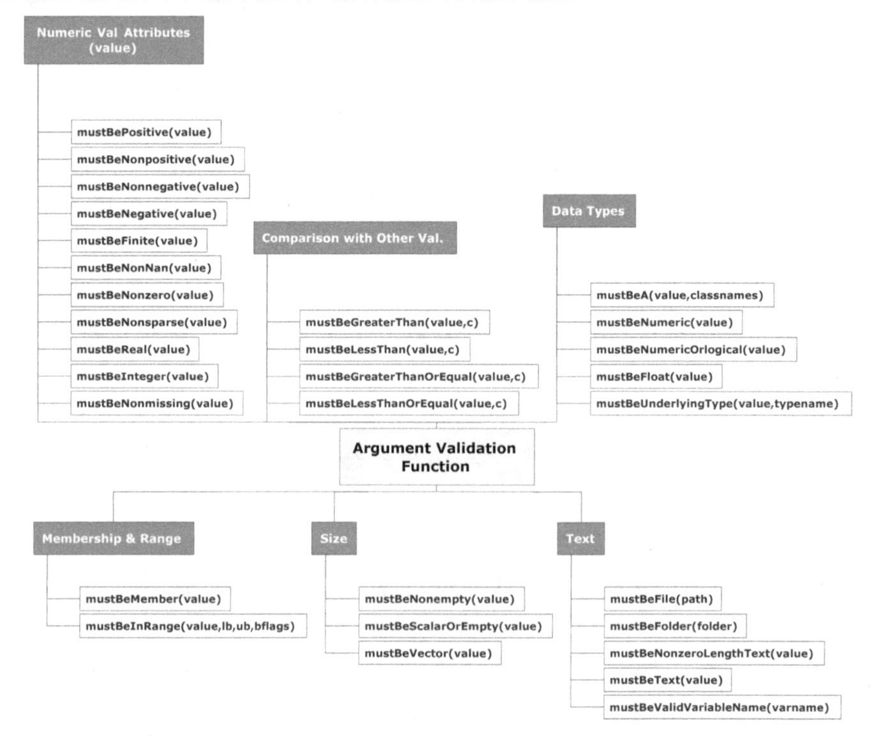

图 5.2 arguments 校验方法函数汇总

⑤ **defaultValue**　初始值在等号之后，如果是必选参数，由于一定会从外部传入一个初值，因此必选参数没有初值；如果是可选输入参量，则以此方式设置初值。

函数中使用 arguments 块解析输入变量，要注意其作用是执行程序前检查和解析变量，这意味着它必须出现在整个函数首条执行语句前，以 5.4 节四边形面积计算的程序 findArea 为例，在程序变量中包含这样一条隐含的逻辑关系：计算正方形面积时，宽高相等，变量 height 初值以 width 数据赋值，这样当高度值缺省，经过 arguments 模块对 height 自动赋值 width，达到计算目的（这一点与帮助文档有所不同，帮助文档中 height 的默认值为 1）。但 height 赋值的量要求必须是经过解析的安全变量，所以需要分写在两个 arguments 中，经过一个 arguments 模块，验证 width 之后才能以其对可选变量 height 赋值；对"名称-值"对参数而言，arguments 模块中，要采取"Var. Names"的方式命名，此外，在 arguments 中，检查变量，以参量在输入中的出现顺序解析，但"名称-值"对参数内部的不同名参数可以不按顺序解析。

为说明以上 arguments 模块的调用规则，将前述 inputParser 解析变量的面积计算程序 findArea 以 arguments 方式重新解析输入变量，如代码 204 所示。运行结果同前，略去。

代码 204　arguments 解析程序输入参数

```
1   function a = findArea(width,height,NameValueArgs)
2   % 输入变量解析
3   arguments
4       width (1,1) double
5   end
6   arguments
7       height (1,1) double = width
8       NameValueArgs.units (1,1) string = "inches"
9       NameValueArgs.shape (1,1) string ...
10          {mustBeMember(NameValueArgs.shape,...
11              ["square","rectangle","parallelogram"])} = "rectangle"
12  end
13  % 运算
14  a = width * height;
15  end
```

和利用 inputParser 解析输入的代码 201 相比，如果采用 arguments 模块，在 arguments 之前不能有任何赋值执行语句，这是 arguments 区别于 inputParser 的重要特点，因此才连续使用两个 arguments 模块，之前对此已做分析。输入参数依照函数出现顺序依次在 arguments 中解析，width 是必选参数，没有初值，仅定义维度和类型，高度 height 可选，定义其默认值为 width；units 和 shape 两个名称参数属于"名称-值"对参数 NameValueArgs，这两个参数的出现顺序可以互换；shape 参数需要在三种形状参数中择其一[①]，它使用了专用于枚举校验的"mustBeMember"方法，与调用普通函数的方式并无二致。

5.5.2　示例 1：解析输入包含"名称-值"属性参数对的函数

支持 arguments 校验参量的函数功能是比较强大的，可能令初学者感触最深的应该是它能够轻松实现对变量是否为整数、限定数值范围、是否非零、是否实数等的约束，无须再写很多 if 分支重复造轮子，例如下面这个凸多边形内角和的例子：

---

① 形状参数 shape 实际上没发挥作用，因为计算公式总是前两个参数相乘，shape 参数在这里主要起到演示变量解析的作用。

代码 205　arguments 检验多边形内角和输入变量

```
1  function AngOut = NPolyAngList(n,Ang1,PltType,Options)
2  %{
3  ---------------------------------------------------
4  1. 功能
5    校验凸多边形内角和程序输入参量的合法性
6  2. 输入变量
7    n:凸多边形的边数(3 <= n <= 10, n 为正整数)
8    Ang1:凸多边形任意一个内角(0 < Ang1 <= 180)
9    PltType:测试内角数值的绘图命令,选择 plot、stem 和 scatter 其中之一
10   Options:绘图选项参数,包括线宽、颜色和文字解释机制(tex 和 latex 二选一)
11   ---------------------------------------------------
12 %}
13     arguments
14         n (1,1) double {mustBeInteger(n),mustBeInRange(n,3,10)}
15         Ang1 (1,1) double {mustBeGreaterThan(...
16             Ang1,0),mustBeLessThanOrEqual(Ang1,180)} = 60
17         PltType (1,1) string {mustBeMember(...
18             PltType,["plot","stem","scatter"])} = "scatter"
19         Options.lineWidth (1,1) double {mustBeMember(...
20             Options.lineWidth,.5:.1:2)} = 1
21         Options.color (1,1) string = "r"
22         Options.tex string {mustBeMember(...
23         Options.tex,["tex","latex"])} = "tex"
24     end
25 % 计算返回的所有凸多边形内角
26     t = randi(10,1,n-1);
27     t = t/sum(t);
28     AngOut = [Ang1 (180*(n-2)-Ang1)*t];
29 % 绘图
30     h = feval(PltType,1:numel(AngOut),AngOut);
31     h.MarkerEdgeColor = Options.color;                % 设置散点边线颜色
32     if ~contains(PltType,"scatter")                   % 设置线图曲线颜色
33         h.Color = Options.color;
34     end
35     h.LineWidth = Options.lineWidth;                  % 设置线宽
36     set(gca,'ticklabelinterpreter',Options.tex)       % 设置文字解释机制
37 end
```

代码 205 用 arguments 解析列举随机生成凸多边形内角和数组程序的输入参量。程序采用三种绘图命令之一绘制内角数组，凸多边形内角和满足：$180°\times(n-2)$，且多边形边数 $n\geqslant 3$，任意内角角度值满足：$0<\theta_i\leqslant 180°(i=1,2,\cdots,n)$，此外还要在枚举的几个函数中指定绘图类型和几个设置图形的“名称-值”对参数，程序用 mustBeInteger 定义边数为整数，以函数 mustBeInRange 给定边数 n 的上下限，当然也可以用函数 mustBeMember 构造数组“3:10”枚举；对 Ang1 的解析，则通过“mustBeGreaterThan＋mustBeLessThanOrEqual”实现，绘图命令以 string 形式给出，在程序内部用 feval 调用即可。

5.5.3　示例 2:用自定义解析函数输入变量

多维数组的构造函数有 reshape、cat 等，以 cat 为例，当我们想构造一个三维数组的时候，可以采取如下方案：

代码 206　用 cat 函数构造多维数组

```
1  >> Mat3d = mat2cell(randi(10,12,4),4+zeros(1,3));
2  >> cat(3,Mat3d{:});
```

代码 206 生成了维度 4×4×3 的三维数组，不过，它是在已经确认有 3 个二维矩阵的条件下用 cat 函数合成的，如果在某个程序中，事先不知道这 3 个矩阵的维度和类型，就需要选择 arguments 模块，为输入变量指定如下条件：

- 函数具有 3 个输入变量；
- 函数的 3 个输入变量均为 double 类型；
- 函数的 3 个输入变量 size 相同。

图 5.2 罗列的校验方法中，没有直接判定矩阵尺寸是否相等的，不过 arguments 支持自定义校验函数，而且帮助文档给出了这样一个自定义的检验输入是否具备相同尺寸的函数，如下：

代码 207　自定义函数校验构造多维数组输入参数

```
1  function p = CatArrCHK(a,b,c)
2      arguments
3          a (:,:) double
4          b double {mustBeEqualSize(a,b)}
5          c double {mustBeEqualSize(a,c)}
6      end
7      p = cat(3,a,b,c);
8  end
9
10 function mustBeEqualSize(a,b)
11     if ~isequal(size(a),size(b))
12         eid = 'Size:notEqual';
13         msg = 'Size of first input must equal size of second input.';
14         throwAsCaller(MException(eid,msg))
15     end
16 end
```

注意在代码 207 中，校验函数“mustBeEqualSize”不能被放在主函数程序体内，因为 arguments 不支持内嵌函数(Nested - Function)，它只能以普通子函数形式呈现。关于子函数，将在本章子函数一节中介绍。

5.5.4　示例 3:解析输入包含 varargin 的函数

MATLAB 提供了 conv 函数，以两个一维数组作输入，计算多项式一维卷积。不过由于只支持两个输入参数，有人通过 varargin 定义了可以支持同时输入多个一维数组的函数，计算一维数组的连续卷积，我们借助匿名函数复合句柄以及逗号表达式的知识，又修改和优化了这个方案[5]，现在的问题是：因为输入参数中包含 varargin，而现在想要把这些输入数量不定的参量指定成类型为 double 的一维行向量，要怎样用 arguments 实现呢？

在 arguments 的帮助文档中规定，当函数的输入变量存在 varargin 并且期望对这些变量进行校验时，则必须把 varargin 放在一个包含参数“Repeating”的 arguments 模块内(每个函数中有且仅有一个带有 Repeating 参数的 arguments 模块)，其他定义方式同前。

代码 208　解析带 varargin 的函数输入变量

```
1  function p = Convs(p,varargin)
2      arguments
3          p (1,:) double
4      end
5      arguments(Repeating)
```

```
6            varargin (1,:) double
7        end
8
9        for f = varargin
10           p = conv(p,f{:});
11       end
12   end
```

代码208限定了任何输入变量都只能是一维数组，不过输入参量既可以是行向量也可以是列向量。有趣的是，行、列向量均被Convs函数接受，并不是卷积conv自己的问题（尽管事实上conv的输入确实能够同时接受行向量和列向量），而是因为MATLAB在执行任何校验函数之前，会先应用类和校验尺寸。例如：MATLAB在执行Convs中任何校验函数前，对数值可以自动进行隐式扩展变为非数值（依据隐式扩展维度需要），对列向量则会转换为行向量。

正是基于这样一个约定，在执行代码208时，会发生如下的情况：

代码209　Convs函数运行测试

```
1   >> p = Convs(1:3,[3 2 1]',[3;2])
2   p =
3   9     30     58     52     25     6
4   >> conv(1:3,conv([3 2 1]',[3;2]))
5   ans =
6        9
7       30
8       58
9       52
10      25
11       6
```

比较运行Convs和连续调用conv的结果就会发现，二者数据结果完全相同，但如果输入变量既有行向量又有列向量，Convs的结果则为列向量，其原因就是在Convs中使用了arguments校验模块，执行校验模块之前，所有列向量都被转换为行向量了。

✍ **点评5.3**　注意：MATLAB建议避免对输入参量必须使用varargin的函数进行解析校验过程(Validation Process)，因为校验过程是作用于varargin所有变量的，这将导致任何一个变量不符合校验程序就无法通过。尽管本例连续卷积问题对于varargin一律要求是一维double数组，但这种校验方式在一些要求参数多样性的程序中，的确存在着潜在逻辑冲突的可能性。

5.6　增强程序条理性的利器：子函数

通过以上函数基本知识的介绍，结合前几章有关操作运算符、数据类型和索引相关知识的学习，相信读者已经可以写出简短的函数来解决学习中遇到的简单问题。但随着编程能力的提高，进一步熟悉理解MATLAB常见函数的组合搭配后，读者会发现工作学习中真正的代码问题都是非常棘手的，不知不觉程序会越写越长、越写越复杂，编写代码时也会开始思考诸如：怎样调试长代码？怎样优化函数结构，以利于代码的后期维护？程序的通用性和执行效率如何兼顾？等等。很多问题的解决办法不大可能在教材中找到，但归根结底，如果程序富有条理、内部逻辑严谨、格式规范、可读性强等，至少可以避免其中相当一部分低级失误，毕竟解决问题的最佳手段，是少发生或者根本不发生问题。所以在函数结构上的规范化和“深加工”，可以从源头上减少甚至避免错误，让代码的维护和调试工作变得轻松。子函数的应用就是达到这一目标的有效手段之一。

像其他语言一样,MATLAB 同样提供子函数作为对函数应用的延伸与扩展,其利于把复杂问题拆成多个简单、可重复的标准模块。MATLAB 自 R2016b 起,除原有的函数调用独立子函数、调用内嵌子函数的功能之外,还开始支持在脚本文件嵌入内部子函数(局部函数),这让子函数的应用空间更广阔。本小节将通过一些代码问题的求解示例,介绍子函数的书写格式和应用场合。

首先,子函数有如下两种存在形式,如果搜索路径存在独立函数与内嵌子函数同名的情况(不推荐),优先执行内嵌子函数:

- 独立文件形式的子函数;
- 在 M 函数或者脚本内的子函数。

其次,子函数的写法格式和函数没有本质不同:

代码 210 内嵌子程序的写法格式示例

```
1  function out 1 = MainFunc(in)
2  t1 = SubFunc1(in(1));            % 在主程序中调用子程序 1
3  t2 = SubFunc2(in(1),in(2));      % 在主程序中调用子程序 2
4  out = t1 + t2;                   % 通过两个子程序的结果返回最终输出
5   % ------- 子函数 1:完成乘方运算 ---------
6    function a = SubFunc1(x)
7      a = x.^2;
8    end
9   % ------- 子函数 2:完成求和运算 ---------
10   function b = SubFunc2(x , y)
11     b = x + y;
12   end
13 end
```

代码 210 分别用子函数 SubFunc1 和 SubFunc2 实现乘方和求和运算。两个子函数都在主函数 MainFunc. m 的“function - end”流程之内,属于内嵌式子函数,因此代码 210 保存时只会生成一个独立函数文件。如果工作路径下有两个同名函数,一个是独立文件,一个内嵌在当前主函数内,比如代码 210 中的 MainFunc 和 SubFunc1,MATLAB 会优先执行内嵌的子函数。表面看起来,代码 210 貌似把“简单问题复杂化”了,但这种编写思路在处理规模较大的问题时,无论是调试、修改维护,还是程序整体的可读性,都比把一个函数一口气写到底要合理,因为:

- 各阶段的实现步骤通过不同子程序各自负责,逻辑性更好,结构有主次:主程序调用和汇总多个子程序的输入和输出,主从关系分明,各司其职。
- 子程序间相互独立,某处有问题,只调试对应程序,其他子程序不受影响——因为子程序在独立开辟的调用空间运行,只须关注指定输出变量对其他子程序的影响,无须过问各子程序的中间变量。
- 调试运行成功的子程序可直接复制粘贴到其他程序中执行类似功能。

5.7 函数和脚本综合运用实例

工程计算经常遇到非线性方程(组)、积分、微分方程(组)的数值求解,解决这些问题需要一些数学、物理或工程领域的背景知识,MATLAB 提供了一些固定的命令格式,能够简化运算过程,让用户把更多精力投入到理论意义、参数取值和求解结果的分析中,因此编写上述数学问题的子函数，通过调用官方函数求解，这恰好就是本章讲解的函数、子函数、脚本调用函数等手段应用的绝佳场合。本节通过一些计算问题的代码求解示例，探讨以子函数的方式进行求解的代码方案。需要提前说明的是：子函数求解工程数值计算问题，只是 MATLAB 提供的方案选项之一，第 6 章还将介绍匿名函数求解类似问题的方法。

5.7.1 MATLAB 中的数值积分

MATLAB 可以计算积分的解析解和数值解，简单的积分可以得到解析解，例如在高等数学教材中系统能够利用变量代换、试凑、分部积分等方法计算出的积分精确解，都能在 MATLAB 的实时脚本(Live Script)当中获得其解析解。但绝大多数实际遇到的积分问题，数学形式都比较复杂，可能无法得到解析解，只能求解其数值近似解。

MATLAB 的数值积分历经几次大幅修改，一些函数如基于自适应 Simpson 算法的 quad/quadv、基于 Lobatto 算法的 quadl，以及计算二重、三重积分的 dblquad/triplequad 等，逐步从舞台中央淡出，目前使用频率较高的是 integral、integral2、integral3、trapz 和 cumtrapz 等函数。本节重点介绍利用子函数方法编写被积表达式、调用 integral 系列命令求解数值积分的一些方法。

1. 示例：一重数值积分计算

问题 5.2 计算

$$\int_0^{\infty} b \cdot \mathrm{e}^{-bx} \ln(1+x)\mathrm{d}x \tag{5.1}$$

当 $b=2$ 时的结果。

分析 5.2 MATLAB 解决这种积分问题只有两个步骤：编写被积表达式、调用 integral 求解。不仅如此，MATLAB 求解其他如非线性方程(组)、常微分方程(组)以及优化模型时，代码方案类似。式(5.1)采用 integral 命令获得数值解的方法具有典型性，掌握问题 5.2 对求解其他类似计算问题有参考价值。此外，式(5.1)中的参变量 b 是被积表达式子函数自外部工作空间接收参数的入口。考虑到部分初学者可能首次接触这类含参变量的代码模型，因此求解分为两个大体步骤：第 1 步去掉参量 b，直接代入常数 2 计算积分；第 2 步修改之前建立的求解模型，引入参变量 b 重算。

以建立独立文件的子函数方式计算问题 5.2 中的积分，步骤如下：

① 建立被积表达式子函数(独立 M 文件)：

代码 211 积分求解方法 1：被积表达式子函数

```
1  function y = IntMain(x)
2    y = 2 * exp( - 2 * x). * log(1 + x);
3  end
```

② 建立调用子函数的积分主 M 文件：

代码 212 积分求解方法 1：求解数值积分的子函数

```
1  function ans = solveIntMain()
2    integral(@IntMain,0,inf);
3  end
```

③ 在命令窗口中执行主文件得到结果，同时用符号积分代码验证数值积分的计算结果：

代码 213 积分求解方法 1：调用与求解

```
1  >> solveIntMain()
```

```
2  ans =
3      0.3613
4  >> syms x  % 定义符号变量
5  >> double(int(2 * exp( - 2 * x) * log(1 + x),0,inf))   % 符号积分求解验证
6  ans =
7      0.3613
```

用两个独立子函数 IntMain.m 和 solveIntMain.m 分别构造了被积表达式和调用 integral 求解数值积分这两个部分，流程很清楚，也比较简单，但这种做法有些“浪费”文件，假设需要求解的积分很多，每个积分的被积表达式都建立独立文件的话，文件夹会显得十分臃肿，甚至对于非矩形区域的二重和三重积分，还要为积分上下限编写子函数，这就给文件管理带来了压力。因此这类工程运算问题，可以把被积表达式、调用 integral 求解步骤合并起来，采取内嵌子函数或脚本调用子函数的方式求解，代码 214 使用的是在 function 内部调用内嵌子函数的方式，这样只需一个独立的 function 即可。

代码 214　积分求解方法 2:主函数文件内嵌入子函数

```
1  function ans = solveIntMain()
2    integral(@IntMain,0,inf);
3    function y = IntMain(x) % IntMain 子函数并入主函数 solveIntMain.m 内
4      y = 2 * exp( - 2 * x). * log(1 + x);
5    end
6  end
```

如果使用的是 R2016b 以后的版本，脚本调用局部函数的方式是值得推荐的。

代码 215　积分求解方法 3:脚本文件调用内嵌子函数

```
1  integral(@IntMain,0,inf)
2  function y = IntMain(x)
3    y = 2 * exp( - 2 * x). * log(1 + x);
4  end
```

上述是 MATLAB 中，调用 integral 求解简单数值积分的三种函数编写格式，接下来在被积表达式部分引入参变量 b。如果是往子函数中传递参数(可以不止一个)，可以在被积表达式子函数的输入参量中增加所需传递的参数。以问题 5.2 为例，其写法如代码 216 所示。

代码 216　参数化积分计算代码格式

```
1  [ParaB,Int] = deal(1:5,zeros(1,5));  % 定义参变量数据
2  for i = 1:numel(ParaB)
3  Int(i) = integral(@(x)IntMain(x,ParaB(i)),0,inf);
4  end
5  % ---------- 被积表达式子函数 -----------
6  function y = IntMain(x,b)
7  y = b * exp( - b * x). * log(1 + x);
8  end
```

如果仔细阅读可变输入参量定义函数 varargin 的介绍，其实不难想到 MATLAB 在“被积表达式→integral”的求解体系里传递参数的基本原理：integral 的第 1 输入参数，即被积表达式子函数 Func，隐藏了一个能被 integral 接受的子函数重载方式，如代码 217 所示：

代码 217　integral 接受外部参变量的代码原理分析

```
1  xInt = integral(@(x)Func(x,varargin),lb,ub);
```

上述代码中，Func 作为被积表达式，输入参量分为两个部分：必须输入的积分变量 x，以

及可选参数 varargin，它就代表数量不定的一个或者多个传递参数，在本例之中，它只有一个，就是通过外部工作空间向被积表达式传递的 b。

2. 示例：二重和三重数值积分计算

矩形区域二重积分命令是 integral2，代码格式和一重积分类似，调用方式如下：

代码 218　integral2 函数计算二重积分调用格式

```
1  q = integral2(fun,xmin,xmax,ymin,ymax,Name,Value)
```

代码 218 显示了 integral 系列函数在调用方式上的类似特点：第 1 参数都调用被积表达式子函数 fun，第 2～4 参数为二重积分的上下限，Name 和 Value 是参数对，用于设置如 Method、AbsTol 和 RelTol 等与算法、绝对误差容限和相对误差容限有关的属性参数。为更好地理解 integral2 的用法，下面给出几个示例。首先是基本的矩形积分区域的二重积分，即积分上下限都是常数的情况。

问题 5.3　计算下式所示二重积分的值：

$$\int_{0.5}^{1}\int_{1}^{2} \mathrm{e}^{\sin x}\ln y\mathrm{d}x\mathrm{d}y \tag{5.2}$$

代码 219 给出的是脚本调用内部的局部函数方式求解二重积分的方案：

代码 219　脚本调用内部的局部函数计算二重积分

```
1  integral2(@IntMain2,0.5,1,1,2)
2  function y = IntMain2(x,y)
3      y = exp(sin(x)).*log(y);
4  end
```

由于实际问题中经常遇到含参变量的计算问题，读者不妨尝试编写子函数形式的被积表达式来求解式(5.3)所示含有参量的二重积分，其中，$x^{(l)}$ 依次取[0.5,0.6,0.7]，$y^{(u)}$ 依次对应取[2,3,4]。

$$\int_{x^{(l)}}^{1}\int_{0.5}^{y^{(u)}} \mathrm{e}^{x^{(l)}\sin x}\cdot[y^{(u)}+\ln y]\mathrm{d}x\mathrm{d}y \tag{5.3}$$

矩形区域的二重积分和一重积分代码很相似，如果改为非矩形区域，例如下面问题 5.4 的积分变量 y 上下限为变量，应当如何求解呢？

问题 5.4　计算如下二重积分的值[6]：

$$\int_{10}^{20}\int_{5x}^{x^2} \mathrm{e}^{\sin x}\ln y\mathrm{d}y\mathrm{d}x \tag{5.4}$$

分析 5.3　问题 5.4 和矩形区域积分问题的区别是内层 y 变量积分上下限不是常数，而是和积分变量 x 有关的函数，很容易想到，这类问题应当再写关于积分上下限定义的子函数。更加关键的是：非矩形区域二重积分问题必须明确数学表达式中的积分次序和代码中的次序二者之间的对应关系，即哪个变量是代码中的 $x_{\min}|x_{\max}$，哪个变量是代码中的 $y_{\min}|y_{\max}$？解决了这个问题，二重和三重变上(下)限的数值积分代码就很容易写出来了。

代码 220　脚本调用局部函数计算非矩形积分区域的二重积分问题

```
1  integral2(@IntMain2,10,20,@xMin,@xMax)
2  % --- 子函数 1:被积表达式 ---
3  function yt = IntMain2(x,y) % 积分次序是“先 x 后 y”
4    yt = exp(sin(x)).*log(y);
5  end
6  % --- 子函数 2:积分下限 ---
```

```
7  function xmin = xMin(x)
8    xmin = 5 * x;
9  end
10 % --- 子函数 3:积分上限 ---
11 function xmax = xMax(x)
12   xmax = x.^2;
13 end
```

代码 220 的脚本中编写了 IntMain2、xMin 和 xMax 共计 3 个内置子函数，后两个容易理解：把上(下)限写成子函数形式以备调用，关键是第 1 参数，即被积表达式代码一定要把积分次序交代清楚，究竟是“IntMain2(x,y)”还是“IntMain2(y,x)”，如果积分区间不对称，对于非对称区间，两种处理结果很可能是不同的。

函数 integral2 和 integral3 的帮助文档约定：第 2～3 参数，即 xmin 和 xmax 必须是数值，而第 4～5 参数 ymin 和 ymax 可以是数值(矩形区域)或表达式(非矩形区域)，计算非矩形区域的积分，用户决定哪个积分变量放在外部积分上下限的 xmin/xmax 位置，哪个放在内层，即以子函数形式出现的 ymin/ymax。

按此约定，式(5.4)中的表达式内层积分上下限函数是 $x(y)$，因此对表达式中积分变量 y 先做积分形成关于 x 的函数，所以外部积分符号一定是 x，沿积分符号的书写习惯，积分变量顺序从左到右依次为“先 x 后 y”，按上述分析，被积表达式代码要写成“IntMain2(x,y)”，(x, y)位置不能互换。

上述分析过程也适用于确定非矩形区域三重积分的积分次序，以下面计算三重积分的问题 5.5 为例，只是确定积分顺序的步骤要进行两次。

问题 5.5　计算式(5.5)所示的非矩形区域的三重积分，积分区域是由 $x=0, y=0, z=0, 2y+z=1$ 这 4 个平面围成的四面体。

$$\int_0^1\int_0^{\frac{1-z}{2}}\int_0^{1-z-2y}(x+y)\mathrm{d}x\mathrm{d}y\mathrm{d}z \tag{5.5}$$

分析 5.4　问题 5.5 的求解代码中，被积表达式变量的书写次序由实际变量的积分次序决定，此时要用到积分命令 integral3，其调用格式如代码 221 所示，和 integral2 类似，第 2 和第 3 参数 xmin 和 xmax 必须是数值，后面的 ymin/ymax 和 zmin/zmax 可以是数值或表达式。

代码 221　三重积分命令 integral3 调用格式

```
1  q = integral3(fun,xmin,xmax,ymin,ymax,zmin,zmax)
```

决定代码积分次序，要从表达式(5.5)由里向外、逐层判断：

- ❑ **里层**：表达式(5.5)里层的积分上限是 $1-z-2y$，积分变量是 x，通过里层积分获得的中间层表达式形为 $f_1(y,z)$；
- ❑ **中间层**：中间层对 $f_1(y,z)$ 积分，上限是 $(1-z)/2$，说明中间层积分变量是 y，通过中间层积分获得表达式形为 $f_2(z)$；
- ❑ **外层**：外层积分变量显然是 z。

根据上述分析结果，最后按照自左至右的顺序排列，得到三重积分代码中被积表达式的次序是(z,y,x)，于是得到如下代码：

代码 222　问题 5.5 三重积分求解代码

```
1  integral3(@Fun,0,1,0,@hMid,0,@hLast)
```

```
 2  function f = Fun(z,y,x) % 代码中的变量顺序
 3      f = x+y;
 4  end
 5  function f = hMid(z)
 6      .5-.5*z;
 7  end
 8  function f = hLast(z,y) % 顺序和被积表达式次序保持一致
 9      1-z-2*y;
10  end
```

✍ **点评 5.4** 在 MATLAB 代码中把积分次序找对，是准确计算二重和三重数值积分的关键。不妨记住八个字："自里向外，从左到右"。前半句的意思是逐层分析被积表达式，找到每层积分的变量；后半句的意思是把前一步的变量次序按自左到右顺序排好，该次序就是代码中的积分次序。

5.7.2 非线性方程(组)计算——求解器式与问题式方案

解方程是工程计算中频繁遇到的问题之一，MATLAB 提供了 fzero 和 fsolve 两个命令用于求解非线性方程(组)[①]，二者各有长处：fzero 函数适合求解非线性方程(单个未知变量)，其算法综合了二分法、割线法和逆二次插值法等；fsolve 适合求解非线性方程组(多个未知变量)，它是基于非线性最小二乘的大规模信赖域算法和 Levenberg - Marquardt 算法的组合。另外，自 R2017b 版本起，fzero 和 fsolve 两个函数都支持问题式(problem - based)的方程描述和求解方式。在 R2019b 中，问题式求解非线性方程(组)的方法再度发生根本性变化。

本节将介绍如何结合子函数和 fzero/fsolve 函数，给出求解方程(组)包括经典的基于求解器以及基于问题式方程描述的代码方案。

1. 非线性方程

一些超越方程无法获得实数域内的解析解，只能用数值方法求解，但是针对单个未知量的非线性方程，建议使用 fzero 求解。

问题 5.6 计算方程

$$e^x \cdot \sin x = 3.32 \tag{5.6}$$

的解。

分析 5.5 解方程时，用户提供 4 个要素：初始值、求解命令(或求解器)、求解对象(方程本身)和求解选项，在基于求解器(Solver - based)的传统求解方式中，第 2 要素，也就是求解命令已经确定为 fzero，因此代码中只需要提供初值 x_0、方程和求解选项(算法、相对或绝对容差等，非必选)，方程表达式本身，与前面的被积表达式类似，由子函数表述。

基于求解器(Solver - based)模式，选择通过 fzero 函数，以脚本形式调用内置方程表达式的子函数来求解，令初值 $x_0=1$，具体如代码 223 所示。

代码 223 脚本包含子函数求解非线性方程

```
1  format longG
2  [x,fval,exitflag,output] = fzero(@EqMain,1,optimset('PlotFcns',@optimplotfval))
3  function y = EqMain(x)
4    y = exp(x).*sin(x)-3.32;
5  end
```

① 多项式方程适合于使用 roots 命令，它可以解出多项式方程包括复数根在内的所有数值解。

保存文件名为 EqSol，命令窗口的运行结果为：

代码 224　代码 223 运行结果

```
1   >> EqSol
2   x =
3       1.25174826495577
4   fval =
5       4.44089209850063e-16
6   exitflag =
7       1
8   output =
9     struct with fields:
10
11      intervaliterations: 8
12              iterations: 6
13               funcCount: 23
14               algorithm: 'bisection, interpolation'
15                 message: 'Zero found in the interval [0.68, 1.32]'
```

调用 fzero 时，选择完整返回全部 4 个输出参数，其中第 2 到第 4 参数都不是必选参数：

- 方程的根 x，这是 fzero 运算的关键结果，即使不指定任何返回结果，也会默认用“ans”返回。
- 变量 fval 代表将 x 代入原方程的函数值 fval=$f(x)$，数值上接近于零（fval < 10^{-15}），证实求解成功。
- exitflag 是判定本次求解是否成功运行退出的标识，存在如下 3 类基本状态：
  - exitflag = 1 ：求解在小于规定的迭代次数上限条件下，达到求解收敛误差精度条件，判定结果正确；
  - exitflag = 0 ：求解达到迭代次数上限时，未达到所要求的精度条件，无法判断求解结果准确性，建议用户通过更改初值或收敛误差精度阈值等方式进一步查验；
  - exitflag < 0：方程求解失败，应重新检查代码或分析方程是否能够求解，fzero 帮助文档中列出了当 exitflag < 0 时，可能遇到的多种情况，例如收敛到奇异点，出现复数解、无穷解或者非数解等，详细可参见帮助文档中关于 fzero > exitflag 参数项的内容。
- 输出变量 output 是结构数组，其中包含迭代次数、求值次数、算法选择等信息。

在多个输出参数中，可以利用前述提到的波浪号“～”抑制部分输出，灵活定制对输出结果的查验；代码 223 中 fzero 语句第 3 参数调用 optimset 对象的 PlotFcns 属性，属性值是句柄“optimplotfval”，即 optimset > PlotFcns > @optimplotfval ，MATLAB 在计算的同时绘制历次迭代的函数值变化情况，如图 5.3 所示，其中横坐标是 1～6 的整数，代表经过的全部 6 次迭代；纵坐标为历次迭代求得的 $x^{(i)}$ 代入方程的数值 $f(x^{(i)})$，标题数值即为最终迭代的函数值 fval。

选择绘图参数项在一些求解规模比较大，计算速度慢的问题中，能够直观反映历次迭代的计算结果，通过单击左下方的 Stop 和 Pause 按钮，可随时终止/暂停求解过程。

以上解法是 MATLAB 经典的“基于求解器”方程解算方法。自 R2017b 版本起，MATLAB 新增问题式方程解算方式，其关键在于按要求正确描绘方程表达式，前面提到过，MATLAB 要求一个待求解非线性方程如果被定义为一个“模型”，必须传递包括初值、方程、选项和求解器在内的 4 个要素，因此 R2017b 版本下的问题式建模可写成代码 225 所示的形式：

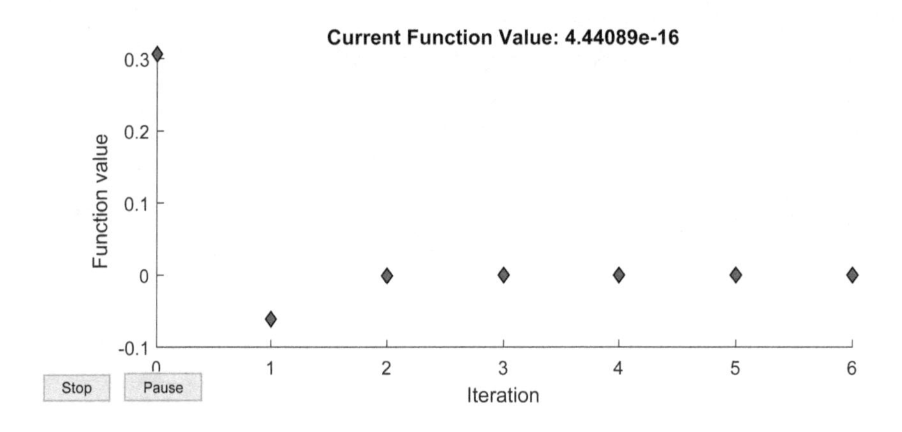

图 5.3　执行 fzero 历次迭代的函数值 fval 的结果

代码 225　基于问题的方程求解代码示例(R2017b)

```
1  proEq = struct('objective',@EqMain,'x0',1,'solver','fzero',...
2        'options',optimset('PlotFcns',@optimplotfval)); % 问题式方程构造及求解
3  [x,fval] = fzero(proEq)
4  function y = EqMain(x)
5  y = exp(x).*sin(x) - 3.32;
6  end
```

代码 223 和代码 225 返回的结果相同，但从代码角度，二者最关键的差异在于问题式建模已经逐步有对象化程序编写的风格，其代码复用性更好，比如代码 225 在方程整体无须重新载入的前提下，修改初值即可按不同方式求解同一方程：

代码 226　基于问题求解——修改初值

```
1  proEq.x0 = 15; % 在问题中修改模型初值
2  x = fzero(proEq)
3  x =
4      15.707962767619
```

通过比较可发现：问题式方程模型，求解和构造被分成两个独立过程，通过 struct 构造的结构数组模型，仅修改部分域的参数值，重新调用就可以计算；基于求解器方程模型的初值修改在调用 fzero 函数的过程中发生，因此每次求解不同初值，方程模型要被重新生成一遍。

尽管 R2017b 提供了问题式建模的方程求解办法，但从对象化的角度讲，还是转变得不够彻底，比如求解器还不能自动指定，方程模型用旧有的 struct 类型指定，求解变量也仍然是 double 类型等。因此在 R2019b 版本，MATLAB 把优化工具箱的问题式建模思路与方程求解彻底统一起来了，例如上述问题，如果是在 R2019b 中，可以用如下方式求解：

代码 227　问题式方程建模求解代码示例(R2019b)

```
1  prob = eqnproblem;                              % 构造一个空的新方程模型
2  x = optimvar('x');                              % 设定解算变量
3  prob.Equations.s = exp(x).*sin(x) == 3.32;      % 定义方程
4  x0.x = randi(10);                               % 设定初值
5  [sol,fvl,exitflag] = solve(prob,x0)             % 求解方程
6  % ----- 分割线：以下为求解结果显示 --------
7  Solving problem using fzero.
8  sol =
9    struct with fields:
```

```
10       x: 9.4245
11  fvl =
12    struct with fields:
13      s: 9.9920e-12
14  exitflag =
15    EquationSolved
```

比较 R2017b 和 R2019b 两个版本下的问题式建模思路，可以看出 R2019b 中的方程描述、求解再次发生了根本性的变化，更加彻底地转向对象化的方程描述与求解，表现在：

- 无须指定求解器，用户可以只关心自己的模型是否正确，求解的工作交给 MATLAB 处理即可。当然，有经验的用户也完全能以 optimoptions 函数自行指定求解器。
- 为方程和求解变量设定单独的类型，这个做法把求解计算的操作逻辑封闭在了一个特定于优化、方程求解的规则范围内。
- 不再需要为方程表达式构造子函数，实际上代码 227 是在命令窗口里完成的。

点评 5.5　MATLAB 形成基于求解器和基于问题两种不同的代码方案，原因在于复杂模型，包括数据来源、依据数学描述构造约束要求的代码等，不适合采用基于矩阵形式的模型描述方法，这在线性规划问题建模时表现尤甚，有时为将模型描述转换成矩阵形式，要花费很多精力时间。为适应多种不同形式的计算模型，自 R2017b 版本起，MATLAB 终于推出基于问题的模型描述方式，两种方式从计算讲是一致的：问题式模型底层计算前终归要重新变回矩阵形式，因此基于问题描述的代码是通过牺牲一定效率，达到提高程序可读性、节省编程时间精力的目标的。

2. 非线性方程组

函数 fsolve 和 fzero 的调用方式类似，下面仍然结合实例，通过基于问题和基于求解器两种途径，求包含多个未知变量的非线性方程组的数值解。

问题 5.7　用脚本文件包含子函数的方式求解带有 4 个未知变量的非线性方程组：

$$\begin{cases} x_1^3x_2+1.5x_2x_3^{0.2}-7x_1x_3x_4=0 \\ x_1+x_2+0.5x_4-\dfrac{1}{11}x_2^2x_1=0 \\ x_3^2-x_1x_4=-3 \\ x_1-x_2=-11 \end{cases} \tag{5.7}$$

分析 5.6　式(5.7)中非线性方程组包含 $x_1 \sim x_4$ 共 4 个未知量，下面基于求解器和基于问题(R2017b 和 R2019b 两种问题式建模)思路，提出通过 fsolve 函数求数值解的三种方案。

fsolve 基于求解器模型的非线性方程组代码要求变量 x 用矩阵形式表述，即 $x=[x_1 \quad x_2 \quad x_3 \quad x_4]$，其他和 fzero 很相似，代码如下：

代码 228　问题 5.7 基于求解器的模型描述代码

```
1  opt = optimoptions(@fsolve,'display','none');
2  [x,~,exitflag,output] = fsolve(@EqsMain,randi(10,1,4),opt)
3  function y = EqsMain(x)
4  y = [x(1)^3 * x(2) + 1.5 * x(2) * x(3)^(1/5) - 7 * x(1) * x(3) * x(4);...
5        x(1) + x(2) + 0.5 * x(4) - x(2)^2 * x(1)/11;...
6        x(3)^2 - x(1) * x(4) + 3;...
7        x(1) - x(2) + 11];
8  end
```

使用 fsolve 求解方程组时，注意如下事项：

- 由于算法的差异，fsolve 选项参数与 fzero 有较大区别：fzero 命令选项采用 optimset 设置；fsolve 的选项设置参数为 optimoptions，本例中仅通过 display 属性，设置抑制求解信息在命令窗口的输出，感兴趣的读者可以去掉这个参数，看命令窗口求解结果有何不同。
- 方程表达式，即子函数 EqsMain 中，方程列成 4×1 的向量形式，如果查看帮助文档，会发现方程表达式是“y(1)＝…；y(2)＝…”的形式，两种写法效果相同。
- 方程组未知量必须以“$x=[x(1),x(2),\cdots]$”的向量形式归并在某个统一变量之下。

将代码 228 保存成名为“SolFsolve.m”的 M 函数独立文件，在命令窗口运行后结果如下：

代码 229　代码 228 运行结果

```
1  >> SolFsolve
2  x =
3      1.1362    12.1362    1.1871    3.8808
4  exitflag =
5      1
6  output =
7    struct with fields:
8      iterations: 9
9      funcCount: 50
10     algorithm: 'trust-region-dogleg'
11     firstorderopt: 1.9675e-13
12     message: 'Equation solved.'
```

若问题 5.7 选择 R2017b 版本的基于问题的模型求解方式即以 fsolve 调用结构数组描述的方程求解，代码如下：

代码 230　问题 5.7 基于问题的模型描述代码(R2017b)

```
1  % 1 ------- 构造结构数组形式的非线性方程组求解模型 ------------
2  ProEqs = struct('solver','fsolve',...
3      'x0',randi(10,4,1),...
4      'objective',@EqsMain,...
5      'options',optimoptions(@fsolve,'display','none'));
6  [x,~,exitflag] = fsolve(ProEqs)      % 调用 fsolve 求解模型 ProEqs
7  function y = EqsMain(x)              % 子函数形式的待求解方程组表达式
8    y = [ x(1)^3 * x(2) + 1.5 * x(2) * x(3)^(1/5) - 7 * x(1) * x(3) * x(4);...
9          x(1) + x(2) + 0.5 * x(4) - x(2)^2 * x(1)/11;...
10         x(3)^2 - x(1) * x(4) + 3;...
11         x(1) - x(2) + 11 ];
12 end
```

利用 R2019b 的问题式建模方式来求解问题 5.7，完整代码如下：

代码 231　问题式模型描述求解代码-1(R2019b)

```
1  % 定义空的新方程组求解问题模型
2  prob = eqnproblem;
3
4  % 定义方程求解变量
5  x1 = optimvar('x1');
6  x2 = optimvar('x2');
7  x3 = optimvar('x3');
8  x4 = optimvar('x4');
9
```

```
10  % 定义方程组方程
11  prob.Equations.eq1 = x1^3 * x2 + 1.5 * x2 * x3^(1/5) - 7 * x1 * x3 * x4 == 0;
12  prob.Equations.eq2 = x1 + x2 + 0.5 * x4 - x2^2 * x1/11 == 0;
13  prob.Equations.eq3 = x3^2 - x1 * x4 == - 3;
14  prob.Equations.eq3 = x1 - x2 == - 11;
15
16  % 设定求解参数选项
17  op = optimoptions("fsolve","Algorithm","levenberg - marquardt");
18  x0 = struct('x1',randi(10),'x2',randi(10),'x3',randi(10),'x4',randi(10));
19
20  % 求解
21  [sol,fvl,exitflag] = solve(prob,x0,"Options",op)
```

比较代码 228(求解器模式)和代码 231,会发现两种代码的风格和描述方式存在区别:后者以方程(组)的求解为目标,定义了一套固定的流程,把求解器建模的整体过程给“分解”或者“碎片化”了。下面详细介绍一下这种全新的方程求解模式:

(1) **新建方程模型**。通过 eqnproblem 定义新的空方程组问题 prob,从代码角度来讲,这实际上是方程对象的实例化,这个对象包括一些必要的属性等待用户填充。

(2) **指定求解变量**。不能不说,问题式建模中的求解变量定义非常宽松,既可以用原有的数组形式定义,也可以像原问题的数学表述一样,分别定义 x_1,x_2,x_3,x_4 这四个变量,代码 231 采用的是后者。

(3) **定义方程**。和求解变量的定义类似,它既可以采用逐条方程定义的形式,也可以采用矩阵的形式,究竟采用哪种方式取决于用户的习惯和偏好。

(4) **设定求解参数**。这部分和求解器模式比较类似,但给定初值需要注意,初值需要以结构数组形式定义,且域名需要和定义的求解变量相同。

(5) **求解**。问题式和求解器式模型描述的另一个主要区别是:MATLAB 会自动根据问题形式选择求解器(函数),不需要用户选择,求解命令统一写成 solve 即可。

(6) **输出参数**。输出参数的形式和求解器模式类似,方程的根以结构数组的形式列出。

(7) **求解结果的非负限定**。利用 R2019b 版本的方程(组)问题式建模求解需要注意一个要点:截至R2022a 版本,尚不支持非线性方程中存在复数值的情况,如果函数任何计算步骤得到复数,则最终结果可能是不正确的。

为进一步说明 R2019b 版本问题式建模求解方程组的灵活性,下面补充另外一种按矩阵形式定义变量和方程组的方案。

代码 232　问题式模型描述求解代码-2(R2019b)

```
1   prob = eqnproblem;
2   x = optimvar('x',4,1);
3   % 编写矩阵形式的方程组
4   prob.Equations.eq = [x(1)^3 * x(2) + 1.5 * x(2) * x(3)^(1/5) - 7 * x(1) * x(3) * x(4);...
5                        x(1) + x(2) + 0.5 * x(4) - x(2)^2 * x(1)/11;...
6                        x(3)^2 - x(1) * x(4);...
7                        x(1) - x(2)] == [0  0 -3 -11]';
8   op = optimoptions("fsolve","Algorithm","levenberg-marquardt");
9   x0 = struct('x',randi(10,1,4));
10  [sol,fvl,exitflag] = solve(prob,x0,"Options",op)
```

定义方程组时,还可以写成如下形式:

代码 233　问题式模型:方程组的另一种可选描述形式

```
1  prob.Equations.eq = [x(1)^3 * x(2) + 1.5 * x(2) * x(3)^(1/5) - 7 * x(1) * x(3) * x(4) == 0;...
2                       x(1) + x(2) + 0.5 * x(4) - x(2)^2 * x(1)/11 == 0;...
3                       x(3)^2 - x(1) * x(4) == -3;...
4                       x(1) - x(2) == -11];
```

✍ **点评 5.6**　分别用求解器式和问题式建模两种代码思路求解非线性方程(组),是为了熟悉和比较问题式与求解器式模型描述的差别,方程模型相对于优化模型,描述起来比较简单,因此适合于在学习优化工具箱问题式建模之前做一个铺垫。如果仔细体会 R2019b 版本下新增的以 eqnproblem 方式描述和求解方程的代码,会发现 MATLAB 极有可能要从代码层面上,用对象化的方式统一这类计算问题的编写模式。用户按照标准而固定的流程,把方程(组)或优化问题视作一个完整的实例对象,分阶段从变量定义到方程列举再到 solve 求解,方程组或者优化的约束条件同样支持,但不限于以矩阵方式描述,而是基于变量或每条方程自身,因此这种描述形式更容易贴近和满足用户的数学思考习惯要求。

5.7.3　常微分方程及参数传递

描述存在变化率的动态系统,常微分方程(Ordinary Differential Equation,ODE)是常用的数学工具,MATLAB 对于 ODE 的求解无论是理论还是代码实现方案,都颇为全面[7]。不过随着版本变化,ODE 问题求解的 MATLAB 代码(符号解或数值解)在程序结构、变量定义方式等方面,都发生了不小的改变,本节对新版本 MATLAB 中的 ODE 求解(尤其携带参变量条件下)的代码方案做简要的探讨。本节第 1 部分介绍的是高阶常微分方程如何化为一阶显式微分方程组,和 ODE 初值问题的符号解和数值解;第 2 部分重点探讨嵌套式子函数在携带参变量的 ODE 问题求解中的使用方法。

和多重积分、方程(组)求解一样,子函数在常微分方程(组)MATLAB 代码中也有类似应用,按刚性和非刚性问题分类①,MATLAB 为常微分方程的求解提供了如表 5.1 所列的多种解算命令。从问题求解的角度,可根据特点选择不同的 ode 求解命令,而本节则从代码编写角度,介绍如何以子函数形式编写常微分方程代码,并调用 ode 系列函数求解,同时介绍向微分方程的子函数内部传递外部参变量的方法。

表 5.1　MATLAB 常微分方程解算命令适用范围列表[7]

命　令	适用问题	精　度	命令特点与适合的问题	算法描述
ode45	非刚性	中等精度	最常用,试解首选	显式龙格-库塔(4,5)法
ode23	非刚性	低精度	容差较大,中等刚性问题	显式龙格-库塔(2,3)法
ode113	非刚性	精度不限	容差严格|函数计算代价大	Adams 预报校正算法
ode15s	刚性	中低精度	ode45 速度慢|有质量矩阵	基于 NDFs 变阶算法
ode23s	刚性	低精度	容差较大刚性系统|有定常质量矩阵	2 阶 Rosenbrock 修改公式
ode23t	中等刚性	低精度	不带无数值阻尼中等刚性问题	基于自由插值梯形法则
ode23tb	刚性	低精度	大容差刚性问题或存在质量矩阵	TR - BDF2 隐式龙格库塔法

①　所谓刚性(stiff)问题,指的是这类常微分方程求解过程中,一些解的变化缓慢,另外一些又变化很快,且二者之间相差悬殊[8],在帮助文档中多次使用的表示张弛振荡的“van der Pol 方程”是典型的刚性问题。因此,MATLAB 针对问题模型的不同特性,要设置不同的求解器(命令)。

首先要明确：ode45 命令只能求解一阶常微分方程(组)，如果是高阶微分方程，还要将其转换为一阶常微分方程(组)，参考控制理论相关知识[9]，考虑单输入单输出线性定常系统，其输入和输出间的关系可用高阶微分方程描述为

$$y^{(n)}+a_1y^{(n-1)}+a_2y^{(n-2)}+\cdots+a_{n-1}\dot{y}+a_ny=b_0u^{(m)}+b_1u^{(m-1)}+\cdots+b_{m-1}\dot{u}+b_mu \tag{5.8}$$

当 $m=0$ 且 $b_m=1$ 时，式(5.8)变为

$$y^{(n)}+a_1y^{(n-1)}+a_2y^{(n-2)}+\cdots+a_{n-1}\dot{y}+a_ny=u \tag{5.9}$$

在初值给定的条件下(符合 ode45 求解前提设定)，式(5.9)的解存在且唯一，因此式(5.10)即为系统的状态方程，状态变量为：$x_1=y,x_2=\dot{y},\cdots,x_n=y^{(n-1)}$，输出方程为 $y=x_1$。

$$\begin{cases}\dot{x}_1=x_2\\ \dot{x}_2=x_3\\ \quad\vdots\\ \dot{x}_n=-a_nx_1-a_{n-1}x_2-\cdots-a_1x_n+u\end{cases} \tag{5.10}$$

式(5.11)导出线性定常系统基于 $m=0$ 且 $b_m=1$ 条件下的状态空间描述，这也是利用 ode45 求解一阶常微分方程组的模型：

$$\dot{x}=\begin{bmatrix}0 & 1 & \cdots & 0\\ \vdots & \vdots & & \vdots\\ 0 & 0 & \cdots & 1\\ -a_n & -a_{n-1} & \cdots & -a_1\end{bmatrix}x+\begin{bmatrix}0\\ \vdots\\ 0\\ 1\end{bmatrix}u \tag{5.11a}$$

$$y=[1,\cdots,0,0,,0,\cdots,0]x \tag{5.11b}$$

问题 5.8 是一个二阶常系数非齐次线性微分方程转换为一阶常微分方程组并以 ode45 命令编写求解代码的例子。

问题 5.8　求二阶常系数非齐次线性微分方程

$$y''-2y'-3y=3x+1 \tag{5.12}$$

在 $t\in[0,2]$范围的数值解[10]，其中，$y|_{x=0}=1,\dot{y}|_{x=0}=-1$。

分析 5.7　对问题 5.8 中的二阶常微分方程，ode45 命令支持两种不同的一阶微分方程描述方式。按式(5.10)，引入状态变量 $y_1(x)=y(x),y_2(x)=\dot{y}(x)$，式(5.12)等效转换为式(5.13)所示的常微分方程组，然后调用 ode45 命令求解：

$$\begin{cases}\dot{y}_1=y_2\\ \dot{y}_2=2y_2+3y_1+3x+1\end{cases}\Rightarrow\dot{\boldsymbol{y}}=\begin{bmatrix}0 & 1\\ 3 & 2\end{bmatrix}\boldsymbol{y}+\begin{bmatrix}0\\ 3x+1\end{bmatrix} \tag{5.13}$$

ode45 命令支持式(5.13)所示的逐个描述方程组方程和基于状态空间描述的矩阵形式两种一阶微分方程表述格式。例如，可以通过逐个描述一阶微分方程的方式，编写如下代码：

代码 234　问题 5.8 数值解代码-1

```
1  ode45(@OdeFun,[0  2],[1  -1]);
2  % 子函数对常微分方程组逐条描述
3  function Dx = OdeFun(x,y)
4  Dx(1,1) = y(2);
5  Dx(2,1) = 2 * y(2) + 3 * y(1) + 3 * x + 1;
6  end
```

对线性常系数的微分方程组，ode45 支持更简洁的矩阵表述形式，如代码 235 所示。

代码 235　问题 5.8 数值解代码-2

```
1  ode45(@OdeFun,[0  2],[1  -1])
2  function Dy = OdeFun(x,y)
3  Dy = [0  1;3  2]*y+[0;3*x+1];
4  end
```

用符号工具箱的解析解来验证代码 234 运行结果的准确性，为方便比较起见，把数值和解析解绘制在同一张图上，见代码 236。

代码 236　数值和解析解的比较

```
1  % 调用 ode45 函数的数值解代码
2  [t1,y1] = ode45(@OdeFun,[0  2],[1  -1]);
3  % 符号计算的解析解代码
4  syms y(t) t
5  eqn = diff(y,t,2) == 2*diff(y,t)+3*y+3*t+1;
6  Dy = diff(y,t);
7  cond = [y(0)==1, Dy(0)==-1]; % 定义初值条件
8  ySol(t) = simplify(dsolve(eqn,cond));
9  hold on
10 plot(t1,y1(:,1))
11 plot(0:.1:2,double(ySol(0:.1:2)),'rs:','markersize',8,'markerfacecolor','y')
12 legend({'$ $y_1(x)$ $','$ $y_{Sol}(x)$ $'},'fontsize',11,'interpreter', 'latex')
13 set(gca,'ticklabelinterpreter','latex','fontsize',12)
14 xlabel('$ $t$ $','interpreter','latex','fontsize',12)
15 ylabel('$ $y(t)$ $','interpreter','latex','fontsize',12)
16 title('Numeric \& Analytic Solution','interpreter','latex','fontsize',13)
17 text(.5,30,'$ $y{\prime\prime} - 2y{\prime} - 3y = 3x+1$ $',...
18     'interpreter','latex','fontsize',15)
19 % 省略 ode45 命令子函数,代码同前
```

解析解结果如下(数值与解析解结果的比较图形略，读者可运行代码查看，二者是一致的)：

$$\frac{e^{-t}}{2}-t+\frac{e^{3t}}{6}+\frac{1}{3}$$

介绍了高阶微分方程转换为一阶常微分方程(组)并调用 ode45 求解的基本步骤，接下来探讨如何从外部向微分方程内部传递参数。问题 5.9 是需要从外部向微分方程传递多个参数的滑动摆问题[11]，下面结合子函数，探讨一下此类代码的编写方法。

问题 5.9　单摆悬挂于在水平光滑轨道滑动的滑块上，如图 5.4 所示，滑块质量为 m_1，单摆杆长为 l，摆锤质量为 m_2，整个系统可在竖直平面内运动，试研究整个系统的运动。

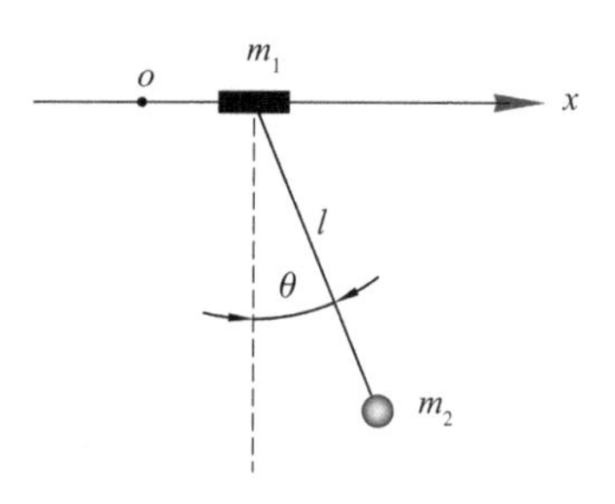

图 5.4　问题 5.9 滑动摆示意图

分析 5.8　以水平轨道 O 点为基准零点，以 x 代表滑块的水平轨道实时位置，θ 监测摆杆 l 和竖直虚线夹角，根据系统拉格朗日函数得到系统运动微分方程：

$$\begin{cases}\dfrac{d^2\theta}{dt^2}=\dfrac{-M\cos\theta\sin\theta\left(\dfrac{d\theta}{dt}\right)^2-\dfrac{g}{l}\sin\theta}{1-M\cos^2\theta}\\[2ex]\dfrac{d^2x}{dt^2}=\dfrac{Mg\cos\theta\sin\theta+Ml\sin\theta\left(\dfrac{d\theta}{dt}\right)^2}{1-M\cos^2\theta}\end{cases}\tag{5.14}$$

式中，$M=m_2/(m_1+m_2)$，如取状态变量：$y_1=\theta, y_2=\dot{\theta}, y_3=x, y_4=\dot{x}$，则有

$$\begin{cases}\dot{y}_1=y_2\\ \dot{y}_2=\dfrac{-My_2^2\cos y_1\sin y_1-\dfrac{g}{l}\sin y_1}{1-M\cos^2 y_1}\\ \dot{y}_3=y_4\\ \dot{y}_4=\dfrac{Mg\cos y_1\sin y_1+Mly_2^2\sin y_1}{1-M\cos^2 y_1}\end{cases}\tag{5.15}$$

详细推导过程参见文献[11]。代码方面，虽然和问题 5.8 相比增加了两个状态变量，但求解方法和问题 5.8 大致相同，要关注的问题主要是计算过程中，要向表述微分方程组的子函数中传递包括重力加速度、滑块质量 m_1、单摆摆长 l 和摆锤质量 m_2 这 4 个变量。子函数本身可通过输入参数和外部参数建立联系，但子函数本身要被 ode45 调用，所以输入参数的格式也要被 ode45 所接受。

观察式(5.15)发现微分方程组是非线性的，因此必须逐条输入方程，但仍可把 4 条方程以矩阵形式统一输出：

代码 237　问题 5.9 求解代码-1

```
1   [m1,m2,g,l] = deal(4,2,9.8,1);
2   ode45(@hdbfun,0:.001:5,[pi/4,0,-l*cosd(45)*2/(4+2),0],[],m1,m2,g,l);
3   % ------------------------------------
4   function ydot = hdbfun(t,y,m1,m2,g,l)
5   M = m2/(m1+m2);
6   ydot = [y(2);...
7         (-M*sin(y(1))*cos(y(1))*y(2)^2-g/l*sin(y(1)))/(1-M*cos(y(1))^2);...
8         y(4);...
9         (M*g*sin(y(1))*cos(y(1))+M*l*sin(y(1))*y(2)^2)/(1-M*cos(y(1))^2)];
10  end
```

✍ **点评 5.7**　注意：代码 237 调用 ode45 解算微分方程组时，参数 m_1, m_2, g, l 出现在输入的末尾，即 ode45 传递参数时，隐藏在第 4 选项参数 options 之后，且这种传参方式在 ode45 帮助文档的几种命令调用格式里未明确提及。使用子函数形式编写含有参变量微分方程组求解的问题时，除子函数输入参数数量和 ode45 携带参量个数保持一致，也要遵照 ode45 命令的语法格式要求，为 options 预留参数位(代码 237 中的空矩阵“[]”)。

代码 238　ode45 命令的帮助调用格式

```
1   [t,y,te,ye,ie] = ode45(odefun,tspan,y0,options)
```

代码 237 是求解携带参变量的常微分方程组的一种方案，只须在外部修改 4 个参数的数值，调用 ode45 即获得该模型不同条件下的计算结果。但这种方案有一个不足之处，即参数数量较多的情况下，子函数和 ode45 命令输入参数的书写比较烦琐。此时可以使用之前介绍过的结构数组数据类型来规整和条理化这些参数。

代码 239　问题 5.9 求解代码-2

```
1   data = struct('g',9.8,'m1',4,'m2',2,'l',1);
2   [t,y] = ode45(@hdbfun,0:.001:5,[pi/4,0,-data.l*cosd(45)*2/(4+2),0],[],data);
3   plot(t,y(:,1),t,y(:,3))
4   % ----------------------------------------
5   function ydot = hdbfun(t,y,data)
```

```
6  M = data.m2/sum([data.m1  data.m2]);
7  ydot = [y(2);...
8  (-M * sin(y(1)) * cos(y(1)) * y(2)^2 - data.g/data.l * sin(y(1)))/(1 - M * cos(y(1))^2);...
9  y(4);...
10 (M * data.g * sin(y(1)) * cos(y(1)) + M * data.l * sin(y(1)) * y(2)^2)/(1 - M * cos(y(1))^2)];
11 end
```

代码 239 中，所有参数都被放进一个单独的结构数组变量 data 中，十分有利于后期的代码维护，如果想修改其中的某一个或者某几个参数，点选调用方式就可以完成对结构数组某个局部域内的值的修改，如代码 240 所示。

代码 240　携带参量的数值修改

```
1  data.m1 = ...;
2  data.g = ...;
3  ...
```

✍ **点评 5.8**　代码 239 实际上只是将多个参数存储至一个单独结构数组的不同域内，不同于 cell 数组的数字索引编号，结构数组支持使用字符形式的域名称，能在不同域内放置不同维度、类型的数据变量，这在一定程度上增加了程序输入部分的灵活性。ode45 调用子函数的传参过程也只针对一个单独变量，管理更方便，程序可读性也更好。

5.8　总　结

本章讲述了脚本、M 函数以及子函数的用法，重点讲解了新版本所支持的脚本调用子函数方式，脚本与函数的区别、联系以及二者的综合运用，尤其是脚本调用内置子函数这样的新编程方式，读者需要熟悉并在编程过程中反复尝试。为帮助读者快速达到这一目标，本章撷取一重和多重积分、非线性方程（组）、常微分方程（组）等多个实际计算问题，介绍了脚本、函数和子函数的综合运用方法，其中顺带介绍了积分次序的代码实现方式、基于问题的模型描述以及高阶常微分方程转换为一阶微分方程组的基本方法。

在本章中，围绕老版本的输入参数解析函数 inputParser 以及 R2019b 新增的 arguments 模块，通过几个代码案例介绍了 MATLAB 进行输入参量校验解析的方法。这两个工具对于以 MATLAB 作为项目开发主力工具的用户来说，不但是写出规范可通用程序的利器，而且今后如果开发中等规模或平台级的 MATLAB 程序，它们也是必须掌握的工具。

本章所讲述内容，在复杂编程计算问题里使用普遍，建议读者尽快熟悉掌握。此外，子函数是函数的重要组成部分，它与后续匿名函数存在联系，有很多利用子函数求解的计算问题，能用匿名函数替换求解，因此在第 7 章介绍匿名函数使用方法时，结合本章子函数的知识，能进一步加深读者对 MATLAB 函数运用的理解。

第 6 章

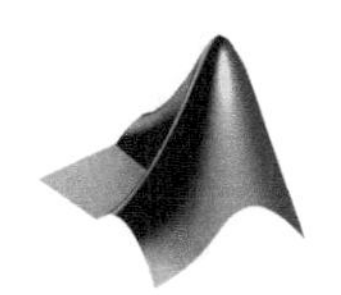

MATLAB 程序控制流程

利用控制流程，用户可以构建和设计更富逻辑的程序，实现运行自动和半自动化。控制流程是实现复杂运算的主要手段之一，也是用户进一步掌握 MATLAB 编程的必由之路。本章将结合具体代码问题，讲解控制流程和 MATLAB 函数的综合运用。但谈到和 MATLAB 函数的结合，就必须把 MATLAB 的一个核心特色包含在内，即矢量化代码特色结合逻辑数组构造，因为许多编程语言必须通过形式上的循环、选择判定等流程实现的工作，MATLAB 能用更简洁的命令组合代替。实际上 1～5 章的许多代码示例已经反复验证了这一点。但出于对流程综合运用的大局考虑，本章还是要讲述按循环、判断等流程编写代码解决问题的思路。这里面除了循环判断流程的基础地位之外，实际问题中也确实存在很多代码应用场景是不适合甚至不能完全矢量化的。关于这个问题，也将在本章结合实例给予分析。

不同的控制流程有不同的适用场景，一个复杂问题的程序编写，往往需要诸多控制流程混杂配合，用户只有了解和掌握了每一种流程，在遇到实际问题时才能迅速判断适合使用哪一种并且马上写进代码。对于这一能力的培养，最好的办法就是多看代码实例，仔细分析问题的特点和对应的代码。为此，本章同样准备了一定的代码实例，并进行了相关分析，使读者尽快理解各种控制流程代码的特点，并投入到代码编写和解决问题的实战中去。

6.1 控制流程概述

MATLAB 常用的程序控制流程如下：

- 循环次数确定的“for - end”和“parfor - end”流程(支持并行)；
- 循环次数未知，但可以通过逻辑条件决定是否跳出的“while - end”流程；
- 多路判断分支选择的“if - elseif - else - end”流程和多状况枚举的“switch - case - otherwise - end”流程；
- 包裹错误测试代码的“try - catch - end”流程；
- 调用自身实现回溯的递归流程，例如绪论部分实现快速排序的代码 1 就是一个 MATLAB 实现递归的例子。

帮助文档将除了“try - catch - end”流程外的其他流程归在“循环和条件状态(Loops and Conditional Statements)”中，本书仍按照其他语言习惯，将之统称为“控制流程”，理由之一就是它们具有共同的特点：不参与具体运算，作用都是改变和调整代码执行次数和次序，也就是只决定程序运行过程的走向。

6.2 for/while 循环流程示例

6.2.1 for 循环

MATLAB 有两种方式的循环：给定次数的 for 循环和要在每次循环结束时，通过逻辑条件判断是否要继续的不定次数的 while 循环——当然，适当的逻辑构造结合 break 或者 return 函数，for 循环同样能够实现 while 循环的多数功能，不过本节还是先介绍 for 循环的语法格式和最基本的使用方法。

for 循环语法格式如代码 241 所示，控制流程一律以“end”作为结束标识，每层 for 循环也不例外，因此两重循环就需要对应两个“end”；for 循环中还要定义每层循环的循环节数量，它决定了程序何时结束。

代码 241 语法：二重 for 循环

```
1  n1 = ... % 直接赋值或函数计算 n1,1 定义 for 循环外层循环次数
2  n2 = ... % 直接赋值或函数计算 n2,定义 for 循环内层循环次数
3  for i = 1:n1 % i 为每次循环中动态变化的数值
4      for j = 2:n2
5          ... % i 和 j 可作为索引或实际值参与相关计算语句
6      end
7  end
```

此外，依据 MATLAB 列优先的元素排布顺序，循环变量 i 或 j 默认“整列赋值”，只是很多 for 循环习惯采用行数组，使得很多用户误以为 i，j 只能是数值，比如给定一个 9×3 的二阶随机整数矩阵，要求把每一列变换成一个 3×3 的矩阵，这类问题多数用户可能习惯于按照代码 242 的思路写，即用循环变量 i 动态指向源数据的列索引：

代码 242 for 循环与列排布优先的组合应用示例-1

```
1  a = randi(10,9,3);
2  for i = 1:size(a,2)
3      reshape(a(:,i),3,[])
4  end
```

但借助“循环变量默认指向整列数据”的原理，可以让循环变量跳过索引，直接指向原矩阵列元素来简化代码。接代码 242 的数据变量 a，有：

代码 243 for 循环与列排布优先的组合应用示例-2

```
1  for i = a
2      reshape(i,3,[])
3  end
```

同时要指出，MATLAB 也能通过特定的函数避免形式上的循环步骤，例如 cellfun 结合匿名函数：

代码 244 for 循环与列排布优先的组合应用示例-3

```
1  celldisp(cellfun(@(x)reshape(x,3,' '),num2cell(a,1),'un',1 0))
```

或者 arrayfun 结合匿名函数：

代码 245 for 循环与列排布优先的组合应用示例-4

```
1  celldisp(arrayfun(@(i)reshape(a(:,i),3,[]),1:size(a,2),'un',0))
```

代码 244～245 用到了匿名函数，相关内容将在第 7 章详述，不过，在用户对 MATLAB 函数的运用有一定理解后，也可以避开循环，用 MATLAB 函数实现：

代码 246　for 循环与列排布优先的组合应用示例-5

```
1    celldisp(mat2cell(reshape(a,3,''),3,zeros(1,3) + 3))
```

代码 246 中，reshape 将矩阵 ***a*** 以列优先顺序转换为 3 个并列的 3 阶方阵，再交由 mat2cell 分块处理，并分别存储在 cell 数组中。这行代码是 MATLAB 编程风格的集中体现：强调矩阵化的数据整体运算，在不同数据类型间无缝切换，用简单的四则运算操作构造必要的参数格式，等。

在 MATLAB 中学习循环流程，可能和其他语言有个不大一样的地方：总要被拿来和矢量化程序做比较，还要比个孰优孰劣。对初学者，我们建议抛开各种预设成见，想怎么写就怎么写，哪种能写出来就用哪个，因为在初学阶段，两种写法的特点可能都不完全熟悉，与其道听途说，不如多增强代码实践，多看优秀代码，等两种写法都尝试多了，都成功也都失败过，心里自然会对到底用不用、什么时候用循环流程大致有底。

问题 6.1　给定非空输入矩阵，找到每行最大值，再将本行其他元素全部赋值为 0，如果该行最大值不止 1 个，则保留本行自左至右第 1 个查找到的最大值，其余仍赋值为 0，例如：

$$\begin{bmatrix}1&2&3&4\\5&5&6&5\\7&9&8&3\end{bmatrix}\rightarrow\begin{bmatrix}0&0&0&4\\0&0&6&0\\0&9&0&0\end{bmatrix}$$

一行内有 2 个相同的最大值时，有

$$\begin{bmatrix}5&4&5\\2&8&8\end{bmatrix}\rightarrow\begin{bmatrix}5&0&0\\0&8&0\end{bmatrix}$$

分析 6.1　源自 Cody 的问题 6.1 有多个矢量化代码求解方案，如：

代码 247　问题 6.1 矢量化方案-1，by Dirk Engel

```
1  function ans = your_fcn_name(x)
2  [~,ans] = max(x,[],2);
3  x. * (ans == 1:size(x,2));
4  end
```

或者用累积统计函数 accumarray 统计最大元素出现的索引位置：

代码 248　问题 6.1 矢量化方案-2，by Alfonso Nieto-Castanon

```
1  function ans = your_fcn_name(x)
2  [a,idx] = max(x,[],2);
3  accumarray([find(idx),idx],a,size(x));
4  end
```

或者用稀疏矩阵构造命令 sparse：

代码 249　问题 6.1 矢量化方案-3，by Bryant Tran

```
1  function ans = your_fcn_name(x)
2  [a,idx] = max(x');
3  sparse(1:numel(a),idx,a,size(x,1),size(x,2));
4  end
```

代码 247～249 无论是函数组合的衔接还是代码的构思都堪称精巧且华丽，但写出这种程序是有难度的，要具备相当程度的代码实力，且对 MATLAB 函数用法组合烂熟于胸，因此多数用户遇到问题 6.1，首先想到的仍然是循环，这恰是本节探讨的重点。

循环方案解决问题 6.1，需要把输入矩阵 **x** 分解成多行逐个操作，首先用语句："[r,c]=size(x)"获取矩阵总行数，然后再循环查找每行最大元素的位置，在对应位置给同维全 0 阵赋值。

代码 250　问题 6.1 循环代码方案-1

```
1  function ans = your_fcn_name(x)
2  [r,c] = size(x);
3  zeros(r,c);
4  for i = 1:r
5      t = max(x(i,:));
6      ans(i,find(x(i,:) == t,1)) = t;
7  end
8  end
```

重新比较代码 247 和 250，二者思路其实相同，前者利用了 max 命令中可按指定方向求最大值的"direction"参数的特点，且把循环过程用隐式扩展压缩成一句。但这么做也对函数组合的基本功、MATLAB 矢量化程序思维提出了更具体和严格的要求，考虑到这一点，按部就班先写出代码 250 的循环方案，仍然是初学 MATLAB 编程必须经历的基础步骤。

逐行循环的求解方案也不是唯一的，还可采用代码 251 所示的更改循环节逐段拼接的方法，注意到循环变量 i 已经修改为整列赋值，由于 MATLAB 元素默认按列排布，因此转置后，变量 i 才能在循环中赋值为原矩阵的整行元素。

代码 251　问题 6.1 循环代码方案-2

```
1  function ans = your_fcn_name(x)
2  [];
3  for i = x'
4      t = zeros(size(i));
5      t(find(i == max(i),1)) = max(i);
6      [ans,t];
7  end
8  ans';
9  end
```

前面两个循环方案都先通过同维全 0 阵初始化输出矩阵，再对最大值位置赋值，不妨反过来思考，用 setdiff 命令把除最大值外本行其他元素赋 0：

代码 252　问题 6.1 循环代码方案-3

```
1  function x = your_fcn_name(x)
2  [~,idx] = max(x,[],2);
3  for k = 1:size(x,1)
4    x(k,setdiff(1:size(x,2),idx(k))) = 0;
5  end
6  end
```

✍ **点评 6.1**　以上提供了 3 种循环方法来标识输入矩阵每行首个最大值的位置，如果和前述 3 种矢量化方案相比较，能看出来循环求解代码本质上是将整体运算拆分成多个重复运算的子步骤，随着数据降维，处理难度也随之变小，更重要的是循环方案是一种可以固化的现成套路，初学者可以很快掌握其基本使用方法。此外，循环变量的处理部分是一个值得关注的地方：它体现了使用变量 i 遍历循环数组的索引，以及直接用源数据整列赋值两种方式在实际问题中的具体应用，二者其实都比较实用。

6.2.2　while 循环

不定次数循环的 while 流程，关键在于定义终止循环的逻辑判断条件(expression)，也就是说，在每次循环的开始，都需要用该条件判断是否结束并跳出循环。whlie 循环的语法格式如代码 253 所示。

代码 253　while 循环语法格式

```
1  while expression
2      statements
3  end
```

代码中应用 while 需要注意判断条件返回结果必须是逻辑数值，而不能是逻辑数组(原因详见 4.1.3 节短路运算符相关内容)，事实上 MATLAB 在 while 或 if 流程的逻辑判断中，如果出现多个子条件的逻辑关系，会提示强制按短路运算符返回逻辑值。

while 循环流程在代码编写中应用广泛，例如一些算法要求当达到某个精度阈值条件即触发终止循环迭代，还有一些计算要求循环次数达到某个规定上限即跳出循环，以避免程序在一些条件下产生无限循环的错误。本节首先介绍一个源自 Cody、能部分反映 while 循环基本特点的斐波那契数列(Fibonacci Sequence)的例子。

问题 6.2　给定正整数输入值 N，写一段函数生成斐波那契数列 $F(1:n)$，数列最大值满足 $F(n)<N$，如：

代码 254　问题 6.2 示例代码

```
1  >> fib_seq(34)
2  ans =
3  1  1  2  3  5  8  13  21
4  >> fib_seq(35)
5  ans =
6  1  1  2  3  5  8  13  21  34
```

分析 6.2　斐波那契数列是数列问题中比较为人所熟知的一个。所谓斐波那契数列是令 $F(1)=1, F(2)=1$，其后诸元素为前 2 个元素之和的数列。其序列数字演化的基本特征比较适合编写入门代码，也和实际问题存在天然奇妙契合，例如汉诺威塔、电阻梯(Resistor ladder)等，都和斐波那契数列有相当密切的关联。

当然，对于斐波那契数列通项问题，快速幂迭代算法无疑最有效率，通项迭代可用如下方式简单解释：

$$\begin{bmatrix} F(n) \\ F(n-1) \end{bmatrix} = \begin{bmatrix} 1 & 1 \\ 1 & 0 \end{bmatrix} \times \begin{bmatrix} F(n-1) \\ F(n-2) \end{bmatrix} \tag{6.1}$$

推得

$$\begin{bmatrix} F(n) \\ F(n-1) \end{bmatrix} = \begin{bmatrix} 1 & 1 \\ 1 & 0 \end{bmatrix}^{n-2} \times \begin{bmatrix} F(2) \\ F(1) \end{bmatrix} \tag{6.2}$$

或通过黄金分割方式在相邻数列元素间获得近似斐波那契数列

$$F(n)=F(n-1)\times\left(1+\frac{\sqrt{5}-1}{2}\right) \tag{6.3}$$

再取整。

按照式(6.3)可得问题 6.2 的简化解法为

代码 255　问题 6.2 黄金分割比算法代码

```
1  function ans = fib_seq(N)
2  round(power(1.6180339887498949,1:1.67227593818457 + ...
3      2.07808692123504 * log(N))/2.23606797749979);
4  end
```

生成序列不是很长的情况下，斐波那契数列还可以用 1-D 滤波命令 filter 生成，代码如下：

代码 256　问题 6.2 滤波算法代码

```
1  function ans = fib_seq(N)
2  filter(1,[1 -1 -1],[1 zeros(1,150)]);
3  ans(N > ans);
4  end
```

分析中提到的两个代码使用了普通用户不大可能频繁使用的算法或者数学工具，而和斐波那契数列有关的问题，即每次循环求和都依赖前一次循环生成的值，非常适合使用 for/while 循环流程编写代码解决：

代码 257　问题 6.2 while 循环代码

```
1  function y = fib_seq(N)
2  [y,s] = deal(1);
3  while s < N
4      y = [y s];
5      s = y(end-1) + y(end);
6  end
```

代码 257 体现了 while 循环的特点——不断增大序列 y 的过程中，其末端点值 y(end)=s 只要仍满足 $s<N$，序列 y 就仍不停循环扩充，只有不满足该条件时，才跳出循环返回序列 y。

这个问题也可以用 for 循环实现，需要在循环内部增加 if 流程，并通过 break 跳出循环：

代码 258　问题 6.2 for 循环代码

```
1  function ans = fib_seq(N)
2  [1 1];
3  for k = 3 3:69
4      [ans ans(k-1) + ans(k-2)];
5      if ans(k) > N
6          ans(1:k-1);
7          break;
8      end
9    end
10 end
```

代码 257 和 258 思路一致，只不过后者把是否跳出循环的判断条件，用 if 语句放在 for 循环内部了。

6.2.3　for/while 流程综合示例：十一抽杀问题

经过一段时间的学习，用户对 MATLAB 函数的综合运用有了较深理解，代码也会更加简洁高效，不少用户会下意识地减少甚至避免使用循环。笔者认为，对在 MATLAB 中使用循环的问题要客观地看待：首先，单次运算内存读写时间消耗不大，无须向内存频繁存取很多数据的情况下，建议用户写代码时尽量采用向量化的表述，增加单次运算量（减少运算次数），或使用内置函数，这使得矢量化代码可能在相当多的场合下显得简洁且具有较高的执行效率，这一点也被很多代码实例所证实；其次，循环自有其作用，除了循环流程效率经大幅改进，当前已不逊色矢量化代码太多之外，它还具有直观易懂、容易入门的优点，在多人维护的大型程序中，便于代码编写者相互交流；最后，一些情况，比如每次迭代需要用到前一次运算结果时，循环流程还可能是唯一的方案。因此，平常心看待循环流程，无须刻意避免，也别不管什么情况一味乱用，将其视为 MATLAB 编程的众多手段之一就可以了。

最重要的是，不管对 MATLAB 的循环流程持有何种观点，要想真正理解循环并且用好循环，也不是一件那么容易的事情。例如下面这个“Josephus 环”问题，就可以作为检验用户是不是真正理解 for/while 循环流程的试金石。

问题 6.3　维基百科关于“Josephus 环”问题，有如下描述：罗马皇帝尼禄于公元 67 年，指派韦斯巴芗将军进攻犹太人聚集的高地之城约塔帕塔，44 日后攻陷该城。历史学家 Josephus 作为加利利军团的指挥官，在其他 39 名犹太士兵的掩护下退入山洞，但被罗马军队包围，士兵决定自杀。Josephus 不想死，他想出一主意，称自杀有悖教典，提出让士兵围成一圈，每隔 3 人抽取 1 个，由别人动手，得到大家的赞同。而 Josephus 把自己安排在一个特定的数字位置，直至最后剩下他和另一名士兵，他突然偷袭杀死最后这名士兵，并向韦斯巴芗投降，之后写出《犹太战争史》。

这其中包含的数学问题就是著名的“Josephus 环”，它与现代计算机数据结构中的队列、循环链表类型的定义有一定关联。Cody 社区的 James① 基于 Josephus 环问题做了一点推广，如下：将 n 名战俘一字排开，每人具有唯一编号，指挥官先抽随机数(Kill_every)，用于决定每多少名处决一名战俘，然后循环，直至剩下最后一人，该人被释放，以宣示仁慈，例如 $n=10$，指挥官抽取到的随机数为 3，则每 3 名战俘里处决 1 名。

- **第 1 次迭代**。第 3、6、9 名战俘被处决，即“1 2 (3) 4 5 (6) 7 8 (9) 10”，括号内数字被选中剔除。
- **第 2 次迭代**。因第 10 名战俘第 1 次迭代没轮到，第 2 轮从战俘 10 开始，因此第 2 和第 7 名战俘退场，即“10 1 (2) 4 5 (7) 8 10”，数字 10 在序列中出现 2 次，实际上仍然是 1 个数字，但左侧起首代表自 10 开始计算本轮迭代，右侧末尾代表数字的实际位置，下同。
- **第 3 次迭代**。战俘 8 前一次迭代因不够 3 人没轮到，本轮放首位，此轮 1、8 号退场。即“8 10 (1) 4 5 (8) 10”。
- **第 4 次迭代**。战俘 5 号退场，即“10 4 (5) 10”。
- **第 5 次迭代**。第 5 次迭代 10 号战俘退场，即“(10) 4 (10)”，幸运的 4 号战俘获释，迭代结束。

因此问题即为给定两个输入参数 n 和 k($n \geqslant k$，且均为正整数)，n 是序列长度，k 为剔除序列数字的间隔步长，要求编写程序返回最终留在序列中的数。

分析 6.3　问题 6.3 每次循环后，序列长度都发生变化，且长度不定，随着输入变量 n 和 k 的变化，最终的结果并没有明显的数字特征，例如 1 024 人每隔 3 人，676 号生还；2 012 人每隔 50 人，543 号生还；30 人每隔 5 人，3 号生还；10 人每隔 10 人，8 号生还；2 048 人每隔 2 人，1 号生还。此类问题适合选择 for/while 循环或递归流程编写代码。此外由于是固定间隔距离，建议选择 mod、circshift 等函数来查找每轮被剔除的序列元素。

---

① 链接地址：https://ww2.MathWorks.cn/matlabcentral/cody/problems/1092－decimation。

用 while 循环结合递归的写法：

代码 259　问题 6.3 方案-1，by yurenchu

```
1  function ans = decimate(s,k)
2      1:s;
3      while diff(ans)
4        circshift(ans, -k);
5        ans(end) = [];
6      end
7  end
```

代码 259 很短，但如果对 MATLAB 函数和 while 流程不具备相当程度的理解，可能看懂都有困难。代码把整个序列以长度 k 为单元分段处理，cirshift 函数每次循环将序列的前 k 个元素挪至序列末尾，再用“ans(end)=[]”剔除整个数组的末端元素，直至剩下最后一个。另一要点在于 while 循环继续的条件：“diff(ans)”，看似它没有设置何时终止循环的逻辑判断，实际上 MATLAB 中，非 0(FALSE)时的逻辑判定值即为真值 1(TRUE)，通过循环让数组 ans 内的元素逐渐减少，至数组长度为 1 时，“diff(ans)=[]”，空集长度为 0，经判断视作 FALSE，循环结束。

还可以针对序列中最后保留数据的位置索引，利用 while 循环流程处理，逆序查找。为方便分析，在代码 260 增加了 sprintf 语句查看循环迭代次数：

代码 260　问题 6.3 方案-2，by yurenchu

```
1  function ans = decimate(s,ke)
2  [ans,x] = deal(1);
3  while numel(ans)< s
4      Loop = sprintf('第 %d 次迭代',x)
5      circshift([0 ans], ke - 1)
6      x = x + 1;
7  end
8  find(ans)
9  end
```

不妨以 $n=10,k=3$ 为例，运行代码 260，看看迭代中间过程究竟是如何变化的：

代码 261　代码 260 运行的中间迭代结果

```
1  >> decimate(10,3)
2  Loop =
3  '第 1 次迭代'
4  ans =
5  0     1
6  Loop =
7  '第 2 次迭代'
8  ans =
9  0     1     0
10 ...
11 Loop =
12 '第 9 次迭代'
13 ans =
14 0     0     0     1     0     0     0     0     0     0
15 ans =
16 4
```

整个过程都在返回 0 和 1，增加 0 并改变 1 的索引位置，似乎不知所云，但观察后可以发现：历次迭代中，1 的位置就是编号 4 的幸存者在历次迭代中的位置，想理解其原理，要对移位循环的数字变化规律具备观察能力——之所以成为幸存者，要求元素在任意一次迭代都不能位于被 3 整除的索引位。

除了 while 循环方案，递归是另一类解决“本次迭代借助前次迭代结果”这种问题的主要思路：

代码 262　问题 6.3 方案-3，by yurenchu

```
1  function s = decimate(s,k)
2  if s>1,
3      s = mod(decimate(s-1,k)-1+k,s)+1
4  end
5  end
```

递归流程调用的是自身，相当于对 for/while 循环逆序回溯，使用编队递减的 mod 代码相当于反推了索引增长序列历次迭代的执行结果。

分析问题 6.3 的要求，程序运行前不能确定究竟用多少次循环能得到最终结果，下意识地可能认为定次数循环的 for 流程也许不适合在问题 145 中使用，作出这样的结论前，不妨看看如下两段代码：

代码 263　问题 6.3 方案-4，by Binbin Qi

```
1  function ans = decimate(n,k)
2  0;
3  for i = 2:n
4      mod(ans + k,i);
5  end
6  ans + 1;
7  end
```

代码 263 还可以在细节上略作调整：

代码 264　问题 6.3 方案-5，by Alfonso Nieto-Castanon

```
1  function ans = decimate(ans,k)
2  for i = 1:ans
3      1+mod(ans+k-1,i);
4  end
5  end
```

代码 263 和 264 初看简单，实际上理解起来也不容易，仍以 $n=10,k=3$ 为例，如果把 10 次循环运算的结果列成数组，结果如下：

代码 265　代码 264 中间运算结果

```
1  >>t = [1  2  2  1  4  1  4  7  1  4]
2  t =
3      1     2     2     1     4     1     4     7     1     4
```

比较代码 261 和 265，会发现后者恰好就是前者结果中元素 1 的索引位置，这意味着通过 mod 函数所处理的，恰好就是每次剔除整除元素缩减序列的逆序回溯。

- **第 1 次迭代**。ans=10，循环内 ans=1+mod(ans+k−1,i)等价 ans=1+mod(10+3−1,1)=1+mod(12,1)，整数对 1 求余结果为 0，第 1 次迭代结果 1 代表最后幸存者的编号索引，从时间上讲，这是逆序反推：第 1 次迭代相当于最后 1 次移除其他编号战俘，正好也是打开牢门，放出最后的幸存者的那一刻。
- **第 2 次迭代**。前次迭代 ans=1，循环内 ans=1+mod(ans+k−1,i)=1+mod(1+3−1,2)=1+1=2，意味着幸存者在谁最终保留的“决赛”中，处于最后一个编号位置 2。

- **第 3 次迭代**。再回溯一步：剩 3 人时，幸运者在 3 人中的索引位，前次迭代结果为 2，所以本次循环计算结果是：ans＝1＋mod(ans＋k－1,i)＝1＋mod(2＋3－1,3)＝2，移除时，幸存者在第 2 位。

按上述方法类推，“1＋mod(ans＋k－1,i)”中，i 代表本次迭代参加抽杀的剩余人数，k－1 代表安全的移位距离。最后，按抽杀的时间顺序，每次移除一名战俘，代表序列中减去 1 个编号。但 for 循环是逆序反推，所以 mod 命令前应该“＋1”，以此表述 for 循环是抽杀的逆过程。

点评 6.2 回到之前关于矢量化代码和循环的讨论：循环也好，矢量化代码也罢，都是编程手段和工具，问题 6.3 提供了包括 for/while 和递归流程，共 3 个思路的 4 种解法，从中可以看出基本功培养之路，道阻且长。用户编写程序时，在算法流程本质理解到位的前提下，才能谈论是不是能用好所谓“平平无奇”的 for/while 循环，问题 6.3 的几种解法证实达到这种程度实非易事。或者反过来讲，能写出上述 4 种代码的人，又怎么会写不出合格的矢量化代码？

6.3 多路分支的 if 和 switch－case 流程

用于两路或多路分支判断的 if 流程，以及多状况枚举的 switch－case 流程，常被用于需要在多种可能出现的状态之间，依据逻辑条件判断是否执行或选择执行哪一路代码的情况。一些正式和比较重要的项目代码，在主程序开始时，要检查输入变量在类型和数量方面的合法性，或者根据输入参量的特征选择调用不同的子程序，此时 if 和 switch－case 流程都有很高的出现频率。

这两种控制流程往往和逻辑数组构造、短路运算符的应用密不可分，甚至一些简单情况下，合理运用逻辑数组，还能等效代替这两种控制流程。因此本节将结合实例，深入探索 if 和 switch－case 流程在实际问题中灵活应用的方法。

6.3.1 克拉兹序列中 if 流程解读

if 流程向下设置分支语句，用逻辑条件区分不同情况，执行相应代码或子程序段落，其基本格式如代码 266 所示。

代码 266 if 流程语法格式

```
1  if expression 1
2        statements 1
3  elseif expression 2
4        statements 2
5  else
6        statements 3
7  end
```

点评 6.3 和 while 相同，分支语句的逻辑条件返回数值，如果条件中包含多个条件的与或非关系，MATLAB 要求按短路运算符执行关系运算。

实现比较复杂的程序意图时，判断流程经常和 for/while 流程组合在一起，形成“for/while＋if”的组合，下面结合数论中经典的克拉兹序列生成，讲解 if 流程结合 for/while 流程的综合运用方法。

问题 6.4 克拉兹序列(Collatz Sequence)指给定正整数初值 n，如果 n 是偶数，序列中相邻下一个数为$\frac{n}{2}$；如果 n 为奇数，则下一个数为 $3n+1$……依此规律向下循环，直至结果为1①。克拉兹序列的奇妙之处在于：它似乎总能以数值 1 终结，例如 $n=5$ 时：

$$n=5 \rightarrow c=[5\quad 16\quad 8\quad 4\quad 2\quad 1]$$

再如 $n=13$ 时：

$$n=13 \rightarrow c=[13\quad 40\quad 20\quad 10\quad 5\quad 16\quad 8\quad 4\quad 2\quad 1]$$

或者 $n=22$ 时：

$$n=22 \rightarrow c=[22\quad 11\quad 34\quad 17\quad 52\quad 26\quad 13\quad \cdots\quad 2\quad 1]$$

分析 6.4　问题 6.4 来自 MathWorks 公司主页的 Cody 版块（问题编号 21）。克拉兹序列的数学表述如下：

$$c(n+1)=\begin{cases}\dfrac{n}{2}, & n=2,4,6,\cdots \\ 3n+1, & n=3,5,7,\cdots\end{cases}$$

其中任意元素与其前一个元素数值是奇数或者偶数有关，容易通过不定次数循环，按本次循环迭代结果为 1 来判定是否需要跳出循环终止运算，该序列也能通过递归流程运算。

判定流程可以用 rem 或者 mod 命令，分奇偶条件分路选择计算表达式，因序列长度未知，故考虑采用 while 循环，保证序列的终值到 1，并跳出循环：

代码 267　问题 6.4 方案-1：while+if 流程

```
1  function n = collatz(n)
2  ans = n;
3  while ans ~= 1
4      if mod(ans,2)
5          3 * ans + 1;        % 判断流程中更新 ans
6      else
7          ans/2;              % 判断流程中更新 ans
8      end
9      n = [n  ans];
10 end
11 end
```

代码 267 是生成克拉兹序列的典型方案，注意代码的输入和输出使用同一变量名称 n，while 循环内首先分奇偶判断克拉兹序列最后一个数的取值，然后将其并入变化的序列 n 内，因此每次循环，数组 n 都会增加一个更新了的 ans 数值，直至该数值为 1，跳出并结束程序。

通俗地讲，递归流程就是程序回溯调用自身，从运行上看，递归相当于按 for/while 循环所完成的逆向回溯，即倒过来从末端点值开始，由于和左侧前一个元素数值奇偶性有关，即 $n=f(n-1)=f(f(n-2))=\cdots=f(f(\cdots(f(1))))$，所以递归流程的难点在于怎么找到某个倒序回溯的迭代流程。如下是一个容易理解的递归解法：

代码 268　问题 6.4 方案-2：递归+if 流程

```
1  function c = collatz(n)
2    if n == 1
3      c = 1;
4    elseif mod(n,2) == 0
5      c = [n  collatz(n/2)];
```

① 克拉兹序列其他介绍详见整数序列在线（OEIS），链接地址：http://oeis.org/A006370。

```
6     else
7       c = [n  collatz(3 * n + 1)];
8     end
9   end
```

代码 268 使用 if 流程分奇偶情况讨论每轮迭代应选择何种表达式计算序列值，if 流程能让计算思路的逻辑层次更清晰，何种情况选择执行哪一路分支一目了然。但 if 流程往往能通过一定方式简化和替代，如下所示：

代码 269　问题 6.4 方案-3：递归+if 流程改进

```
1   function ans = collatz(ans)
2     while ans>1
3       [ans, collatz(mod(ans,2) * (2.5 * ans  +  1)  +  ans/2)];
4     end
5   end
```

✍ **点评 6.4**　代码 268 中的 if 流程共有 3 个选择分支。分支 2 因 $n\in \mathbf{N}+$，mod(n,2) 返回结果只能是“0”或“1”，容易想到在 $n/2$ 和 $3n+1$ 两个表达式间，通过 mod(n,2) 试凑改成“$(2.5n+1)\times$mod(n,2)$+0.5$”的形式，以简单四则运算避免多路分支，降低代码数量，这说明 MATLAB 编程虽然入门容易，但真想学好，还要有比较灵活和开阔的思路。

6.3.2　今天星期几——switch 流程做文本选择

switch 和 if 流程在很多情况下可通用，差别主要是 if 流程顺序逐层判断，即判断 if 条件(不满足)→判断 elseif 条件(不满足)→……→执行 else 条件，其中任何一个环节如果满足，就执行对应语句段落并跳出判断流程；switch 不是顺序执行，而是根据 case 的选项跳转到相应选项，如代码 270 所示。

代码 270　switch 流程语法格式

```
1   switch switch_expression
2       case case_expression 1
3           statements
4       case case_expression 2
5           statements
6       ...
7       otherwise
8           statements
9   end
```

本小节将通过两个多路分支的代码案例，叙述 switch 的基本使用方法，以及通过索引方式构造替换 switch 的等效简化思路。

问题 6.5　给定满足 $1\leqslant n\leqslant 7$ 的正整数输入值 n，返回其对应英文单词全称，例如输入 1，返回字符串' Monday '。

分析 6.5　包含 7 个星期数选择分支和提示错误信息的 error，共计 8 路分支，流程上很适合经常被用于列举多路分支的 switch 流程。不过它也有一些其他的等效替代方案。

switch-case 流程中，每个 case 对应一路分支选项，如代码 271，采用函数文件输入参数对应 case 的 key 值，可直接跳转到相应 case 并执行语句段落，如果输入变量 n 不符合前面 7 种选项的 case 定义，则进入 otherwise 段，以 error 语句报错：

代码 271　问题 6.5 方案-1:switch 流程

```
1  function dayOfWeek = day_of_week(key)
2    switch key
3      case 1
4        dayOfWeek = 'Sunday';
5      case 2
6        dayOfWeek = 'Monday';
7      case 3
8        dayOfWeek = 'Tuesday';
9      case 4
10       dayOfWeek = 'Wednesday';
11     case 5
12       dayOfWeek = 'Thursday';
13     case 6
14       dayOfWeek = 'Friday';
15     case 7
16       dayOfWeek = 'Saturday';
17     otherwise
18       error('Wrong number of day! ');
19   end
20 end
```

代码 271 用于 switch 流程的学习是很适合的,不过 MATLAB 中有 weekday 命令,专用于查找星期几:

代码 272　问题 6.5 方案-2:weekday 函数

```
1  function ans = day_of_week(n)
2    [~,ans] = weekday(n+2,'long');   % "+2"用于跨过国际日期变更线的时间校正
3  end
```

此外,在 MATLAB 中也可以先创建 cell 类型的星期文本数据总集,用编号索引的方式能避免写很多行的 switch 流程,如下:

代码 273　问题 6.5 方案-3:索引检索

```
1  function ans = day_of_week(n)
2  try
3      strsplit('Monday  Tuesday  Wednesday  Thursday  Friday  Saturday  Sunday');
4      ans{n};
5  catch
6      error('Wrong number of day! ');
7  end
8  end
```

代码 273 通过索引直达对应的单词,这是相对更加简便的方式。代码 271 中,switch 流程的 otherwise 部分有个 error 的错误提示;在代码 273 中使用了 try-catch 流程,它可以包裹一些可能的出错情况:当索引号超过 7 时,索引超出数量范围报错,catch 流程的 error 语句则包裹了这一错误。

代码 273 使用 cell 数据类型检索星期文本,实际上,MATLAB 中的 table、struct 和 containers. Map 都可以实现类似的文本检索查找,以 containers. Map,也就是映射表结构的数据类型为例,代码如下:

代码 274　问题 6.5 方案-4:映射表结构检索星期文本

```
1  >> Week = containers.Map(num2cell(1:7),...
```

```
2       strsplit('Monday  Tuesday  Wednesday  Thursday  Friday  Saturday  Sunday'))
3   Week =
4     Map with properties:
5     Count: 7
6     KeyType: double
7     ValueType: char
8   >> Week(2)
9   ans =
10       'Tuesday'
```

问题 6.6　数字时钟、电子数码板上的数字，可以用最多 7 个“_”和“|”的组合，在 MATLAB 中模拟出 0～9 的任意单个数字，尝试编写程序 seven_segment.m，包含 1 个输入参数 n，限定为 0～9 共 10 个数字之一，要求返回对应的电子数字，例如：

代码 275　问题 6.6 示例代码

```
1   >> seven_segment(0)
2   ans =
3       ' _ '
4       '| |'
5       '|_|'
6   >> seven_segment(4)
7   ans =
8       '   '
9       '|_|'
10      '  |'
```

分析 6.6　问题 6.6 来自 MathWorks 公司主页的 Cody 版块（问题编号 44682）。要求返回代码 275 所示文本形式的电子数字，10 个对应的文本数字由最多 7 个“_”和“|”组合而成，彼此并没有规律和联系，适合应用 switch 流程。问题 6.6 和 6.5 的区别在于：如果在这个涉及多行文本格式的问题中，想代替 switch 流程而采用其他代码方案生成多行文本构造的电子数字，需要一些操控字符串的命令。

首先列出通过 switch 流程枚举 10 种不同数字的代码：

代码 276　问题 6.6 方案-1，by Majid Farzaneh

```
1   function ans = seven_segment(N)
2   switch N
3       case 0
4           [' _ '
5            '| |'
6            '|_|']
7       case 1
8       % ... 省略中间相似部分
9       case 9
10          [' _ '
11           '|_|'
12           ' _|']
13      end
14  end
```

代码 276 思路很简单，不过代码显得烦琐。这 10 个电子数位都能用 3×3 的 ASCII 码值表示，因此可设法构造 10 个 ASCII 码值的 3×3 矩阵，存储在对应的 cell 数组，由 char 命令重新解析为文本形式；或通过两个基本的“_”和“|”字符，构造 cell 数组，依照电子数位的特征构造编号来索引。后一种思路的实现过程如代码 277 所示，其本质上仍然是遍历枚举的思路。

代码 277　问题 6.6 方案-2，by Binbin Qi

```
1  function y = seven_segment(N)
2  c = {[' _ ';'| |';'|_|'],['   ';'  |';'  |'],[' _ ';' _|';...
3      '|_ '],[' _ ';' _|';' _|'],['   ';'|_|';'  |'],[' _ ';'|_ ';...
4      ' _|'],[' _ ';'|_ ';'|_|'],[' _ ';'  |';'  |'],[' _ ';'|_|';...
5      '|_|'],[' _ ';'|_|';' _|']};
6  y = c{N+1};
7  end
```

因为几个电子数位最基本的 3 个要素：空格、“_”和“|”都在特定位置摆放，所有位置全满的只有数字“8”，可以修改“8”的格式，在相应位置赋值为空格得到其他数位：

代码 278　问题 6.6 方案-3，by J. S. Kowontan

```
1  function ans = seven_segment(N)
2      char(split(' _ ,|_|,|_|',','));
3      idx = {5  2:7  [2 9]  2:3  [4 3 6]  [3 8]  8  [2 3 5 6]  []  3};
4      ans(idx{N+1}) = '';
5  end
```

☞ **注意**：代码 278 使用了 split 命令，它把完整字符串按指定分隔符以列形式拆分为多个单独子串，存储在 cell 里，这恰好用来生成“_”和“|”位置全满的数字“8”，对于其他数字，只须指出哪些位置上需要赋值为空格。

每个数字都非常有规律，都是 3×3 的 ASCII 码值矩阵，如果把所有 ASCII 码按列或者其他形式排布成整体矩阵，矩阵维度和输入数字建立关系，就可以用 reshape 这类函数实现对提取数据的维度重构：

代码 279　问题 6.6 方案-4，by Alfonso Nieto-Castanon

```
1  x='  _|  ||_|       |  | _   _||_ _  _|  _|    ...
3            |_|    | _ |_ _|  _ |_ |_| _    |   | _ |_||_| _ |_| _|';
4  y = reshape(x(9*N+(1:9)),3,3)';
5  end
```

也可以选择使用 ASCII 码值构成整体矩阵：

代码 280　问题 6.6 方案-5，by Binbin Qi

```
1  function ans = seven_segment(N)
2  split('32,95,32;124,32,124;124,95,124 32,32,32;...
3        32,32,124;32,32,124; 32,95,32;32,95,124;...
4        124,95,32 32,95,32;32,95,124;32,95,124 32,32,32;...
5        124,95,124;32,32,124 32,95,32;124,95,32;...
6        32,95,124 32,95,32;124,95,32;124,95,124 00 32,95,32;...
7        124,95,124;124,95,124 32,95,32;124,95,124;32,95,124');
8  char(str2num(ans{N+1}));
9  end
```

reshape 支持转换 3 维矩阵，因此可将每个电子数字代表的 3×3 的 ASCII 码数组，分别用 reshape 存储在 3 维数组的每一层内，形成 3×3×10 的 3 维数组，再沿层方向加以引用：

代码 281　问题 6.6 方案-6，by Tim

```
1  function ans = seven_segment(n)
2      32 + reshape([0  92  92  63  0  63  0  92  92  0  0  0  0  0  0  0  ...
3      92  92  0  0  92  63  63  63  0  92  0  0  0  0  63  63  63  0  92  92  ...
4      0  92  0  0  63  0  0  92  92  0  92  0  63  63  63  0  0  92  0  92  92  ...
```

```
5      63 63 63 0 0 92 0 0 0 63 0 0 0 92 92 0 92 92 63 63 63 ...
6      0 92 92 0 92 0 63 63 63 0 92 92],3,3,10);
7  char(ans(:,:,n+1));
8  end
```

✍ **点评 6.5** 问题 6.5 和问题 6.6 原本都属于展示 switch 流程用法的典型代码问题，鉴于 MATLAB 拥有灵活的索引方式、丰富的字符串处理和数据维度变换函数，讲述 switch 流程时，不知不觉就"跑偏"了。但这可能也不是坏事，因为传统教材讲述的控制流程在拓展思路之后就被赋予了不同的意境，这对读者的代码学习是有好处的。

6.4 总 结

本章主要介绍了 MATLAB 中 for/while、if - else、switch - case 流程的基本语法格式，并结合代码示例讲述了这些流程在实际问题中的使用方法，同时也介绍了递归、try - catch 流程的用法。从本章各种代码示例中看出，MATLAB 控制流程的应用中，因为 MATLAB 各种可供调用的工具箱函数以及逻辑数组、索引等元素的加入，很多代码的写法发生了变化，掌握一些必要的函数，深入理解逻辑数组和索引的用法，可以起到代替循环、简化代码、提高编程效率的作用。作为一种编程语言的基本工具，控制流程在很多比较复杂的数值计算，尤其是迭代、精度控制等应用场景中，也有着无可替代的地位，因此，控制流程、矢量化代码（包括函数运用、逻辑数组构造和索引控制等）的学习，应该是立体和综合的过程，建议不要有所偏废。

第 7 章

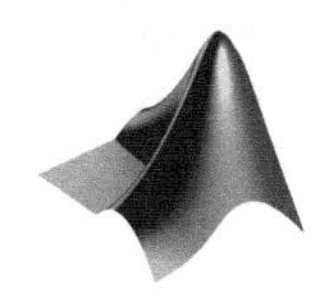

匿名函数及其应用

MATLAB 自 R7.0 版本引入了匿名函数(anonymous function),其在 6.5 及之前更早版本中的基于字符串构造表达式的内联函数(inline)就逐步遭到淘汰。帮助文档将匿名函数描述为“基于单行表述的 MATLAB 函数”,这在一定程度上说明了它的功能和应用场景——可以把匿名函数理解为轻量化的子函数,因此完全能够按函数基本特性理解匿名函数的意义和使用方法。两者的差别在于:普通函数(子函数)能通过其函数的正式名称调用;匿名函数却因其“匿名”而不能分享这一便利,要通过函数句柄实现赋值和调用。由此,也引出了匿名函数自己的一些特定操作逻辑和相关表述方法的定义和应用。

掌握匿名函数的用法是 MATLAB 程序编写进阶必由之路。因为 MATLAB 与其他编程语言不同之处在于:MATLAB 是以矩阵整体运算作为基本定位的,加上丰富的函数库和简洁的运算操作逻辑,这通常会让工程计算实际问题中的 MATLAB 代码总量大幅降低,很多相对简单的问题甚至都能用接近套路化的方式单行表述。这使得天然需要基于单行表述的 MATLAB 匿名函数在各种工程计算中大有用武之地,此外,由于匿名函数同样具有函数的基本属性,表达式中也能调用其他自定义子函数,这又进一步拓展了匿名函数的使用范围。因此本章主要讲述有关匿名函数在工程计算中的使用方法,这其中既有基本语法格式、简单匿名函数编写的介绍,也包含嵌套式匿名函数、匿名函数传递参数、分析匿名函数返回多输出以及匿名函数与 arrayfun、cellfun 等函数的结合等相对而言更加复杂的内容。

7.1 匿名函数概念与基本用法

7.1.1 匿名函数调用方法

匿名函数提供变量入口和出口,可以表述映射规则、构造简易模型并处理数据,形式上,它以“@(x_1,x_2,…)”的形式把变量放在表达式之前。例如对矩阵所有元素实现开根号操作,可把“开根号”的方法写进匿名函数,通过句柄对表达式反复调用:

代码 282 匿名函数简单应用-1

```
1  >> fHandle = @(x)sqrt(x)          % 定义匿名函数
2  fHandle =
3      function_handle with value:
```

```
4       @(x)sqrt(x)
5   >> class(fHandle)              % 匿名函数句柄的数据类型
6   ans =
7   'function_handle'
8   >> a = randi(10,1,4)
9   a =
10      9     2     7     3
11  >> fHandle(a)                  % 赋值并调用匿名函数计算
12  ans =
13      3.0000    1.4142    2.6458    1.7321
14  >> b = randi(10,1,3)
15  b =
16      9    10     2
17  >> fHandle(b)                  % 相同匿名函数处理不同的数据
18  ans =
19      3.0000    3.1623    1.4142
```

第 2 章提到，句柄数据类型是 16 种 MATLAB 基础数据类型中，唯一必须是数值(Scalar)的类型。但通过句柄调用匿名函数，其返回值却是多样的，可以是数值、数组，或所有函数允许的任何返回变量，因此数据的运算过程为“句柄识别匿名函数入口→进入匿名函数表达式计算→结果经匿名函数出口返回基本或调用空间(由匿名函数所处的代码环境决定)”。这种调用过程与数学中函数“$y=f(x_1,x_2,\cdots)$”的概念类似；此外，根据输入变量引入次序，也能构造出所谓“嵌套式”或者多重匿名函数，它能满足携带参变量的表达式完成多参数条件下的批量求值，这给较为复杂的方程(组)、复杂多重积分、微分方程(组)等计算模型的参数化求解带来很多方便。

代码 282 第 1 句匿名函数定义中的输入 x 作为自变量，可在匿名函数允许范围内，用符合要求的不同数据赋值，这和数学中函数的概念一致。对于多变量的匿名函数，原理是一样的，不过多变量支持数组型变量和单独变量两种形式：

① **数组变量**。几个变量以数组形式共享一个变量名，构成形如：“$x=[x(1),x(2),\cdots]$”的表达形式。例如：“f=@(x)x(1)^2-x(1) * x(2)”用于无约束优化、非线性方程组、常微分方程组中定义表达式模型，本讲后续就要用这种形式定义方程组表达式。

② **单独变量**。每个变量单独占用变量名，匿名函数中写成“f=@(x,y,…)…”的形式，代码 283 用匿名函数表达式 $f(x,y)=y^2\sin x-5x^2\cos y$ 在 $-5\leqslant x,y\leqslant 5$ 范围内 0.05 步距的网格点求值，实际上是用匿名函数构造三维曲面网格点的高度数据，网格点坐标和高度数据传入命令 surf 绘图。

代码 283　匿名函数简单应用-2

```
1   f = @(x,y)sin(x).*y.^2 - 5*x.^2.*cos(y);
2   [i,j] = meshgrid(-5:.05:5);
3   surf(i,j,f(i,j))
```

7.1.2　应用示例 1:匿名函数与参数化的绘图

MATLAB 提供了一类不需要数据、给定匿名函数和范围(可选)就直接绘图的函数，如：绘制曲线的 fplot/fplot3、绘制曲面的 fsurf/fmesh、绘制隐函数表达式的 fimplicit/fimplicit3 等。这些绘图命令与匿名函数联系密切，如在帮助文档中给出的参数方程曲线的绘制代码如代码 284 所示。

代码 284　fplot 结合匿名函数绘图

```
1  xt = @(t) cos(3 * t);
2  yt = @(t) sin(2 * t);
3  fplot(xt,yt)
```

匿名函数适合于传递参数，可通过 fplot 等命令，实现“半手动”的参数化图形绘制，步骤如下：

① 新建脚本文件，例如起名为“ParaPlot.m”，包含如下代码并运行得到图形：

代码 285　fplot 结合匿名函数绘图-1

```
1  k = 1;
2  v = 1;
3  fplot(@(t)  cos(k * t),@(t)  sin(v * t))
```

② 先选中代码第 1 行“k = 1”中的数字“1”，如图 7.1 所示，右击，选择 Increment Value and Run Section，打开图 7.2 所示增量选择对话框。

③ 图 7.2 中，“－”和“＋”代表增量步距，例如按图中所示设置第一行的基础步距为“0.2”，单击右侧“＋”号，则 k 值更新为 $k=1.0+0.2=1.2$，这个参数自动传入“fplot”，曲线会自动更新。

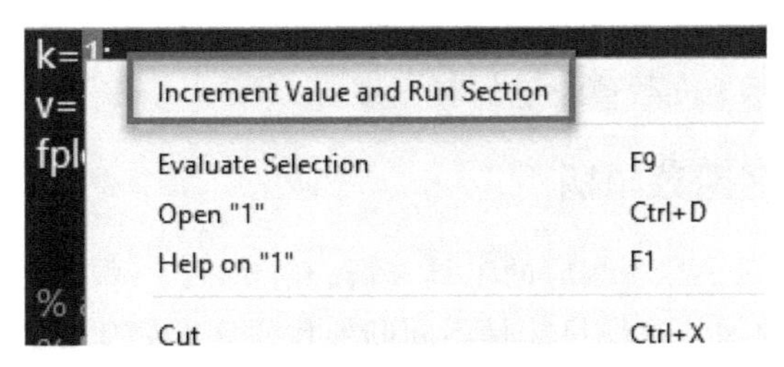

图 7.1　fplot 结合匿名函数绘图-1

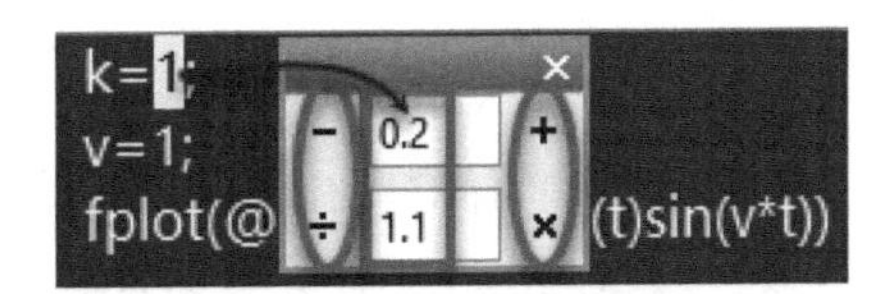

图 7.2　fplot 结合匿名函数绘图-2

④ 按上述同样步骤，修改变量 v 的数值。

以上步骤以半手动方式，结合匿名函数的传参特性，演示了 MATLAB 图形动态更新的功能。值得注意的是，R2016a 新增的实时编辑器支持代码环境嵌入控件，交互绘图功能进一步增强，关于实时编辑器在第 10 章还会详细介绍，这里仅以改变控件参数值，修改曝光度实时输出图片的代码演示为例，简单介绍实时编辑器结合匿名函数与简单参数化绘图的实现步骤：

① 新建实时脚本，命名为“ParaPlot.mlx”，键入下列代码，注意语句“Lig＝”和“t＝”后插入一段空白，这是嵌入控件的预留位置，暂不赋值：

代码 286　利用参数交互改变图片曝光程度

```
1  Lig =          ;          % “=”1 号后不赋值
2  t =        * 100;         % “=”号后、“* 100”之前的区域不赋值
3  RGB = @(x,y)imadd(imread('peppers.png'),x + y); % 构造调整图片曝光度的匿名函数
4  imshow(RGB(Lig,t))        % 显示图片
```

② 光标焦点放在“Lig＝”后，依次单击 Insert 〉Control 〉Numeric Slide，插入数值滑块控件（控件数值设置见步骤③）；同样在“t＝”后，单击 Insert 〉Control 〉Check Box，插入复选框控件，如图 7.3 所示。

③ 步骤②在“Lig＝”后放置滑块控件 slide，该控件对象句柄下属的“value”值，会弹出设置滑块数值变化区间的文本框，按图 7.4 设置 Lig 的最大、最小值和步进单位长度值；复选框

控件不会弹出类似的设置选项，因为复选框控件按选中与否，返回的是逻辑值，代码 286 用"*100"将其放大 100 倍。值得一提的是，图 7.3 中的复选框(Check Box)、文本编辑框(Edit Field)和按钮(Button)控件是 R2019a 为实时编辑器新增的功能，在实际应用中结合代码能发挥出什么样的作用，适合于什么样的场景，还有待于今后用户进一步的实践来解答。

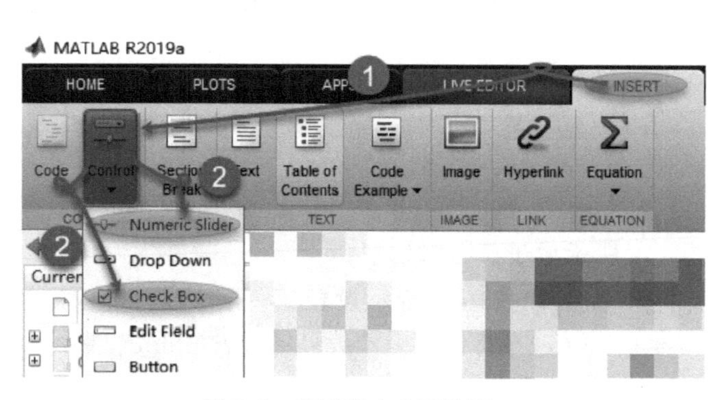

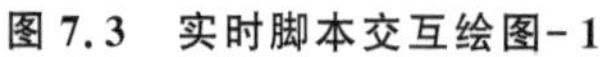

图 7.3　实时脚本交互绘图-1

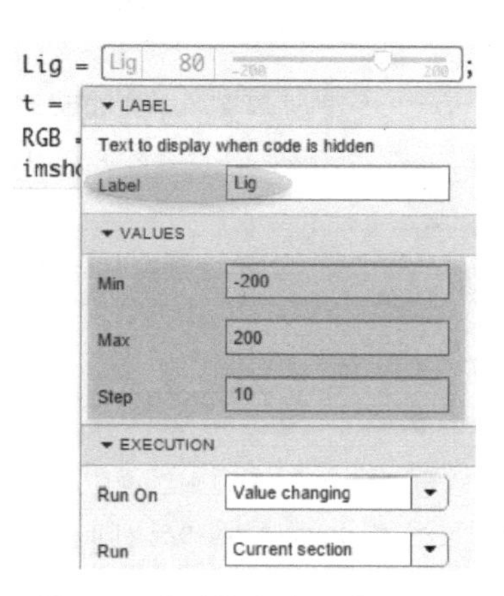

图 7.4　实时脚本交互绘图-2

④ 拖动滑块，程序就可以自动运算，并显示 Lig 数值设定的曝光度。

7.1.3　应用示例 2：以数据"反调用"匿名函数句柄

以上通过编写简短的匿名函数，结合 MATLAB 中相应的工具，就已经产生了一些不错的实际效果。因此深入了解匿名函数功能用法的最佳途径只能是不间断地代码实践。比如已经提到：用于调用匿名函数的句柄(function handle)也是 MATLAB 基本数据类型之一，因此可视句柄为普通数据，反过来被普通数据遍历。

MATLAB 提供了一个操控 cell 数据类型的函数 cellfun，用户一般习惯于把函数句柄放在第 1 参数位，遍历第 2 参数位上以 cell 类型存储的数据；但反过来讲，既然都是数据，二者的位置也可以调过来，让数据遍历以 cell 类型存储的多个句柄。式(7.1)列出了 3 个表达式，要求绘制这 3 组表达式对同一组数据求值得到的 $x-f_i(x)$ 曲线：

$$\begin{aligned} &f_1(x)=\sin x \\ &f_2(x)=\sin \frac{1}{2}x \qquad\qquad x\in[0,2\pi] \\ &f_3(x)=\sin x+\cos x \end{aligned} \tag{7.1}$$

按上述"句柄即数据"的分析，可以构造恰当的匿名函数，把数据换成句柄，在 cellfun 内部遍历相同的数据并求值，代码如下：

代码 287　cellfun 调用多个句柄对同一组数据绘图

```
1  hold on;
2  cellfun(@(f)f(linspace(0,2 * pi)),...
3      {@(x)plot(sin(x)),@(x)plot(sin(.5 * x)),@(x)plot(sin(x) + cos(x))},'un',0)
```

代码 287 中，$f_1 \sim f_3$ 这 3 个表达式代表的函数句柄，被 cellfun 函数作为维度 1×3 的 cell 数组数据调用，第 1 参数中的匿名函数——数据 linspace(0,2 * pi)保持不变，即[0,2π]间等间距的 100 个数据。

✍ **点评 7.1**　匿名函数和子函数共享绝大部分功能，同时匿名函数又具备一些子函数不具备的优势，例如结构紧凑，代码简洁，无缝嵌入执行语句，携带参变量方便等，同样胜任带有参变量的复杂运算。关于匿名函数的参数传递，少有教材提及。当然匿名函数也有不足，因为不允许存在中间变量，"一行写就"的优势其实也是劣势，那些要求存储中间变量的运算，匿名函数难以独立胜任。综上，匿名函数不能完全替代子函数，但二者不是竞争关系，而是应用于不同场合，最终目的是发挥各自优势，写出紧凑有效、逻辑层次鲜明的代码。

7.2　嵌套匿名函数与参数传递

前几节列举了利用匿名函数构造表达式计算的算例，在算例中所有输入变量是处于同一层次被调用的，如果必须有一些特殊的参变量和主要变量同时存在，但调用的顺序和层次有先后之分(例如某个系数取得不同数值后再执行匿名函数运算)，这时就要分层对匿名函数输入变量做多重定义。所谓多重定义指将参变量划分层级，构造多重嵌套匿名函数，本节将介绍这方面的内容。

嵌套式匿名函数中的变量层级关系相应要改成"@(Para)@(x,y,…)"的形式。以二重嵌套匿名函数结构为例，在匿名函数内部，外层变量 Para 先赋值，但赋值并传入匿名函数后，返回结果仍是匿名函数，这就是匿名函数具有层级关系的意义。一个简单的嵌套匿名函数形式如下：

代码 288　嵌套式匿名函数句柄传参

```
1   f = @(Para)@(x)Para * x.^2 + 3 * x. * exp(x) - 2;
2   >> functions(f)        % 查看二重匿名函数句柄信息
3   ans =
4     struct with fields:
5       function: '@(Para)@(x)Para * x.^2 + 3 * x. * exp(x) - 2'
6       type: 'anonymous'
7       file: ''
8       workspace: {[1 × 1 struct]}
9       within_file_path: '__base_function'
10  >> ans.workspace{1}   % Para 赋值前：匿名函数没有参数信息
11  ans =
12    struct with no fields.
13  >> functions(f(3))
14  ans =
15    struct with fields:
16      function: '@(x)Para * x.^2 + 3 * x. * exp(x) - 2'
17      ...
18  >> ans.workspace{1}   % Para 赋值后：匿名函数包含被赋值外层参数
19  ans =
20    struct with fields:
21      Para: 3
```

代码 288 反映了嵌套式匿名函数的参数传递机制，外层参数被暂时存储在句柄结构数组的"workspace"域内。嵌套式匿名函数的最大特点是对变量的赋值有先有后，这一特点在定义和构造携带参变量的复杂非线性方程组、常微分方程组、优化问题和积分表达式时，拥有天然的便利。在第 5 章已经讲述了利用子函数完成常见的数值计算问题，包括数值积分、非线性方程组和常微分方程组的代码编写方法，本节重点探讨匿名函数和嵌套型匿名函数结合 arrayfun、cellfun 等函数在这 3 类问题求解中的应用方法，这一部分内容可以和第 5 章相关内容对比着学习。

7.3 嵌套匿名函数示例 1：含参变量数值积分

第 5 章曾介绍过 integral 系列函数调用通过子函数构造的被积表达式求解积分的代码方案，本节在此基础上进一步探讨构造嵌套式匿名函数求解带参变量的数值积分的代码方案。

7.3.1 匿名函数构造一重数值积分被积表达式

利用 integral 求解一重积分的实例，不妨用 integral 的 arrayvalued 参数和多重匿名函数调用进行比较：

问题 7.1 求

$$\int_1^2 x^a \cdot \sin[(a+0.5)\cdot x]\cdot e^{-ax}\,dx \tag{7.2}$$

当参变量 $a=1:0.2:10$ 时的所有积分数值，并绘制积分结果随参变量 a 变化的曲线。

分析 7.1 对式(7.2)构造多重嵌套匿名函数，参变量 a 应写在外层，即“f=@(a)@(x)…”，再通过循环逐个对当前变量 $a(i)$ 按 integral 求积分，按照代码 288 对嵌套式匿名函数参数传递的机制解释，每次循环前存放匿名函数的结构数组更新，$a(i)$ 存储在重构的新匿名函数结构数组 workspace 域内。

参变量 a 数组共 46 个元素，可以用循环逐次传入匿名函数，也可用 arrayfun 函数简化替代，arrayfun、cellfun 等命令和匿名函数有良好的搭配关系，这个命令组合方式是值得关注的，本书也将在后续很多章节的代码示例中使用这种方式编写代码。

代码 289 嵌套匿名函数解法-1

```
1  >>a = 1:.2:10;
2  >>f = @(a)@(x)x.^a.*sin((a+.5).*x).*exp(-a.*x); % 构造二重匿名函数
3  >>t1 = arrayfun(@(i)integral(f(i),1,2),a);
4  >>plot(a,t1)                    % 绘制随参变量 a 改变的积分值数据曲线
```

嵌套型匿名函数参量写在外层，即数值 $a(i)$ 的赋值发生在积分计算前，按这个原理，参变量传值也能放在 integral 积分命令外，即积分计算部分被挪到匿名函数构造体系内：

代码 290 嵌套匿名函数解法-2

```
1  >>g = @(a)integral(@(x)x.^a.*sin((a+.5).*x).*exp(-a.*x),1,2);
2  >>plot(1:.2:10,arrayfun(@(i)g(i),1:.2:10))
```

代码 289 和 290 给出了两种计算携带参变量一重积分的代码方案。不过，integral 命令提供了一个颇为实用的矢量化积分求解参数“arrayvalued”，如果在 integral 中打开这个参数的开关，就不需要构造二重嵌套匿名函数，也无须使用 arrayfun 遍历参变量 a 的数值循环求积分了：

代码 291 参数 arrayvalued

```
1  t3 = integral(@(x)x.^a.*sin((a+.5).*x).*exp(-a.*x),1,2,'arrayvalued',1);
2  plot(a,t3)
```

在上面计算积分的 3 种方案里：

- 表面上 integral 后置参数 arrayvalued 最简洁，不过仅 integral 有这个向量化的参数开关。后续的二重(integral2)和三重(integral3)命令，由于并无此参数，描述参变量积分被积表达式时，多重匿名函数构造方式仍是首选方案。
- 引入 arrayfun 函数替代循环，代码整体更紧凑。该函数在新版本 MATLAB 编程时的

使用已非常频繁，今后编写 MATLAB 代码时，可以在一些小规模的循环问题中采用 arrayfun 或 cellfun 等来等效替代。

第 5 章在问题 5.2 的引申中，探讨了带有参变量 b 的无穷积分的数值积分求解思路，并用代码 216 给出 integral＋子函数循环计算的方案，这类问题用构造嵌套匿名函数的方式会更加简单。

问题 7.2　重新计算问题 5.2 中当 b=0.2:0.2:20 时数值积分的结果，绘制变量 b 取不同值时的结果曲线。

分析 7.2　问题 5.2 中，用参数 $b=2$ 计算了 1 个积分值，问题 7.2 更进一步，同时计算 b 取不同值的积分，按前述介绍，可以用 arrayfun 结合嵌套匿名函数或者在 integral 中打开 arrayvalued 开关这两种方法求解。

用嵌套式匿名函数求解该积分并绘图的代码为：

代码 292　构造嵌套匿名函数

```
1  f = @(b)integral(@(x)b.*exp(-b.*x).*log(1+x),0,inf);
2  b = .2:.2:20;
3  plot(b,arrayfun(@(i)f(i),b));
```

还可以打开 integral 专有的“arrayvalued”后置参数开关来求解：

代码 293　利用“arrayvalued”参数

```
1  b = .2:.2:20;
2  plot(b,integral(@(x)b.*exp(-b.*x).*log(1+x),0,inf,'arrayvalued',1),'rs-.',...
3          'markersize',8,'markerfacecolor','y','markerindices',1:5:numel(b))
4  set(gca,'ticklabelinterpreter','latex','fontsize',14)
5  xlabel('$ $b=[0.2,0,4,\ldots,20]$ $',...
6          'interpreter','latex','fontsize',16)
7          ylabel('Result of Integration',...
8          'interpreter','latex','fontsize',16)
9  text(5,.5,...
10     '$ $\int_0^{\infty}b\cdot\mathrm{e}^{-bx}\cdot\ln(1+x)\mathrm{d}x$ $',...
11     'interpreter','latex','fontsize',16)
```

代码 293 使用 LaTeX 的语法标注积分表达式，运行结果如图 7.5 所示。

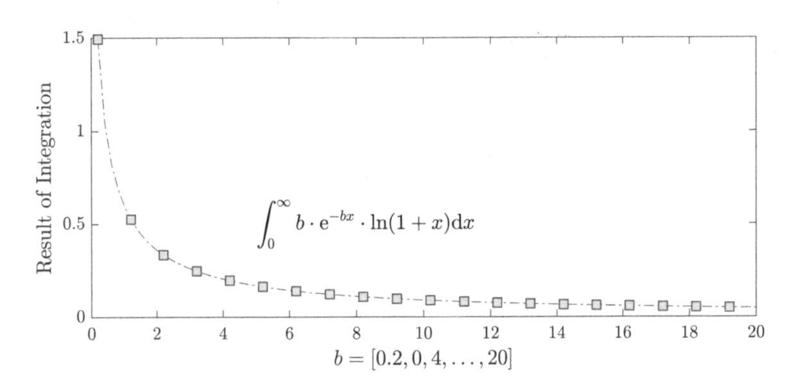

图 7.5　问题 7.2 结果曲线

7.3.2　匿名函数构造带参数非矩形区域三重积分被积表达式

携带参变量的三重积分的代码编写思路与 7.3.1 节 integral 的类似，需要构造嵌套型的匿名函数，对于非矩形区域的重积分如何设置变量的位置，可以参考第 5 章对应的数值积分计算部分。

问题 7.3 计算式(7.3)所示非矩形区域三重数值积分，其中：$a=[0.25,0.5,0.75,1.0]$，$b=[-1.5,-0.5,0.5]$。

$$\int_0^1\int_{-ay^2-1}^{y^2+b}\int_{x-y-b}^{x+y-a}\left[\mathrm{e}^{-x^2-y^2-z^2}\sin(ax+by-z)+\cos(x^2-by-az)\right]\mathrm{d}y\mathrm{d}x\mathrm{d}z \tag{7.3}$$

分析 7.3 问题 7.3 中的参变量 a,b 同时出现在被积表达式和积分上下限，所以怎样把外部的参数 a,b 的赋值传递到表达式内是关键；此外，也要留意积分变量的次序(判断变量积分次序的方法详见 5.7 节)。求解问题 7.3 要先确定积分变量的次序，结合表达式(7.3)，按“自里向外、从左到右”的原则，积分变量依次是 y、x 和 z，然后通过嵌套匿名函数构造正确的被积表达式和积分上下限。

代码 294 问题 7.3 的求解代码

```
1  [a,b] = deal(.25:.25:1 , -1.5:.5);
2  [ti,tj] = meshgrid(a,b);
3  Int3 = @(m,n)integral3(@(y,x,z)...            % a 和 b 传参放在 integral3 命令之外
4            exp(-x.^2-y.^2-z.^2).*sin(m*x+n*y-z)+cos(x.^2-n*y-m*z),0,1,...
5            @(y)m*y.^2-1,@(y)y.^2+n,...       % 变量 x 的积分上下限匿名函数表达式
6            @(x,y)x-y-n,@(x,y)x+y-m);         % 变量 z 的积分上下限匿名函数表达式
7  arrayfun(@(i,j)Int3(i,j),ti,tj)              % arrayfun 参数传递和数值积分运算
```

✍ **点评 7.2** 比较分别通过子函数和嵌套型匿名函数构造被积表达式、积分上下限的两段代码 222 与 294，发现二者在调用格式方面有类似之处，但前者要针对被积表达式、积分上下限编写多个单独或者内嵌式的子函数，相对烦琐；此外，要通过被积表达式子函数的输入，增加所需传递的参变量，这种调用方法形式自由，但 integral3 的命令帮助文档中未见提及，这给初学者学习命令带来一些麻烦。嵌套式匿名函数求解此类问题时，所有积分表达式和上下限的函数可以直接写进积分命令代码，参变量和积分变量分在两个不同层次，逻辑分明，代码形式更简洁，容易形成固定求解模式。因此，更推荐用嵌套匿名函数求解带有参变量的多重积分。

7.4 嵌套匿名函数示例 2：含参变量的非线性方程组

前面结合子函数构造非线性方程(组)表达式，讨论了 fzero/fsolve 求解非线性方程(组)的代码方案(见 5.7.2 节)，在此基础上，本节进一步探讨嵌套式匿名函数在非线性方程组，尤其含有参变量非线性方程组求解中的应用。

问题 7.4 求解非线性方程组

$$\begin{cases}2x_1-x_2=\mathrm{e}^{-ax_1}\\-x_1+2x_2=\mathrm{e}^{-bx_2}\end{cases} \tag{7.4}$$

在不同的 a 和 b 取值时的根，其中：$a=[0.2,0,4,0.6]$，$b=[0.1,0.2]$(参变量 a 和 b 的个数不相同)。

分析 7.4 问题 7.4 中的参数 a 和 b 组合搭配构成 $3\times2=6$ 组解，对应同一方程形式的 6 组参数输入，使用 meshgrid 对参数划分网格，实现相互搭配。所谓“同一方程形式”，指把参数(a,b)作为先赋值的外层参量，内层变量则是方程待解未知数 x 的二重嵌套匿名函数。

代码 295 嵌套匿名函数解方程组：求解器模式

```
1  opt = optimset('display','none'); % 抑制部分求解信息输出
2  f = @(a,b)fsolve(@(x)[2*x(1)-x(2)-exp(-a*x(1));...
3        -x(1)+2*x(2)-exp(-b*x(2))],ones(1,2),opt);
```

```
4  [t1,t2] = meshgrid(.2:.2:.6,[.1  .2]);
5  [x,fval] = arrayfun(@(i,j)f(i,j),t1,t2,'un',0);
6  [x{:}]; % 逗号表达式重组 6 组解的排布方式
7  x = [ans(1:2:end);ans(2:2:end)]'
```

将代码 295 保存成文件名为“🗀 D:/…/ParaEq.m”的脚本文件，在命令窗口中执行得到结果：

代码 296　代码 295 运行结果

```
1  >> ParaEq
2  x =
3      0.8656      0.8902
4      0.8446      0.8446
5      0.7917      0.8549
6      0.7728      0.8115
7      0.7356      0.8281
8      0.7181      0.7863
```

代码 295 得到 2×3 共计 6 组参数组合搭配下的方程解，这是利用嵌套匿名函数表示方程组、调用 fsolve/fzero 等命令求解的代码方案，其思路和通过子函数描述方程模型的方法基本一致，区别在于嵌套式匿名函数具有更简洁的构造方式，尤其比较擅长于描述携带参变量的非线性方程组。

第 5 章讲述调用 fzero/fsolve 命令求解非线性方程(组)时，提到基于求解器和新的基于模型(结构数组)两种方程表达式的描述方式，对照相应的代码(代码 225 和 230)，可以方便地按照基于问题模型方法(按 R2017b 代码模式，R2019b 思路相同，略)表达式(7.4)中的方程组，并调用 fsolve 求解：

代码 297　嵌套匿名函数解方程组：问题模式

```
1  problem = struct('options',optimoptions('fsolve','Display','none'),...
2      'x0',[1  1],'solver','fsolve');
3  [t1,t2] = meshgrid(.2:.2:.6,[.1 .2]);
4  f = @(a,b)@(x)[...
5      2 * x(1) - x(2) - exp( - a * x(1)); - x(1) + 2 * x(2) - exp( - b * x(2))];
6  for i = 1:numel(t1)
7      problem.objective = f(t1(i),t2(i));
8      [x(i,:),fval(i,:)] = fsolve(problem);
9  end
```

✍ **点评 7.3**　代码 295 和代码 297 是同一非线性方程组模型的两种不同描述，前者采用的是传统的 MATLAB“基于求解器”模式(Solver-based)，后者采用的为 R2017b 版本下的“问题式”方程构造思路。代码 297 求解方程组包括设置选项，如方程组表达式、初值、显示信息、求解方法等，将之以结构数组类型放在一个独立而完整的求解模型 problem 中，该结构数组支持匿名函数及相关参数的动态传递。比如代码 297 使用“problem.objective=f(t1(i),t2(i))”向 problem 传递新的域名‘objective’，其数值为循环动态构造的匿名函数，每次循环传递一组[t1(i),t2(i)]。这种方式非常有利于“符号化”地描述一些复杂模型。

观察 7.3 节数值积分代码 289 和代码 290，发现嵌套匿名函数中参变量的传递只要发生在计算过程之前，放在计算函数(integral/fzero/fsolve/…)外或表达式中，代码运行结果是一样的。受此启发，考虑能否把不同参数取值时的非线性方程组，先纳入 problem 整体模型，再逐个求解呢？换句话说，把多个不同参数取值的非线性方程组统一部署在 problem(t)模型中，改变参变量 t 的数值，即得到一个新模型。要实现这个想法，须在结构数组构造上下功夫：

代码 298　嵌套匿名函数求解方程组-3

```
1  [a,b] = meshgrid(.2:.2:.6,[.1  .2]);
2  problem = struct('options',optimoptions('fsolve','Display','none'),...
3      'objective',arrayfun(@(t)@(x)...
4      [2 * x(1) - x(2) - exp( - a(t) * x(1)); - x(1) + 2 * x(2) - exp( - b(t) * x(2))],...
5      1:numel(a),'uni',0),...
6      'x0',[1,1],...
7      'solver','fsolve');
8  [x,fval] = arrayfun(@(t)fsolve(problem(t)),1:numel(a),'un',0)
```

点评 7.4　代码 297 和 298 是有区别的，前者动态生成新的"problem"，即按结构数组构造全新方程模型，后者则通过外部参量索引，一次部署与参变量取值有关的"一簇"方程组模型，不妨称其为"方程组函数"。方程组函数是统一被 fsolve 调用和求解的。结合 problem 第 3～4 行关于方程组表达式'objective'的构造方式，以及第 7 行 fsovle 内部调用的"problem(i)"，会发现一个颇有意思的现象：外部参数能透过结构数组，直达某个域内部的 Value 传递到匿名函数中。

代码 295～298 提供了新版本通过嵌套匿名函数向方程组传递参数的 3 种代码思路。比较单独建立子函数尾部传参模式，嵌套匿名函数构造方案思路更清楚，结构更明晰，代码更简洁，尤其代码 298 用结构数组构造参数化统一非线性方程组模型、fsolve 整体调用，是值得推荐的方案。

7.5　嵌套匿名函数示例 3：含参变量的常微分方程

第 5 章介绍了利用子函数编写常微分方程（组）再通过 ode45 调用求解的方法，本节在此基础上讨论用 ode45 求解匿名函数形式常微分方程组的代码方案，特别是通过嵌套式匿名函数构造携带参变量的常微分方程组。

7.5.1　ODE 的匿名函数基本解法

以一阶非齐次线性微分方程为例，说明用匿名函数构造常微分方程表达式并调用 ode45 求解的代码方案。

问题 7.5　求方程

$$\frac{\mathrm{d}y}{\mathrm{d}t}-\frac{2y}{t+1}=(t+1)^{\frac{5}{2}} \tag{7.5}$$

的解析解和数值解，初值：$y|_{t=0}=-1$，并在 $t\in[0,2]$ 范围内比较二者的结果。

分析 7.5　按表 5.1，一阶常微分方程初值问题数值解首先可用 ode45 尝试求解，解析解则调用符号计算。不过近几年因为实时代码编辑器 Live Editor 的引入，MathWorks 似乎正在把原符号计算语言体系和新符号计算引擎结合起来[①]，因此符号计算获得常微分方程解的代码和几年前有了不小的变化。

代码 299　问题 7.5 一阶常微分方程符号解

```
1  >> syms y(t)
```

① 关于实时编辑器和符号计算的相关问题详见第 10 章。

```
2  >> Dy = dsolve(diff(y,t) - 2 * y/(t+1) - (t+1)^2.5) % 通解
3  Dy =
4      (2 * (t + 1)^(7/2))/3 + C1 * (t + 1)^2
5  >> Dy0(t) = dsolve(diff(y,t) - 2 * y/(t+1) - (t+1)^2.5,y(0) == - 1)
6  Dy0(t) =
7      (2 * (t + 1)^(7/2))/3 - (5 * (t + 1)^2)/3
```

代码 299 是以符号推导形式求一个简单常微分方程的解析解，和早期版本的 MATLAB 符号求解语法相比，可以看到一些变化。例如：定义符号变量不再推荐使用“Dy”或“D2y”的表述方法，改为“y(t)”和 diff(y,t,n)，更加符合数学表述习惯；不再推荐使用旧有的“字符串构造表达式和初值”的语法格式，事实上，R2020b 版本的 dsolve 命令帮助文档，开头已经有“以字符串向量形式构造表达式和初值条件的语法将在未来版本移除”这样的提示，即代码 300 这种形式的求解方法，R2020b 中仍能使用，但会报“这种代码编写方法将在未来版本移除”的警告信息。

代码 300　过时的符号解表示方法

```
1  >> syms t y
2  >> dsolve('Dy - 2 * y/(t+1) - (t+1)^2.5','y(0) = - 1')
```

最后，数值解中，微分方程利用匿名函数构造，计算代码比较简单，只有一行，按题意，用 plot 函数比较解析解和数值解结果，二者完全一致，读者可自行复制代码验证，此处从略。

代码 301　一阶常微分方程数值解与图形比较代码

```
1  >> [t,y] = ode45(@(t,y)2 * y./(t+1) + (t+1).^2.5,[0 2], - 1);
2  >> plot(t,y,'b',0:.05:2,Dy0(0:.05:2),'ro - .')
```

✍ **点评 7.5**　相比而言，代码 299 中解析解 Dy0(t)的计算方式更符合一般人的数学思考习惯：计算结果不用 subs，代之以函数表达式 $f(x)$对自变量赋值；绘制微分方程在初值 $y|_{t=0}=-1$ 条件下的曲线 Dy0(t)，无须类型转换直接输入具体数据绘制，这和数值运算代码是一致的。

第 5 章介绍了高阶常微分方程先转化为一阶常微分方程组（见式(5.8)～(5.10)），再用 ode45 调用方程子程序解算的方法，利用相同的推导方法可以把问题 7.5 的微分方程转换成式(7.6)所示的一阶常微分方程组形式，其中，$g(t,y_1,y_2,...,y_n)$为利用原方程表示的 $y^{(n)}$ 显式表达式。

$$\begin{cases}\dot{y}_i=y_{i+1} & i=1,2,\cdots,n-1\\ \dot{y}_n=g(t,y_1,y_2,\cdots,y_n)\end{cases}\tag{7.6}$$

下面再次通过一个二阶问题，加深根据式(7.6)编写 ode45 代码解微分方程方法的印象，但这次 ode45 调用的是匿名函数构造的方程表达式。

问题 7.6　求微分方程

$$y''+2y'+5y=\sin 2t,\qquad t\in[0,3]\tag{7.7}$$

当 $y|_{t=0}=\pi,\dot{y}|_{t=0}=-\pi$ 时的解。

分析 7.6　按式(5.10)，方程引入 2 个中间状态变量 $y_1=y,y_2=\dot{y}$，将式(7.7)转换为式(7.8)所示的一阶方程组形式

$$\begin{cases}\dot{y}_1=y_2\\ \dot{y}_2=-5y_1-2y_2+\sin 2t\end{cases}\tag{7.8}$$

由于系数是常数，方程还可按式(5.11)转换为关于变量 y 的矩阵形式表述，尽管这种表述方法尚没有“显著提高其运行效率”的证据[7]，不过代码形式的确更加简洁了。

$$\dot{\boldsymbol{y}}=\begin{bmatrix}\dot{y}_1\\ \dot{y}_2\end{bmatrix}=\begin{bmatrix}0 & 1\\ -5 & -2\end{bmatrix}\cdot\boldsymbol{y}+\begin{bmatrix}0\\ \sin 2t\end{bmatrix} \tag{7.9}$$

按式(7.8)所示一阶微分方程组的等效转换，依照匿名函数构造方程表达式，代码如下：

代码 302　二阶常微分方程 ode45 数值解代码方案-1

```
1  ode45(@(t,y)[y(2); - 2 * y(2) - 5 * y(1) + sin(2 * t)],[0 3],[pi, - pi])
```

或按式(7.9)改写为等效的矩阵表达形式：

代码 303　二阶常微分方程 ode45 数值解代码方案-2

```
1  ode45(@(t,y)[0  1; - 5   - 2] * y,[0  3],[pi, - pi])
```

✍ **点评 7.6**　相比用子函数方式表述微分方程组的代码 234、235，采用匿名函数表述方程，无需函数名，也不用把语句写在 function - end 之内，因此相当一部分形式比较简单的微分方程，不用建立单独的 M 函数，在命令窗口或者脚本里使用 ode45 命令，一行之内可完成调用计算，形式上要更加简单一些。

7.5.2　嵌套匿名函数构造含参变量常微分方程组

熟悉了高阶微分方程如何转化为一阶常微分方程组的思路以及微分方程的数值、符号求解代码方案，下面就开始探讨嵌套匿名函数在常微分方程组求解中的应用。

问题 7.7　已知 Apollo 卫星运动轨迹(x,y)满足方程

$$\ddot{x}=2\dot{y}+x-\frac{\mu^*(x+\mu)}{r_1^3}-\frac{\mu(x-\mu^*)}{r_2^3},\quad \ddot{y}=-2\dot{x}+y-\frac{\mu^* y}{r_1^3}-\frac{\mu y}{r_2^3} \tag{7.10}$$

其中

$$\mu=1/82.45,\quad \mu^*=1-\mu,\quad r_1=\sqrt{(x+\mu)^2+y^2},\quad r_2=\sqrt{(x-\mu^*)^2+y^2}$$

试在初值

$$x(0)=1.2,\quad \dot{x}(0)=0,\quad y(0)=0,\quad \dot{y}(0)=-1.049\,357\,51$$

下进行求解，并绘制 Apollo 位置的(x,y)轨迹。

分析 7.7　选择一组状态变量 $x_1=x,x_2=\dot{x},x_3=y,x_4=\dot{y}$，得到形为式(7.11)的一阶常微分方程组：

$$\begin{cases}\dot{x}_1=x_2\\ \dot{x}_2=2x_4+x_1-\mu^*\dfrac{x_1+\mu}{r_1^3}-\mu\dfrac{x_1-\mu^*}{r_2^3}\\ \dot{x}_3=x_4\\ \dot{x}_4=-2x_2+x_3-\mu^*\dfrac{x_3}{r_1^3}-\mu\dfrac{x_3}{r_2^3}\end{cases} \tag{7.11}$$

式(7.11)中各参数的意义同题干。

问题 7.7 采用单独建立 M 文件描述微分方程组(见式(7.11))，调用 ode45 命令求解轨迹[12]，自 R2016b 版本起，可形如代码 304 将方程子函数 apolloeq(t,x)放在脚本内，作为内嵌子函数供 ode45 调用执行计算，运行结果如图 7.6 所示。

代码 304　求解 Apollo 轨迹：子函数

```
1  x0 = [1.2  0  0  - 1.04935751]';
2  [t,y] = ode45(@apolloeq,[0  20],x0,odeset('RelTol',1E - 6));
```

```
3  plot(y(:,1),y(:,3))
4  % OdeFunction
5  function dx = apolloeq(t,x)
6      mu = 1/82.45;
7      mu1 = 1 - mu;
8      r1 = sqrt((x(1) + mu)^2 + x(3)^2);
9      r2 = sqrt((x(1) - mu1)^2 + x(3)^2);
10     dx = [x(2);...
11            2 * x(4) + x(1) - mu1 * (x(1) + mu)/r1^3 - mu * (x(1) - mu1)/r2^3;...
12            x(4);...
13            - 2 * x(2) + x(3) - mu1 * x(3)/r1^3 - mu * x(3)/r2^3];
14 end
```

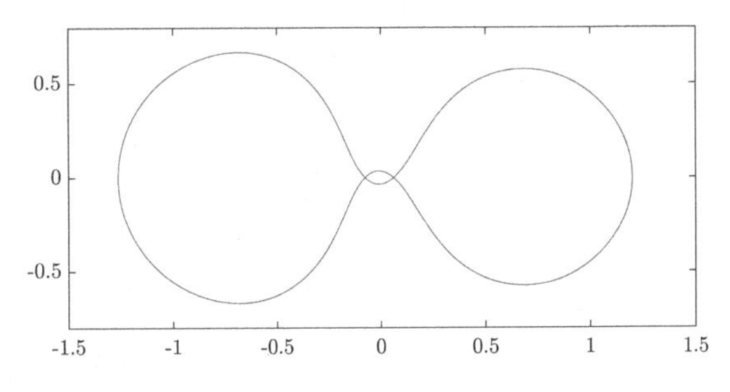

图7.6　代码304卫星轨迹的执行结果

诸如问题7.7这种多变量微分方程组，一般的资料会采用单独编写M函数的方式描述。不过式(7.11)属于含有1个参变量μ、4个状态变量的常微分方程组，完全可以采取嵌套式匿名函数，把参数μ放在外层构造含参变量的微分方程表达式，并调用ode45求解：

代码305　求解Apollo轨迹：嵌套匿名函数

```
1  [mu,fr] = deal(1/82.45,@(x,mu)norm([x(1) + mu x(3)])^3);
2  Dx = @(mu)@(t,x)[x(2);...      % 参变量 mu 置于外层先行赋值
3          2 * x(4) + x(1) + (mu - 1) * (x(1) + mu)/fr(x,mu) - mu * (x(1) + mu - 1)/fr(x,mu - 1);...
4          x(4);...
5          - 2 * x(2) + x(3) + (mu - 1) * x(3)/fr(x,mu) - mu * x(3)/fr(x,mu - 1)];
6  [t1,y] = ode45(Dx(mu),[0  20],[1.2  0  0  -1.04935751],options);
7  plot(y(:,1),y(:,3))
```

✍ **点评7.7**　代码304和代码305基于式(7.11)，分别采用子函数和二重嵌套匿名函数构造带参变量μ的微分方程组，二者结果相同，后者通过定义嵌套匿名函数“Dx=@(mu)@(t,x)”避免单独构造M函数，鉴于工程计算或各种研究工作中，经常需要观察某个变量对某种固定运算模型结果的影响，因此用嵌套式匿名函数是有一定实用价值的。

7.5.3　嵌套匿名函数+结构数组传递参数

问题7.7的嵌套匿名函数外层变量μ为单独数值，实际问题出现的情况可能要稍微复杂一些，例如问题5.9的滑动摆模型，将式(5.15)中的滑块质量、摆长等4个额外参数从workspace传递到方程模型，代码237～239选择子函数方式编写方程模型，几个参数作输入由子函数携带、传递到ode45，这种参数传递方式可用嵌套式匿名函数代替：

代码306　嵌套匿名函数重解问题5.9

```
1  data = struct('g',9.8,'m1',4,'m2',2,'l',1);
2  M = data.m2/sum([data.m1  data.m2]);
```

```
3   % ------ 滑动摆微分方程的嵌套匿名函数表述 ------
4   hAnonFun = @(data)@(t,y)[y(2);...
5       ( - M * sin(y(1)) * cos(y(1)) * y(2)^2 - data.g/data.l * sin(y(1)))/(1 - M * cos(y(1))^2);...
6       y(4);...
7       (M * data.g * sin(y(1)) * cos(y(1)) + M * data.l * sin(y(1)) * y(2)^2)/(1 - M * cos(y(1))^2)];
8   % ------ 调用 ode45 解方程 ------
9   [t,y] = ode45(hAnonFun(data),0:.001:5,[pi/4,0, - data.l * cosd(45) * 2/(4 + 2),0]);
10  plot(t,y(:,1),t,y(:,3))
```

本章之前算例，无论外层嵌套单独或多个参数，参变量均与内层变量无关，进一步思考：两层变量取值存在关联，应如何构造模型？洛伦兹混沌吸引子(Lorenz chaotic attractor)模型就是个经典案例。

自 Edward Lorenz[13] 发现第 1 个混沌吸引子以来，洛伦兹混沌吸引子堪称半个世纪多时间里，全世界研究最为广泛的常微分方程之一，洛伦兹方程的矩阵向量乘积表述形式为

$$\dot{y}=\mathbf{A}y=\begin{bmatrix}-\beta & 0 & y_2\\ 0 & -\sigma & \sigma\\ -y_2 & \rho & -1\end{bmatrix} \tag{7.12}$$

式中，σ 为普朗特数；ρ 是规范化瑞利数；β 是场几何形状参数，文献[14]提供了一组常用的取值：$\sigma=10$，$\rho=28$，$\beta=8/3$；向量 y 包含 3 个分量，且均是变量 t 的函数：

$$y(t)=\begin{pmatrix}y_1(t)\\ y_2(t)\\ y_3(t)\end{pmatrix}$$

注意到尽管式(7.12)采用了线性表述方式，但观察系数矩阵 $\mathbf{A}$，发现其第(1,3)和(3,1)这两个位置的元素与变量 y 有关，因此洛伦兹混沌吸引子的模型方程是非线性的，且这一非线性特征的引入，彻底改变了系统属性，它有界但不自交，围绕吸引子混沌地来回移动，无周期性地振荡。

式(7.12)中，所携带的参数不但包含常数 σ，ρ 和 β，同时，也和变量 y 自身有关，这个特殊的常微分方程，能够通过如下子函数形式代码得到结果①：

代码 307　Lorenz 混沌吸引子：子函数-1

```
1   [rho,sigma,beta] = deal(28,10,8/3);
2   eta = sqrt(beta * (rho - 1));
3   A = [ - beta 0 eta;0 - sigma sigma; - eta rho - 1];
4   yc = [rho - 1;eta;eta];
5   y0 = yc + [0;0;3];
6   tspan = [0 50];
7   opts = odeset('reltol',1e - 6);
8   [t,y] = ode45(@lorenzeqn,tspan,y0,opts,A);
9   function ydot = lorenzeqn(t,y,A)
10      A(1,3) = y(2);
11      A(3,1) = - y(2);
12      ydot = A * y;
13  end
```

① 代码 307 来自文献[7]，由于洛伦兹混沌吸引子的重要特征之一是围绕两个吸引子无周期性地做无穷无自交振荡，因此仿真时间跨距理论上应设为从 $t=0$ 到 ∞，不过这在代码中无法实现，需要用额外控件手动终止计算，本书代码 307 为避免这种情况，仿真时间设置为 $t\in[0,50]$，这个结果已基本能显示出吸引子的特征。

代码 307 还可以稍加修改，鉴于 ode45 每次调用子函数 lorenzeqn 时需要用到自变量y(2)的数值，不妨在外部直接将矩阵 **A** 定义成匿名函数，进入子函数之后再赋值：

代码 308　Lorenz 混沌吸引子：子函数-2

```
1  [rho,sigma,beta] = deal(28,10,8/3);
2  A = @(x)[-beta  0  x;0 -sigma  sigma;-x  rho  -1];
3  y0 = [rho-1;sqrt(beta*(rho-1));3+sqrt(beta*(rho-1))];
4  [t,y] = ode45(@lorenzeqn,[0  50],y0,odeset('reltol',1e-6),A);
5  function ydot = lorenzeqn(t,y,A)
6      ydot = A(y(2))*y;
7  end
```

代码 308 最主要的修改是把 workspace 中定义的匿名函数句柄 A 作为参变量传入了子函数，在子函数中动态计算矩阵 **A** 的数值。受此启发，整个洛伦兹吸引子模型也都可以用嵌套匿名函数来表示，同样地，嵌套匿名函数外部参量不再是普通数值，而是匿名函数句柄：

代码 309　Lorenz 混沌吸引子：嵌套匿名函数

```
1  [rho,sigma,beta] = deal(28,10,8/3);
2  A = @(x)[-beta  0  x;0 -sigma  sigma;-x  rho  -1];
3  y0 = [rho-1;sqrt(beta*(rho-1));3+sqrt(beta*(rho-1))];
4  % ------- 构造匿名函数 ------
5  Lorenz = @(A)@(t,y)A(y(2))*y;
6  [t,y] = ode45(Lorenz(A),[0,50],y0,odeset('reltol',1e-6));
```

图 7.7 分别表达了变量 y 随时间变化的 3 个分量曲线，以及 Lorenz 混沌吸引子在 3 个坐标平面上的投影，通过 R2018b 提供的 sgtitle 命令，可以为 subplot 子图增加一个总的标题。

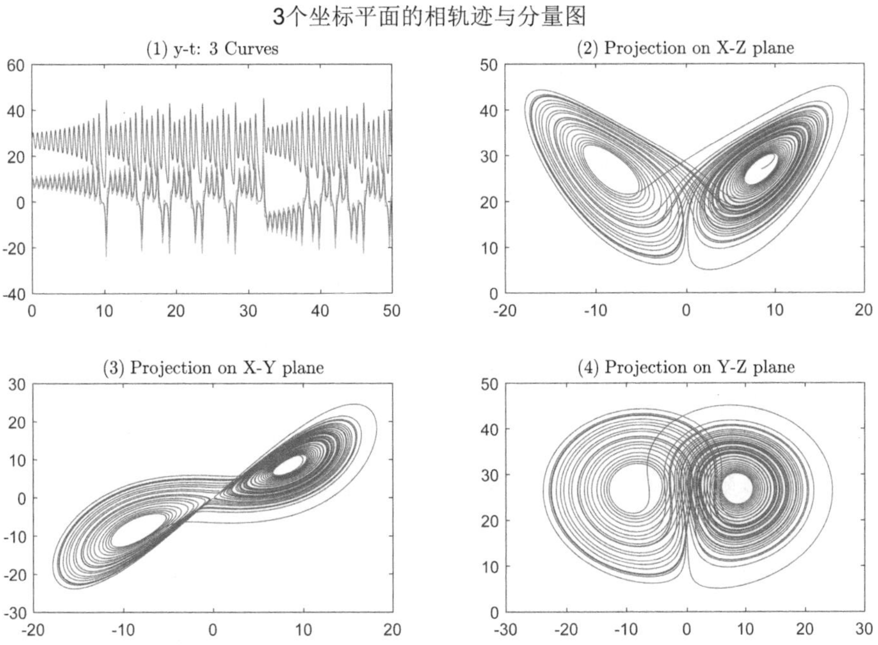

图 7.7　Loren 混沌吸引子微分方程结果图

嵌套匿名函数构造洛伦兹吸引子方程模型时，注意方程**不能**按式(7.12)以代码 310 的形式写成 $\dot{y}=\boldsymbol{A}y$，因为 ode454 调用的微分方程“Lorenz(A(y(2)))”是一个外层变量取为固定初值 $y_0(2)$ 的静态微分方程组，ode45 内部迭代过程中其值不变，因此**代码 310 是错误的**。

代码 310　Lorenz 混沌吸引子:嵌套匿名函数错误表达方式

```
1  ...
2  A = @(x)[-beta  0  x;0 -sigma  sigma;-x  rho-1];
3  ...
4  Lorenz = @(A)@(t,y)A*y;
5  [t,y] = ode45(Lorenz(A(y(2))),[0,50],y0,odeset('reltol',1e-6));
```

点评 7.8　通过代码 305、代码 306 和代码 309,可以看出嵌套型匿名函数取值方式是灵活多变的,微分方程外层设定参变量和 ode45 原本的时间变量、状态变量分属两个层次,不是同时被 ode45 调用的,这给嵌套匿名函数传递参数带来了机会,加上匿名函数天然更简洁的代码形式,让匿名函数可以适应结构更复杂的微分方程组的求解。如果综合运用结构数组等数据类型,匿名函数甚至可以处理和传递包含多个参量的常微分方程组,相比于子函数构造方法,具有参数传递环节少、结构形式简洁的特点。

7.5.4　嵌套匿名函数构造隐式微分代数方程(组)模型

部分高阶系统的微分方程模型可以按照式(5.10)转换为一阶微分方程组 $f(t,y,y')=0$ 求解,但是有些特殊的微分方程无法获得显式表达,比如隐式微分方程(组)。用 MATLAB 求解这类方程,在 R7.0 版本增加 ode15i 命令前后是不同的。

首先说明显式和隐式微分方程组代码编写方面的差别:显式表达常微分方程组先通过子函数或匿名函数构造模型微分方程的 odefun,再通过 ode45 等命令调用并求解,注意:odefun 中所有状态变量的微分量 y_i' 全部集中在等式左端,右侧表达式,也就是 odefun 只包含状态变量 y_i 和时间变量 t。隐式微分方程(组)的困难就恰在于不能实现让 y_i' 和 y_i 分离的工作,迫使微分方程组被动增加了一组新的微分变量 y_i'。

老版本未提供 ode15i 命令时,把高阶微分量按式(5.10)替换为一组状态变量,通过 fzero/fsolve 求解每次迭代的 y'_i 值,迫使微分量 y'_i 在本次迭代计算中成为常量,再调用 ode45 等命令求解;MATLAB 新增 ode15i 命令后,使用“decic 函数动态提供迭代初值→调用 ode15i”的流程,大幅简化并加速了这类问题的求解。下面通过两个例子演示隐式微分方程、微分代数方程(Differential Algebraic Equations,DAE) 有关的代码编写方法。

问题 7.8　求解如下微分方程的解,设初值 $y(0)=0.1$,仿真时间区间为[0,20]:

$$\dot{y}=\exp\left\{-\left\{[y-0.5-\exp(-t+\dot{y})]^2+y^2-\frac{t}{5}+3\right\}\right\} \tag{7.13}$$

分析 7.8　问题 7.8 来自文献[6],可采用 fzero+ode45,或 ode15i 两种求解方法,如果是方法 1,由于每次迭代要用 fzero 动态求解微分变量数值,解方程步骤要放在子函数或匿名函数构造微分方程的步骤内进行;方法 2 则省去了每步迭代动态求解微分变量的过程,但要调用 decic 命令决定初值大小。

关于方法 1,原文献采用子函数描述隐式微分方程,用 fzero 求解隐式微分方程的输出端,获得供 ode45 调用的方程表达式,如下为按本书前述方法改为脚本调用子函数方式的求解代码:

代码 311　隐式微分方程:子函数描述

```
1  [y0,tspan] = deal(.1,[0  20]);
2  [t,y] = ode45(@DDN,tspan,y0);          % 调用微分方程子函数计算
3  plot(t,y,'k-','linewidth',2);          % 绘制结果曲线
```

```
4  xlabel('\itt','fontsize',16);
5  function ydot = DDN(t,y)
6      fun = @(yp)yp - exp(t/5 - (y - .5 - exp( - t + yp))^2 - y^2 - 3);
7      ydot = fzero(fun,3); % 每次 ode45 调用子函数求解微分变量 yp
8  end
```

注意代码311中，fzero放在方程子函数内，ode45每次调用隐式方程，fzero都以数值3为初值求得一组微分变量值。受此启发，可将其修改为匿名函数形式，但和之前不同的是，微分变量这回要作内层变量，时间变量 t 和待解变量 y 放在外层，替换子函数形式的隐式微分方程表述：

代码312　隐式微分方程：匿名函数

```
1  [y0,tspan] = deal(.1,[0  20]);
2  [t,y] = ode45(@(t,y)...
3        fzero(@(yp)yp - exp(t/5 - (y - .5 - exp( - t + yp))^2 - y^2 - 3),3),tspan,y0);
```

代码311～312把隐式微分方程分解成解方程和解微分方程两个步骤，每个迭代步上计算量都增大了，当求解系统规模稍大，或精度要求较高时，效率会受影响；同时，fzero依赖初值，一旦初值选取不当导致求解失败，将影响后续迭代计算。因此MATLAB自R7.0版本起，提供可用于求解隐式微分方程(组)的ode15i命令，和fero/fsolve+ode45方法相比，它省去从外部由用户解方程的步骤，但隐式微分方程求解要给出(y,y')，其数值不能任意拟定或者赋值，要用decic命令猜测相容初值。使用ode15i求解问题7.8的代码如下：

代码313　隐式微分方程:ode15i

```
1  [y0,tspan] = deal(.1,[0  20]);
2  Fexplicit = @(t,y,yp)yp - exp( - ((y - .5 - exp( - t + yp))^2 + y^2 - t/5 + 3)); % 移项定义匿名函数
3  [y0,dy0] = decic(Fexplicit,0,.1,1,1,0);                                             % decic 猜测迭代初值
4  [ti,yi] = ode15i(Fexplicit,tspan,y0,dy0);
```

ode45和ode15i的调用方法是有区别的:ode45在每次迭代的过程中，所调用微分方程形态保持不变，调用方程模型，自变量只有时间变量 t 和待解变量 y；ode15i求解隐式微分方程组则需要迭代中考虑微分变量取值，因此代码313中根据式(7.13)构造的匿名函数代码的变量不是“t,y”，而是“t,y,yp”，也就是增加了微分变量，最终确保表达式右端部分为0，这和fsolve/fzero构造方程表达式的代码风格一致。与此同时，ode15i不像ode15s和ode23t命令，它的求解器不会检查初值条件的一致性，初值的相容性要先通过微分变量初值猜测的命令decic完成，基本语法格式如下：

代码314　decic命令语法格式

```
1  [y0_new,yp0_new] = decic(odefun,t0,y0,fixed_y0,yp0,fixed_yp0)
```

命令decic的作用是在时间点 $t_0^{(i)}$，根据事先拟定的状态变量初值 $y_0^{(i)}$ 和 $\dot{y}_0^{(i)}$，猜测本轮迭代计算微分变量 $\dot{y}_1^{(i)}$ 所需的初值 $y_0^{(\text{new})}$ 和 $\dot{y}_0^{(\text{new})}$，decic与odel5i共享同一模型，代码314中的fixed_y0和fixed_yp0为初值可变标识符，可取值为“1|0|[]”，代表状态变量和微分变量是否事先赋值而无法在后续迭代计算过程改变：如果等于1，代表固定不变；等于0|[]则代表ode15i调用方程计算时这个猜测初值可变。以代码313为例，两个值依次为1和0，代表状态变量 y 不能改变(等于常数0.1)；变量 $\dot{y}$ 未赋值，故fixed_yp0值为0，意味着decic返回的dy0变量允许在迭代中改变。

下面再看一个隐式微分代数方程的求解方法。所谓微分代数方程，指包含的某个或某几个变量的导数并未出现的方程。这些导数项未包含在方程内的变量称为代数变量，代数变量

的存在意味着不能将方程记为显式 $y'=f(t,y)$ 的形式。

问题 7.9 求解下面的微分代数方程，其初始条件为 $y_0=[0.9,0.5,0.1,0.3]$，仿真时间为 5 s.

$$\begin{cases}\dot{y}_1=y_1y_2y_3+y_1^2\sin(\dot{y}_1+0.2y_2)-\dot{y}_2-\dot{y}_3+\sin(y_2-\dot{y}_2)\\ \dot{y}_2=\exp(-\dot{y}_1-5y_2)-\dot{y}_1y_3y_4+0.5\\ \dot{y}_3=0.5y_2y_3(\dot{y}_1+\dot{y}_2+\dot{y}_3)-y_3\dot{y}_3+0.5t\\ 0=y_1+y_2-y_3-y_4-1\end{cases} \tag{7.14}$$

分析 7.9 式(7.14)是隐式代数微分方程，y_4 导数项没有出现在方程中。该问题有两种代码思路，一种是变量替换后，用 fsolve 解方程，求解每个计算节点的 $\dot{y}$ 数值，再调用 ode45 求解，问题 7.9 中第 4 个方程中的 y_4 可用其他 3 个分量表示，因此 fsolve 只需要求解含有 3 个未知量的方程；另一种解法自然是采用 odel5i 函数[6]。

方案 1：通过 fsolve＋ode45 求解：

代码 315 通过 fsolve＋ode45 求解 DAE 问题

```
1  [yi0,tspan] = deal([.9  .5  .1  .3]',[0  5]);
2  [t1,y1] = ode45(@(t,y)fsolve(@(dy)[dy(1) - y(1) * y(2) * dy(3) - ...
3             y(1)^2 * sin(dy(1) + .2 * y(2)) + dy(2) + dy(3) - sin(t) * (y(2) - dy(2));...
4             dy(2) - exp( - dy(1) - 5 * y(2)) + y(3) * dy(1) * (y(1) + y(2) - y(3) - 1) - .5;...
5             dy(3) - .5 * y(2) * y(3) * (dy(1) + dy(2) + dy(3)) + dy(3) * y(3) - 0.5 * t],y,...
6             optimset('display','none')),tspan,yi0(1:3));
7  plot(t1,[y1,y1(:,1) + y1(:,2) - y1(:,3) - 1])
```

ode45 内仍然是通过二重嵌套匿名函数表述的代数微分方程，由于 y_4 用其他 3 分量表述，初值相应变成 1×3 的维度，用计算结果绘图时，再将其还原回来。

方案 2：通过 ode15i 直接求解：

代码 316 通过 ode15i 求解 DAE 问题

```
1  F = @(t,y,dy)[dy(1) - prod(y(1:2)). * dy(3) - y(1)^2 * sin(dy(1) + ...
2               .2 * y(2)) + sum(dy(2:3)) - sin(t) * (y(2) - dy(2));...
3               dy(2) - exp( - dy(1) - 5 * y(2)) + y(3) * dy(1) * y(4) - .5;...
4               dy(3) - .5 * prod(y(2:3)) * sum(dy(1:3)) + dy(3) * y(3) - 0.5 * t;...
5               sum(y(1:2)) - sum(y(3:4)) - 1];
6  [y0,dy0] = decic(F,0,yi0,[1 0 0 0]',randi(10,4,1)/10,zeros(4,1));
7  [t,y] = ode15i(F,tspan,y0,dy0);
8  plot(t,y)
```

选择 decic 函数，第 4 参数用于检查初值一致性，注意 **y** 中的 4 个分量，其中任意 3 个是剩余 1 个分量的线性组合，因此检查相容条件时，只需要固定其中任意一个即可，代码 316 中将 **y** 定义为[1 0 0 0]'，代表其中 3 个分量初值不固定，这句代码也可修改为[0 1 0 0]'或[0 0 0 1]'等。

代码 315～316 得到了相同的计算结果，但运行两段代码，却能体验到“fsolve＋ode45”和“ode15i”两方案在计算效率方面的显著差别，读者如果感兴趣，可以将两段代码的仿真时间从现在的 5 s 增加到 5.5 s，分别测算一下两种方案的运行时间。对于 fsolve＋ode45 的方案 1，笔者计算机上的平均仿真时间从 0.45 s 增加到 4.64 s；方案 2 中的仿真时间则从 0.02 s 增至 0.23 s，二者运算时间都增加 10 倍左右，说明仿真时间 $t\in[5.0,5.5]$ 阶段的计算遇到困难，但调用 fsolve 解微分方程的效率明显低于 ode15i。

7.5.5 嵌套匿名函数构造携带分段参变量微分方程模型

前面介绍了利用嵌套匿名函数求解携带参变量的常微分方程的代码方案，本节继续讨论所携带参变量随仿真时间分阶段变化的情况。

问题 7.10　弹簧振子系统，振子在外力 $F(t)$ 作用下做受迫振动，系统阻尼力为 $c(t)$，弹簧刚度为 $k=2$ N/m，振子质量 $m=2$ kg，初始位移 $x=0$，初始速度 $\dot{x}=0.1$ m/s，仿真时间 $t=50$ s，系统阻尼 c 不是恒定的，由式

$$c(t)=\begin{cases}10, & 0\leqslant t\leqslant 3\\ 0.5t, & 3<t<7.5\\ \sqrt{t}, & 7.5<t\leqslant 50\end{cases} \tag{7.15}$$

决定。外力 F 也随时间发生阶段式变化，变化规律由式

$$F(t)=\begin{cases}10, & 0\leqslant t\leqslant 3\\ 5\sqrt{t}, & 3<t<7.5\\ 0.05t, & 7.5<t\leqslant 50\end{cases} \tag{7.16}$$

决定。试编写代码仿真该系统。

分析 7.10　弹簧振子系统的二阶微分模型为

$$m\ddot{x}+c(t)\dot{x}+kx=F(t) \tag{7.17}$$

将其转换为一阶微分模型，并写成矩阵形式：

$$\begin{bmatrix}\dot{x}_1\\ \dot{x}_2\end{bmatrix}=\begin{bmatrix}0 & 1\\ -\dfrac{k}{m} & -\dfrac{c}{m}\end{bmatrix}\begin{bmatrix}x_1\\ x_2\end{bmatrix}+\begin{bmatrix}0\\ F\end{bmatrix} \tag{7.18}$$

求解表达式存在分段特性的含参变量微分系统，关键是找到参变量分段特性描述的正确方式。

面对这种模型相对复杂的情况，最保险的方法自然是在构造微分模型子函数中对参数按式(3.4)～式(3.5)设置 if 流程分段。

代码 317　分段微分模型求解方案-1

```
1  [m,k] = deal(2,2);
2  [t,y] = ode45(@(t,x)ODEFun(t,x,m,k),[0  50],[0  0.1]);
3  % -----------------------------------------
4  function dx = ODEFun(t,x,m,k)
5  if t>7.5
6      [c,F] = deal(sqrt(t),0.05 * t);
7  elseif t>3
8      [c,F] = deal(0.5 * t,5 * sqrt(t));
9  else
10     [c,F] = deal(10,10);
11 end
12 dx = [0  1;-k/m -c/m] * x + [0;F];
13 end
```

在第 3 章曾经介绍了构造逻辑表达式分区间表述分段函数的方法，问题 7.10 中该方法仍然适用，由于构造了分段函数，所以能写成单行形式的匿名函数表达微分模型。

代码 318　分段微分模型求解方案-2

```
1  clc;clear;close all;
2  [m,k] = deal(2,2);
3  ODEFun2 = @(t,x,m,k) ...
4      [0 1;-k/m -((t>7.5). * sqrt(t) + (t>3&t<=7.5). * t/2 + (t<=3). * 10)/m] * x + ...
5      [0;(t>7.5). * t/20 + (t>3&t<=7.5). * sqrt(t) * 5 + (t<=3). * 10];
6  [t,x] = ode45(@(t,x)ODEFun2(t,x,m,k),[0  50],[0;0.1]);
```

代码 318 虽然解决了问题，但用逻辑表达式构造分段参数的方法并不值得推荐，主要因为这种形式的模型每次调用方程模型的时候都需要将全部时间范围的模型计算一遍，执行效率肯定是偏低的。子函数的判断流程虽然执行效率好于逻辑表达式＋匿名函数的，但毕竟代码比较冗长，而且随之而来的还有一个全新的有趣议题：长久以来都认为匿名函数是无法表达多路分支选择判断流程的，原因是 if 流程没有办法写成一个单行的形式，所以遇到带有判断流程的复杂模型构造，本能地就会选择使用子函数的方式。

实际上，匿名函数完全能解决这类带有多路分支的模型构造问题，解决的关键不是一味在 if 流程上找压缩的可能性，而是拓宽思路，在索引构造的方向上找突破口。MathWorks 的工程师 TuckerMcClure① 曾经专门撰写 Blog，探讨并留下了一行逻辑索引＋匿名函数＋varargin 替代多路分支选择判断的代码，如下：

代码 319　匿名函数的多路判断流程

```
1  iif = @(varargin) varargin{2 * find([varargin{1:2:end}], 1, 'first')};
```

初看代码 319 其实并不好理解，不过不妨碍先用它来解决问题 7.10，利用这个构造匿名函数 iif，可以写出如下代码：

代码 320　匿名函数的多路判断流程

```
1  clc;clear;close all;
2  [m,k] = deal(2,2);
3  odeFcnAnon = @(t,y,m,k) iif( ...
4      t > 7.5,[0 1; - k/m - sqrt(t)/m] * y + [0;t/20], ...
5      t > 3,[0 1; - k/m - t/2/m] * y + [0;5 * sqrt(t)], ...
6      true,[0 1; - k/m - 10/m] * y + [0;10]);
7  [t,y] = ode45(@(t,y)odeFcnAnon(t,y,m,k),[0 50],[0 0.1]);
```

注意在代码 320 中的 iif 函数共有 6 个参数，这实际上是 3 对参数：iif 携带的参数在偶数位，因为奇数位上都是逻辑判断(conditions)，偶数位参数对应的是判断条件执行的表达式(expression)。弄清这一点，代码 319 中的"find([varargin{1:2:end}],1,'first')"语句功能就清楚了，它将第 1 个满足对应逻辑条件为真的多输出匿名函数分支表达式选中，作为最终的执行结果，外层的"@(varargin)"保证 iif 最终输出还是匿名函数。代码 320 第 5 个参数是逻辑"TRUE"，意味着如果前面的判断条件都不满足，也必须要执行最后一个，以保证 iif 返回的表达式不为空。

代码 319 只有一句，但它将逻辑索引、输入打包参数 varargin 和匿名函数以极富创意的方式组合在一起，达到了别开生面却极具实用价值的出色效果，它不仅适合求解参变量分阶段变化的系统，而且即使表达式发生很大变化，比如某个时刻突然给系统增加一个扰动或者撤掉某个力等，也可以套用该模板。

7.5.6　匿名函数与 ODE 中的 Events 事件构造

微分方程初值问题中，仿真时间 tspan 即$[t_0, t_e]$通常作为已知条件在输入参数里给出。但某些工程计算的物理情境中，时间范围恰好是问题的未知算量。下面问题 7.11 中的"落体"问题[7]，物体受重力和空气阻力作用下落，其与地面碰撞的时间在方程求解前并不知道，求解未知量之一就是触地时间 t_e，因此模型应包含微分方程在每次迭代计算时，检测触地事件是否

① 链接地址：https://ww2.MathWorks.cn/matlabcentral/fileexchange/39735。

发生的子步骤。

问题 7.11　式(7.19)所示的二阶微分方程描述了物体下落的基本模型，初值条件：$y(0)=1$，$\dot{y}(0)=0$，绘制物体下落位移随时间变化的曲线 $y(t)$，并计算物体落地时间 t_e。

$$\ddot{y}-\dot{y}^2+1=0 \tag{7.19}$$

分析 7.11　如果问题 7.11 用 while 循环动态改变时间范围，逐步逼近物体触地事件（$y(t)=0$）的发生，要在较大的触地终止时间范围内试探，计算量可能较大。所幸 MATLAB 提供了与事件有关的“Events”参数，设置这一参数的表达式，可以顺利解决这类仿真终止时间未知的微分方程。解决这类问题要先构造运动微分方程，再设置恰当的事件检测函数子函数，调用 ode45 计算触地停止时间 t_e。

根据式(7.6)，引入中间状态变量 $\boldsymbol{y}=[y_1;y_2]$，将原模型转换为一阶线性常微分方程组：

$$\begin{cases}\dot{y}_1=y_2\\ \dot{y}_2=-1+y_2^2\end{cases} \tag{7.20}$$

先用脚本调用子函数方式编写代码，说明事件检测函数的定义格式及每个返回参数的意义：

代码 321　问题 7.11 求解代码-1

```
1   [t,y,te] = ode45(@f,[0  inf],[1  0],odeset('Events',@g));
2   plot(t,y(:,1),'b--','LineWidth',.8);
3   axis([-.1  te+.1  -.1  1.1])
4   xlabel('$ $ t $ $','Interpreter','latex');
5   ylabel('$ $ y $ $','Interpreter','latex')
6   title('Falling body Model','Interpreter','latex')
7   text(1.2,0,sprintf('$ $ t_e = $ $  %6.4f',te),'interpreter','latex','FontSize',14)
8   set(gca,'ticklabelinterpreter','latex','fontsize',15)
9
10  % ---- 子函数：微分方程表达式 ----
11  function ydot = f(t,y)
12      ydot = [y(2); -1 + y(2)^2];
13  end
14  % ---- 子函数：事件检测表达式 ----
15  function [gstop,isterminal,dir] = g(t,y)
16      [gstop,isterminal,dir] = deal(y(1),1,[]);
17  end
```

代码 321 调用 ode45 函数，通过 odeset 增加“Events”设置参数，它调用了子函数“g(t,y)”句柄，这就是用于检测物体触地事件是否发生、何时发生的事件函数，它有 3 个形式输出：

(1) **输出 1**：第 1 输出变量 gstop 代表运算中希望为 0 的数值，本例中，如果坐标系原点建立在地面，则触地触发条件就是 $y=0$，容易推测出，如果事件触发条件改为物体到达高度 y_0，则输出变量 gstop 相应调整为 $y-h$。

(2) **输出 2**：第 2 输出变量 isterminal 是逻辑值，代表当“gstop=0”时，是否令程序终止运行，如果为 0 则程序不终止，如果 gstop=1 则程序运行终止。该条件在子函数 g 同时设置多个事件，且不希望仿真在这些事件被全部触发前就过早停止运算，非常有用。例如阻尼斜抛运动的微分方程就要设置“到达最高点”和“落地”这样两个事件，isterminal 就相应等于[0; 1]，即触发到达最高点事件，微分方程仍需继续仿真计算(isterminal(1)=0)，直至触发事件 2，即落地，才能停止计算(isterminal(2)=1)。

(3) **输出 3**：第 3 输出变量 dir 代表 y 从哪个方向抵达第 1 输出指定的零点，该数值存在 3

种赋值情况：

① dir=1 代表数值从小到大，由下方负值区间抵达零点；

② dir=−1 则代表从大到小，由上方正值区间抵达零点；

③ 如果为空矩阵，则方向不做要求，从任何方向抵达 0 均被接受。

根据这个解释，代码 321 检测函数事件触发条件是当任意方向再度抵达物体的初始纵坐标位置 $y(1)$时，ode45 运算停止。

代码 321 通过编写事件子函数解决了问题 7.11，接下来要讨论的是：带事件参数微分方程组代码结构通过匿名函数替代和简化的方案。

提到函数的多输出，比较容易想到利用函数 deal，但意外的是，用 deal 为事件函数返回多输出，问题 7.11 的代码会报错：

代码 322　多输出匿名函数的错误提示代码

```
1  >>[t,y,tfinal] = ode45(@(t,y)[y(2);-1+y(2)^1 2],...
2          [0 inf],[1;0],odeset('events',@(t,y)deal(y(1),1,[])))
3  Error using deal (line 37)
4  The number of outputs should match the number of inputs.
5  Error in @(t,y)deal(y(1),1,[])
6
7  Error in odeevents (line 28)
8  eventValue = feval(eventFcn,t0,y0,eventArgs{:});
9  Error in ode45 (line 148)
10 odeevents(FcnHandlesUsed,odeFcn,t0,y0,options,varargin);
```

按错误提示内容倒溯追踪源代码，发现 ode45 中的事件函数有一些特定的要求。EventsFcn 执行 ode45 时，需要用到两个私有函数：odeevents.m 和 odezero.m，两个函数均位于 MATLAB 安装文件夹“🗀 X:/.../r2019b/toolbox/matlab/funfun/private”的路径下。用户自行构造的 eventsFcn 函数，执行 ode45 时需要调用私有函数 odezero，并返回全部 3 个输出，但 odeevents.m 只须返回第 1 输出 gstop。因此 eventsFcn 的事件检测在函数返回变量个数上要求比较严格：

① 如果事件检测函数用独立子函数构造，则能通过 varargout/nargout 形成可变输出构造形式，顺利通过 odeevents 和 odezeros 等私有函数对“@g”的调用。

② 如果事件检测函数以 deal 为基础构造匿名函数，则其不能用在事件检测函数中。因为 deal 的源代码(代码 323)中当判断输入和输出个数不等时，要用 error 返回出错信息：

代码 323　deal 函数源代码

```
1  if nargin == 1
2          varargout = varargin(ones(1,nargout));
3          else
4              if nargout ~ = nargin
5                  error(message('MATLAB:deal:narginNargoutMismatch'))
6              end
7          varargout = varargin;
8  end
```

而 Events 参数返回变量因私有函数 odeevents.m 和 odezero.m 的不同输出数量要求，恰恰必须通过可变输出返回结果，因此 deal 无法满足这个要求，导致匿名函数定义的事件检测函数执行 ode45→odeevents 函数第 28 行要求返回 1 个输出变量时，发生错误并中断。

原因找到了，那么匿名函数的构造，只需要选择返回参数数量可变的 feval 就可以了，不过还需要结合 feval 和逗号表达式返回变量的方式，才恰好满足事件检测函数中输出个数可变的要求：

代码 324　问题 7.11 求解代码-2

```
1  [t,y,tfinal] = ode45(@(t,y)[y(2); - 1 + y(2)^2],...
2                            [0 inf],[1;0],...
3                        odeset('events',@(t,y)feval(@(x)x{:},{y(1),1,[]})))
```

✍ **点评 7.9**　匿名函数构造技巧非常灵活，例如同样是返回多变量的输出，当问题所调用的函数或具体要求有别时，可能要采取完全不同的代码方案来应对。MATLAB 匿名函数在各种计算问题中的代码表现形式、构造技巧等，和 MATLAB 内部的 cell 数据类型、逗号表达式之间，又存在着千丝万缕的瓜葛，可能仍存在许多隐藏的功能，有待挖掘探索。如果理清楚具体问题的要求和脉络，匿名函数可以在工程计算应用的各种场景下，进一步替代子函数，达到简化代码的目的。

7.6　总　结

本章结合多个示例代码方案的演示，探讨匿名函数在实际工程计算问题中的使用方法，体现出嵌套匿名函数在重积分、非线性方程组以及常微分方程组求解中所处的地位。所有代码示例都证实：匿名函数，尤其通过嵌套匿名函数构造携带参变量的复杂表达式的代码方案，在工程计算方面有实际价值，这也是值得花费时间去掌握的实用 MATLAB 编程技巧。

第 8 章

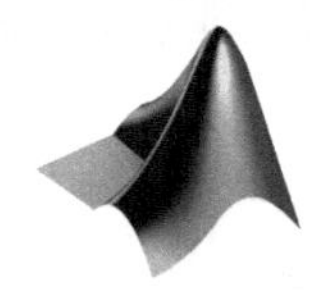

图形技术

MATLAB 在图形绘制和编辑方面是令人称道的。使用 MATLAB 绘图有 3 个主要理由：首先，图形命令类目全面。依次打开Help》MATLAB》Graphics》Functions，可以看到 MATLAB 提供了二维三维图、数据分布图、离散数据图、地理图、极坐标图、等高线图、向量场图、曲面和体积、三维可视化和动画等类别的超过 80 个的图形绘制命令，而且各种绘图函数随版本迭代还在不断增加，如近几年新增的绘图函数有 polarplot（R2016a）、wordcloud/heatmap（R2017b）、stackedplot/scatterhistogram(R2018b)、swarmchart/swarmchart3(R2020b)等。MATLAB 提供诸多热门的研究领域在可视化方面形形色色的需求功能。其次，MATLAB 的图形参数属性编辑修改功能细致而丰富，可以通过代码和图形界面操作，使用包括多达上百个和图形绘制有关的格式与注释、颜色、三维场景控制、光照透明度材质、句柄等附属设置命令，让图形以精美而专业的方式呈现，而且属性设置功能非常易于学习；例如打开图形的属性查看工具(Property Inspector)，用户在没有任何属性参数记忆负担的情况下，可以轻松修改图内不同对象不同属性的参数值，图形与修改保持同步更新。最后，MATLAB 的图形输出方式多样，支持市面上能够找到的绝大多数主流图片格式，例如 png、tiff、jpg 及一部分矢量图格式如 pdf、emf、svg 等，基本满足用户在科研、开发等多方面的需求。

图形可视化是为了以更直观的方式表达数据。归根结底它是为计算仿真、实际测试数据等工作服务的，抓住“从理解数据特征的角度理解绘图函数”这条主线，方向就不会跑得太偏，否则很可能一鳞半爪地到处抄些“酷炫”的绘图代码，可碰到实际问题就束手无策，发现抄来的代码派不上用场，或想不起来什么命令用在什么地方。因此笔者不建议用户依照帮助文档的次序挨个读命令来学习绘图函数，应将重点放在解析手中数据的类型、维度大小等上，体会绘图命令在代码应用场景里的作用以及用法，达到“举一反三、一通百通”的训练与学习目的，这其实和前几章的代码学习思路一致。此外，从用户操作角度说，MATLAB 提供代码绘图和图形界面单击按钮绘图两套操作逻辑，代码绘图在初学时虽然略显麻烦，难免要记忆一些必要而常用的函数和参数设置方法，不过它和数据的代码生成过程有更良好的接续连贯性，一旦掌握有限几个的函数或属性设置方法，用代码绘图，尤其是批量绘图出图的速度将远超图形界面上单击按钮的方式，因此本章主要探讨代码绘图的基本方法。

8.1 图形对象

学习绘制任何 MATLAB 图形前，首先应当了解 MATLAB 图形中诸多对象的基本数据构成与父子层级关系。帮助文档在图形对象部分第一句解释就点明了以对象化程序风格构造MATLAB数据图形的主旨："图形对象是MATLAB用于创建数据可视化的组件，每个对象在图形显示中都扮演特定角色，可以通过设置图形对象的属性来自定义它们"。因此无论是一条简单的正弦曲线，还是复杂的空间流场或医学影像的MRI三维切片，人们眼中以MATLAB软件所呈现的或丰富或简单的图形，都是由取得不同参数的一系列对象错落交织、以特定结构形式堆叠而成的。

8.1.1　概念：MATLAB图形的对象父子结构关系

各个图形对象和其他对象化数据一样，有着依存共生的逻辑关系，MATLAB中的图形对象基本层级关系如图8.1所示。

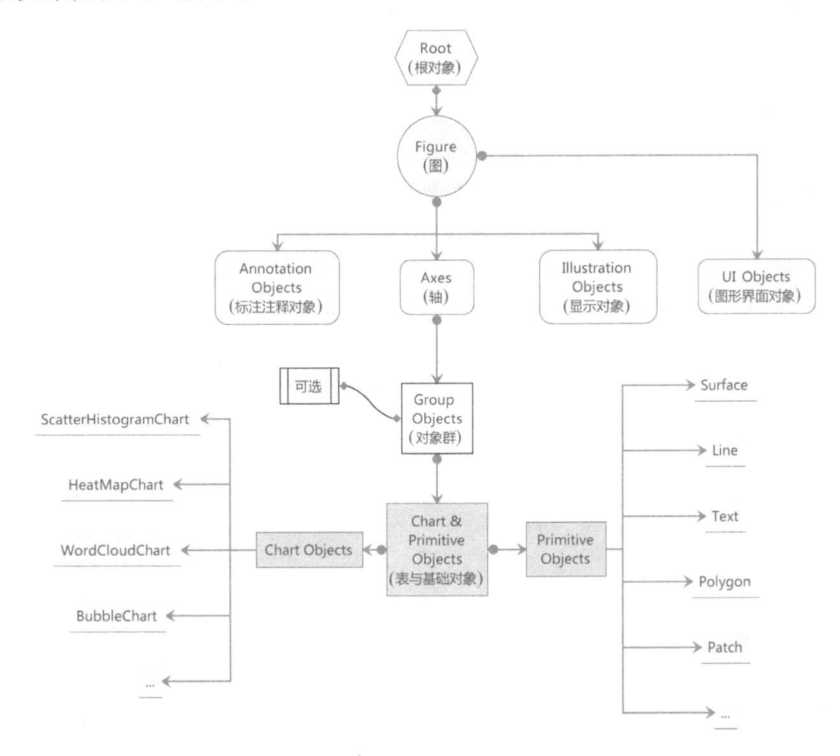

图 8.1　MATLAB图形对象层级关系总览

图8.1展示了MATLAB图形父子对象的层级依赖结构关系：

- **根对象(Root)**　MATLAB所绘制的图形需要在显示器等屏幕上显示，因此根对象(图的父对象)属性包含对屏幕尺寸(ScreenSize)、图在屏幕上显示位置(MonitorPositions)等的设定，根对象没有父句柄。
- **图对象(Figure)**　图对象是一切MATLAB二维或三维坐标系(直角坐标、极坐标)的父对象。同时，对于坐标轴上绘制的曲线或曲面，还应当有标注注释或其他阐释对象如：色值带(ColorBar)、图例(Legend)等，也都属于Figure的直接子对象。MATLAB中的图形界面编程，当创建图形界面一系列对象(UI Objects)时，也需要在Figure中实现。
- **对象群(可选)**　又名对象族，这是下属于坐标轴的绘图对象，不过它是多个绘图对象的集合，例如当坐标轴中包含几种不同对象时，可以用对象群统一编辑设置其共有属性。

❑ **表单与基础对象**　这部分包含的对象属性类别最多，在 R6.5/7.0 版本时代，对于此类对象属性的修改编辑是通过图形句柄的编号进行引用的，随着图形种类日趋复杂化、精细化，加上面向对象语言风格的转变，MATLAB 逐步将每种依赖于坐标轴的绘图转换为对象化特征的描述形式。例如柱状图(Bar)、曲线图(Line)、曲面(Surface)等，都被作为一个单独的数据类型，各自从图形基类继承一定共有属性，再定义一部分自身特有的属性，这样的好处是图形对象便于管理，把属性值运算、编辑和操控重载，都限定在某个单独的绘图对象里。

8.1.2　示例:空间参数曲线与图形对象层级

通过上述解释，虽然还没有编写哪怕一句绘图代码，但已经大体知道 MATLAB 图形以及图形附属对象隶属于何种数据层级，这对于日后学习了解属性控制和调参方法是有帮助的，因为 MATLAB 有关于属性参数设置的操控方法和函数设计，都是基于上述思路展开的。以下将通过一个空间曲线绘制的简单例子，说明如何利用对象属性的层级设置图形参数。

代码 325　图形对象层级结构关系示例

```
1   % 1-1 基本图形数据
2   t = linspace(0,2 * pi);
3   [x,y,z] = deal(sin(t) + cos(2 * t),cos(t) + sin(2 * t),t. * sin(2 * t));
4   % 1-2 图形对象属性参数数据
5   CordText = num2cell([-1.5,2.5,3]);                    % 文本坐标
6   strText = "$ $\left\{\begin{array}{l}x = \sin t + \cos 2t\\" + ...
7                "y = \cos t + \sin 2t\\" + ...
8                "z = t\sin 2t\end{array}\right. $ $"; % 文本内容
9   strLegend = "P Curve";                   % 文本图例
10  % 2 图形对象及属性参数设置
11  hFig = figure;                           % (Root)→Figure
12  hRoot = get(hFig,'Parent');              % Figure←Root
13  hPlot = axes(hFig);                      % Figure→Axes
14  plot3(x,y,z);                            % Figure→Axes→Primitive→Line
15  hText = text(CordText{:},strText);       % Figure→Axes→Primitive→Text
16  hText.Interpreter = "latex";             % Figure→Axes→Text - Interpreter
17  hLegend = legend;                        % Figure→Illustration→Legend
18  hLegend.String = strLegend;              % Figure→Illustration→Legend - String
```

代码 325 分成图形相关数据输入和参数曲线绘制与参数设置 2 个部分。自第 11 行起，注释给出了绘制空间参数曲线图形内，父子对象句柄的呈递关系，它和图 8.1 中的内容对应，从中看出 MATLAB 图形的确是一系列对象结构数据在特定层级关系约束下的罗列和叠加。上述绘图代码实际上还透露了如下额外的信息：

① 文本坐标数据 (x,y,z) 在代码第 5 行转换为 cell 类型，第 15 行以逗号表达式列出，这是 MATLAB 数据类型和绘图代码综合应用的典型示例。

② 第 12 行用 get 命令得到整个图的根对象 hRoot，这段代码中它没有被利用，有兴趣的读者不妨尝试从根对象获取屏幕'ScreenSize'参数，再和 hFig 的几个'Position'相关属性参数值建立联系，调整图形显示位置。

③ 第 13 行用 axes 命令，为 hFig 图形对象增加名为 hPlot 的轴对象，不过单一图对象和单一坐标轴对象的情况下，这个步骤可以省略，删除第 13 行，把第 14 行写成"hPlot = plot3

(…)”结果是等效的,因为 MATLAB 默认自动把轴对象构建在当前图对象之上。

④ 第 17 行的图例对象运行完毕,如果用代码“get(hLegend,' parent ')”可以查到图例的直接父对象的确是图(Figure),而不是轴 (Axes)。

⑤ 对象的“名称-值”属性对参数可以用点调用的方式逐个添加,且并无顺序关系,例如第 18 行的图例文本参数设置,如果增加图例字号大小设置,则可在其之前 (后)进行。

图 8.2 列出了空间参数曲线图形中的父子对象大致关系。图 8.2 为文本对象设置了 String、Interpreter 属性参数;为图例对象设置了 String 属性值,但这并不代表这两个对象只有这几个参数,如果上述代码中使用“get(hText)”或者“get(hLegend)”查看,会发现二者的属性值数量很多,但面向对象语言的特点就在于此:只须关注用户期望变化的参数,其他若不加干预,则以默认值体现在图形要素中。

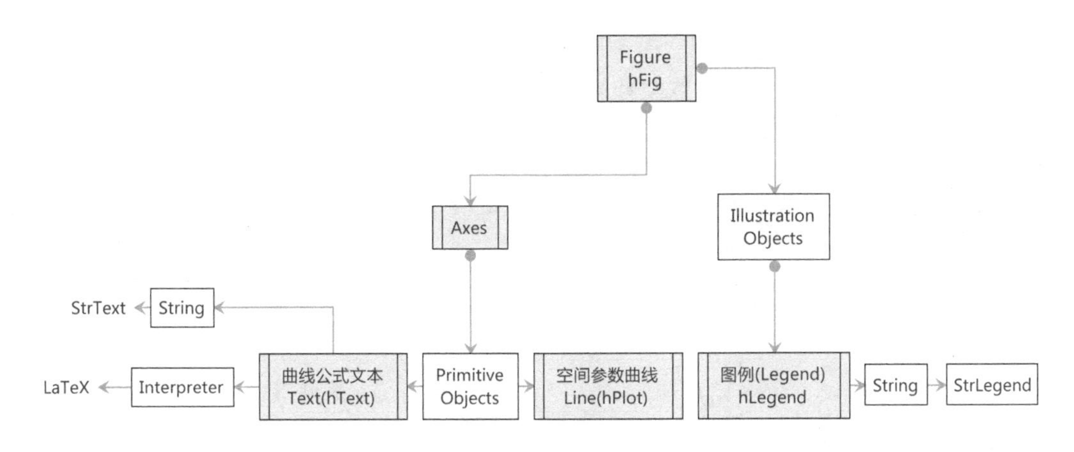

图 8.2　代码 325 参数曲线图形父子对象

8.2　平面图形绘制基本方法概述

通过 8.1 节有关图形对象数据的例子,可以看出 MATLAB 绘图对象的组织体系包含两套数据:一套是自外部传入,用户期望通过 MATLAB 绘制的基本图形数据;另一套是 MATLAB 自身基本图形元素组织体系里的图、坐标轴、各种基本图形类对象以及对应的相关属性。如果不在学习一开始,就首先弄清楚这两套数据的基本逻辑,今后是很难在复杂图形的数据海洋里不迷路的。

在搞清楚 MATLAB 图形的大致数据组织形式之前,本节将通过简单例子,先谈谈比较简单的平面曲线和曲面绘制命令、有关图形对象属性值设置的代码应用技巧。

8.2.1　示例:曲线图绘制及属性参数设置代码分析

先从一个简单的曲线图实例开始。以下是把 2 条二维曲线画在同一个图窗(Figure)内的简单代码,为更好说明图形内的各类不同数据,对一部分参数做了调整设置。代码 326 的运行结果图见 8.3 节——这样做是为了和属性参数优化后的代码结果进行比较。

代码 326　多条曲线共享图窗的图形代码

```
1   x = 0:1.25:5;                              % 曲线 1(指数) 横坐标数据
2   plot(x,exp(x),'k^-',...
3              'markersize',                   8,...
4                                              'markerfacecolor',[.7  .7  .7])
5   hold on
6   x = linspace(0,5,80);                      % 曲线 2(正弦) 横坐标数据
7   plot(x,150 * sin(x),'bv-.',...
8              'markersize',                   8,...
9              'markerfacecolor',              'g')
10  xlabel('Data')                             % 横坐标标签
11  ylabel('Calculated Results')               % 纵坐标文字注释
12  title('Curves that contains different number of data') % 标题
13  legend({'y = exp(x)','y = 150sin(x)'})     % 图例
```

plot 绘制 2D 曲线时，它首先指定一组横、纵坐标数据，如果用户未提供横坐标，MATLAB 默认指定纵坐标数据的同维索引编号 x＝1：length(y)为横坐标。所谓曲线，实际是让两两相邻的数据点依次连线，数据如果足够致密，直线足够短，也就有了“曲”的变化观感。

根据前述分析，除外部传入的曲线坐标点数据，MATLAB 内部还有另一套对象属性参数设置的数据，也可以这样理解：MATLAB 把图形视为一类数据框架，颜色、线型、标签注释、图例、光线、透明度等参数，都隶属这个集合。用户可以通过“名称-值”参数对的统一形式对属性参数赋值。用户可能只需要设置很少一部分图形属性参数，更多设置都以默认方式在底层存在，用户使用最多的绘图命令 plot 也遵守上述原则，它也是对象化编程语言组织图形对象的体现形式。

对象化的图形组织方式于用户而言，有一个极大的好处，就是可以在命令窗口键入 figure 命令，MATLAB 自动实例化一个名为“matlab. ui. Figure”的图窗对象，在这个图窗内，可以通过点调用方式修改各个合法属性的参数值，或 axes 函数指定在图窗对象 hFig 中添加坐标轴 hAxes，然后指定在 hAxes 坐标轴对象上，用 plot 命令绘制 Line 对象，也就是一条正弦曲线：

代码 327　图形类的属性值演示

```
1   >> x = linspace(0,2 * pi,30);
2   >> y = sin(x);
3   >> hFig = figure                 % 实例化图窗对象 hFig
4   hFig =
5   Figure (3) with properties:
6     Number: 3
7     Name: ' '
8     Color: [0.9400  0.9400  0.9400]
9     Position: [561  529  560  420]
10    Units: 'pixels'
11  Show all properties
12  >> hFig.MenuBar = 'none';        % 修改部分图窗属性
13  >> hAxes = axes(hFig);           % 在指定父对象 hFig 中创建坐标轴
14  >> hPlot = plot(hAxes,x,y);      % 在指定父对象 hAxes 中绘制曲线
```

代码 327 表达了一个流程清晰、对象数据隶属关系一目了然的曲线绘图过程。不过以这种方式绘图，要牺牲代码的简洁性，所以 MATLAB 提供了越过图窗坐标轴定义的直接对象绘图方式：

代码 328　plot 快速绘图

```
1  close all;
2  hPlot = plot(x,y);
3  >> class(hPlot)
4  ans =
5     'matlab.graphics.chart.primitive.Line'
```

☞ **注意**:代码 328 中的 hPlot 在图 8.1 所示的 MATLAB 图形对象层级中属于非常靠下的 Line 对象,前面缺少包括图窗、坐标轴等 Line 必须依赖的对象。但 MATLAB 会自动根据 Line 子对象判断并创建缺失部分。代码 328 并不是个例,事实上这就是 MATLAB 的绘图机制:如果用户未指定父对象,绘图函数会向上补充,这种补充机制使得用户只需要专注于需要编写和修改编辑的少量代码部分,因此极大提高了绘图效率。

为了达到特定的视觉要求,图形对象通常会修改一定数量的属性参数值,点调用逐条修改有时比较麻烦,因此 MATLAB 提供了 set/get 函数,以设置/查看绘图对象的属性及参数值。例如代码 329 中,set 命令第 1 参数为对象句柄,后续参数则是对象属性,即赋值顺序可变的"名称-值"参数对,同一条语句可修改多个属性值。同时还要注意,点调用方式修改参数,对应属性名称大小写敏感,即"MenuBar"不能写成"Menubar";如果是 set 命令,属性名大小写均可;参数名称和隶属于文本类型的参数值,既可写成 char 类型(单引号),也能是 string 类型(双引号),MATLAB 在绘图效果中,对两种形式的文本参数不做区分(如果有运算操作除外)。

代码 329　用 set/get 修改和查看图窗属性

```
1  >> H = get(gcf) % 获取当前图窗属性名称和数值
2  >> set(H ,'menubar',     "none",...
3            "color",        zeros(1,3),...
4            'visible',      'off')
5  >> set(H,'visible',1)    % 参数"1"和'on'都可以令图窗重新可见
```

8.2.2　示例:曲线图和属性值设置初步

以下是结合 MATLAB 一些常用函数,以多种方式绘制曲线族并设置属性值参数的综合示例。该例将演示逐步优化曲线绘制和属性值参数设定的代码方案,读者可从中体会 MATLAB 进行图形属性参数绘制的灵活性。

问题 8.1　绘制如下 3 条曲线在自变量范围 $x\in[0,2]$内的曲线,依次定义线宽为 0.5、1、2,曲线颜色为红、洋红和蓝色,线型分别是实线、虚线、点划线。

$$\begin{cases} f_1(x) = \dfrac{1}{1+x} \\ f_2(x) = 2^{\frac{2}{3}} \\ f_3(x) = x^{\frac{3}{2}} \end{cases} \tag{8.1}$$

分析 8.1　问题 8.1 属于曲线绘图的最基础内容,这个问题的难点在于所绘制曲线表达式不同,对每条曲线的参数设置要求也不同,这就让 MATLAB 中有关矢量化代码、数据类型以及函数命令的综合运用方法有了用武之地。

在绘图参数要求不同、表达式不同的情况下,容易将其视作单独的问题,只不过曲线需要共享一个 Figure 父对象,因此可以采用逐条画、逐条设置属性参数的方式绘图:

代码 330　方案 1:逐条曲线绘制和参数设置

```
1  x = linspace(0,2);
2  y = [1./(1+x);x.^(2/3);x.^1.5];
3  hold on
4  plot(x,y(1,:),'r','LineStyle','-','LineWidth',.5)
5  plot(x,y(2,:),'m','LineStyle',':','LineWidth',1)
6  plot(x,y(3,:),'b','LineStyle','-.','LineWidth',2)
```

如前述，代码 330 把 3 个表达式的绘图和属性设置理解成 3 个单独的子问题，降低了代码编写的难度，但绘图和参数设置流程在曲线绘制时重复出现，显得比较啰嗦。因此考虑在代码方面，只用一个 plot 来批量处理绘图的诸多细节：

代码 331　方案 2:arrayfun+匿名函数

```
1  x = linspace(0,2);
2  y = {@(x)1./(1+x);@(x)x.^(2/3);@(x)x.^1.5};
3  [ProplW,ProplS,PropC] = deal([.5,1,2],["-",":","-."],["r","m","b"]);
4  hold on
5  arrayfun(@(i)plot(x,y{i}(x),...
6      "Color",PropC(i),"LineStyle",ProplS(i),"LineWidth",ProplW(i)),1:3)
```

代码 331 首先以 cell 类型构造存储 3 条曲线表达式的匿名函数，这样具备了把计算、绘图和参数设置整合到 arrayfun 流程里的条件。类似的还有 cellfun 函数，毕竟表达式通过 cell 类型存储，cellfun 相比 arrayfun 可能更适合于求解问题 8.1：

代码 332　方案 3　cellfun+匿名函数

```
1  x = linspace(0,2);
2  [y,PropL,PropC] = deal({@(x)1./(1+x),@(x)x.^(2/3),@(x)x.^1.5},...
3      {.5,1,2},{'r-','m:','b-.'});
4  hold on
5  cellfun(@(f,a,b)plot(x,f(x),b,"LineWidth",a),y,PropL,PropC)
```

上述 arrayfun/cellfun 绘图的代码方案，实际上都是“统一处理数据、统一绘图”，这正是 MATLAB 矩阵思维在代码中的体现。按相同思路，还可以调整次序，例如先计算和绘图，最后针对画好的曲线族，利用对象句柄，以 set 统一设置参数。

代码 333　方案 4:set 设置属性值-1

```
1  x = linspace(0,2)';
2  hLine = plot(x,[1./(1+x),x.^(2/3),x.^1.5]); % 生成曲线对象的句柄数组
3  [ProplW,ProplS,PropC] = deal([.5,1,2],["-",":","-."],["r","m","b"]);
4  arrayfun(@(i)set(hLine(i),...
5      'linestyle',ProplS(i),'lineWidth',ProplW(i),'color',PropC(i)),1:3)
```

代码 333 的 plot 绘图语句，横纵坐标数据参数 x 和 y 有不同的数据维度，这证实了 plot 函数对坐标输入参数支持矢量化操作，数据维度不同的坐标数据，会自动检查是否具备隐式扩展条件；此外，左端返回句柄变量 hLine 因为同时画 3 条曲线，所以 hLine 是存储 3 条曲线对象的 1×3 的句柄数组，它也可以改为 cellfun 完成参数统一设置，不过一些数据要转换为 cellfun 支持的类型，如代码 334 所示。

代码 334　方案 5:set 设置属性值-2

```
1  x = linspace(0,2)';
2  hLine = num2cell(plot(x,[1./(1+x),x.^(2/3),x.^1.5])); % 对象类型转换
3  [ProplW,ProplC,ProplS] = deal({.5,1,2}',{'r','m','b'}',{'-',':','-.'}');
4  cellfun(@(x,a,b,c)set(x,...
5      'linestyle',a,'lineWidth',b,'color',c),hLine,ProplS,ProplW,ProplC)
```

设置对象或句柄属性的 set 函数和 arrayfun/cellfun 的结合对于多个对象的属性批量设置无疑是方便的，但以上代码还没有彻底挖掘出 set 函数本身的功能，观察发现：多条曲线设置的属性值虽然不一致，但属性名称却对应相同，故可以借用 cell 数组把属性名称和属性值“包裹”起来，打包设置。

代码 335　方案 6：set 设置属性值-3

```
1  x = linspace(0,2)';
2  PropsName = {'LineStyle','LineWidth','Color'};
3  PropsVal = {'-' ':' '-.';.5  1  2;'r' 'm' 'b'}';
4  hLine = plot(x,[1./(1 + x),x.^(2/3),x.^1.5]);
5  set(hLine,PropsName,PropsVal)
```

问题 8.1 本身属于代码的基础练习，但本小节给出的 6 种求解思路还是很好地展示了计算、绘图和调参三者间的密切关系：3 个部分各自实现的功能既能在单独命令中完成，也可以放在绘图命令里统一实现。

8.2.3　示例：图形属性参数的进一步设置

MATLAB 为图形绘制提供了详细全面的属性参数设置选项，只有通过细致的参数调整，才能得到合格的“Paper - ready”图形。本小节将以代码 326 生成的曲线（见图 8.3）为例，展示在 MATLAB 中，为平面图形调整设置属性参数的一些技巧。

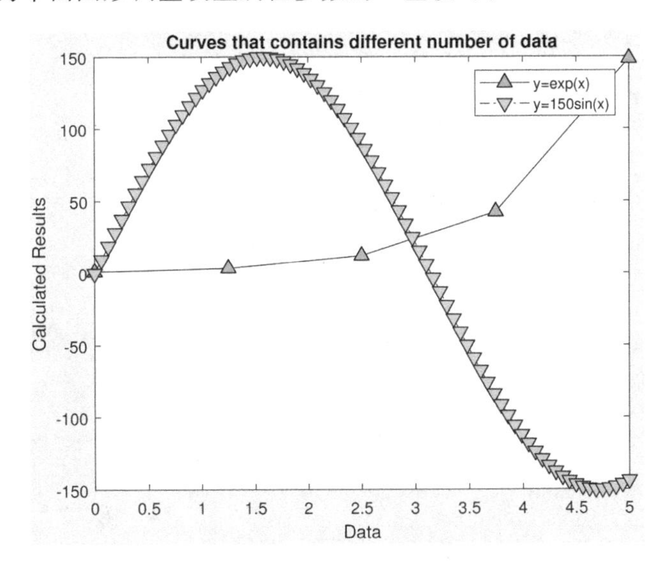

图 8.3　代码 326 执行结果

总体上，图 8.3 在外观和对曲线数据的解释方面，都还有较大的润色和修饰空间，欠缺之处主要表现在：

① 幅面。图幅底色（灰）和坐标轴背景色（白）不一致，这导致总标题的空间位置似乎是被“挤占”了的，整体布局显得凌乱且不协调。

② 标题。横纵轴标签及图例标签字体待调整。

③ 刻度。坐标轴刻度标签字号默认值过小，可能导致实际打印时，标签过小难于识别。

④ 数据标识。图 8.3 中的正弦曲线 $y=150\sin x$ 数据标识块排列过密。

MATLAB 绘制的平面图形，一般要针对 figure、axis 和曲线对象的属性参数作适度调整，例如为代码 326 的曲线图增加如下属性参数的调整设置：

代码 336　代码 326 修改方案-1

```
1   % 第 1 条曲线
2   x = 0:0.25:5;
3   % 绘图并定义数据块疏密、大小、颜色
4   plot(x,exp(x),'ro-.',...
5                 'markersize',       8,...
6                 'markerfacecolor',  'y',...
7                 'markerindices',    1:2:numel(x))
8   % 必要的文本注释定义
9   text(3.1,exp(3),'$$\leftarrow$$ intersect point')
10  text(2.6,-100,'$$x\in[2.7,3.4]$$')
11  % 查找 text 类型并定义句柄
12  th=findobj(gca,'type','text');
13  set(th,'interpreter','latex','fontsize',14) % 批量修改句柄文字解释机制和字号
14  % 第 2 条曲线
15  hold on
16  x=linspace(0,5,80);
17  plot(x,150*sin(x),'bs--',...
18                'markersize',       8,...
19                'markerfacecolor',  'g',...
20                'markerindices',    1:10:numel(x))
21  plot([0  2.7],[0  0],':','color',[.8  .6  .3]) % 4 条高亮区块辅助线
22  plot([0  2.7],[50  50],':','color',[.8  .6  .3])
23  plot([2.7  2.7],[-150  0],':','color',[.8  .6  .3])
24  plot([3.4  3.4],[-150  0],':','color',[.8  .6  .3])
25  xlabel('Data Set/mm','interpreter','latex')
26  ylabel('Calculated Results/$$\mathrm{m\cdot s^{-2}}$$','interpreter','latex')
27  title('Curves that contains different data set','interpreter','latex')
28  % 曲线标签使用 latex 解释机制
29  legend({'$$y=\mathrm{e}^x$$','$$y=150\sin x$$'},...
30              'interpreter',      'latex',...
31              'AutoUpdate',       'off')
32  % 高亮图形关键区块
33  patch([2.7  3.4  3.4  2.7],[0  0  50  50],'k',...
34                'facealpha',        .1,...
35                'linestyle',        ':')
36  % 坐标轴刻度标签使用 LaTeX 解释机制,字号 15
37  set(gca,...
38          'fontsize',               15,...
39          'ticklabelinterpreter',   'latex',...
40          'box',                    'on')
41  % 设白底色图形和整张图形大小
42  set(gcf,...
43                'color',            ones(1,3),...
44                'position',         [400,400,780,380])
```

代码 336 的执行结果如图 8.4 所示。

代码 336 通过各类属性的修改，效果相比原图 8.3 无论是外观还是可读性都有改善，不过代码整体的结构设计还有值得商榷之处：

- 可以参照代码 330～334 的思路，把坐标数据计算、绘图和调参 3 个步骤分开，增强代码结构的条理性；
- 图 8.4 中增加了一个半透明虚框矩形，代码 336 在画这个矩形时，连用 4 个 plot 画虚线框延伸线，这是可以简化的；

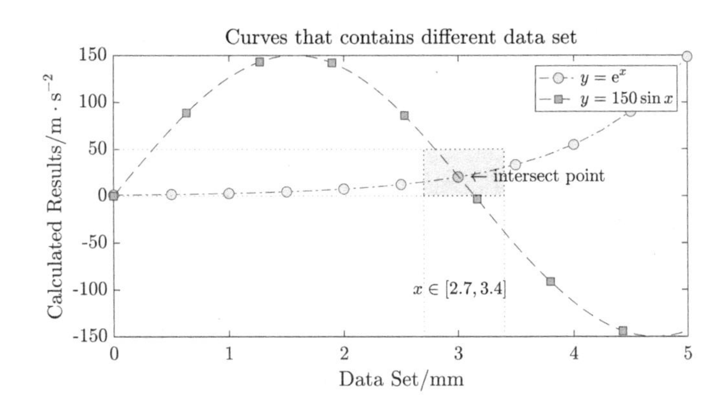

图 8.4　代码 336 运行结果

❑ 代码 336 中的 xlabel、ylabel 和 title 命令除了标签文本，都将'interpreter'属性设为 LaTeX 解释机制，这可用 cellfun 统一处理，注意此时 3 个函数句柄也是 cellfun 函数的输入参数之一。

按照上述分析，可以把代码修改为如下形式：

代码 337　代码 326 修改方案-2

```
1  clc;clear;close all
2  % 步骤 1：坐标和文本注释数据输入、处理和计算
3  [x1,x2] = deal(0:0.25:5,linspace(0,5,80));
4  [y1,y2] = deal(exp(x1),150 * sin(x2));
5  [xT,yT,T,lT,xAL,yAL,fT,Txt,tF] = deal([3.1;2.6],[exp(3);-100],...
6       ["$ $\leftarrow$ $ intersect point";"$ $x\in [2.7,3.4]$ $"],...
7       {'$ $y=\rm{e}^{\it{x}} $ $','$ $y=150\sin x$ $'},...
8       {[0  2.7];[0  2.7];[2.7  2.7];[3.4  3.4]},{[0  0];[50  50];[-150  0];[-150  0]},...
9       {@xlabel,@ylabel,@title},{'Data Set/mm',...
10      'Calculated Results/$ $m\cdot s^{-2}$ $',...
11      'Curves that contains different data set'},...
12      [2.7  3.4  3.4  2.7;0  0  50  50]);
13 % 步骤 2：曲线图绘制
14 hold on
15 hLine = num2cell(plot(x1,exp(x1),'ro-.',x2,y2,'bs--'));
16 cellfun(@(h,p1,p2)set(h,'markersize',8,'markerfacecolor',p1,...
17      'markerindices',p2),hLine,{'y';'g'},{1:2:numel(x1);1:10:numel(x2)})
18 % 步骤 3：图形各级对象属性设置
19 % 3-1 曲线图例标识
20 hL = legend(lT,'interpreter','latex','AutoUpdate','off');
21 % 3-2 文本注释
22 hT = arrayfun(@(i)text(xT(i),yT(i),T(i)),1:numel(T));
23 set(hT,'interpreter','latex','fontsize',14)
24 % 3-3 填充块
25 fill(tF(1,:),tF(2,:),'k','facealpha',.1,'linestyle',':')
26 % 3-4 填充块延伸辅助线
27 cellfun(@(x,y)plot(x,y,':','color',[.8  .6  .3]),xAL,yAL)
28 % 3-5 横纵坐标以及图形标题
29 cellfun(@(f,Txt)f(Txt,'interpreter','latex'),fT,Txt)
30 % 3-6 坐标轴
31 set(gca,'fontsize',15,'ticklabelinterpreter','latex','box','on')
32 % 3-7 图窗
33 set(gcf,'color',ones(1,3),'position',[400,400,780,380])
```

✍ **点评 8.1** 代码 336 和代码 337 简洁度相差不大(代码 336 是 20 行、代码 337 计 14 行),两者的主要区别是处理图形数据的方式:前者坐标输入数据的计算、绘图和属性对象参数设置 3 个阶段是混在一起的,代码 337 则把坐标数据、属性参数放在绘图前,代码中减少了一定数量的重复属性参数设置代码。

8.2.4 示例:多坐标轴子图的 subplot 和 tiledlayout 函数

1. subplot 函数实现多坐标轴绘图

图窗父对象可以有多个坐标轴子对象,MATLAB 为子图绘制提供了 3 种方案:使用坐标轴添加函数 axes、使用函数 subplot 以及使用 R2019b 新增的 tiledlayout/nexttile 函数。这 3 种绘制多坐标轴的方案思路有相同之处,不过使用体验仍有细微不同,下面介绍一个含有参变量的曲线"簇"绘制示例。

问题 8.2 绘制式(8.2)所示 4 组表达式在指定范围内的曲线。

$$\left.\begin{array}{ll} y_1(x)=\sin kx & k=[1.0,1.5,2.0,2.5],x\in[0,2\pi] \\ y_2(x)=\mathrm{e}^{-kx} & k=[1.1,1.4,1.7],x\in[0,3] \\ y_3(x)=kx^2-2kx+11 & k=[0.5,1.0,1.5,2.0,2.5],x\in[-2,2] \\ y_4(x)=\begin{cases}\sin(k\mathrm{e}^{-1}) \\ \cos(k\pi t)\end{cases} & k=[0.5,1.0,1.5,2.0,2.5],x\in[0,2\pi] \end{array}\right\} \tag{8.2}$$

分析 8.2 式(8.2)中 4 个表达式计算时都要改变参量 k 的取值,生成基于同模型的数据"簇",并且将这些数据表述在图形坐标轴对象中。这种图在毕业论文、研究报告中经常出现,通常用于比较某参变量取值变化对结果的影响。携带参变量的曲线图在 MATLAB 中绘制方式多样,容易想到的当然是用 for 循环遍历,读者可自行尝试,本例则用了 4 种有别于循环的方式,展现 plot 对矢量化编程模式的支持。

代码 338 subplot 绘制子图方案-1

```
1  clc;clear;close all;
2  Name = {'interpreter','fontsize','units','edgecolor','backgroundcolor'};
3  Val = {'latex',12,'normalized',[.65  .65  .65],[.9  .9  .9]};
4  % 图窗对象的颜色和大小设置
5  figure('color',ones(1,3),'position',[200,100,700,500])
6
7  subplot(221)     % 子图 (1)
8  x = linspace(0,2 * pi);
9  plot(x,sin([1:.5:2]'. * x)) % 隐式扩展计算不同参量 k 的正弦值 (4×100)
10 title('Sine Curve','interpreter','latex','fontsize',13)
11 text(.55,.85,'$ $ f(x) = \sin kx $ $',Name,Val)
12
13 subplot(222)     % 子图 (2)
14 x = linspace(0,3);
15 plot(x,exp( - [1.1  1.4  1.7]'. * x))
16 title('Exponential Curve','interpreter','latex','fontsize',13);
17 text(0.55,.85,'$ $ f(x) = \mathrm{e}^{ - kx} $ $',Name,Val)
18
19 subplot(223)     % 子图 (3)
20 x = linspace( - 2,2); k = (.5:.5:2.5)'; hold on;
21 cellfun(@plot,num2cell(x(ones(1,5), : ),2),num2cell(k. * x.^2 - 2 * k. * x + 11,2))
22 title('Polynomial Curve','interpreter','latex','fontsize',13)
23 text(0.3,.85,'$ $ f(x) = kx^2 - 2kx + 11 $ $',Name,Val)
24
```

```
25  subplot(224) % 子图 (4)
26  t = linspace(0,2 * pi); k = .5:.5:2.5; hold on
27  arrayfun(@(i)plot(sin(i * exp( - t)),cos(pi * i * t)),k)
28  title('Para - Curve','interpreter','latex','fontsize',13)
29  text(.35,.8," $ $ f(t) = \left\{\begin{array}{ll}\sin(k e^{ - t})\\" + ...
30              "\cos(k\pi t)\end{array}\right. $ $ ",Name,Val)
31   % 总标题
32  sgtitle('Subplot Grid Title Test','interpreter','latex','fontsize',15)
```

代码 338 执行结果如图 8.5 所示。“subplot(2,2,i)”中 3 个输入代表图窗子图按 2×2 排布，第 3 参数 i 指的是坐标轴位置的低维索引，例如右上指数曲线是第 3 幅子图；也可按代码 338 所示，写成“subplot(223)”，省去参数间的逗号；另外，R2018b 版本新增函数 sgtitle，允许用户为所有子图添加总标题。

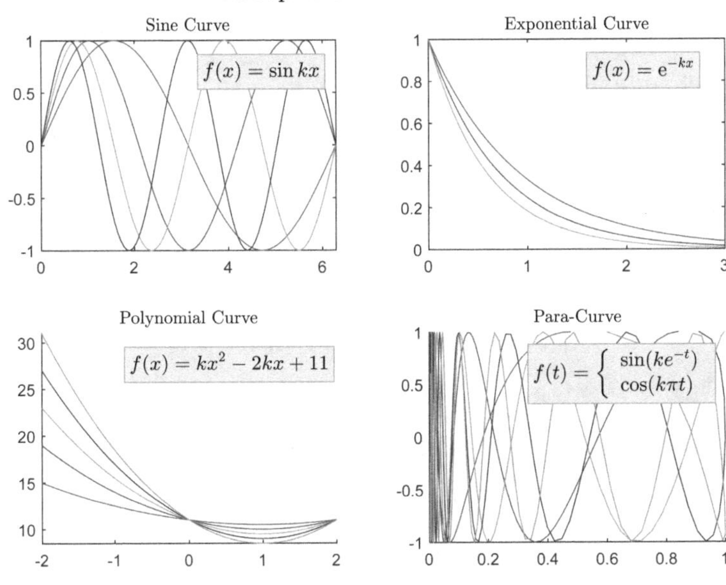

图 8.5　代码 338 绘制多子轴多曲线执行结果

代码 338 可继续加以改进：把多幅子图的数据处理、绘图和参数设置分开，减少重复的参数设置语句。由于问题 8.2 要求画的是携带参变量的曲线簇，数据处理过程中，写一个子函数专门处理重复的属性参数设置，如代码 339 所示。

代码 339　subplot 绘制子图方案- 2

```
1   clc;clear;close all;
2    % 步骤 1:数据
3   [seq,xT,yT,Txt,TitTxt,k,fY] = deal(1:4,[.55 .55 .3 .35],[.85 .85 .85 .8],...
4       [" $ $ f(x) = \sin kx $ $ "," $ $ f(x) = \mathrm{e}^{ - kx} $ $ "," $ $ f(x) = kx^2 - 2kx + 11 $ $ ",...
5        " $ $ f(t) = \left\{\begin{array}{l}\sin(k e^{ - t})\\" + ...
6        "\cos(k\pi t)\end{array}\right. $ $ "],...
7       ["Sine Curves";"Exponential Curves";"Polynomial Curve";"Para - Curve"],...
8       {1:.5:2.5;1.1:.3:1.7;.5:.5:2.5;.5:.5:2.5},...
9       {@(k,x)sin(k. * x); @(k,x)exp( - k. * x);...
10      @(k,x)k. * x.^2 - 2 * k. * x + 11; @(k,t){sin(k. * exp( - t)),cos(pi * k. * t)}});
11  x = cellfun(@(x0,x1)linspace(x0,x1)',{0;0; - 2;0},{2 * pi;3;2;2 * pi},'un',0);
12  data = cellfun(@(f,k,x){x,f(k,x)},fY(1:3),k(1:3),x(1:3),'Un',0);
```

```
13  data(4) = {fY{4}(k{4},x{4})}; % 数据扩维重组
14   % 步骤 2:绘图
15  figure('color',ones(1,3),'position',[200,100,700,500])
16  hSub = arrayfun(@(i)plot(subplot(2,2,i),data{i}{:}),seq,'un',0);
17   % 步骤 3:属性值设置
18  arrayfun(@(i)TxtComment(i,xT(i),yT(i),Txt(i),TitTxt(i)),seq);
19   % 步骤 4:总标题及设置
20  sgtitle('Subplot Grid Title Test','interpreter','latex','fontsize',13)
21  % ------------- 子函数 ---------------
22  function TxtComment(Ax,x,y,T,Ti)
23  subplot(2,2,Ax)
24  title(Ti,'interpreter','latex','fontsize',13)
25  text(x,y,T,'interpreter','latex','fontsize',12,'units','normalized',...
26  'edgecolor',[.65 .65 .65],'backgroundcolor',[.9 .9 .9])
27  set(gca,'box','on','ticklabelinterpreter','latex')
28  end
```

代码 339 分离了计算、绘图和参数设置的过程，尽量避免设置代码的重复。

2. R2019b 函数：tiledlayout 实现多坐标轴绘图

对于图窗对象内包含多个坐标轴的子图，MATLAB 在 R2019b 版本新增创建“TiledChartLayout”对象的 tiledlayout/nexttile 函数。tiledlayout 同样具备将图窗划分成多个规则区域，并相应指定坐标轴的功能。除此之外还增加了额外的参数设定，形式上已不再受固定排布规则的限定，本节后续内容将结合帮助文档中的示例解释这一机制。

问题 8.2 可以采用 tiledlayout/nexttile 重写，代码如下：

代码 340　tiledlayout 重画问题 8.2 曲线

```
1   [StrTitle,StrSub] = deal(...
2       ["Sine";"Exponential";"Polynomial";"Parameterized"] + "Curve",...
3       ["$ $k = [1.0,1.5,2.0,2.5]$ $";...
4        "$ $k = -[1.1,1.4,1.7]$ $";...
5        "$ $k = 0.5,1.0,\ldots,2.5$ $" + zeros(2,1)]);
6
7   tiledlayout(2,2,'Padding',"compact","TileSpacing","compact");
8
9   h(1) = nexttile;
10  x = linspace(0,2*pi);
11  plot(x,sin((1:.5:2.5)'.*x))
12
13  h(2) = nexttile;
14  x = linspace(0,3);
15  plot(x,exp(-[1.1  1.4  1.7]'.*x))
16
17  h(3) = nexttile;
18  x = linspace(-2,2); k = (.5:.5:2.5)'; hold on;
19  cellfun(@plot,num2cell(x(ones(1,5),:),2),num2cell(k.*x.^2-2*k.*x+11,2))
20
21  h(4) = nexttile;
22  t = linspace(0,2*pi); k = .5:.5:2.5; hold on
23  arrayfun(@(i)plot(sin(i*exp(-t)),cos(pi*i*t)),k)
24
25  arrayfun(@(i)title(h(i),StrTitle(i),'interpreter','latex','fontsize',13),1:4)
26  arrayfun(@(i)subtitle(h(i),StrSub(i),'interpreter','latex'),1:4)
```

上述代码中，tiledlayout 为图窗父对象创建多坐标轴框架，nextile 不带指定坐标轴位置维

度的输入参数，顺次访问 2×2 维度的坐标轴对象句柄，切换坐标轴对象为当前。

✍ **点评 8.2**　比较代码 339 和代码 340，发现 subplot 和 tiledlayout/nexttile 都通过访问坐标轴句柄实现切换，二者返回值都是当前坐标轴对象（Axes）。不过 subplot 相当于 tiledlayout 和 nexttile 两个函数的综合，把定义坐标轴维度和切换整合在一个命令当中；R2019b 新增的 tiledlayout 则专用于定义图窗内的坐标轴框架，这样处理后，增加了一些参数调整的变化；此外，代码 340 最后一行用 R2020b 新增的 subtitle 函数为 4 个坐标轴对象添加副标题，这同样是个重载形式丰富、用法灵活的绘图成员函数，有关 tiledlayout 和 subtitle 更详细的内容，本节接下来将结合代码实例继续深入探讨。

3. 通过 nexttile 设置坐标轴占位

subplot 函数可以用代码 341 所示的方式指定坐标轴的占位方式。

代码 341　subplot 定制坐标轴占位

```
1  ax(1) = subplot(2,2,1); % 指定 2×2 的坐标轴区域划分方式
2  title('Subplot 1')
3  ax(2) = subplot(2,2,3);
4  title('Subplot 2')
5  ax(3) = subplot(2,2,[2,4]); % 坐标轴指定合并右侧整行
6  title('Subplot 3 and 4')
7  set(ax,'xticklabel',[],'yticklabel',[],'xlim',[0,1],'ylim',[0,1])
```

如果用 tiledlayout/nexttile 实现上述功能，需要为 nexttile 指定一些输入参数，具体见代码 342。

代码 342　nexttile 定制坐标轴占位

```
1  clc;clear;close all;
2  tiledlayout(2,2,'TileSpacing',"compact")
3  ax(1) = nexttile(1); % 坐标轴占位 (1,1) 位置
4  xlabel("XLab1 goes Right")
5  [Mt(1),St(1)] = title('LeftAx 1',"LeftSub 1");
6
7  ax(2) = nexttile(3); % 坐标轴沿行序占位 (2,1) 位置
8  xlabel("XLab2 goes Right")
9  [Mt(2),St(2)] = title('LeftAx 2',"LeftSub 2");
10
11 ax(3) = nexttile([2 1]); % 坐标轴占用右侧 2 行 1 列位置
12 ylabel("$$TestLabel\rightarrow$$",'Interpreter',"latex")
13 ax(3).Title.String = 'LeftAx 3 and 4';
14 ax(3).Subtitle.String = "LeftSub 3 and 4";
15
16 set(ax,'xticklabel',                   [],...
17        'yticklabel',                   [],...
18        'xlim',                         [0,1],...
19        'ylim',                         [0,1],...
20        'TitleHorizontalAlignment','left')
21 set([ax.XAxis],'LabelHorizontalAlignment','right')
22 set([ax.YAxis],'LabelHorizontalAlignment','left')
23 set(St,'color','m',"interpreter",'latex')
24 set(Mt,'color','r','fontsize',13)
```

代码 342 在设置坐标轴占位时，是通过 nexttile 的输入参数实现的，"nexttile([2　1])"说明当前坐标轴占据 2 行 1 列的位置。

代码 342 还通过 subtitle 和 title 两个函数设置不同坐标轴上的副标题，这是 R2020b 新增

的功能，在该版本中，标题可通过‘TitleHorizontalAlignment’和‘LabelHorizontalAlignment’两个参数指定标题和坐标轴标签在“左(left)|中(center,default)|右(right)”的位置。

还应注意到，代码 340 和 342 采用了 3 种不同代码方式设置图形的副标题：独立函数 subtitle、title 函数的第 2 返回参数以及点调用定义坐标轴的 Subtitle 属性值，也可以使用其中的任何一种。代码 342 的运行结果如图 8.6 所示。

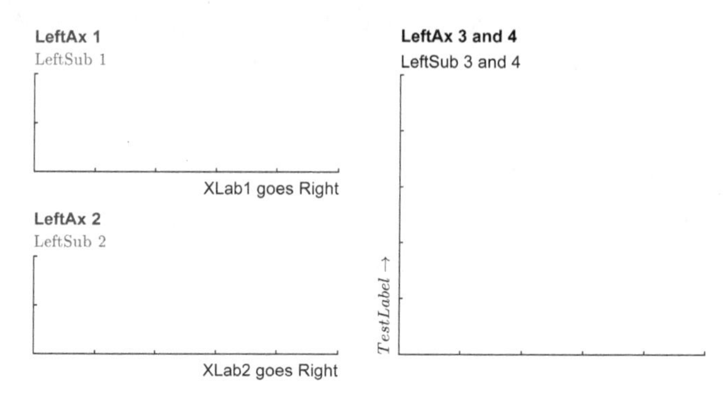

图 8.6 tiledlayout 与 subtitle 功能示意图

4. tiledlayout 坐标轴框架的 flow 参数

用函数 tiledlayout 实现多坐标轴绘图的帮助文档的示例中，包括了一个 flow 参数的设置，顾名思义，这是想让 nexttile 设置的坐标轴产生“流动”的效果，换句话说，不再把图窗内多个坐标轴固定在 $m \times n$ 的位置上，而是随图窗大小自动发生变化。这个参数的出现，完全打破了原有多个坐标轴位置必须在确定位置的固有认识，自然使得 tiledlayout 指定坐标轴位置的形式更灵活多变，下面对该参数的使用方法做简单介绍。

当新建一个 tiledlayout 时，如果不指定“m × n”的坐标轴区域划分方式，而是给 tiledlayout 一个“flow”参数，整个图窗内所有坐标轴的位置将根据图窗尺寸大小自动调整。例如，下列代码用于在定义 flow 参数的图窗内绘制 4 个坐标轴：

代码 343 tiledlayout 的 flow 参数用法解释

```
1  x = 1:10; y = (1:3)' * x + 2 * randn(3,10);
2
3  tiledlayout('flow',"TileSpacing","none");
4  plot(nexttile,x,y(1, : ),'mo:',"MarkerFaceColor","g","MarkerSize",2)
5  lsline;
6  title('FlowAx 1')
7
8  plot(nexttile,x,y(2, : ),'rs',"MarkerFaceColor","y","MarkerSize",2)
9  lsline;
10 title('FlowAx 2')
11
12 plot(nexttile,x,y(3, : ),'k<',"MarkerFaceColor",.7 + zeros(1,3),"MarkerSize",2)
13 lsline;
14 title('FlowAx 3')
15
16 x = randi(50,1,100)'; y = x. * [.2, - .2] + (rand(numel(x),2) - .5) * 10;
17 gray = [.65 .65 .65];
18 yyaxis('left')
19 plot(nexttile([1 2]),x,y( : ,1),'v',"MarkerFaceColor",.7 + zeros(1,3),"MarkerSize",2)
20 ylim([ - 6,16])
21 lsline
```

```
22  xlabel('X Label (units)')
23  ylabel('Y1 (units) \rightarrow')
24  yyaxis('right')
25  plot(x, y(:,2), 'd',"MarkerFaceColor",.7 + zeros(1,3),"MarkerSize",2)
26  ylim([-16,6])
27  lsline
28  ylabel('\leftarrow Y2 (units)')
29  title('FlowAx 4','(Y2 axis flipped)')
30  set(gca,'YDir','Reverse')
```

有趣的是，图 8.7 和图 8.8 都是用代码 343 生成的，注意：代码本身一字未改，但用鼠标拖动结果图的图窗边框，改变其大小，标题名为“FlowAx3”的坐标轴位置就会从外观上的位置(2,1)移至(1,3)。

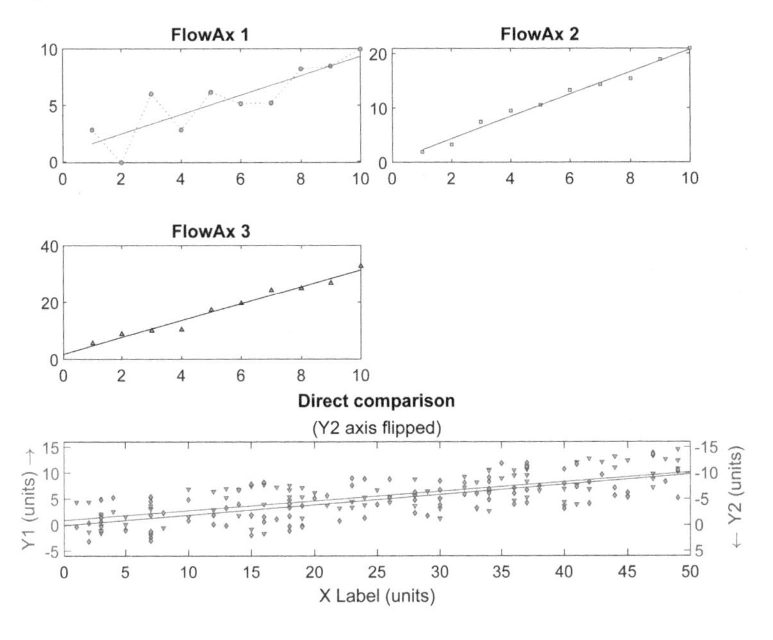

图 8.7　调整大小前

产生这种现象的原因是 tiledlayout 没有用“tiledlayout(m,n)”的形式定义图床上放置坐标轴的区域划分维度，而是改成了‘flow’参数，上述代码第 21 行用“ax(4) = nexttile([1 2])”指定了下方坐标轴占位 1 行 2 列，因此 ax(4)和上方两个小坐标轴 ax(1:2)宽度相同，但代码对于“ax(3)”放在何处却没有交代，因此它就会根据图窗大小动态调整位置。

8.2.5　绘图函数 plot 的数据逻辑

前面提到过，MATLAB 图形中包含两类数据：一类与图形框架相关，如图窗、坐标轴、各类属性的设置参数等；另一类则是外部传入，用于绘制图形对象的数据。前者在本章前几节已经结合平面图形的绘制实例，使用新老版本多个绘图函数命令做了讲解。

本节将对后一类，即外部传入 MATLAB 函数用于绘制图形对象的数据，将结合 plot 命令进行分析。plot 函数可能是绝大多数用户接触 MATLAB 绘图所使用的第 1 个基础函数。不过，想真正透彻理解并用好 plot 并非易事，关键就在于 plot 函数对用户所提供的数据，有着多达 7 种组织和支持的方式。本节将通过一个代码示例，探讨 plot 函数对绘图数据的支持情况。

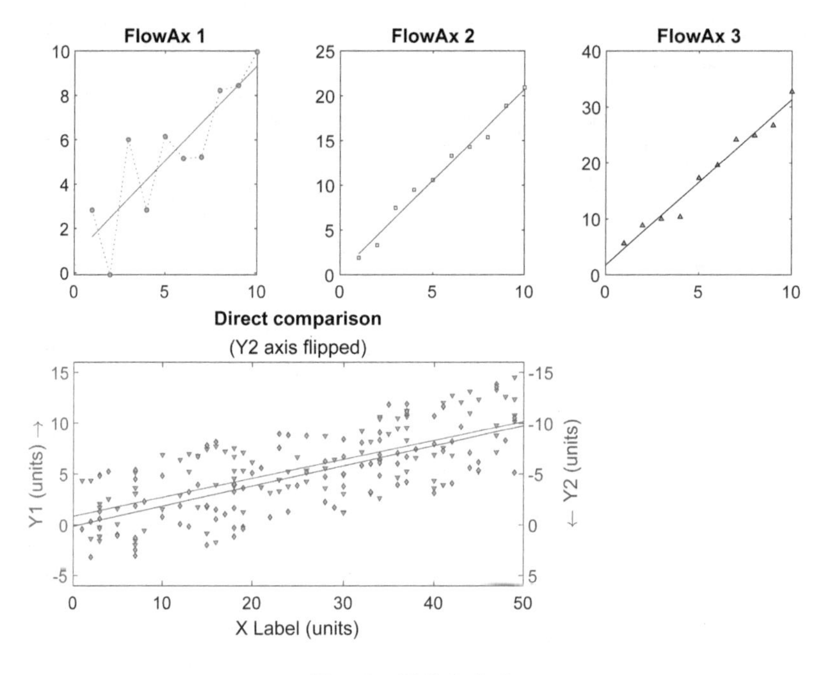

图 8.8　调整大小后

曾有人提出“如何用 MATLAB 画出单位圆多条切线”的问题[①]，Falccm 给出了颇为精彩的代码方案：

代码 344　复平面内的曲线绘制代码

```
1  plot([1 - 1i;1 + 1i] * exp(1i * (0:100)/50 * pi),'color',.6 + zeros(1,3))
2  axis image
```

代码 344 运行结果如图 8.9 所示。

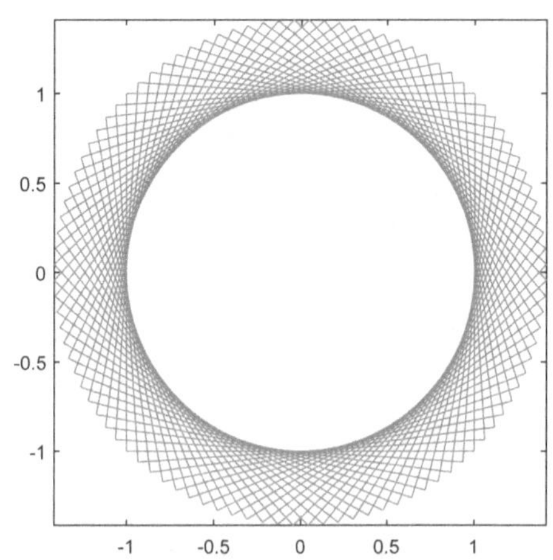

图 8.9　在复平面内绘制单位圆的切线

图 8.9 所展示的数学知识并不复杂，只是让一条长度为 2 的线段，在坐标轴上连续变换角度，这样的问题采用复数计算是方便的。设这条线段始末端点初值为 $p_1(1,-1)$和 $p_2(1,1)$，则该直线的一系列转动可通过

① 链接地址：https://www.zhihu.com/question/319777722/answer/649182404。

$$\begin{bmatrix} p_1 \\ p_2 \end{bmatrix} \times e^{i\theta} = \begin{bmatrix} 1-i \\ 1+i \end{bmatrix} \times e^{i\theta}, \theta \in [0, 2\pi] \tag{8.3}$$

所示的方式，在复平面上实现。有趣的是：代码 344 仅用了 1 行命令就绘制出多达 101 条圆切线，这是怎么做到的？

回答这个问题，首先要明确 plot 命令对 7 种维度源数据的支持方式，这在程序设计上有个专门的名词，叫做“多态”。

(1) **命令语法格式 1**：plot(X,Y)创建 Y 数据对 X 中对应值的二维线图。

① X 和 Y 是长度相同的向量，plot 函数绘制 Y 对 X 的图，示例代码如下：

代码 345　plot 的输入数据机制-1

```
1  x = linspace(0,2 * pi);
2  figure;plot(x,sin(x)) % 两组同维行（列）向量绘图
```

② X 和 Y 是大小相同的矩阵，plot 函数绘制 Y 的列对 X 的列的图，示例代码如下：

代码 346　plot 的输入数据机制-2

```
1  xMatrix = x(:,ones(3,1)); % 沿列方向以索引扩维至 100×3(数据 x 同前一段代码)
2  figure;plot(xMatrix,[sin(x)  cos(x)  sin(x)  - cos(x)]) % 同维矩阵绘图
```

③ X 和 Y 一个是向量，另一个是矩阵，则其服从隐式扩展的规则：矩阵各维必有一维与向量长度相等。如果矩阵行数等于向量长度，则 plot 函数绘制矩阵中每一列对应向量的图；如果矩阵列数等于向量长度，则绘制矩阵中每一行对应向量的图；如果矩阵为方阵，则默认绘制每一列对应向量的图。按这个机制，横坐标和纵坐标数据都可能是向量或矩阵，因此可以写出下方的示例代码，横坐标用隐式扩展构造了依次移动 0、$\frac{\pi}{6}$ 和$\frac{\pi}{3}$的 3 组数据：

代码 347　plot 的输入数据机制-3

```
1   % 3.1 ------------ 同一横坐标向量 VS. 纵坐标矩阵 ------------
2   figure;plot(x,[sin(x)  cos(x)  sin(x)  - cos(x)]) % 效果同矩阵 - 矩阵（方法 2）
3   % 3.2 ------------ 同一纵坐标向量 y VS. 横坐标矩阵 ------------
4   xMatrix = linspace(0,2 * pi)' + pi/6 * (0:2);        % 100×3 横坐标矩阵
5   y = sin(x); % 纵坐标为向量数据（数据 x 同前一段代码）
6   figure; plot(xMatrix,y) % 横坐标为 100×3 的矩阵、纵坐标为 100×1 的向量
7   % 3.3 ------------ 向量横坐标 VS. 方阵纵坐标 ------------
8   xHankel = 1:5;
9   yHankel = hankel(xHankel)
10  yHankel =
11       1     2     3     4     5
12       2     3     4     5     0
13       3     4     5     0     0
14       4     5     0     0     0
15       5     0     0     0     0
16  plot(xHankel,yHankel) % 方阵数据自动按列对应 xHankel 绘制
17  axis image
```

④ X 和 Y 之一为标量，另一个为标量或向量，则 plot 函数绘制离散点。但必须指定标记符号，示例代码如下(x,y 数据见代码 345 ～ 代码 347)：

代码 348　plot 的输入数据机制-4

```
1  figure;
2  plot(x,y,'ro','MarkerFaceColor','y','MarkerIndices',1:5:length(y))
```

(2) **命令语法格式 2**：plot(Y)创建 Y 数据对每个值索引编号的二维线图。

⑤ Y 是向量，x 轴刻度范围从 1 至 length(Y)，示例代码如下：

代码 349 plot 的输入数据机制-5

```
1  figure; plot(y) % 数据 y 默认作为纵坐标，横坐标为 1:length(y)
```

⑥ Y 是矩阵，plot 函数绘制 Y 中各列对其行号的图。x 轴刻度范围为从 1 到 Y 的行数，如果仍沿用代码 347 中的情况 3.3 数据 yHankel，实际效果相同，示例代码如下：

代码 350 plot 的输入数据机制-6

```
1  plot(yHankel) % 效果同第 3 种机制的情况 3.3
```

⑦Y 是复数，plot 函数绘制 Y 虚部对 Y 实部的图，使 plot(Y)等效于 plot(real(Y),imag(Y))，示例代码如下，注意绘图实际效果虽然同情况⑥，但变量 Y 的实部，即横坐标数据可以自行定义，这和情况⑥是不一样的。

代码 351 plot 的输入数据机制-7

```
1  Y = xHankel(ones(1,5),:)'+1i*yHankel; % 构造复平面数据
2  plot(Y) % 本例数据绘图效果同情况⑥
```

正因为 plot 函数出色的多态设计功能，能支持以上多达 7 种不同的数据维度和组合方式，因此它对各种 2-D 曲线数据具有相当高的宽容度，但在利用这种宽容度的同时，也要大致了解输入数据(x,y)在维度方面的知识，否则很可能会画出一些莫名其妙的曲线图。例如：再次回到本节最开始的单位圆切线绘制问题，为说明数据维度对 plot 结果的影响，将代码 344 略作修改：

代码 352 绘制单位圆切线代码的修改

```
1  clc;clear;close all;
2  data = [1-1i;1+1i]*exp(1i*(0:100)/50*pi); % 构造复平面 2×101 维度坐标数据
3  tiledlayout(1,2,"TileSpacing","none");
4  h1 = plot(nexttile,data,'color',.6+zeros(1,3));axis image
5  title("$$\mathrm{Source Data}$$","$$2\times 101$$","Interpreter","latex")
6  h2 = plot(nexttile,data');axis image
7  title("$$\mathrm{Transposed Data}$$","$$101\times 2$$","Interpreter","latex")
8  >> sizeHLine = size(findobj(h2,"type","line")) % 右图线对象数量查看
9  sizeHLine =
10 2  1
```

图 8.10 为代码 352 的运行结果，将 2×101 的源数据 data 转置为 101×2，得到了一个和左图截然不同的圆曲线。经过对 plot 所能接受的 7 种数据维度的理解，容易看出图 8.10 两幅子图实际上均属于第 7 种情况，也就是对复平面数据逐列按"plot(real(Y),imag(Y))"绘制。造成两幅图形不同的根本原因是连线顺序，按照 MATLAB 的列排布顺序，左图按列方向共计连接 101 条曲线，每条曲线只有 2 个点，所形成线段转角依次相差 π/50；右图则只有两条曲线，每条曲线上共计有 101 个点，但这两条圆曲线分别由左图数据各条线段起点和终点的实部和虚部连线，最终结果实际均为半径 $r=1.5$ 的圆曲线，通过代码 352 中的 findobj 指令，也发现的确存在 2 条曲线。

✍ **点评 8.3** 复平面与实数线图的绘制在 MATLAB 中是一样的，但将实部和虚部自动作为横、纵坐标的方式，给线图绘制带来了方便。

分析代码 344 可发现利用复数实、虚部绘制线图时，数据维度、整列绘图的断笔位置以及连线的顺序，对曲线的影响是关键性的；反过来讲，如果充分利用这些特性，有时可以用非常简洁的代码，画出颇为精巧的线图。因此对于这个问题的拓展，很适合于了解 plot 命令对于不

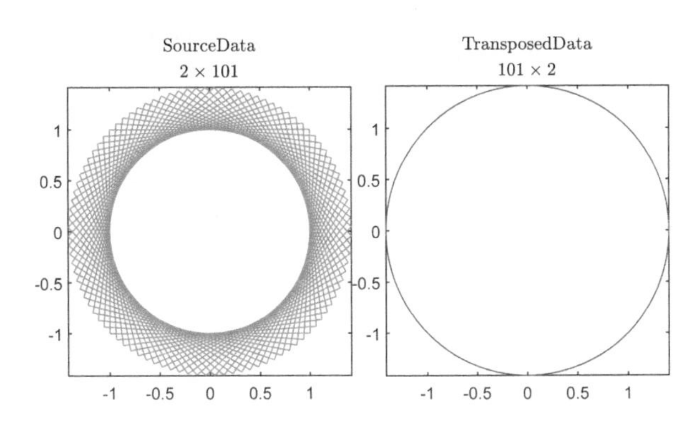

图 8.10　复平面内绘制 2-D 线图的数据维度分析

同维度数据的接收机制，下面将通过数据网格线的绘制，更进一步说明 plot 的运用方式。

MATLAB 为用户提供了开关式的 gird 属性，可以为曲线打开或关闭网格背景，但有些场景可能还要用户自行定义并绘制网格曲线。以绘制 $x,y=0,1,\cdots,25$ 的方形网格为例，可以在横纵两个方向上循环逐条绘制总计 52 条线段。不过，下面列出的解决方案则不打算采用这种方式。

1. 方案 1. 构造始末端点的同维矩阵

本节介绍 plot 源数据机制时，第②种情况是 plot 绘制的横纵坐标数据是两个同维矩阵的对应列。根据这一机制，利用 repmat 维度扩充函数，恰当构造出 2×26 的(x,y)坐标矩阵：xDataHor 和 yDataHor，就可以绘制网格图形了，代码如下：

代码 353　方案 1:构造始末端点同维矩阵

```
1  clc;clear;close all;axis image
2  n = 0:25;
3  xDataHor = repmat(n([1 end])',[1 numel(n)]);
4  yDataHor = repmat(n,[2 1]);
5  plot(xDataHor,yDataHor,'b:',yDataHor,xDataHor,'b:')
```

✍ **点评 8.4**　横纵方向的线段始末端点数据恰好互换，只须构造出水平线段的横纵坐标，画纵线时让两组数据调换位置即可。同时注意 plot 绘制同维矩阵是按对应列数据的，所以行维度方向一定是线段两个坐标点的(x_i,y_i)坐标值。

2. 方案 2：xline/yline 循环绘制网格

R2018b 新增专用于绘制指定位置水平/竖线的 xline/yline 函数，为网格绘制带来方便：

代码 354　方案 2:xline/yline 循环绘制网格

```
1  clc;clear;close all;axis image
2  cellfun(@(f)arrayfun(@(i)f(i,'b:'),0:25),{@xline,@yline})
```

✍ **点评 8.5**　绘制网格只是 xline/yline 函数的应用之一，它更多是在渐近线绘制等场景中出现，关于这两个函数本章后续还会有一些介绍。使用时注意：xline/yline 第 1 参数只支持数值，绘制多条水平或竖线时要用到循环，代码 354 则采用 cellfun+arrayfun 的组合，实现网格绘图。

3. 方案 3:利用复数绘制网格

复平面线图绘制实际是方案 1 的变体，但构造更加简洁，它将横纵线始末端点数据分别以实、虚部放在一个复数变量内，利用隐式扩展得到维度为 2×52 的数据，按照前述 plot 机制的第⑦种情况，按列绘制复数矩阵，线段两端点坐标分别是复数矩阵每列的实、虚部，这也实现了一行代码绘制全部 52 条横纵线段的效果，具体见代码 355。

代码 355　方案 3:利用复数绘制网格

```
1  clc;clear;close all;axis image
2  plot([(0:25)+1i*[0;25] [0;25]+1i*(0:25)],'b:')
```

以上 3 种方案返回图形相同,执行任一代码得到如图 8.11 所示的网格结果。

4. 关于复平面 plot 线图的进一步思考

实现网格图绘制的方案 3 实际上具有一定的启发性,如果充分利用按对应列绘制线图的机制,通过调整数据的维度合理控制每条线段绘制时的"断笔"和"连笔衔接",就可能画出其他类似的精美图形。

以代码 355 为例,网格横竖线数据源自维度 2×26 的矩阵块"(0:25)+1i*[0;25]"和"[0;25]+1i*(0:25)",二者合并为 2×52 的矩阵 $\boldsymbol{M}$,即

$$\boldsymbol{M}=\left[\begin{pmatrix}0+0i & 1+0i & \cdots & 25+0i\\0+25i & 1+25i & \cdots & 25+25i\end{pmatrix}\begin{pmatrix}0+0i & 0+1i & \cdots & 0+25i\\25+0i & 25+1i & \cdots & 25+25i\end{pmatrix}\right] \tag{8.4}$$

其中每列用 *plot* 绘制一个完整线段,起笔位置 M(1,i),断笔位置 M(2,i)。现在考虑将式(8.4)中的两个矩阵块从列方向变成行方向合并,形成 4×26 的矩阵 $\boldsymbol{M}_V$:

代码 356　网格图的 plot 数据源特征-1

```
1  clc;clear;close all;
2  MV = [(0:25)+1i*[0;25];[0;25]+1i*(0:25)];
3  plot(MV,'b:'),axis image
```

可以发现仅仅把代码 355 中数据的两个数据块间的空格改为";"号,所绘图形就产生了非常有趣的变化,如图 8.12 所示,那么,引起这种变化的原因又是什么呢?

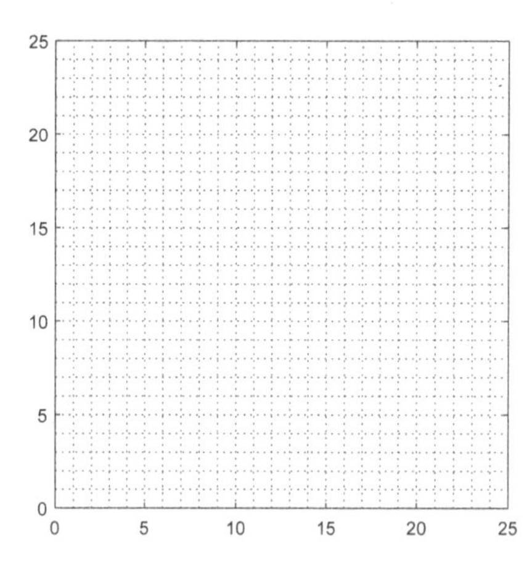

图 8.11　plot 绘图机制分析-1

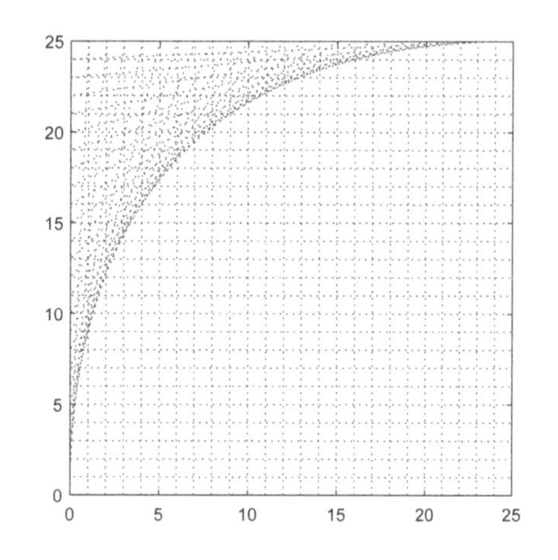

图 8.12　plot 绘图机制分析-2

首先,两个数据块改为行方向排布后为

$$\boldsymbol{M}_V=\begin{bmatrix}0+0i & 1+0i & \cdots & 24+0i & 25+0i\\0+25i & 1+25i & \cdots & 24+25i & 25+25i\\0+0i & 0+1i & \cdots & 0+24i & 0+25i\\25+0i & 25+1i & \cdots & 25+24i & 25+25i\end{bmatrix} \tag{8.5}$$

以式(8.5)中第 2 和第 24 列数据为例,复平面上 4 个数据点依次连线构成 3 条线段,顺序如图 8.13 所示。

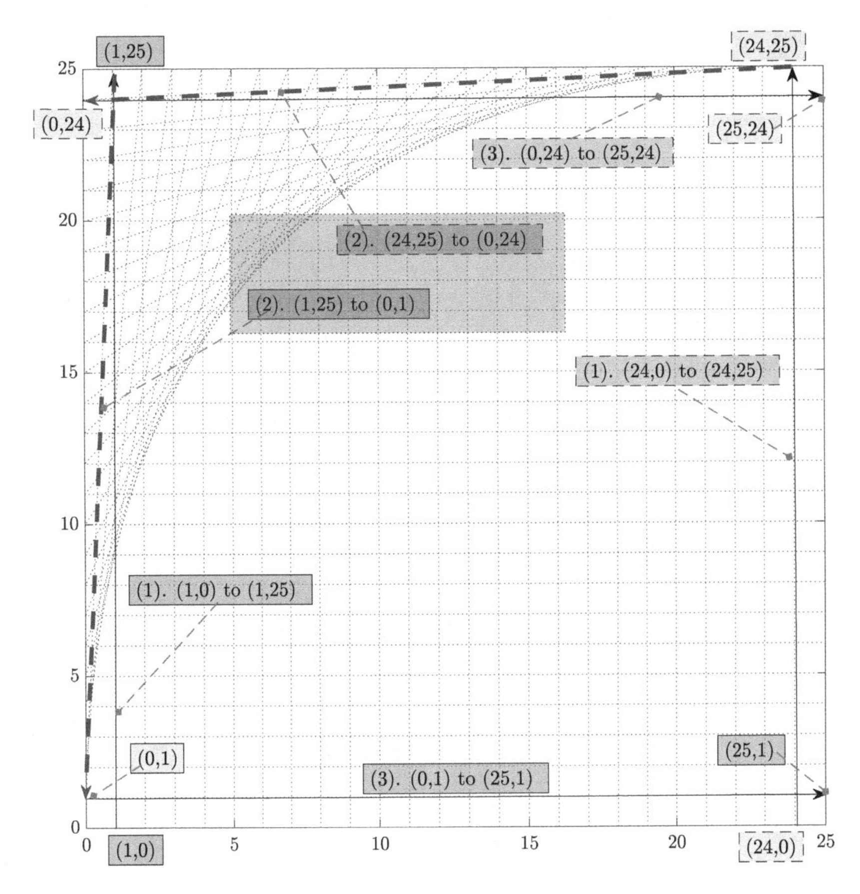

图 8.13 复平面上 3 条线段绘制顺序解析

图 8.13 彩图

① 第 2 列数据 4 个点的连线顺序为“(1,0)→(1,25)→(0,1)→(25,1)”，和图 8.11 的网格图相比，多出了从第 2 点(1,25)到第 3 点(0,1)的这条倾斜线段；

② 第 24 列数据 4 个点的连线顺序为“(24,0)→(24,25)→(0,24)→(25,24)”，和图 8.11 的网格图相比，同样多出了从第 2 点(24,25)到第 3 点(0,24)的倾斜线段。

上述虚线即为图 8.13 中的两条红色虚线，箭头是 plot 依循点顺序走线的方向，从这样的分析就可以清楚地知道左上角一系列倾斜线的来由——它们都是连接 $\boldsymbol{M}_{\mathrm{V}}$ 第 2 和第 3 行两个数据点产生的。而这样的倾斜线同样可以在其他 3 个方向上产生：

代码 357 网格图的 plot 数据源特征-2

```
1  clc;clear;close all; n = 0:25;
2  [PropsFigName,PropsFigVal] = deal(...
3      {'papersize','PaperOrientation','paperposition','color'},...      % 图窗属性名
4      {[21 21],'landscape',[0 0 50 50],'w'});                          % 图窗属性值
5  figure;
6  set(gcf,PropsFigName,PropsFigVal)
7  tiledlayout(2,3)
8  plot(nexttile,[flip(n) + 1i * n';flip(n') + 1i * n],'b:'),axis image % 图 (1)
9  title('图 (1)')
10 plot(nexttile,[flip(n)'+ 1i * n;flip(n) + 1i * n'],'b:'),axis image % 图 (2)
11 title('图 (2)')
```

```
12  plot(nexttile,[n'+1i*n;n+1i*n'],'b:'),axis image % 图 (3)
13  title('图 (3)')
14  t = [n'+1i*n;n+1i*n'];
15  plot(nexttile,t(:),'b:'),axis image                 % 图 (4)
16  title('图 (4)')
17  t=[flip(n)'+1i*n;flip(n)+1i*n'];
18  plot(nexttile,t(:),'b:'),axis image                 % 图 (5)
19  title('图 (5)')
20  t=[n'+1i*n  flip(n)'+1i*n;n+1i*n'  flip(n)+1i*n'];
21  plot(nexttile,t(:),'b:'),axis image                 % 图 (6)
22  title('图 (6)')
```

代码 357 执行结果如图 8.14 所示。为便于理解 plot 绘制数据线段的机制，把其中的几个图形用 comet 函数以动画形式呈现，这样可以更加方便地看清线图的走笔顺序。

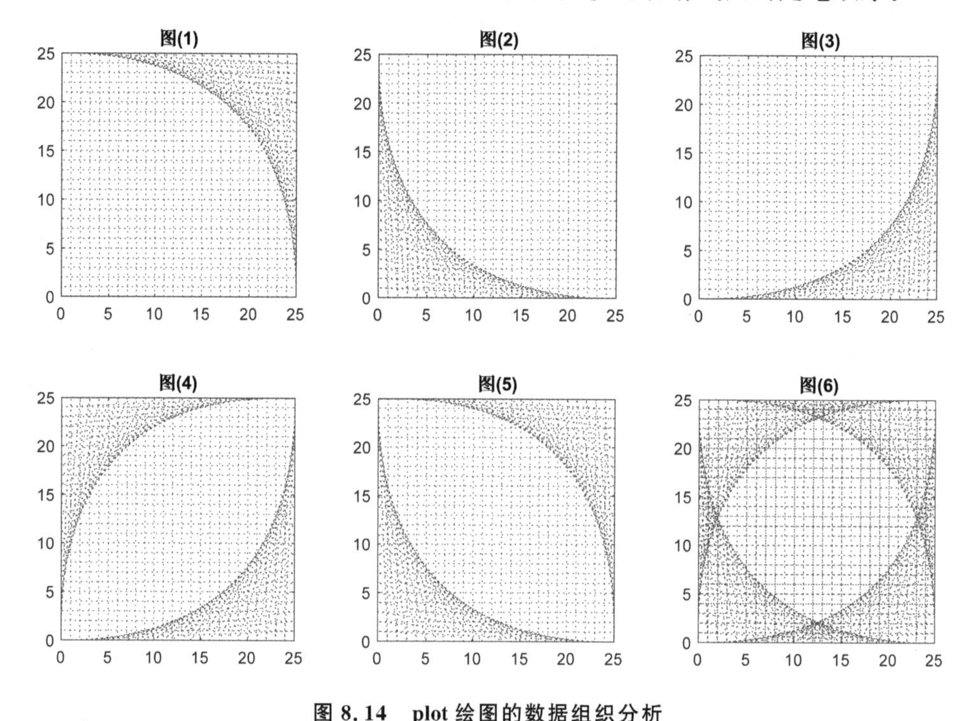

图 8.14　plot 绘图的数据组织分析

代码 358　网格图的 plot 数据源特征-3

```
1   clear;clc;close all
2   demo = @(ax,z)arrayfun(@(c)comet(ax,real(z(:,c)),imag(z(:,c))),1:size(z,2));
3   figure; pause
4   axis([0  25  0  25])
5   hold on
6   t=[(0:25)'+1i*(0:25);(0:25)+1i*(0:25)'];
7   s = t( : );
8   demo(gca,s);axis image
9   figure; pause
10  hold on
11  demo(gca,[(0:25)'+1i*(0:25);(0:25)+1i*(0:25)']);axis image
12  figure; pause
13  hold on
14  demo(gca,[(0:25)+1i*(0:25)';(0:25)'+1i*(0:25)]);axis image
15  figure;pause
```

```
16  hold on
17  demo(gca,[(0:25) + 1i * (0:25)' (0:25)'+ 1i * (0:25)]);axis image
```

✍ **点评 8.6**　上述代码展示了数据维度对 plot 起笔断笔的影响，且可能大幅改变图形形状外观，但善加利用，也可以用常用函数写出精悍的代码，甚至生成一些别开生面的图形。那么，还能否探索出其他类似的例子呢？我们认为应该能。

8.2.6　用 stackedplot 函数绘制堆叠图

子图函数 subplot 或 R2019b 新增的 tiledlayout＋nexttile 命令组合均能在同一图窗生成多个子坐标轴对象，并且很容易指定图窗中子坐标轴的数量和位置。但有时可能遇到多条曲线共享同一横坐标数据的情况（如公司财务报表中，同一时间不同分公司业绩、支出，或者不同地区的 24 小时天气预报等），若使用 subplot 函数，就要为每个子图指定完全相同的横坐标，会有重复出现的横坐标标签、刻度，R2018b 新增的函数 stackedplot 解决了这个问题，这是一个用于绘制具有公共 x 轴的堆叠图函数。

stackedplot 和 plot 函数的父对象都是‘matlab. ui. Figure’，通过 class 函数发现二者是基于相同图形类对象的不同成员属性，如代码 359 所示，本章的图 8.1 表达了这两类曲线在整个图形对象中的层级结构。

代码 359　plot 系列函数和 stackedplot 的类型差异

```
1  >> subplot(121)
2  >> class(plot(randi(10,16,3)))
3  ans =
4  'matlab.graphics.chart.primitive.Line'
5  >> subplot(122)
6  >> class(stackedplot(randi(10,16,3)))
7  ans =
8  'matlab.graphics.chart.StackedLineChart'
```

Line 对象定义图形标题时，title 可以设置字号、字体名称等；但在堆叠图中，title 不支持独立对象句柄（截至 R2022a，用“hT＝title(…)”方式增加标题会报错），字体字号属性随整个坐标轴变化，在属性监察器发现图标题隶属于 Figure 〉StackedLineChart 〉LABELS，可采取点调用和 set 函数两种方法修改属性值，如代码 360 所示。

代码 360　stackedplot 标题属性修改-1

```
1  S = stackedplot(randi(10,16,3));
2  >> h = title('堆叠图')
3  Error using matlab.graphics.chart.Chart/title
4  Output arguments are not supported when using title with stackedplot.
5  Error in title (line 32)
6        hh = title(ax,args{:});
7  >> S.Title = " 堆叠图";
8  >> S.FontName = " 黑体";
9  >> S.FontSize = 12;
```

stackedplot 最重要的特色在于全面支持 table、timetable 等新数据类型，这种全面支持表现在很多方面，不妨用下面这个天气数据的堆叠图绘制实例说明之。

问题 8.3　从相关网站查找 2019 年至今的历史天气数据，其中包括每日最低气温、最高气温、风力风速、空气质量指数等信息，并绘制 2～3 个自选城市的气温和空气指数变化情况。

分析 8.3　分析题目中要求的历史天气数据，尽管各类天气状况的参数信息（如最高（低）

气温、风力等)的单位、数据类型等均可能不同,但横坐标一定是日期时间。把同一日期内的气象信息汇总后进行比较,使用 R2018b 新增的 stackedplot 函数绘制堆叠图是合适的。所以这个问题就可以分为数据搜集、绘图和属性参数调整这 3 个阶段。

首先要搜集天气数据。获取网站天气数据通常有两种途径:一种是通过正则表达式在网页特定位置搜索匹配数据字段;另一种是通过 API。如果进一步,例如以年为时间单位,访问网站历史天气数据,可能在具备访问许可的前提下,还需要分析特定网址甚至网页内的数据字段特征,或者直接使用 API 的付费功能。

国内城市当日天气数据很多网站能查到,如中国天气网①当天天气预报可用如下代码获得:

代码 361　当日天气数据:访问网页

```
1  clear;clc;close all
2  city = "新疆";
3  district = "乌鲁木齐";
4  % 用城市名称访问 json 中的城市编码,动态构造城市网页地址
5  url = sprintf('http://www.weather.com.cn/data/sk/%s.html',...
6                get_city_code(city, district));
7  options = weboptions('ContentType',              'text',...
8                       'Timeout',                  10,...
9                       'CharacterEncoding',        'UTF-8',...
10                      'ContentType',              'json',...
11                      'RequestMethod',            'get');
12 htmlContent = webread(url, options);
13 allInfo = htmlContent.weatherinfo
14
15 function code = get_city_code(city, district)
16 % 子程序读取 city.json 文件并获取城市编码
17   value = jsondecode(fileread('city.json'));
18   quryfunc = @(data, ns2, cont)getfield(data(...
19            arrayfun(@(x)cont == getfield(x, ns2{1}),data)),ns2{2});
20   ns = fieldnames(value);
21   data = getfield(value, ns{1});
22   citys = quryfunc(data, fieldnames(data), city);
23   code = quryfunc(citys, fieldnames(citys), district);
24 end
```

也可以借助 API 获取天气数据,再通过 MATLAB 的 webread 函数解析网页中的相关数据,例如"天气 API"②就提供了当天天气的免费查询功能,在简单的注册、登录以及激活流程后,在 MATLAB 中键入下列代码,即可获得当天天气数据:

代码 362　当日天气数据:API

```
1  [Ver,ID,PWD,CityCode] = deal("v6",12345678,"YourPWD",101130101);
2  WebAddress = "https://www.tianqiapi.com/api?version=" + Ver +...
3               "&appid="        +  ID        +...
4               "&appsecret="    +  PWD       +...
5               "&cityid="       +  CityCode;     % 以 string 类型组成网页地址
6  WData = webread(WebAddress);                   % 解析当前网页数据
7  [THigh,TLow] = deal(WData.tem1,WData.tem2)     % 当天最低(高)气温
8  THigh =
```

① 地址:http://www.weather.com.cn/。

② 地址:https://www.tianqiapi.com/index。

```
9          '11'
10  TLow =
11         '3'
```

☞ **注意**:上述代码第1行中的4个变量Ver、ID、PWD和CityCode依次为:天气API查询类别、注册账号(一般是8位数字,代码362中用“12345678”代替)、密钥和查询天气的城市ID,城市ID可以通过相关城市代码的列表查询,如乌鲁木齐为“101130101”,北京海淀区为“101010200”,沈阳为“101070101”。

在某网站搜集了北京、乌鲁木齐和沈阳3个城市2019年最高、最低气温和空气质量指数数据,将其以.xlsx格式存储,保存路径为:🗀D:/…/WetherUrmuqi.xlsx,并用readtable函数读入MATLAB,返回数据TUrmuqi为table类型,如代码363所示。

代码363　天气数据(乌鲁木齐)处理

```
1   >> TUrmuqi = readtable('WeatherUrmuqi.xlsx'); % 将Excel数据读入MATLAB
2   >> head(TUrmuqi,3) % 天气文件的前3行数据预览
3   ans =
4     3×7 table
5       Date        Th       Tl       Stat      Wind          Qual      Eval
6       ________    ___      ___      ____      __________    ____      _________
7       2019/1/1    -11      -17      '晴'      '东北风1级'    204       '重度污染'
8       2019/1/2    -9       -16      '晴'      '西北风2级'    205       '重度污染'
9       2019/1/3    -7       -17      '晴'      '西北风1级'    206       '重度污染'
10  >> TUrmuqiTime = table2timetable(TUrmuqi); % 转换为timetable类型
```

以上代码的任务是从外部.xlsx文件中读入天气数据,并将其转换为timetable类型——这是因为天气预报是和时间密切相关的,并且stackedplot对于timetable完全支持,可以自动将时间作为堆叠图的公共横轴。注意到源数据中的天气状况、风速和污染状况这3组为纯文本,只需要在stackedplot函数中指定绘制当日最高和最低气温Th、Tl以及空气质量指数Qual即可。

在stackedplot函数绘制堆叠图对象时,需要修改的属性参数较多,为便于处理,采用了把属性参数值数据在绘图之前汇总为cell数组,再在绘图之后用set设置的办法。set/get命令有一个方便的功能,即它支持把同一对象的多个参数及参数值(cell数组类型)以逗号表达式形式批量对应赋值设定。

代码364　绘制天气数据(乌鲁木齐)堆叠图

```
1   [MFC,MEC] = deal({[0 .45 .74;1 1 1],[1 0 0]},{[0 .45 .74;.85 .33 .1],[0 0 0]});
2   [PropsName,PropsVal] = deal(...
3       {'LineStyle','Marker','MarkerSize',"MarkerFaceColor",'MarkerEdgeColor'},...
4       {{'-','-.'},{'none'};{'none','o'},{'s'};3,7;MFC{:};MEC{:}}');
5   S = stackedplot(TUrmuqiTime,{{'Tl','Th'},'Qual'},...
6           'Title',"乌鲁木齐2019年历史天气数据",...
7           'DisplayLabels',["温度("+char(176)+"C)","空气质量"]);
8   set(S.LineProperties,PropsName,PropsVal);
9   S.AxesProperties(1).LegendLabels = {'最低气温','最高气温'};
10  set(S,'XLabel',"时间/天",'FontSize',10)
```

代码363和代码364的执行结果如图8.15所示。

在上述代码基础之上,可依例实现3个城市天气状况的比较(问题8.3),关键是构造stackedplot的源数据表。要从原始天气数据表当中,提前剔除风速、天气状态和空气质量这3组以文字形式表达的数据,因为“风力三级”“晴朗”等是不能以散点或曲线形式绘制的。构造好的数据保存为🗀D:/…/CityWeather.xlsx,数据表格CityWeather中,包含北京、乌鲁木齐和沈阳3城的最低最高温度以及空气质量指数,读取的数据及转换为timetable后的数据格式

如代码 365 所示。

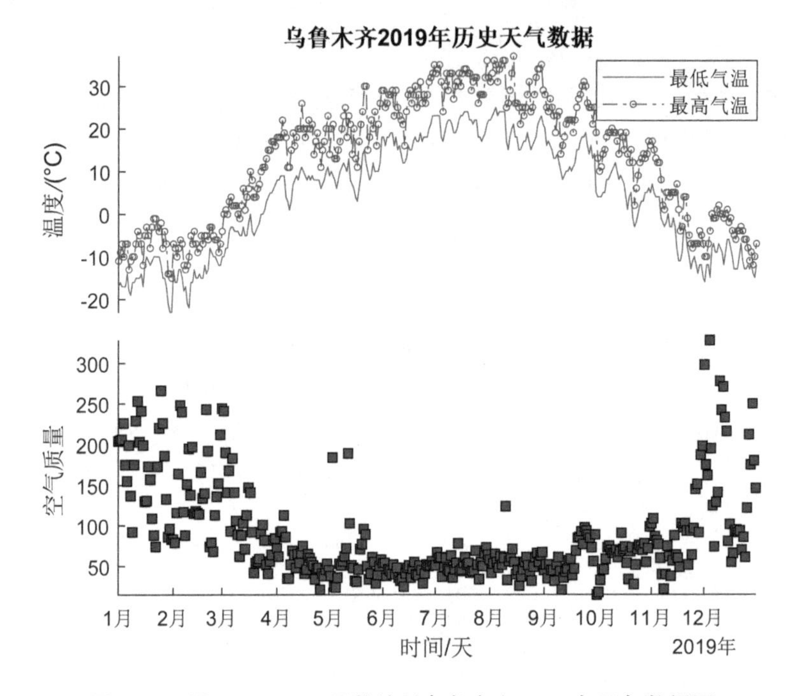

图 8.15 彩图

图 8.15 用 stackedplot 函数绘制乌鲁木齐 2019 年天气数据图

代码 365 堆叠图:城市历史天气记录

```
1  >> TCity = table2timetable(readtable('CityWeather.xlsx'));
2  >> head(TCity,2)   % 时间变量形式的城市天气数据样式预览
3  ans =
4    2×9 timetable
5        Date     Tlb    Tlu    Tls    Thb    Thu    Ths    Qb    Qu    Qs
6     ________    ___    ___    ___    ___    ___    ___    ___   ___   ___
7     2019/1/1    -10    -17    -20    1      -11    -7     56    204   121
8     2019/1/2    -9     -16    -18    1      -9     -6     60    205   102
```

代码 365 共 9 列(第 1 列为公共的时间横轴),计为 3 组数据,依次为北京(b)、乌鲁木齐(u)和沈阳(s)的最低(Tl)、最高温度(Th)以及空气质量指数(Q),根据这个归类,将最低(高)温度和空气质量指数分别绘制在堆叠图 3 组纵轴下,程序见代码 366。

代码 366 城市历史天气比较的堆叠图:代码方案 1

```
1  SCity = stackedplot(TCity,...
2      {{'Thb','Thu','Ths'},{'Tlb','Tlu','Tls'},{'Qb','Qu','Qs'}},...
3      'displaylabels',[" 最高气温 (" + char(176) + "C)",...
4      " 最低气温 (" + char(176) + "C)"," 空气质量指数"],...
5      'Title',"2019 年城市天气数据比较",'FontSize',11);
6  arrayfun(@(i)set(SCity.LineProperties(i),...
7      'linestyle',{'-','-.',':'},'marker',{'o','s','p'},...
8      'markersize',5,'markerfacecolor',[1  0  0;0  0  1;.53  .15  .34],...
9      'color',[1  0  0;0  0  1;.53  .15  .34]),1:2)
10 set(SCity.LineProperties(3),'linestyle',{'none','none','none'},...
11     'marker',{'v','d','s'},"MarkerSize",5,...
12     'MarkerFaceColor',[.61  .4  .12;.04  .09  .27;.18  .55  .34])
13 arrayfun(@(i)set(SCity.AxesProperties(i),...
14     'LegendLabels',{'北京';'乌鲁木齐';'沈阳'}),1:3);
```

代码 366 的执行结果如图 8.16 所示，从中可看出北京、乌鲁木齐和沈阳 3 个城市空气质量的变化情况，北京从冬天到夏天变化相对平均，乌鲁木齐与沈阳的冬季空气质量都显著低于夏季。

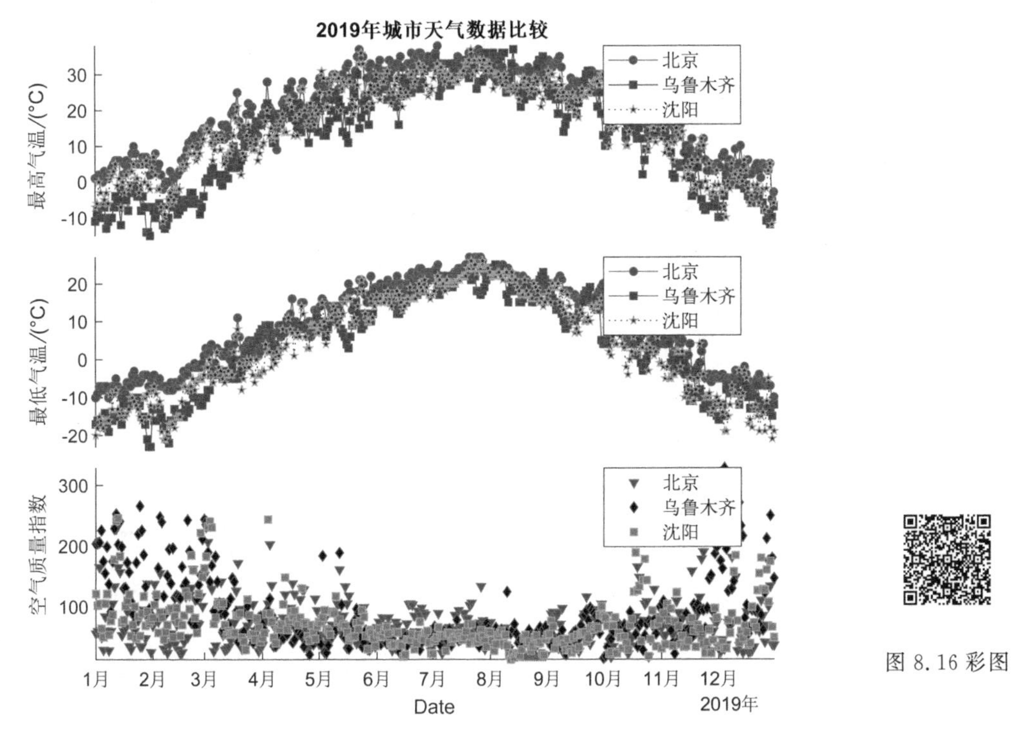

图 8.16　城市历史天气数据比较堆叠图

set/get 函数支持属性批量修改，但属性“名称-值”参数对要用 cell 数组存储。在代码 366 中，比较特殊的是图例标签‘LegendLabels’，从数据在图中出现的次数来看，3 个城市的标签都出现了 3 次，但它们却又分属于 3 个纵轴的轴属性(AxesProperties)，于是代码 366 最后一行用 arrayfun 遍历了第 $i(i=1,2,3)$ 个标签设置每个纵轴的图例，这也能通过 set 整体设置，但输入的图例数据要相应扩展，如代码 367 所示。

代码 367　城市历史天气比较的堆叠图：代码方案 2

```
1   clear;clc;close all
2   SCity = stackedplot(table2timetable(readtable('CityWeather.xlsx')),...
3       {{'Thb','Thu','Ths'},{'Tlb','Tlu','Tls'},{'Qb','Qu','Qs'}},...
4       'displaylabels',  ["最高气温 (" + char(176) + "C)",...
5                          "最低气温 (" + char(176) + "C)","空气质量指数"],...
6       'Title',          "2019 年城市天气数据比较",...
7       'FontSize',        11);
8   MC = {[1  0  0;0  0  1;.53  .15  .34],...
9        [1  0  0;0  0  1;.53  .15  .34],...
10       [.61  .4  .12;.04  .09  .27;.18  .55  .34]};
11  [PropsName,PropsVal,City] = deal(...
12      {'LineStyle','Marker','MarkerSize','MarkerFacecolor','Color'},...
13      {{'-' '-' ':'},{'-' '-' ':'},{'none' 'none' 'none'};
14      {'o' 's' 'p'},{'o' 's' 'p'},{'v' 'd' 's'};
15      5,5,5;MC{:};MC{:}}',...
16      num2cell(repmat({'北京','乌鲁木齐','沈阳'},3,1),2));
```

```
17    % 设置属性
18    set(SCity.LineProperties,PropsName,PropsVal);
19    set(SCity.AxesProperties,{'LegendLabels'},City); % 属性名称的花括号不能省略
```

stackedplot 函数产生 StackedLineChart 绘图对象，用于绘制具有公共横轴的多组数据集，这种绘图对象强调的是公共 x 轴对应的多组纵轴数据的联动，意味着散点 Scatter 或 Line 可能拥有的部分属性，堆叠图对象将不再拥有。例如，图 8.15 中的空气质量散点，如果期望散点颜色映射到空气质量指数高度数值上，就不适合采用 stackedplot 实现，而应当使用 scatter 等图形对象来表达这种概念，见代码 368。

代码 368　指定颜色映射的空气质量散点图

```
1  TUrmuqi = readtable('WeatherUrmuqi.xlsx');
2  TUrmuqiTime = table2timetable(TUrmuqi);
3  scatter(TUrmuqiTime.Date,TUrmuqiTime.Qual,...
4              'filled',            "s",...
5              "markeredgecolor",  "b",...
6              "CData",             TUrmuqiTime.Qual)
7  colormap jet;colorbar
```

代码 368 的运行结果如图 8.17 所示。

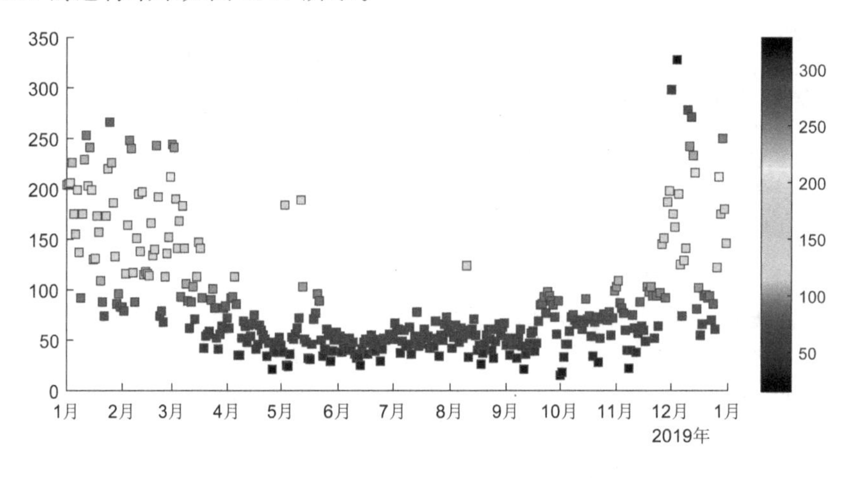

图 8.17　与空气质量指数映射的散点图

8.2.7　函数 histcounts/histogram 与频数直方图

1. 关于新老版本的频数直方统计函数

在直方数据统计和绘图方面，MATLAB R2014b 版本新增 histcounts、histogram、histogram2 等函数，代替原有的 hist/histc 函数。帮助文档中对于为什么要用新函数代替 hist/histc 做了专门的说明，并提出了 histc/hist 的 4 点不足①：

① 属性定义困难，修改后要重新计算直方图数据；

② hist 默认分组 10 个 bins，这种静态数值的默认设定在频数统计中没有代表性；

③ hist 和 histc 行为存在不一致；

① 地址：https://ww2.MathWorks.cn/help/matlab/creating_plots/replace-discouraged-instances-of-hist-and-histc.html。

④ 不利创建归一化直方图。

上述为帮助文档对老版本直方统计与绘图函数 hist/histc 给出的分析结论。旧函数 hist/histc 被新函数替换，主要还是函数设计的深层次逻辑构建方面的问题，不过条文总是枯燥和不容易理解的，本小节将结合一些代码示例对这些分析结论做扼要说明。

通过使用 histcounts/histogram 等新函数，可发现 histogram 系列函数在对象化编程方面有比较显著的改善：histogram 函数绘制的直方图，和用户比较熟悉的 Line/surface 对象，或者之前讲过的 StackedLineChart 对象一样，是一套完整的 Histogram 图形对象；histcounts/histogram 函数还具有自动划分 bin 和数据归一化功能；另外，对于 categorial 等新数据类型的支持，也是新版函数使用体验优于 histc/hist 的原因之一。

下面通过代码示例，对直方图新老命令做简要比对。首先是 hist 和 histogram 图形对象定义方面的区别。hist 直方图没有归属自身单独的对象类型，可以视作是用 patch 函数构造的补片对象集合，其返回结果并非图形句柄，而是直方图的 bin 数据：

代码 369　hist 直方图特点剖析

```
1  >> A = randn(100,2);  % 直方图数据
2  >> hist(A)            % 绘制直方图
3  >> findall(gca)       % 查找 hist 直方图中所有对象
4  ans =
5  3×1 graphics array:
6  Axes
7      Patch       (A(:,2))
8      Patch       (A(:,1))
9  >> class(hist(A))     % hist 的返回结果不是直方图句柄而是 bin 数据 H
10 ans =
11     'double'
12 >> H = hist(A);       % 返回直方图 bin 数据
```

代码 369 表达了 histc/hist 的功能设定和运行逻辑。hist 函数位于 MATLAB/Graphics/2-D and 3-D Plots/Data Distribution Plots 路径下，histc 和 hist 的表面差别在于：histc 负责计算、hist 直接使用源数据绘制直方图；histc 函数不具备绘图功能，要把计算结果传入 bar 函数做直方图。但令人困惑的是绘图函数 hist 同样能返回频数统计的计算数据，换言之，hist 函数集计算、绘图于一身，似乎有更好的综合性与集成特点，实际上从程序设计的角度，却很难说是合乎逻辑的。

第一，hist 究竟返回计算结果还是绘图，要通过输出元素个数控制，没输出则绘图，有输出就返回统计结果。所以如果用户想绘图，同时还想修改图形属性参数，会发现没有调用句柄，要通过 findobj 查找具体对象，或经图形面板的属性监察器修改对象；另一种思路是用 histc 计算，计算结果作为 bar 函数的输入，达到绘图的目的。综上，hist 通过返回参数决定究竟画图还是返回数据的行为，不符合 MATLAB 绘图函数的习惯方式，最重要的是，它的确不方便。

第二，hist 函数默认分组 bin 的个数是静态值 10，很多数据难以用默认值表达总体分布特征，我们希望直方图绘制命令这个分组默认行为可以随具体输入的数据量而产生变化，即动态给定默认的分组个数。

第三，在一些情况下，需要对分组数据归一化处理。例如，统计某公司各分公司销售部门的年度业绩，如果用分公司业绩占公司年度总收入的比值做直方图，显然能更直观地表达出这组统计数据的含义，而 hist 未提供这种选项，必须手动归一化再调用 bar 画图。

第四，hist 和 histc 的行为不一致，这又是个容易引起困扰的设定，例如，代码 370 就体现了由于边界分组依据不同，造成在数据分组归类时所产生的差异。

代码 370　hist 和 histc 数据分组方式

```
1  clc;clear;close all;
2  ages = [3,12,24,15,5,74,23,54,31,23,64,75]; % 定义年龄源数据
3  BinRanges = [0,10,25,50,75]; % 定义年龄分组区间
4  [BinCounts,ind] = histc(ages,BinRanges);
5  figure;subplot(121)
6  bar(BinRanges,BinCounts,'histc') % histc + bar(基于 BinRanges 边界)
7  hist(subplot(122),ages,BinRanges); % hist(基于 BinRanges 中心)
```

代码 370 提供“histc＋bar”和“hist”两种方式绘制直方图，结果如图 8.18 所示，选择同样的分组边界参数 BinRanges，两条语句产生不同的频数统计结果。观察横坐标 BinRanges 分组参数在每根 bar 上的参考位置，发现差异产生的原因在于：左图 histc 定义 BinRanges 参数为左右边界形式的分组依据，而右图 hist 把边界分组 BinRanges 定义成分组 bin 的中心，这相当于让分组依据沿横坐标移动了半个 BinRanges(i)的跨度。

hist/histc 函数还有一点令人比较费解：histc 基于左右与端点边界分组数据，维度 1×5 的 BinRanges，按理只能得到 4 个区间，但图 8.18 中，左图 histc 返回的频数结果 BinCounts 仍然是 1×5，分析数据发现这个隐藏“区间”是右端点 75，这种“忽而以区间分组，忽而以端点分组”的思路，与用户的一般数学认知也似有不符。

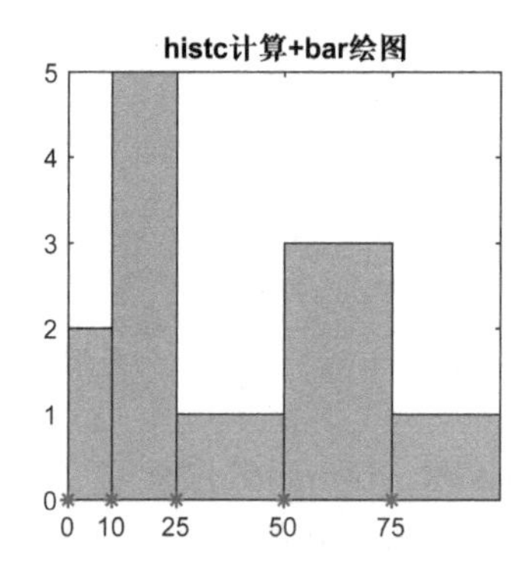

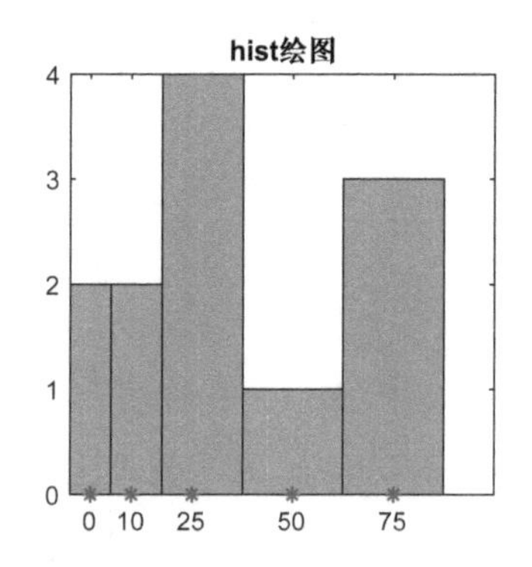

图 8.18　histc＋bar 和 hist 两种直方图的比较

基于上述 4 个原因，可以看出功能的单纯和一致性是设计函数时应当考虑的关键因素之一，要避免定位不清，造成命令原本主要的功能被混淆或被削弱。就绘图函数而言，histcounts/histogram 函数厘清了功能分配方面的逻辑：histogram 虽然也包含了计算功能，但主要用于绘图，内部成员方法的统计结果不会以输出参数的形式返回；histogram 增减 bin 分组数目可通过函数对图形对象的作用实现；histcounts 主要用于频数统计计算，输出统计结果供 bar 等其他函数使用。histogram 和 hiscounts 语法格式和定义的行为方式是一致的。下面从 double、categorical 和属性编辑修改这 3 个应用途径，来介绍 histogram/hiscounts 的用法。

（1）**数值型数组**：对于 double 类型的数值数据，histogram 可以指定，也可以不指定分组 bin 个数，如果不指定，将自动计算和判断分组数量，具体见代码 371。

代码 371　数据量不同的直方图区间分组数比较

```
1  tiledlayout('flow',"TileSpacing","none")
2  histogram(nexttile,randn(1,100));
3  title(" 频数统计图-1","100 个数据")
4  histogram(nexttile,randn(1,1000));
5  title(" 频数统计图-2","1000 个数据")
6  sgtitle(" 随数据量不同而变化的 bin 数据分组")
```

代码 371 生成相差十倍数据量的直方统计结果，从运行结果（见图 8.19）可以看出 histogram 根据输入数据量的不同，自动判断并分组。用户也可以自行决定数据的分组数量，例如代码 372 为 1×10 000 的数据设定 200 个分组。

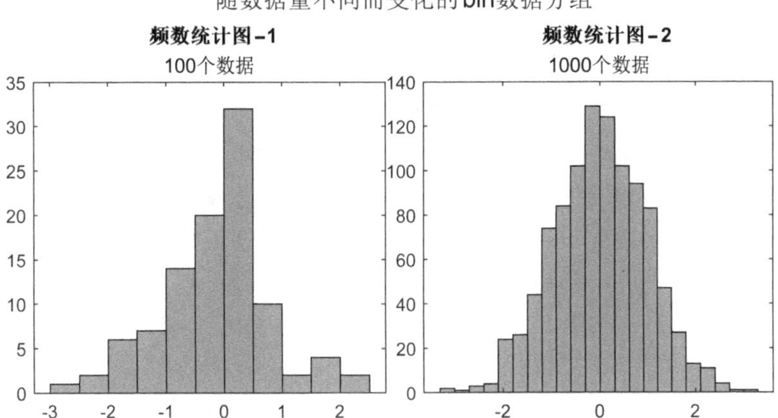

图 8.19　数据量不同的直方图区间分组数比较

代码 372　指定 histogram 的分组数量

```
1  histogram(randn(1,10000),200);
```

此外，histogram 用于生成 Histogram 图形对象，也可以像 plot 函数绘制 Line 对象时一样，为成员属性参数赋值，例如下面的代码 373，为图形对象指定了'BinEdges'和'BinCounts'属性值。

代码 373　定义分组边界和分组数量属性

```
1  histogram('BinEdges',sort(randn(1,11)),'BinCounts',randi(40,1,10));
```

（2）**分类数组**：分类数组无须设置边界，因为不同的分类本身就是边界，其他和数值型直方图的行为完全一致，因此使用分类数组做直方统计时，关键在于恰当地构造出分类数组，这部分需要参考分类数组构造命令 categorical 的使用方法：

代码 374　定义分组边界和分组数量属性出图

```
1  A = [0 0 1 1 1 0 0 0 0 NaN NaN 1 0 0 0 1 0 1 0 1 0 0 0 1 1 1 1];
2  C = categorical(A,[1 0 NaN],{'yes','no','undecided'});
3  h = histogram(C,'BarWidth',0.5)
```

（3）**属性编辑修改**：histogram 对象有自己的行为和属性，行为指使用 morebins/fewbins 按式增加/减少分组数 bins，代码 375 中原本直方图分组数指定为 60，通过 morebins/fewbins 增加/减少 6 个分组。

代码 375　monebins/fewerbins 增加/减少分组数量

```
1  h = histogram(randn(1,10000),-3:0.1:3);
2  figure,morebins(copyobj(h,gca))
3  figure,fewerbins(copyobj(h,gca))
```

用 histogram 函数绘制直方图时应当注意，它不能同时绘制多组直方图，而要给每组数据赋予单独句柄，由于每组数据对应一个 histogram 对象，后期调参控制就很方便，如代码 376 所示。

代码 376 histogram 函数绘制直方图

```
1  >> A = randn(100,2);
2  >> h(1) = histogram(A(:,1),10) % 输出参数返回直方图对象的句柄
3  h =
4  1×2 Histogram array:
5      Histogram Histogram
6  >> hold on;
7  >> h(2) = histogram(A(:,2),h(1).BinEdges);
8  >> set(h,{'BinWidth','Normalization'},{.2,"probability"})
```

代码 376 中，histogram 返回变量 h 是直方图对象句柄，通过成员属性'BinWidth''Normalization'等修改编辑直方图，不需要再重新做统计计算，修改属性参数后的直方图结果实时更新；此外，第 4 条语句(见第 7 行)借助数据列 1 的边界属性参数'BinEdges'描述第 2 组直方图数据，这两组数据就能够在同一分组边界下进行比较了。

histogram 函数绘制直方图时，数据分组属性定义也很灵活，例如一些问题中，分组要求必须是整数边界，可以采用 BinCounts 成员属性的 integers 方法设置边界：

代码 377 hist 和 histogram 的整数分组边界

```
1  hold on;
2  Hg = arrayfun(@(i)histogram(A(:,i),...
3      'BinLimits',[-3 3],'BinMethod',"integers"),1:2);
4  >> Hg.BinCounts % histogram 的属性 BinCounts 包含边界 bin 数据
5  ans =
6      0    4    25    41    24    6    0
7  ans =
8      0    6    20    42    27    4    1
9  >> h=hist(A,-3:3); % hist 返回边界 bin 数据
```

以上对 histogram 和 hist 函数进行了分析比较，接下来继续探讨 histcounts 和 histc 的差异。首先最明显的是两个函数默认的数据分组依据不同，这体现在对右侧最后一个分组的处理上，这在前面优缺点分析中其实已经提到，现在再以代码 378 的数据 d_1、边界 edges＝1∶10 两组数据为例，把边际分组差异具体演示一下。

(1) **histc 分组规则**：histc 判定元素是否落入分组 $i(i=1,2,\cdots,9)$的规则是：[edges(i), edges($i+1$))，注意右端是小括号，意味着分组 bin 不包括右端边界，但最后的分组 10 单独为边际元素预备，仅当 data(i)＝＝edges(end)时，该元素才能被最后一个分组 bin 计入。换言之，histc 为元素是否和 edges(end)相等，单独预备了一个分组。

(2) **histcounts 分组规则**：histcounts 对前 9 个分组判定的规则和 histc 相同，但默认取消最后一个分组，将其并入前一分组，即当 data 中任意数据落入范围[edges(end.1), edges(end)]，就将该数据并入最后的分组，注意范围右侧为中括号，这样的话，histcounts 的分组就变成了 length(edges)－1＝9 个。

换个角度，判定数据分组边际差别时：histc 相当于让±∞分别包含在第一和最后一个 bin 中；histogram 如未设置 BinLimits，将忽略∞值，除非其中一个 bin 边界将±∞显式指定为 bin 边界。正是由于这个判定依据的差别，导致 histc 和 histcounts 两个统计直方图频数的函数在右边界有不同表现，如代码 378 所示。

代码 378　histc 和 histcounts 数据分组的差别

```
1  >> edges = 1:10;              % 频数统计分组边际数据
2  >> [Min,Max] = bounds(edges); % 边际分组数据的最小(大)值
3  >> d1 = randi(10,1,10)        % 10 以内随机整数的源数据
4  d1 =
5       5    2    1    3    4    7    10    10    5
6  >> H0 = histc(d1,edges)       % histc 函数的分组统计
7  H0 =
8       1    1    1    1    3    0    1    0    0    2
9  >> H1 = histcounts(d1,edges)  % histcounts 分组统计
10 H1 =
11      1    1    1    1    3    0    1    0    2
```

代码 378 中，histc 和 histcounts 的分组边界都是 edges＝1∶10，区别是对右边缘分组的处理：如 $d_1(i)$＝＝edges(end)，histc 在最后 bin 中包含元素 $d_1(i)$，输出具有 length(edges)个元素的向量 H0；基于 bin 边界分组的 histcounts 处理右边缘分组时，如 edges(end－1)≤$d_1(i)$≤ edges(end)，histcounts 在最后一个 bin 中包含元素 $d_1(i)$。换言之，histcounts“放宽”了落入最后一个分组数据的条件，相当于将 histc 最后两个 bin 合并，返回具有“length(edges)－1”个元素的向量，如代码 378 第 5 条语句所示。

在一些极端情况下，例如要让元素全部落在分界上时，hiscounts 看起来好像反而不如 histc 方便，因为 histc 默认囊括左右±∞恰好可以获得等维度 bin 分组区间。可实际上 histcounts 也有应对类似情况的预案，代码 379 中，至少有 3 种得到和 histc 相同返回结果的代码思路：变量 H2 和 H3 通过右端点外增加额外 bin 的方式实现和 histc 相同的分组，因为端点外没有符合要求的数据，所以移动微量或移动到无穷大，结果都一样；H4 通过 histogram 成员方法‘BinLimits’直接实现数据落在分界上的频数统计要求，这是推荐采取的方式。

代码 379　histcounts 处理右端数据的 3 种方法

```
1  >> H 2 = histcounts(d1,[edges edges(end) + eps]) % 方法 1:右侧移动一个微量作为新端点
2  H2 =
3       1    1    1    1    3    0    1    0    0    2
4  >>      H3 = histcounts(d1,[edges inf]) % 方法 2:右侧新增无穷大端点
5  H3 =
6       1    1    1    1    3    0    1    0    0    2
7  >> H4 = histcounts(d1,'BinLimits',[Min Max]) % 方法 3:BinLimits 参数
8  H4 =
9       1    1    1    1    3    0    1    0    0    2
```

histc 的基于中心分组和 histcounts 的基于边界分组这两种对数据的分组方式可以相互转换，如代码 380 所示。

代码 380　hist 和 histogram 数据分组方式的转换思路

```
1  >> data = randi(10,1,100);
2  >> [HistCounts,hC] = hist(data) % 获得 hist 的分组数据
3  HistCounts =
4    8    19    12    10    12    7    13    11    3 5
5  hC =
6    1.45    2.35    3.25    4.15    5.05    5.95    6.85    7.75    8.65    9.55
7  >> hist(data)
8  >> d = diff(hC)/2;
9  >> edges = [hC(1) - d(1), hC(1:end - 1) + d, hC(end) + d(end)]; % 等效转换
10 >> hG = histogram(data,edges);
11 >> isequal(hG.BinCounts,HistCounts)
12 ans =
13 logical
14   1
```

从变量 edges 的公式看，基于中心变为基于边界分组，就是自中心移动半个柱子宽度，方向分 3 个部分：首先，左端向左，增加半个柱子宽度形成新边界；其次，中间向右，分别从各自中心位置移动至右边界；最后，右边缘柱子中心向右，移至右边界。

2. 实例：histogram 函数绘制直方图

前面分析了新老版本直方图绘制命令间的异同点，接下来将通过代码实例对 histogram 函数绘制直方图时的数据处理、调参过程做扼要介绍。

问题 8.4 根据问题 8.3 中提供的《乌鲁木齐市本年度历史天气情况数据表》，绘制如下两组直方图：

(1) 根据数据表中 Eval 变量，即"空气质量"栏内的 5 种质量状况评价，绘制现有全部天数的质量状态包含天数的直方图；

(2) 严重空气污染状况天数是评价城市天气情况的重要指标之一，试根据上述数据表，绘制每月评价为"重度污染"天数的频数直方图。

分析 8.4 绘制直方统计图首先要考虑数据格式是否满足绘图函数的要求，分析问题 8.4 发现关键在于空气质量评估一栏是文本型数据，这类数据统计需要用到称为"分类(categorical)数组"的数据类型。分类数组适用于统计可以枚举归类的源数据，自 R2013b 提供了一系列统计、编辑分类数组命令后，新老版本的直方图统计、绘制命令 histc/hist 或者 histcounts/histogram 都支持分类数组的数据类型，问题 8.4 只用到分类数组中最基础的分类数组构造函数 categorical。

问题(1)相对简单：readtable 读入数据，让 table 中的 Eval 变量数据转换成分类数组，就能用 histogram 完成直方图绘制了，结果如图 8.20 所示（数据标签采用 DataTip 图形工具手动添加）。

代码 381 问题 8.4 问题(1)直方图的绘制代码

```
1  clc;clear;close all;
2  TU = readtable('WeatherUrmuqi.xlsx'); % 读入乌鲁木齐 2019 年历史天气数据
3  H0 = histogram(categorical(TU.Eval),"FaceColor","none");
```

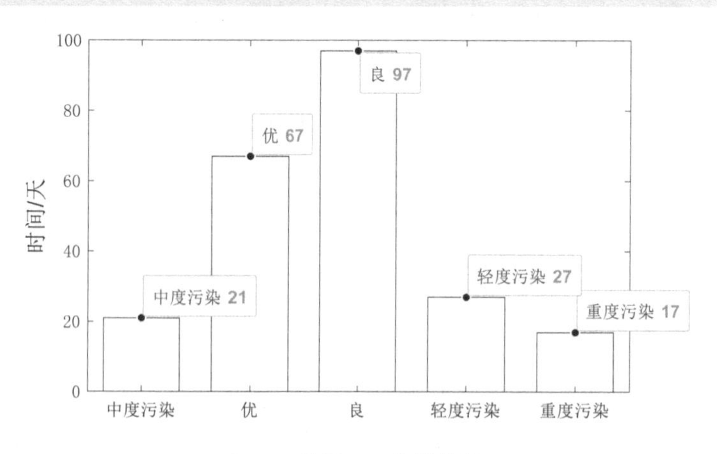

8.20 代码 381 执行结果

✍ 点评 8.7 直方图在统计分类数据频度时经常使用，hist/histogram 均支持分类数组类型。代码 381 包含 table 和 categorical 两类数据的切换。categorical 数组的枚举特征，很适合与 cell 或 table 类型搭配。MATLAB 中的 histogram 和 bar 等绘图函数对于分类数组都是全面支持的，而上述代码就提供了把文本转换为分类数组，作为 table 的变量传入 histogram 的例子。

问题(2)要求把分类数组中标识为“重度污染”的天数，以月份为单位显示在直方图中。这包括了为时间做分类数组，以提供分隔边界的要求。观察代码 363 中历史天气导入的 table 数据变量，发现第 1 列是时间变量数据(datetime)，直方图命令 histogram 同样支持时间数据类型作为数据分隔边界，因此问题(2)转换成怎样构造时间参数的分组“edges”。

第 2 章曾介绍了用 datetime 和 calmonths 的函数组合，构造一系列以月为单位间隔的时间变量数组(详见问题 3.8)，问题 8.4 可以利用该方案，以 2019 年元旦作为时间起点(分隔边界的左边缘)，用 calmonths 提供以月为跨距单位的时间数组。此外，注意代码 382 第 3 句，histogram 第 1 参数是如何在 table 数据中检索变量数据的，它同时包含对文本数据的逻辑相等索引条件，和 table 的点调用操作，最终运行结果如图 8.21 所示。

代码 382　问题 8.4 第(2)问直方图的绘制代码

```
1  clc;clear;close all;
2  TH = table(TU.Date,categorical(TU.Eval),...
3                 "variablenames",      ["Date","Eval"]);
4  Status = categories(TH.Eval);
5  h = histogram(TH(TH.Eval = = Status(5),:).Date,...
6                 datetime(2019,1,1) + calmonths(0:8),...
7                 "FaceColor",          "None")
8  ylabel('重度污染天数/月')
```

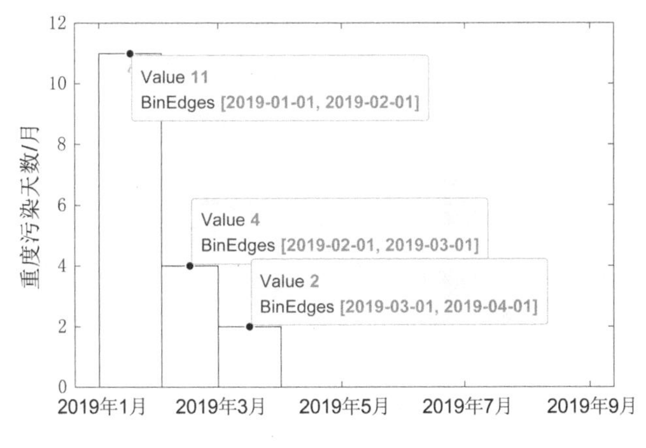

8.21　代码 382 执行结果

8.2.8　柱状图

MATLAB 中的柱状图并不像它的形状看起来那么简单，其属性参数的设置有其特色，此外，其对象设定的行为也有和其他图形对象不一致的地方。例如：绘制二维/三维散点图的 scatter/scatter3，或者线图命令 plot/plot3，其返回的分别是 Scatter 和 Line 对象，可见散点图或线图，无论 2-D 或 3-D，均共享同一对象类型。这一点是可以理解的，毕竟基本元素对象是点或线，属性容易统一；8.2.7 节提到的直方图对象函数 histogram/histogram2，由于二维和三维形体的差异，它们返回的绘图对象就分别是 Histogram 和 Histogram2。

但有意思的是，尽管柱状图和直方图命令返回对象的相似性，二维柱状图函数 bar 和三维柱状图函数 bar3 返回的图形对象却分别是 Bar 和 Surface。换句话说，MATLAB 并没有为三维柱子创建一组单独的图形对象，而是选择使用已有的曲面对象。

本节将对柱状图的绘制基本调用方法、常见的返回对象属性进行介绍，此外还将介绍其他调整柱状图属性参数的自定义方法，比如数据标签自动对中、自定义填充图案等。此外，本节在调整柱状图属性时，综合运用了隐式扩展、逗号表达式等手段，因此在本节最后，还附带介绍了这些数据处理的基本方法在图形绘制过程中的综合运用技巧。

1. 柱状图命令 bar 基本用法

bar 函数同样支持多种形式的输入数据，当只有 1 个输入参数时，默认行维度做横坐标上的分组，分组编号为 1，2，…，输入参数的列数等于每个分组的数据柱子数目：

代码 383　柱状图基本调用方法

```
1  rng(1); data = randi(10,3,5) % 3×5 维度 | 数据组为 3| 每组 5 个柱子
2  data =
3  5  4  2  6  3
4  8  2  4  5  9
5  1  1  4  7  1
6  bar(data)
```

代码 383 中的 data 数据维度是 3×5，因此生成的柱状图有 $n=3$ 个分组，列数 $m=5$ 代表每个分组下有 5 组柱子，如图 8.22 所示。

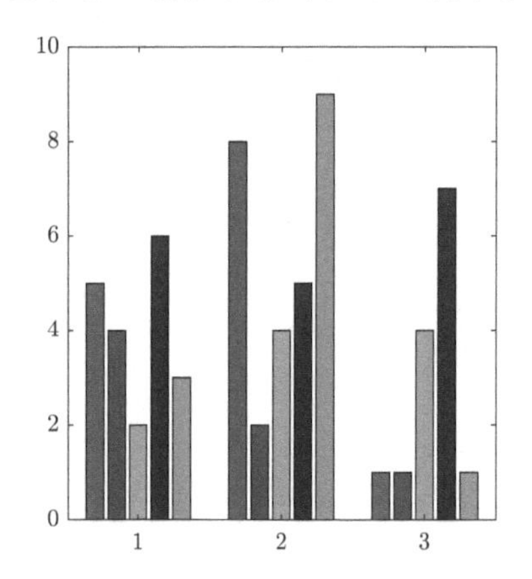

图 8.22　数据维度和柱状图的输出结果

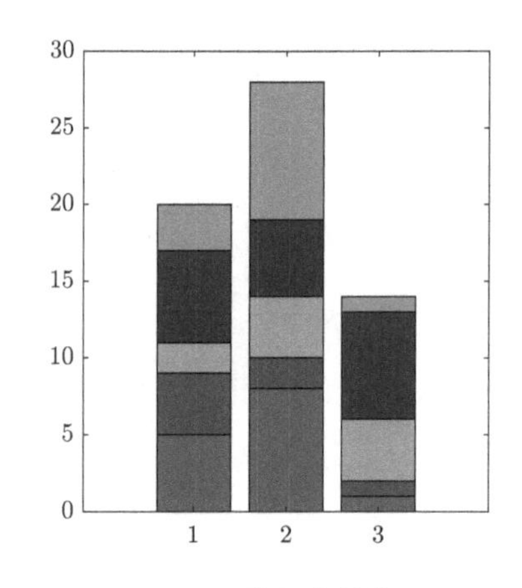

图 8.23　堆积式柱状图

不改变数据维度形式，通过 bar 命令后置的‘stacked’参数，将图 8.22 改为图 8.23 所示上下层叠堆积形式。

代码 384　层叠堆积式的柱状图

```
1  >> tb = bar(data,'stacked')
2  tb =
3  1×5 Bar array:
4       Bar    Bar    Bar    Bar    Bar
```

对照图 8.22 和 8.23 的颜色发现：堆积型柱状图数据顺序是自底而上的，此外，bar 与 Line、Histogram 等类似，创建的也是图形对象。代码 384 返回结果 tb 为 5 组横向对比数据柱子的对象句柄，各数据柱填充色、线型、宽度等属性值都可以按照图形对象属性参数修改的方式编辑，例如把每个 Group 的第 1 组数据改为红色：

代码 385　修改柱状图某组数据柱属性

```
1  tb(1).FaceColor='r';
```

修改柱状图中对象属性值时要注意：MATLAB 提供 bar/barh 命令绘制纵/横向柱状图、bar3/bar3h 绘制三维纵/横柱状图，图形类型虽然相似，但二维和三维柱状图的对象类型分别为 bar 和 surface，属性要按不同类型设置[①]。例如，当前坐标轴查找三维柱子的对象句柄，代码是 hB3=findobj(gca,'type','Surface')，在二维柱状图中，类型要改为'Bar'。

代码 386　二维和三维柱状图的对象类型

```
1   >> h1 = bar(randi(10,10,3))
2   h1 =
3   1×3 Bar array:
4        Bar  Bar  Bar
5   >> h1(1)
6   ans =
7   Bar with properties:
8       BarLayout: 'grouped'
9   ...
10  >> h2 = bar3h(randi(10,10,3))
11  h2 =
12  1×3 Surface array:
13       Surface  Surface  Surface
14  >> h2(1)
15  ans =
16  Surface (bar3) with properties:
17      EdgeColor: [0.1500   0.1500   0.1500]
18      LineStyle: '-'
19  ...
20  >> class(h1(1)) % 二维柱状图对象类型
21  ans =
22      'matlab.graphics.chart.primitive.Bar'
23  >> class(h2(1)) % 三维柱状图对象类型
24  ans =
25      'matlab.graphics.primitive.Surface'
```

bar 命令形式简单，以 Array 形式管理群组式对象句柄，无论是统一定义公共属性，还是单独定义某个柱子的特定属性，都非常方便。还有一些场景要求横坐标不使用默认数字编号，改为文字描述群组名称，此时可使用 categorical 类型，bar 系列命令和 histogram 在这一点上相似，都支持分类数组：

代码 387　用 Categorical Array 类型更改横坐标分组

```
1  bar(categorical({'G1','G2','G3'}),data,'BarLayout','stacked')
```

2. 示例：柱状图与直方图

直方图函数 histogram 在数据统计中用途广泛，以问题 8.3 中的乌鲁木齐市 2019 年历史天气情况数据表为例，统计前 8 个月内，每个月轻度、中度、重度、良和优 5 类空气质量的天数分布，代码如下：

---

① bar 和 surface 两种对象形式导致二者很多地方存在差别，区别之一是 bar3 不支持 categorical 数据类型，例如代码"bar3(categorical("分组数据"+(1:3)'),randi(10,3))"不能显示标签"分组数据"，因为 bar3 的 Axes 强制隐掉了"x|yticklabel"的成员属性设置权限。

代码 388　乌鲁木齐空气质量分布:histogram 函数

```
1  clc;clear;close all;
2  TU = readtable('WeatherUrmuqi.xlsx'); % 读入源数据
3  TH = table(TU.Date,categorical(TU.Eval),'variablenames',["Date","Eval"]);
4  Status = categories(TH.Eval); % 取得空气质量评估数组的分类
5  figure('Position',[680  640  720  320])
6  hold on
7  arrayfun(@(i)histogram(TH(TH.Eval = = Status(i),:).Date,...
8      datetime(2019,1,1) + calmonths(0:8)),1:5)
9  legend(unique(TU.Eval))
10 set(gca,'XTickLabel',(1:9) + " 月",'fontsize',12)
```

代码 388 执行结果如图 8.24 所示。可见 histogram 表述多种分类时，受类别横坐标限制，无法将各分组数据对应条形图以并列方式排布，只能沿分类坐标轴垂直方向堆叠。

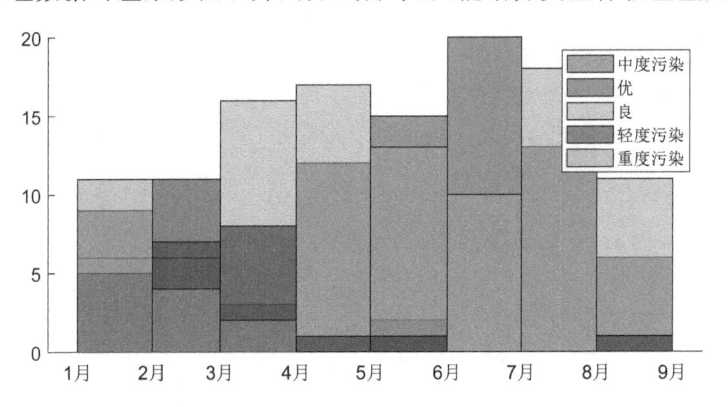

图 8.24 彩图

图 8.24　乌鲁木齐空气质量分布直方图

注意到图 8.24 的空气质量组成中，如果使用默认颜色设置，在 1 月份自下而上第 2、第 4 两个组分的颜色色值相同，似乎与图例表述相悖，但实际上，这是由于色块间相互遮挡叠加造成的，对于这种情况，帮助文档建议："调整数据分组条形图颜色'facealpha'透明度属性"。但如果用 bar 绘制数据的柱状图，代码为 389 所示。

代码 389　乌鲁木齐空气质量分布状况:bar 函数

```
1  TH = table(TU.Date,categorical(TU.Eval),'variablenames',["Date","Eval"]);
2  T = table(categories(TH.Eval),cell2mat(arrayfun(@(i)...
3      countcats(TH(month(TH.Date) = = i,:).Eval),1:8,'un',0)));
4  T.Properties.VariableNames = ["Stats","Month"]
5  figure('Position',[680  640  720  320])
6  bar(categorical((1:8) + " 月"),T.Month')
7  set(allchild(gca),'barwidth',1)
8  legend(unique(TU.Eval))
9  set(gca,'XTickLabel',(1:8) + " 月",'fontsize',12)
10 ylabel(" 空气质量天数统计/月",'FontWeight',"bold")
```

结果如图 8.25 所示，bar 命令把 5 种类型的空气质量分布数据以并列柱子显示，当数据需要进行比较时，用 bar 命令的效果优于用 histogram 命令。

bar 命令和 histogram 有很多类似之处，例如都支持 categorical 数据类型，因为同属图形对象，各自有对应的成员属性值。但 bar 函数也有一些与 histogram 不同的地方，表现在如下两个方面：

（1）**输入数据的维度支持**：bar 命令支持矢量化的数据输入方式，因此第 1 参数，即横坐标

X 是行(列)向量,如 $1\times n$ 或 $n\times 1$,纵坐标数据 Y 的行数只要和 X 一致即可,换言之,bar 可同时绘制多个 bar 对象,例如 Y 数据的维度是 $n\times k$,则命令"bar(X,Y)"同时画出 k 组柱子;histogram 则不支持这种绘图方式,代码 388 要借助 arrayfun 或循环流程来绘制每个分组数据的直方图统计结果。

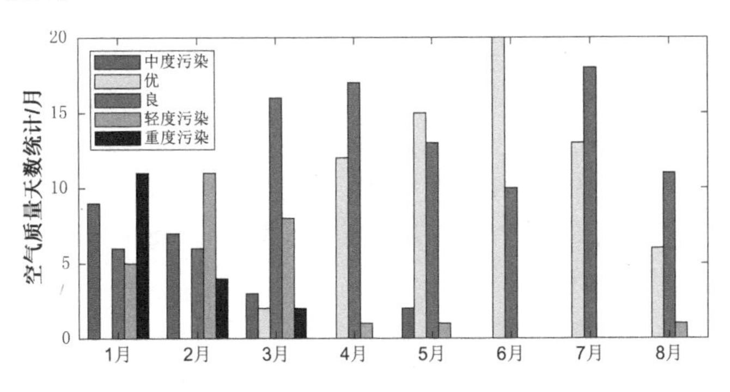

图 8.25 彩图

图 8.25　乌鲁木齐空气质量分布二维柱状图

(2) **计算方式**:在数据计算的方式方面,bar 和 histogram 具有很大的差别,histogram 的输入数据是待统计源数据表,histogram 的'BinCounts'、'Normalization'属性包含频数特性计算的成员方法,这很可能是 histogram 无法以矢量化方式绘制直方图的原因——不同组别数据潜在的定制属性不具备矢量化的规律性条件,而 bar 是单纯的绘图函数,没有类似 histogram 频数统计计算方面的功能,只能根据传入的数据绘图。由于没有计算功能,bar 在矢量化处理图形对象元素方面更灵活。

MATLAB 提供多个函数,可以产生 bar 函数所需的统计数据。代码 390 中以源数据 data 为例,列举了其中 4 种常见方法。

代码 390　数据的频数直方统计函数的基本用法

```
1   >> rng(5); data = randi(10,1,15) % 源数据
2   data =
3        3    9    3   10    5    7    8    6    3    2    1    8    5    2    9
4   accumarray(data',1)'              % 方法 1
5   ans =
6        1    2    3    0    2    1    1    2    2    1
7   >> countcats(categorical(data))   % 方法 2
8   ans =
9        1    2    3    2    1    1    2    2    1
10  >> histc(data,1:10)               %方法 3
11  ans =
12       1    2    3    0    2    1    1    2    2    1
13  >> histcounts(data,1:11)          %方法 4
14  ans =
15       1    2    3    0    2    1    1    2    2    1
```

以上代码的源数据 data 为从 1~10 的随机整数,但没有数值"4",观察注释标识的方法 1、方法 3 及方法 4 即调用 accumarray、histcounts 和 histc 函数的运行结果,发现都是预设 edges 变量分垛(token)统计,数值"4"出现的频数被统计为 0,但方法 2 中的 countcats 函数,它只统计现有 data 各元素的出现频数,因此源分类数组 data 没有该项就无法统计。

可是代码 389 的绘图数据恰恰选择了 countcats 函数计算,这样是否会因某些月份缺失某些分类,而造成 countcats 无法统计?例如天气数据有优、良、轻度、中度和重度污染 5 个选项,但 1 月数据中没有"优"的状态,会不会造成统计结果也忽略 0 天的"优"分类呢?可以用代码

测试一下：

代码 391　分类数组的分类继承关系

```
1  >> Data = categorical(randi(5,1,5))   % 分类数组包含[1,2,3,5]计 4 个元素
2  Data =
3    1×5 categorical array
4       5     3     1     1     2
5  >> countcats(Data(1:2))               % 统计前 2 个元素继承的分类来自 Data
6  ans =
7       0     0     1     1
```

可见统计某个分类数组部分元素出现的频数，也仍会继承源数据的分类，因此代码 389 按月统计天气没有问题——前提是先将 1～8 月的天气数据用 categorical 定义为分类数组，其内部自动隐含 categories 的计算结果。

3. 示例：柱状图的数据标签

在 R2019b 版本之前，MATLAB 柱状图显示数据标签是个相对比较麻烦的事情，因为其没有提供一个属性参数，能像 Excel 一样把柱状图代表的数据标签放置在柱子的顶部，直至 R2019b 的 bar 函数的出现，其为 Bar 对象提供了 XEndPoints/YEndPoints 属性来指定柱顶标签放置的位置。本节则重点讨论：使用 R2019b 以前的版本，如何通过代码设置数据标签的位置。

问题 8.5　对一组数据绘制柱状图，并用高度值作为数据标签，放置在每个柱子顶部。

分析 8.5　问题难度在标签数据长度和柱子宽度的不确定，导致标签可能不对中。解决这个问题有两种思路，一种是结合 text 命令，计算每个柱子横坐标位置，该方法可能要尝试多次手动调整标签坐标；另一种思路是借助 Bar 对象的隐藏属性'XOffset'，小幅微调标签位置，这对初学 MATLAB 的用户而言，可能不容易想到或做到，毕竟这个参数没有出现在 bar 函数的属性列表里。

图 8.26 为 Excel 数据标签选项的效果图。使用 R2019b 之前版本动态捕捉柱子顶部位置并标注数据标签之前，首先暂时排除采用诸如 gtext 这类利用鼠标在图中添加文本和微调位置的交互函数。

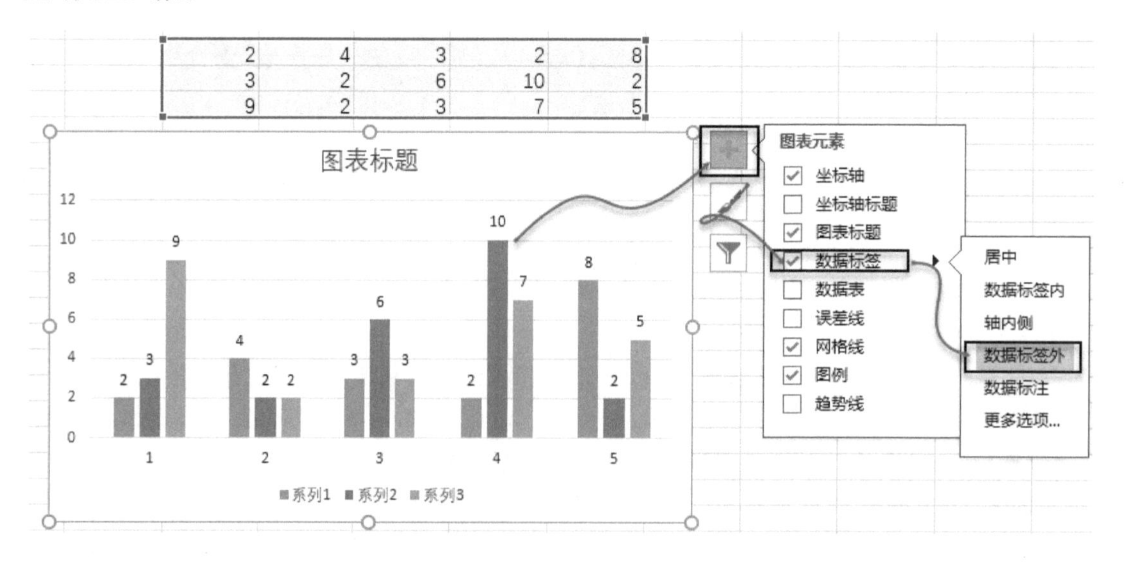

图 8.26　柱状图数据标签：单独一组数据

如果分组数据是比较小的正整数，text 函数设置数据标签位置是容易的，因为 text 命令在标注时，约定从标签的 x 坐标，即柱子中心位置开始放置指定文本。

代码 392　柱状图数据标签：单独一组数据

```
1  figure('Color','w','Position',[400 400 800 380])
2  rng(1); data = randi(10,1,8);
3  tb = bar(categorical(sprintfc('Group %d',1:numel(data))),data);
4  set(gca,'ticklabelinterpreter','latex','fontsize',14)
5  text((1:numel(data)) - .1,data + .6,sprintfc('%d',data),'fontsize',14)
6  ylim([0 max(data) + 1.5])
```

代码 392 运行结果如图 8.27 所示。因标签自身有一定长度，故要在 text 的命令代码中，对横纵坐标进行微调，而且微调数值和图幅本身大小相呼应，调整之后基本达到输出显示的效果要求。

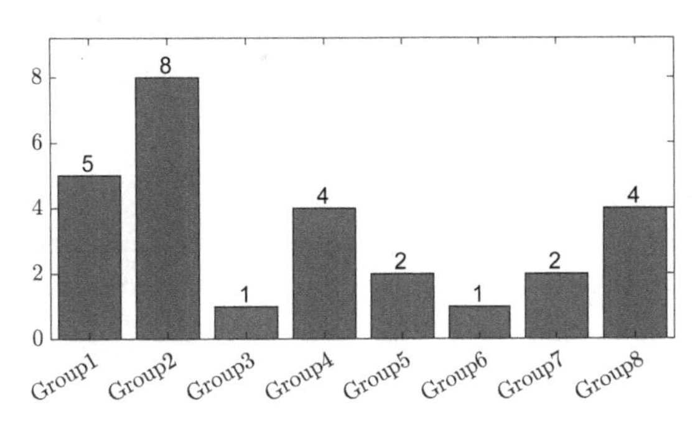

图 8.27　柱状图数据标签：单独一组数据

分组存在多组数据（并列柱子），且标签为整数或小数时，代码 392 中所用的方法不再适用，因为随组内数据增减、柱子宽度、标签自身长度、图幅大小、横坐标标签多组数据的偏移等因素的变化，标签横坐标位置难于精准锚定，这时可计算 text 标注位置和柱子偏移量的关系，适当微调，如代码 393 所示。

代码 393　柱状图多组数据标签位置的微调改进

```
1  data = randi(10,3,4);
2  tb = bar(categorical(sprintfc('Group %d',1:height(data))),data,'BarWidth',1.2);
3  ofst = cell2mat(get(tb,'Xoffset'));
4  base = ofst + double(tb(1).XData);
5  bar_h = (ofst(2) - ofst(1))/2 * get(tb(1),'barwidth');
6  text(base(:) - bar_h, reshape(data',1,'') + .05 * max(data,[],'all'), ...
7         sprintfc('%6.2f',reshape(data',1,'')),'fontsize',13);
8  ylim([0 max(data,[],'all') + .05])
```

代码 393 虽然不长，但使用了包括 Undocumented 函数 sprintfc、柱子绘图对象的隐藏属性‘Xoffset’、隐式扩展获取每组柱子的偏移量数值以及函数 max 的新后置参数‘all’（R2018b 中才有）等，这些技巧值得介绍一下。

技巧 1：sprintfc 命令自动生成数据组名称。sprintfc 是 Undocumented 函数，和官方正式公布的命令 sprintf 一样，都具有动态构造文本字符串的功能，但 sprintf 返回的是一段字符串，如果想变换成本例要求的 cell 格式，还要经过 deblank 去尾部空格和 split 分裂为 cell 的两个步骤：

代码 394　sprintf+split 生成 cell 数组

```
1  >> deblank(sprintf('Group%d ',1:3))
2  ans =
3      'Group1  Group2  Group3'
4  >> split(ans)'
5  ans =
6  1×3 cell array
7       {'Group1'}  {'Group2'}  {'Group3'}
```

而 sprintfc 则可以直接将这段字符串重新分裂为多个独立子字符串，并分别保存在单独的 cell 中：

代码 395　sprintfc 命令生成 cell 数组

```
1  >> sprintfc('Group%d',1:3)
```

这个功能非常有用，例如 legend、cellfun，以及代码 392～393 中使用的 categorical 命令等，都能接受 cell 数组，因此 sprintfc 可以起到简化代码的作用，相当于 sprintf + split + deblank 的集成组合[①]。

技巧 2：使用'bar'对象的隐藏属性'Xoffset'。随着每组比较数据的增多，柱子数量增加，因此相邻柱子中心距也发生变化，这给动态获取柱子中心位置的 x 坐标造成困难，bar 有个隐藏对象属性'Xoffset'，所谓"隐藏"是指截至 R2022a 版本，尚不能用类似"get(BarHandle)"的指令查到这个属性名称，但是运行代码 396 后，证实这个属性的确存在，其含义是柱状图每组中的 2 个比较数据，分别向该组的 xlabel 位置偏移±0.1429。

代码 396　隐藏属性'Xoffset'

```
1  >> data = randi(10,3,2);
2  >> tb = bar(data)
3  tb =
4    1×2 Bar array:
5      Bar    Bar
6  >> toffset = cell2mat(get(tb,'Xoffset'))
7  toffset =
8      -0.1429
9      0.1429
```

偏移量属性值 toffset 为计算柱子上方数据标签的横坐标位置提供了依据。

技巧 3：使用隐式扩展。代码 396 有两点值得注意：一方面，获取句柄属性值的命令 get 完全支持矢量化代码特性，从维度 $1\times n$ 的柱子句柄 tb 中无须循环，一次提取所有柱子偏移量；另一方面，每组数据对应柱子的偏移量是个相对值，要和每个组标签位置相加才能得到标签插入的实际位置，注意到偏移值的维度是 $n\times 1$，和标签数据之间恰好形成隐式扩展：

代码 397　隐式扩展计算标签文本横坐标

```
1  Xcord = toffset + (1:size(data,1))
2  Xcord =
3     0.8571    1.8571    2.8571
4     1.1429    2.1429    3.1429
5  T = array2table(Xcord);
```

---

① 之前直方图中，对于带有强烈规律性的动态文本构造，还采用了 string 数组的"并"操作，例如：(1:5)+"月"，或者"Group"+(1:3)，string 和 sprintfc 两种动态文本的构造方法在实际问题中都是非常实用的。

```
6  T.Properties.VariableNames = sprintfc('Group %d',double(tb(1).XData));
7  T.Properties.RowNames = sprintfc('Column %d',1:numel(tb))'
8  T =
9  2×3 table
10           Group1    Group2    Group3
11           ________  ______    ______
12 Column1   0.8571    1.8571    2.8571
13 Column2   1.1429    2.1429    3.1429
```

代码 397 用隐式扩展获取了第 i 个 Group 的 2 个柱子横坐标数据，并以 array2table 函数将其转换为 table 类型。

技巧 4：使用 max 的全数据源统计参数。自 R2018b 版本起，sum、mean、median、min/max 等函数新增了一个非常实用的后置参数'all'，顾名思义，就是统计输入数组的全部元素，代码 398 显示了有和没有参数'all' 的区别和变化。

代码 398　max 的后置参数

```
1  >> a = randi(10,2,5)
2  a =
3      6    8    7    4    8
4      3    2    2    7    1
5  >> max(max(a))
6  ans =
7      8
8  >> max(a,[],'all')
9  ans =
10     8
```

有了参数'all'，就能在 ylim 命令中，通过一次调用 max 函数确定整个柱状图在包含数据标签时的动态扩大范围。

除了上述内容以外，代码 393 的第 2 条语句还使用了 height 函数获取 array 数组的行数。height 函数尽管在 R2013b 已经提供，但它以前只能用于 table 数组的维度统计，直到 R2020b 版本，它和 width 命令都可用于统计普通数组（包括高维数组）的高（宽）度了，这一使用范围的放宽，使得 height/width 成为代替 size 函数的函数之一。总体而言，代码 393 也算是一个学习新版本命令和参数综合运用的例子。

仍然需要强调：问题 8.5 重点探讨了如何在柱顶相对准确的位置标注数字标签，运用了数据处理、属性值设置的技巧，包括数据标签坐标位置计算、图幅大小动态控制、采取合适函数配合数据类型衔接等。但柱状图数字标签方案还有待进一步探讨和完善，尤其当不同柱子标签的数字位数相差较大、数据文本长度过长或柱子宽度参数变化时，标签对中效果并不理想。

自 R2019b 版本起，MATLAB 的 bar 命令新增 XEndPoints/YEndPoints 属性值，用于指定柱顶标签的位置。这一属性的出现基本解决了标签位置和柱顶中心位置联动的问题，帮助文档给出结合前述两个属性，在柱顶标注的代码方案，如下：

代码 399　柱顶标签设置的帮助文档代码方案

```
1  [x,vals] = deal([1  2  3],[2  3  6; 11  23  26]);
2  b = bar(x,vals);
3  [xtips1,ytips1] = deal(b(1).XEndPoints,b(1).YEndPoints);
4  [xtips2,ytips2] = deal(b(2).XEndPoints,b(2).YEndPoints);
5  [labels1,labels2] = deal(string(b(1).YData),string(b(2).YData));
6  text(xtips1,ytips1,labels1,...
```

```
7               'HorizontalAlignment',          'center',...
8               'VerticalAlignment',            'bottom')
9   text(xtips2,ytips2,labels2,...
10              'HorizontalAlignment',          'center',...
11              'VerticalAlignment',            'bottom')
```

XEndPoints/YEndPoints是内部属性值，因此不再需要用户计算每个数据标签的位置，如果使用R2019b或以上版本，代码399是标识柱顶标签的合理方案。上述代码还可以用get函数再做简化，如代码400所示。

代码400　柱顶标签设置帮助文档代码-改1

```
1   hBar = bar(x,vals);
2   info = get(hBar,{'XEndPoints','YEndPoints','YData'});
3   arrayfun(@(i)text(info{i,1:2},string(info{i,3}),...
4                 'HorizontalAlignment',       'center',...
5                 'VerticalAlignment',         'bottom'),1:2)
```

代码400的重点在于get函数对属性名称利用逗号表达式统一获取属性值，再用arrayfun对各组柱子逐一标注顶端标签。实际上前述代码还可以利用逗号表达式进一步优化：

代码401　柱顶标签设置帮助文档代码-改2

```
1   clc;clear;close all;
2   [x,vals] = deal([1  2  3],[2  3  6; 11  23  26]);
3   hBar = bar(x,vals);
4   text([hBar.XEndPoints],[hBar.YEndPoints],...
5                 string([hBar.YData]),...
6                 'HorizontalAlignment',        'center',...
7                 'VerticalAlignment',          'bottom')
```

✍ **点评8.8**　代码401用逗号表达式省略了get函数查找属性值，这样一来，text函数第1、第2和第3输入参数通过对hBar做点调用返回3个属性参数，外部中括号不能省略，这3个量的类型都是2×1的cell数组，其中每个cell存储每组3个柱子的标签和位置数据(1×3)，在外部加中括号相当于让这两个1×3数组并列成1×6的数据，text命令统一加注6组柱顶标签。这是个非常有趣的写法(实际上介绍nexttile用法时，也有过类似的处理手法，详见代码342)，下一小节介绍柱状图填充图案，还会继续介绍逗号表达式和绘图命令结合的其他应用。

4. 示例:柱状图的填充图案

很多场合柱状图需要在黑白打印环境呈现，这个场景实际大幅度限制了采用色彩区分不同数据柱子的手段。所以MATLAB是否能像AutoCAD、Origin等软件一样，为柱状图添加类似剖面线的填充图案呢？本节就粗略地总结一种可行的代码方案。

首先，截至R2021b版本，MATLAB可为柱状图或直方图提供颜色、透明度等的属性值修改选项，但尚无自定义剖面线的修改选项；其次，为柱状图提供剖面填充，同时要兼顾与对应的图例图案协调一致，这里面还涉及图例对象的位置取得的问题。Jérôme Briot、Kelly Kearney和Kesh Ikuma三人在MathWorks官网的FileExchange版块提交了几个相关程序，如果组合起来，则相当于提供了一个基本完整的柱状图剖面填充代码方案。本节主要介绍他们关于填充柱状图问题的解决方法。

首先是所需文件的下载和设置，方法很简单，在FileExchange找到相应的文件，下载至工作目录即可。

步骤 1：在 FileExchange 版块搜索并下载"SETPOS"工具包[①]，其中包含设置/获取图形对象位置的 2 个函数 setpos. m 和 getpos. m，以及一个 demo 文件 setgetposexamples. m。截至目前，其版本为 1.2，最后一次更新是 2007 年 2 月，MATLAB 图形句柄的数据类型之后发生很大变化，setpos/getpos 函数直接运行会在和 href 句柄相关语句报错，原因是新版本对象句柄有专属对象定义方式，不再支持直接用句柄做逻辑关系运算，故按如下方法修改 setpos/getpos 源代码：

- 用 ctrl + H 查找"href ～= get(h, 'parent')"，替换为"～isequal(href, get(h, 'parent'))"（两个文件）；
- 用 ctrl + H 查找"～href"，替换为"isequal(href, groot)"或"strcmp(get(href, 'type'), 'root')"。

步骤 2：在 FileExchange 版块搜索并下载"Hatchfill2"工具包[②]，Hatchfill2 就是用于绘制柱状图填充的主程序。

步骤 3：在 FileExchange 版块搜索并下载"legendflex"程序[③]，legendflex. m 程序用于绘制对应填充设置的图例。

步骤 4：在工作目录新建"🗁 D:/MATLABFiles/.../HatchTest"文件夹，将上述步骤下载的文件放入其中，在 HatchTest 文件夹里新建"private"私有函数文件夹，将上述几个文件复制一份放入其中，至此下载和设置工作完成。

接下来在路径"🗁 D:/MATLABFiles/.../HatchTest"下建立一个新的脚本文件"HatchBar. m"，在其中写入代码 402：

代码 402　柱状图自定义填充线的绘制示例

```
1   clear;clc;close all
2   data = rand(4,3);
3   [HType,HAngle,HDensity,HColor,HLineWidth,HLineStyle,TLegend,D] = deal(...
4       {'single','single','cross'},...    % 填充类型
5       [0  120  60],...                    % 填充角度
6       50,...                              % 填充密度
7       {'k','k','k'},...                   % 填充线颜色
8       .5,...                              % 填充线宽
9       {'-','-',':'},...                   % 填充线型
10      {'ex1','ex2','ex3'},...             % 图例名称
11      [2  .03]);                          % 柱顶标签左右上下微调距离
12  tb = bar(data,'facecolor','none');    % 柱状图
13  ofst = cell2mat(get(tb,'Xoffset'));   % 获取数据的横向偏距
14  base = ofst + double(tb(1).XData); % 数据标签横向基本位置计算 - 1
15  bar_h = (ofst(2) - ofst(1))/2 * get(tb(1),'barwidth'); % 数据标签横向位置计算 - 2
16  set(gca,'ylim',[0  1.05]);            % 数字标签预留顶部空间
17   % 构造动态数字标签
18  text(base(:) - D(1) * bar_h, reshape(data',1,'') + D(2) * max(data,[],'all'), ...
19      sprintfc('%6.2f',reshape(data',1,'')),'fontsize',9);
20  arrayfun(@(i)hatchfill2(tb(i),HType{i},'HatchAngle',HAngle(i),...
21           'HatchDensity',      HDensity,...
22           'HatchColor',        HColor{i},...
```

① SETPOS 链接地址：https://ww2.MathWorks.cn/matlabcentral/fileexchange/13927，作者：Jérôme Briot。

② Hatchfill2 链接地址：https://ww2.MathWorks.cn/matlabcentral/fileexchange/53593，作者：Kesh Ikuma。

③ legendflex 链接地址：https://ww2.MathWorks.cn/matlabcentral/fileexchange/31092，作者：Kelly Kearney。

```
23              'HatchLineWidth',          HLineWidth,...
24              'HatchLineStyle',          HLineStyle{i}),1:size(data,2))
25   [~,legend_h,~,~] = legendflex(tb,TLegend,'nrow',1); % 自定义图例句柄
26   arrayfun(@(i)hatchfill2(legend_h(length(tb) + i),HType{i},...
27              'HatchAngle',              HAngle(i),...
28              'HatchDensity',            HDensity/5,...
29              'HatchColor',              HColor{i},...
30              'HatchLineWidth',          HLineWidth,...
31              'HatchLineStyle',          HLineStyle{i}),1:size(data,2))
```

执行结果，即填充线版的柱状图如图 8.28 所示。

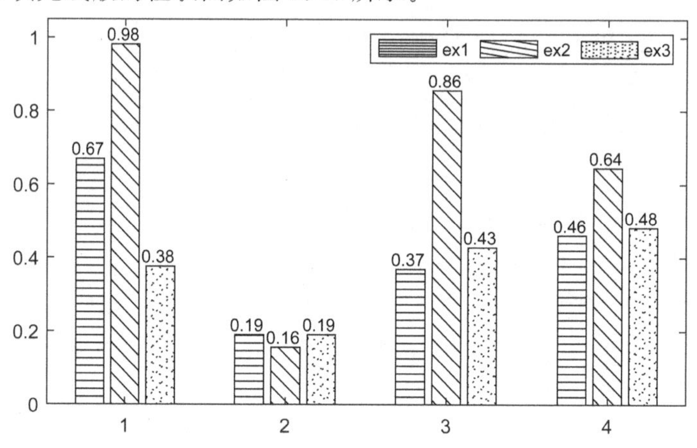

图 8.28　填充线形式的单色柱状图

✍ **点评 8.9**　代码 402 是 FileExchange 中 hatchfill2、legendflex 和 set/getpos 这 3 个程序工具以及前一节讲述的柱顶数据标签标注方法的综合运用。在这个方案中，图例设计和构思比较精彩，legendflex 和官方函数 legend 的区别在于，前者与坐标轴图形对象间没有直接联系，相当于手动重画了一套图例，这种自由定义图例的方式在图形元素复杂时，比 legend 图例函数具有更高的自由度和可定制性。

5. 绘图命令与逗号表达式的应用

前面图形对象的绘制代码多次用到 set/get 函数，有必要总结一下 set/get 函数对多个成员属性批量修改/查看属性值的特点。例如，在比较多组数据的图形对象中，往往要针对分组数据修改完全相同的成员属性，不同之处只是参数值有所区别，通常代码可以这样来写：

代码 403　设置柱状图属性：初步方案

```
1   clear;clc;close all
2   % 3 维柱状图以及图例
3   hBar = bar3(categorical("Data" + (1:3)'),randi(10,3),1,'grouped');
4   legend(" 数据" + (1:numel(hBar))')
5   set(hBar(1).Parent,"GridLineStyle",":")
6   % 柱子属性变动
7   set(hBar(1),"FaceColor",zeros(1,3),"EdgeColor",.3 * ones(1,3),...
8       "AlphaData",1,"marker","square","MarkerFaceColor","w","MarkerSize",4)
9   set(hBar(2),"FaceColor",.3 * ones(1,3),"EdgeColor",.4 * ones(1,3),"AlphaData",.7)
10  set(hBar(3),"FaceColor",.7 * ones(1,3),"EdgeColor",.75 * ones(1,3),"AlphaData",.2)
```

代码 403 修改的柱子属性项实际上相同或类似，可以把这些属性和对应属性值放在数据处理阶段统一收集，然后在 set 函数中用代码 404 所示的设置形式一次修改完毕。

代码 404　设置柱状图属性:修改方案-1

```
1  [Data,PropsName,Val] = deal(randi(10,3),...
2      {'FaceColor','EdgeColor','AlphaData',...
3      'Marker','MarkerFaceColor','MarkerSize'},...
4      struct('FaceColor',[0;.3;.7] * ones(1,3),...
5      'EdgeColor',[.3;.4;.75] * ones(1,3),...
6      'AlphaData',[1  .7  .2],'Marker',["s","none","none"],...
7      'MarkerFaceColor',["w","r","g"],'MarkerSize',4 * ones(1,3)));
8  hBar = bar3(Data,1,'grouped');
9  legend(" 数据" + (1:numel(hBar))')
10 set(hBar(1).Parent,"GridLineStyle",":")
11 arrayfun(@(i)set(hBar(i),PropsName,{...
12 Val.FaceColor(i,:),Val.EdgeColor(i,:),...
13 Val.AlphaData(i),Val.Marker(i),Val.MarkerFaceColor(i),...
14 Val.MarkerSize(i)}),1:numel(hBar));
```

代码 404 属性名称和属性值用 cell 数组和结构数组的方式表述，每组柱子上使用对应维度数据，3 组柱子通过 arrayfun 设置对应属性，这是对代码 403 的初次改进。不过 set 函数前面已经提到，支持属性值批量设置，因此进一步省略 arrayfun 函数，重写代码如下：

代码 405　设置柱状图属性:修改方案-2

```
1  [Data,PropsName,Val] = deal(randi(10,3),...
2          {'FaceColor','EdgeColor',          'AlphaData',...
3          'Marker',   'MarkerFaceColor',   'MarkerSize'},...
4  struct('FaceColor',                        [0;.3;.7] * ones(1,3),...
5          'EdgeColor',                       [.3;.4;.75] * ones(1,3),...
6          'AlphaData',                       [1; .7; .2],...
7          'Marker',                          ["s","none","none"]',...
8          'MarkerFaceColor',                 ["w","r","g"]',...
9          'MarkerSize',                      4 * ones(3,1)));
10 Val = struct2array(structfun(@(x)num2cell(x,2),Val,  'uni',  0));
11 hBar = bar3(Data,1,'grouped');
12 legend(" 数据" + (1:numel(hBar))')
13 set(hBar(1).Parent,"GridLineStyle",":")
14 set(hBar, PropsName, Val);
```

代码 405 为了一次设置所有柱子对象的属性值，数据处理包含了一些处理技巧。这要从 set 函数对属性名称和属性值打包的要求说起，set 函数批量设置对象属性，要求属性名称和属性值必须"包裹"在 cell 数组中：

代码 406　set 函数批量设置属性值:语法格式

```
1  >> hObject = ...;
2  >> set(hObject,{Prop1,Prop2},{Val1,Val2}) % 属性名称和属性值为 cell 数组
```

必须强调，多对象属性值设置包含 cell 数组输出的强制约定，即使属性名称的 cell 数组维度只是 1×1，该花括号也不能省略。前面提到一个"多对象→单属性→多属性值"的例子(详见代码 367 中的图例设置)，下面再举一个"多 text 文本注释颜色属性设置不能省略名称花括号"的例子：

代码 407　多属性 set 花括号不能省略

```
1  >> Cord = num2cell([.1  .1;.3  .7],2);
2  >> hT = text(Cord{:},{'$ $\sqrt{x} $ $','$ $x^3 $ $'},'interpreter','latex');
3  >> set(hT,'Color',{'r';'b'}) % 'Color'属性不加 cell 的花括号出错
4  Error using matlab.graphics.primitive.Text/set
5  Error setting property 'Color' of class 'Text':
6  Color value must be a 3 element vector
```

代码407第3条语句属性名'Color'不加花括号，导致出现与之无关的错误信息，改为"set(…,{'Color'},…)"即可正常运行。

注意，如果是单纯的文本显示，如在图例(legend)、文本(text)等对象中，char类型和2016b新增的string类型可以等效互换，但这两种数据类型在其他一些场合(如参数名称)仍有不小差异，比如代码406中，如果属性名称或对应属性值换成string类型，都会出现"Invalidparameter/valuepairarguments"的错误提示。这个错误表面上是cell和string的类型差别造成的，其实它背后真正的原因还是没有掌握逗号表达式(Comma - Seperated Lists)的使用方法。代码408可以说明逗号表达式的用途。

代码408　cell文本和string文本等效作用演示

```
1  [x1,y1] = deal(linspace(0,2 * pi),sin(linspace(0,2 * pi))); % plot 数据
2  t = 0:pi/500:pi;
3  [xt,yt,zt] = deal(sin(t). * cos(10 * t),sin(t). * sin(10 * t),cos(t)); % plot3 数据
4  PlotTest(x1,y1)                        % plot 线图
5  figure; PlotTest(xt,yt,zt)             % plot3 线图
6
7  function PlotTest(varargin)
8  H = {@plot,@plot3};
9  feval(H{nargin - 1},varargin{:})       % varargin{:} 多变量分隔
10 end
```

如果限定plot必须用2个变量(x,y)、plot3用3个变量(x,y,z)，则应注意到代码408第9行用"varargin{:}"同时应对了plot和plot3不同的变量个数需求，这其实就是因为逗号表达式"{:}"可以动态处理cell数组内数量不定的单元要求，最终这些数据会各自以独立变量形式输出。

逗号表达式操作是集约管理多个返回变量的强效利器，名称本身说明了该语法操作相当于通过逗号自动分隔变量，在赋值左右端形成对应的多输出效果，官方工具箱很多函数源代码中能看到这类操作，很多函数的输入参数也支持这样的操作。

代码409　逗号表达式操作解析

```
1  >> CData = {randi(10,1,3),... % 定组数据类型和维度不同的数据 CData
2      magic(3),...
3      datetime(2019,5,5:8)',...
4      categorical(" 数据" + (1:3)')};
5  % 将 cell 数组中的 4 组数据存储成 4 个变量（普通方法）
6  >> C1 = CData{1};
7  % ... 类推
8  >> [C1,C2,C3,C4] = CData{:}; % 逗号表达式 - 1
9  >> [C1,~,C3,C4] = CData{:}; % 逗号表达式 - 2
```

✍ **点评8.10**　代码409表达了逗号表达式返回多输出的便利性，如果用普通赋值方法，类似第2条语句依次对CData取得对应索引的数据赋值，比较烦琐。逗号表达式则可以像调用子函数般任意指定输出参数的数量和位置，灵活而简洁。这也解释了代码408中"varargin{:}"为什么能同时支持plot和plot3不同参数个数的输入要求。再看代码407用一个text在不同坐标点同时标注两组文本，逗号表达式形式的坐标"Cord{:}"起到关键作用——当然，set函数对多对象属性批量赋值，也属于逗号表达式的应用，只是更加隐蔽。

通过上述逗号表达式语法结构分析，set函数多对象、多属性批量设置的原理也就清楚了：属性名称和值的数据强制cell类型，目的显然是构造逗号表达式的多输出形式，但set涉及属性名称和属性值两组多输出，自然要在维度上达成协调一致，让每个对应的属性名称，能够对应正确的属性值设置。现在可以再度回到柱状图多组柱子的属性设置代码405，分析名称变

量 PropsName 和值变量 Val 的结构组成：

代码 410　代码 405 属性数据分析

```
1  clc;clear;close all;
2  [PropsName,Val] = deal({'FaceColor','EdgeColor','AlphaData',...
3                          'Marker','MarkerFaceColor','MarkerSize'},...
4      struct('FaceColor',        [0;.3;.7] * ones(1,3),...
5             'EdgeColor',        [.3;.4;.75] * ones(1,3),...
6             'AlphaData',        [1; .7; .2],...
7             'Marker',           ["s","none","none"]',...
8             'MarkerFaceColor', ["w","r","g"]',...
9             'MarkerSize',       4 * ones(3,1)));
10 Val = struct2array(structfun(@(x)num2cell(x,2),Val,'uni', 0));
11 TPropsVal = cell2table(Val,"VariableNames",PropsName,"RowNames"," 柱" + (1:3)');
12 TPropsVal(:,{'FaceColor','EdgeColor','AlphaData'}) % 属性名称和属性值表前 3 列
13 ans =
14   3×3 table
15                FaceColor            EdgeColor          AlphaData
16             _________________    ________________    _________
17      柱 1     0      0      0     0.3   0.3   0.3        1
18      柱 2    0.3    0.3    0.3    0.4   0.4   0.4       0.7
19      柱 3    0.7    0.7    0.7    0.75  0.75  0.75      0.2
20 TPropsVal(:,4:end) % 属性名称和属性值表后 3 列
21 ans =
22   3×3 table
23              Marker      MarkerFaceColor     MarkerSize
24             ______     _______________     __________
25      柱 1    "s"              "w"              4
26      柱 2    "none"           "r"              4
27      柱 3    "none"           "g"              4
```

把属性名称作为 table 的'VariableNames'，属性值作为数据，不同柱子组别作为'RowNames'，可以直观显示 1×6 属性名和 3×6 属性值的对应关系，无论是施展"struct2array+strutfun+num2cell"这样的"维度+数据类型"组合拳，还是采用其他什么办法，最终目标始终是让二者依序对应，而 set 函数之所以通过一条命令让多个 cell 完成这样的对应，其背后起作用的就是逗号表达式。

另外，处理属性数据时选择了 struct 结构数组，而非直接使用逗号表达式的专属类型 cell。这一点可能也会令人疑惑：用 cell 设置属性值数据 Val，不就可以避免后续的 struct2array+structfun+num2cell 的转换了吗？是的，如果用 cell 数组，代码确实会更简洁，但这里采用 struct 构造属性值数据，主要是为了增强程序的可读性：struct 的域名清楚表达了属性值和对应属性名称的关系，也便于后期修改。

最后，Val 中的 Marker、MarkerFaceColor 等属性，采用 string 类型描述颜色或者数据块类型也是有意义的，因为 string 的数组是普通 array 数组，它可以通过 num2ell 分离，而 cell 类型的 char 文本(多个字符)无法实现这样的数据维度变换。

8.2.9　用 polarplot 绘制极坐标图

自 R2016a 起，绘制极坐标图形时用 polarplot 取代了老版本函数 polar。相比之下，新极坐标图各层属性修改控制指令更明确，除了利用 set/get 函数修改和查看图形属性的方法之外，极坐标坐标轴范围(rlim/thetalim)、刻度值/标签(rticks|thetaticks/rticklabels|thetaticklabels)和坐标

轴创建(polaraxes)等常见设置拥有独立设置函数，这和直角坐标轴绘图函数类似。此外，极坐标图能用 rtickangle 函数或坐标轴'RTickLabelRotation'属性控制 r 轴刻度标签转角，加上 R2016b 推出的极坐标散点和直方统计图命令 polarscatter 和 polarhistogram，极坐标绘图正式从直角坐标绘图中独立出来，成为单独的绘图系列。

用 polarplot 绘制蝶形线[15]的代码见代码 411，程序运行结果如图 8.29 和图 8.30 所示。

代码 411　两种蝶形线

```
1   theta = 0:0.01:64 * pi;
2   rho = exp(cos(theta)) - 2 * cos(4 * theta) + sin(theta/12).^5;
3   [PropsPAxNames,PropsPAxVal] = deal({'RTick','RTickLabel',...
4       'RTickLabelRotation','ticklabelinterpreter','fontsize'},...
5       {0:6,"r = " + (0:6)',15,'latex',13});
6   hP = polarplot(theta + pi/2,rho,'color','r');
7   set(gca,PropsPAxNames,PropsPAxVal) % 方法 1:set 函数设置坐标轴属性
8   figure;                            % 方法 2:独立函数设置极坐标轴属性
9   rho = exp(cos(theta)) - 2.1 * cos(6 * theta) + sin(theta/30).^7;
10  polarplot(theta + pi/2,rho,'color','r');
11  rtickformat('%.1f')                % r 坐标轴设置坐标轴标签保留 1 位小数
12  rticks(0:1:6), rticklabels("r = " + (0:6)'), rtickangle(15)
```

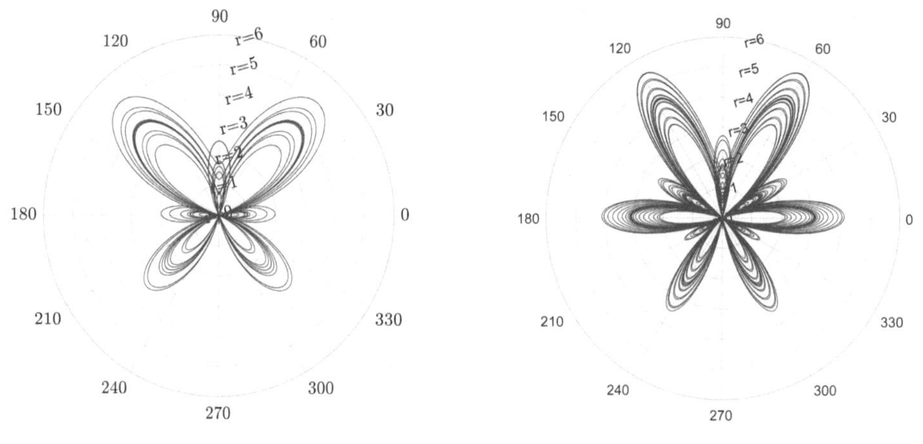

图 8.29　蝶形线-1　　　　**图 8.30　蝶形线-2**

8.2.10　用 xline/yline 绘制垂直和水平线

自 R2018b 版本起，MATLAB 新增两个绘制水平和垂直直线的高级命令 xline 和 yline。以 xline 为例，其常用调用方式如下：

代码 412　xline 命令调用方式

```
1   % xvalue: 垂直线的横坐标位置 (数值)
2   % LineSpec:线型及颜色
3   % label:垂直线的标签,支持通过 cell 表示多标签
4   % ax:垂直线的句柄
5   ax = xline(xvalue,LineSpec,label)
```

xline/yline 命令可在当前坐标轴上绘制多条贯通坐标轴上下限的垂直和水平线，这在渐近线趋势、概率密度等问题的表述中非常方便，尤其所绘制直线范围随坐标轴范围动态扩展时。这一点如果用代码“plot([a　a],[b1　b2])”实现是比较麻烦的。

为表现出 R2018a/R2018b 两个版本在简单曲线图形中的部分新特征，编写绘制反正弦函

数 $y=\arcsin x(x\in[-1,1])$、反余弦函数 $y=\arccos x(x\in[-1,1])$和反正切函数 $y=\arctan x(x\in[-5,5])$在相应定义域内曲线的代码：

代码 413　多函数曲线：默认绘图参数

```
1  [x1,x2] = deal(linspace(-1,1),linspace(-5+.002,5-.002));
2  [y,yt] = deal([asin(x1);acos(x1)],atan(x2));
3  plot(x1,y,x2,yt)
```

生成的曲线如图 8.31 所示。

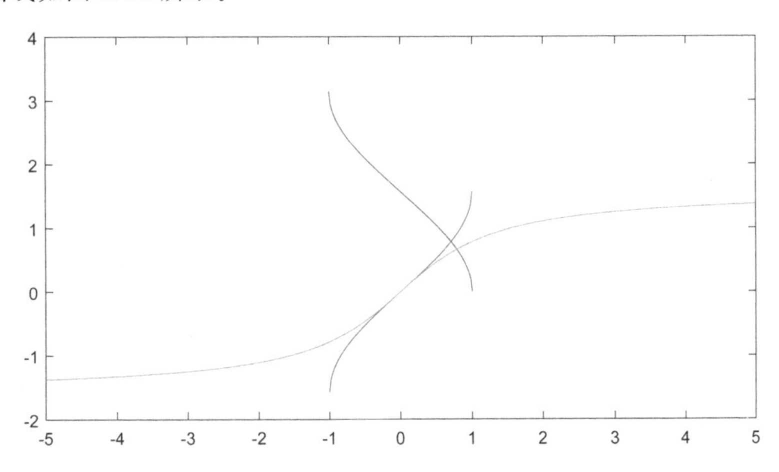

图 8.31　反三角函数曲线：默认参数

图 8.31 中的三条曲线没有渐进趋势，没有定义域值域标注，图形本身难以说明表达式本身的数学意义，于是沿用代码 413 数据 x,y 来设置属性参数并添加辅助线：

代码 414　多函数曲线：对象参数设置调整优化

```
1  figure('color',ones(1,3),'position',[400,400,650,380])
2  hLine = plot(x1,y,x2,yt); % 同时绘制全部曲线
3  hAx = gca; % 设定当前轴对象句柄名称为 hAx
4  % 设置当前坐标轴刻度
5  set(hAx,'ticklabelinterpreter','latex','fontsize',12)
6  % 设置线宽与线型
7  set(hLine,'linewidth',2,{'linestyle'},{'-';'--';'-.'});
8  % 关闭自动增加标签功能
9  legend({'$ $\arcsin x$ $','$ $\arccos x$ $','$ $\arctan x$ $'},...
10         'interpreter','latex','autoupdate','off')
11 % 绘制水平|垂直 4 条跨坐标轴直线
12 lin(1) = xline(-1,'r:','$ $x = -1$ $');
13 lin(2) = xline(1,'r:','$ $x = +1$ $');
14 lin(3) = yline(-pi/2,'b:','$ $y = -\frac{\pi}{2}$ $');
15 lin(4) = yline(pi/2,'b:','$ $y = +\frac{\pi}{2}$ $');
16 % 设置水平（垂直）线的标签字体
17 arrayfun(@(i)set(lin(i),'fontsize',12,'interpreter','latex'),1:length(lin));
```

代码 414 绘制的曲线如图 8.32 所示，相比图 8.31，增加多条辅助线后，三条函数曲线意义更加明确。

多曲线绘制示例代码 414 综合了对图形对象属性参数调整和设置的常用方法，同时包含一些新版本函数的运用：

① 利用 R2018b 版本新增的水平/垂直直线绘制命令 yline/xline 标注 3 条曲线的渐进

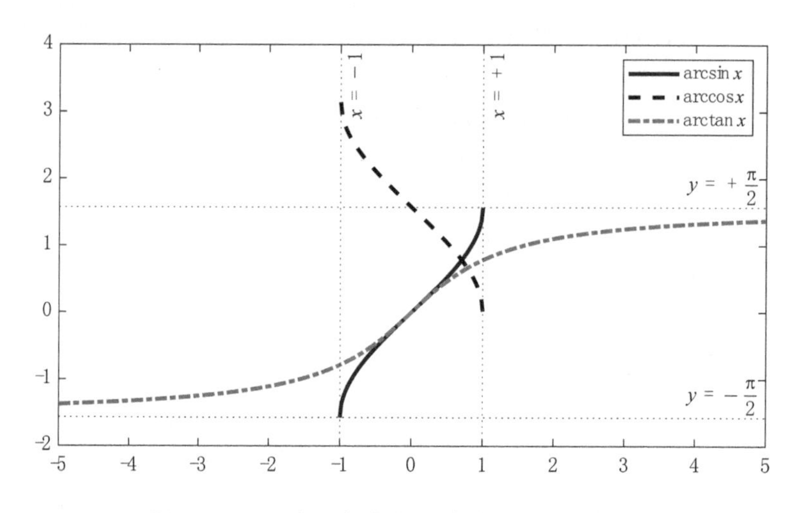

图 8.32　反三角函数曲线:对象参数设置和优化后

趋势。

② 代码 414 还可以继续添加其他更多语句,例如针对图中的余弦曲线(中间虚线),利用代码“xLim = hAx. XLim”获取横坐标范围,结合 plot 和 text 函数来订制曲线端点的标识,感兴趣的读者可以仿照书中代码尝试。

③ 代码 414 第 34 行,取得轴 hAx 的横坐标范围并赋予变量 xLim,采用了点调用代码:“xLim=... hAx. XLim”,另一种等效的方法是通过 get 命令:“xLim=get(gca,‘xlim’)”。

④ 3 条曲线用新增的 brush 功能,手动增加 6 个端点,强调曲线起止位置。

8.2.11　R2018b 新功能:增强的图轴和数据交互工具

从 R2018b 版本起,MATLAB 生成的 Figure 图形窗口右上角,集成了一组图 8.33 所示的交互式查看所绘图形的浮动工具条(鼠标悬停可见)。这组浮动工具中的绝大多数基本功能,如笔刷、数据标签、平移旋转缩放和视角恢复等,以往版本中都已经具备,R2020a 又向这组工具中添加了保存矢量图片的按钮(等效的函数是 exportgraphics)。通过这些小幅调整的累积工作,目前的图形窗口交互工具总体来说更加积极了,也相对更符合“交互”的基本功能定义。

图 8.33　图形中交互工具位置变化示意

新工具条一个比较明显的变化,是增加了数据探查指针(Data Tips)功能且 Data Tips 成为默认属性,即鼠标在图形上悬停,数据点的示意(黑色小圆点)会自动出现,左键单击该黑色小圆点，将以 data tips 形式出现选择点的数据值标签，如果按下Shift键的同时单击图形中其他位置，将增加更多的数据标签。

默认情况下，数据标签上的文本自动显示的是"X，Y，Z＋数据坐标值"的形式，R2018b 及之前版本需要在 datacursormode 对象的 updateFcn 属性中自定义标签，但从 R2019a 起，MATLAB 支持通过 DataTipTemplate 修改和自定义标签，示例代码如下：

代码 415　自定义数据标签

```
1  clc;clear;close all;
2  rng(5);
3  Cord = num2cell(randi(10,10,3),1);
4  hScatter = scatter3(Cord{:});
5  for i = 1:width(Cord)
6      hScatter.DataTipTemplate.DataTipRows(i).Label = " 标签" + i;
7  end
8  row = dataTipTextRow('新增'," 自定义" + (1:10)');
9  hScatter.DataTipTemplate.DataTipRows(end + 1) = row;
```

代码 415 通过标签定义函数修改了坐标值的前缀标签文本，并且新增了动态的数据行，用于显示该数据点是源数据的第几个元素，结果如图 8.34 所示。

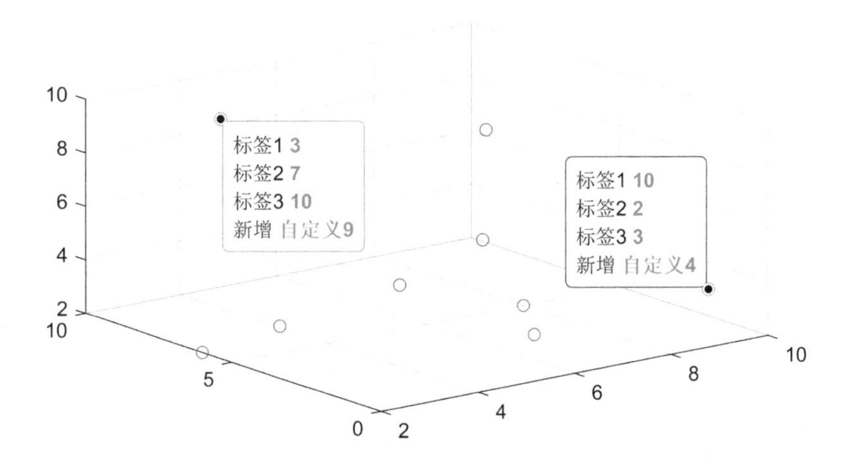

图 8.34　代码 415 执行结果：自定义数据标签前缀文本

绘图时，可能会遇到异常或无用数据点，它们的存在或许影响对图形趋势的观察，此时可用数据刷(brush)功能对数据点做移动或替换。帮助文档中给出移除异常数据的具体步骤如下：

① 编写程序绘制存在异常数据点的曲线 $y=e^{0.1x}\sin 3x$，但故意把第 60 个数据点改成异常数据 $y(60)=2.7$，代码如下：

代码 416　存在异常数据的曲线

```
1  x = linspace(0,10);
2  y = exp(.1 * x). * sin(3 * x);
3  y(60) = 2.7;
4  plot(x,y)
```

② 绘制曲线存在如图 8.35 所示的异常数据点，该红色点用 Data brush 工具手动点出来。

③ 单击图 8.33 中的"✓"图标并选择异常数据点(R2020a 版本笔刷图标已更换)，图形

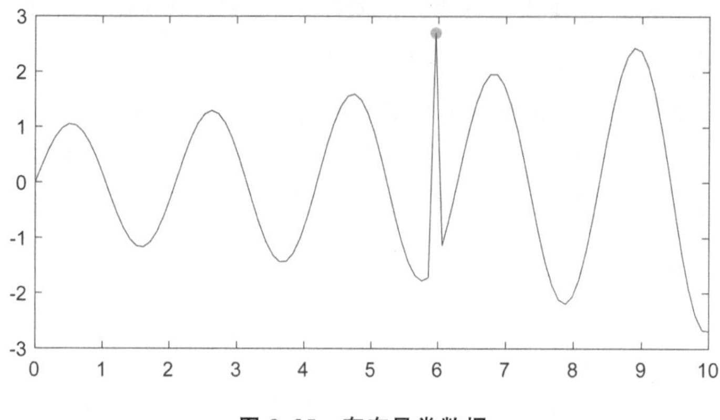

图 8.35 存在异常数据

上出现淡红色圆点，右击 Remove 去除，效果如图 8.36 所示。这种方式只是将异常点从图中去掉，Workspace 中的数据并未发生变化，如果想让 Workspace 和图形同步，则需要先单击 Toolbar 中的“Link Plot”按钮“”再重复上述移除步骤。

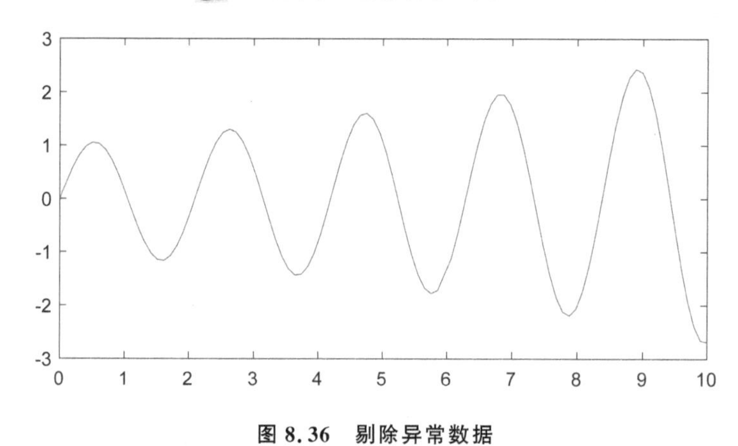

图 8.36 剔除异常数据

8.2.12 R2020b 新增:线图对象的数据点标记

R2020b 版本为线图中的数据点标识新增两种符号:“|(竖线)”和“_(下划线)”，其中后者在图形中表示的是横线，因为横线标识符可能和“LineStyle”中的实线符号冲突，因此选择了下划线表示 Marker 中的横线。这样，MATLAB 数据标识符从原来的 14 种就增加到了 16 种(包括 NoMarker 的‘None’在内)。对于这两种新增符号如何在实际场景中使用，可能多数读者还不甚了然。在 MathWorks 公司的主页上，Rochester 大学的 AdamDanz 给出了通过这两种新增的 Marker 符号绘制图形的实际案例[①]，其中一些图画得更是不乏创意。以下为代码案例之一，它显示了 2020 年 8 月，人口数在 1 亿以上的国家，新冠肺炎患者的增加情况，其中：

- 竖线符号“|”代表该国家新冠肺炎患者总体数量比前日增加。
- 横线符号“_”代表该国家对当日测试结果的统计数量比前一日增加。

① 地址：https://ww2.MathWorks.cn/matlabcentral/discussions/highlights/133207-new-in-r2020b-two-new-marker-symbols。

代码 417 新冠肺炎患者统计:应用新增 Marker 标识符的案例

```
1  % Data Source: https://github.com/owid/covid-19-data/tree/master/public/data
2
3  T = readtable('owid-covid-data.csv');
4  % Isolate the month of August
5  T(T.date > datetime(2020,08,01) | T.date >= datetime(2020,09,01), :) = [];
6  % Remove international & world data
7  T(strcmpi(T.location,'international'),:) = [];
8  T(strcmpi(T.location,'world'),:) = [];
9  % Remove countries with > 100M people
10 T(T.population > 1e+08,:) = [];
11 % Remove countries that haven't reported number of tests
12 [countryGroup0, countryISOcode0] = findgroups(T.iso_code);
13 countryRmIdx = splitapply(@(x)all(isnan(x)),T.new_tests,countryGroup0);
14 T(ismember(T.iso_code, countryISOcode0(countryRmIdx)),:) = [];
15 fprintf(['Countries that meet population criteria but were eliminated for ',...
16     'not having test-numbers: %s\n'],strjoin(countryISOcode0(countryRmIdx)))
17
18 % Create timetables of number of new infections for each country
19 [countryGroup, countryISOcode] = findgroups(T.iso_code);
20 newCasesbyCountry = splitapply(...
21     @(a,b){timetable(a,b)},T.date,T.new_cases,countryGroup);
22 TTnewCases = synchronize(newCasesbyCountry{:});
23 TTnewCases.Properties.VariableNames = countryISOcode;
24 TTnewCases.Properties.DimensionNames{1} = 'date';
25
26 % Find days where number of new cases increased from previous report
27 casesIncreased = diff(fillmissing(TTnewCases{:,:},'previous'))> 0;
28
29 % Create timetables of number of tests for each country
30 newTestsbyCountry = splitapply(...
31     @(a,b){timetable(a,b)},T.date,T.new_tests,countryGroup);
32 TTnewTests = synchronize(newTestsbyCountry{:});
33 TTnewTests.Properties.VariableNames = countryISOcode;
34 TTnewTests.Properties.DimensionNames{1} = 'date';
35 % Find days where number of tests increased from previous report
36 testsIncreased = diff(fillmissing(TTnewTests{:,:},'previous'))> 0;
37
38 % Plot days where cases increased
39 [dayIdx_cases, countryIdx_cases] = find(casesIncreased);
40 [dayIdx_tests, countryIdx_tests] = find(testsIncreased);
41 ISOs = categorical(countryISOcode);
42
43 fig = figure();
44 ax = axes(fig);
45 hold(ax, 'on')
46 h = gobjects(1,2);
47 h(1) = plot(ax, ISOs(countryIdx_cases),...
48            TTnewCases.date(dayIdx_cases + 1),     'k|',...
49            'DisplayName',                          'Increase in cases');
50 h(2) = plot(ax, ISOs(countryIdx_tests),...
51            TTnewCases.date(dayIdx_tests + 1),     'k_',...
52            'DisplayName',                          'Increase in tests');
53 xlabel(ax, 'Country (ISO code)')
54 ylim(ax,[datetime(2020,08,01),datetime(2020,09,01)])
55 set(ax,'TickDir', 'out', 'YTick', min(ylim):days(3):max(ylim),'YMinorTick','on')
```

```
56  ax.YAxis.MinorTickValues = min(ylim):max(ylim);
57  title(ax,'COVID-19 Data for August 2020','Countries with population >100M')
58  % Add daily ref lines
59  yl = arrayfun(@(y)yline(ax,y,'-','color',[.15 .15 .15],'Alpha',.15),...
60                           (min(ylim):max(ylim)) + hours(12));
61  lg = legend(ax,h,        'Location',      'SouthOutside',...
62                           'Orientation',   'horizontal',...
63                           'LineWidth',     0.601);
64  title(lg,'Change from previous day')
65  % Indicate source of data next to legend & lock with legend position
66  ax2 = axes('Visible','off');
67  fig.ResizeFcn = @(~,~)set(ax2,'Position',...
68      [sum(lg.Position([1,3])),lg.Position(2),.1,lg.Position(4)]);
69  fig.ResizeFcn()
70  th(1) = text(ax2, .05, 1, 'Data source:');
71  th(2) = text(ax2, .05, .65, 'Our World in Data');
72  th(3) = text(ax2, .05, .3, '$\mathrm{<github>}$',...
73                           'color',         [0 0 .8],...
74                           'Interpreter',   'latex');
75  set(th,'VerticalAlignment',       'Top',...
77          'HorizontalAlignment',     'left',...
77          'FontSize',                9)
78  th(3).ButtonDownFcn = @(~,~)web(...
79      'https://github.com/owid/covid-19-data/tree/master/public/data');
```

以上代码需要从 Github 下载一组数据，链接见代码注释，最终运行结果如图 8.37 所示。

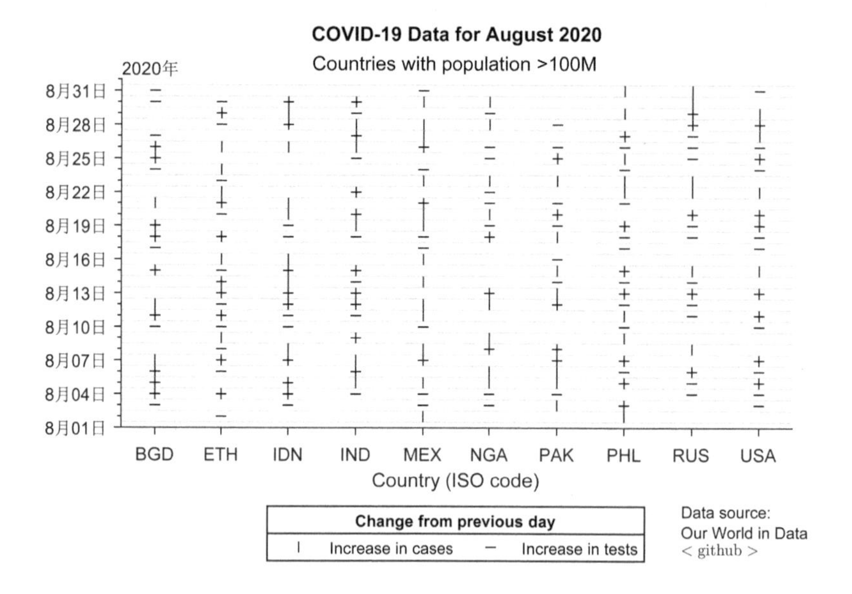

图 8.37　代码 415 执行结果：COVID-19 患者新增人数统计

✍ **点评 8.11**　注意在代码 415 中对于新增的两种符号的运用，可以通过对相同数据点叠加使用两种不同符号组成“+”型标识符，显然，新符号在表述两类具有某种关联的事件，即“同时不出现、出现其中之一、同时都出现”的时候，是非常实用的。在图 8.37 中，竖向时间轴中“+”出现得越多，表明这个国家在 2020 年 8 月的新冠肺炎集中爆发情况就越严重。此外，这段代码中，利用 findgroups 和 splitarray 分组操控和处理各个国家患者数据的技巧，也是值得借鉴的。

8.3　三维曲线（面）和数据可视化

三维图形对数据的表达，原理和二维图形是一致的，例如：空间曲线是将多个空间坐标点依次连线，而三维曲面 $f(x,y,z(x,y))$ 则先用平面坐标 (x,y) 布设网格点，每 4 个相邻网格点连成空间四边形，绘制曲面可以用 meshgrid 或 ndgrid 在 xoy 平面按输入步距划分平面网格，再由 $z(x,y)$ 计算空间点高度数据，最后网格点的计算值按相邻 4 点依次补片/填色。

空间曲线没有曲面补片和填色步骤，为了让多条复杂数据的特征能够更加清晰地呈现，可能需要视角旋转、切片等手段。本节通过流线数据切片帮助示例的讲解拓展，引入多维数组创建、编辑的基本方法。

8.3.1　对流线切片示例的拓展思考

帮助文档中有关于针对流场数据可视化问题的命令如（streamline、streamtube、streamribbon、streamslice 等）的演示案例，这些示例和平面绘图命令的演示有一定区别：首先，流线是诸多流体质点的瞬时呈现，流线上流体质点实时坐标和矢量方向数据复杂，演示示例使用官方提供的独立数据集合，不易模仿；其次，呈现空间流线的数据是多维数组，相比其他常用绘图命令频繁使用的一维二维数据，其组织方式更抽象，不容易想象。

弄懂 MATLAB 中三维图形可视化的关键主要在于对流线数据的理解上，只要弄清流线数据的结构和组织逻辑，用图形呈现它的问题就迎刃而解。以 streamslice 函数为例，其调用格式为：

代码 418　切片流线命令 streamslice 的语法格式

```
1  streamslice(X,Y,Z,U,V,W,startx,starty,startz)
```

抛开流线插值方式、线型线宽颜色设置暂且不谈，streamslice 命令的核心参数计 3 组共 9 个，分别是 3 个空间坐标轴上的流体质点坐标 (X_i,Y_i,Z_i)、每个质点在对应坐标位置上的运动方向矢量末端点相对位置 (U_i,V_i,W_i)，以及空间流场切片的质点起始坐标的位置 startx～startz。

3 组参数之中，第 1 组和第 3 组比较容易理解，第 2 组的参数 (U_i,V_i,W_i) 与矢量图命令 quiver/quiver3 的参数 (u,v) 类似，因此通过后者解释方向矢量的意义。

代码 419　速度矢量图命令 quiver 示例

```
1  [x,y] = meshgrid(-1:0.2:1); % 坐标数据
2  [u,v] = deal(cos(x+y).*(y+2),sin(x-y).*(x+3)); % 方向矢量
3  [PropsName,PropsVal] = deal(...
4      {'showarrowhead','color','marker','markerfacecolor','markersize'},...
5      {'on','b','s','r',4}); % 属性名称与属性值数据
6  hQ = quiver(x,y,u,v);
7  set(hQ,PropsName,PropsVal)
8  axis tight
```

图 8.38 为代码 419 的执行结果，图中网格平面坐标数据 (x,y) 与方向矢量数据 (u,v) 同维，因为方向矢量数据指示了速度方向矢量末端点坐标的相对位置，例如坐标位置 $(-1,1)$ 位置处的方向矢量值为 $(3,-1.8186)$，这代表着该点方向矢量的角度值为 atan2d(－1.8186,3)

=－31.2242°，对应图 8.38 左上角网格点处的矢量方向，但矢量长度则是 MATLAB 根据图幅自动计算的，能通过“scale”参数整体修改。

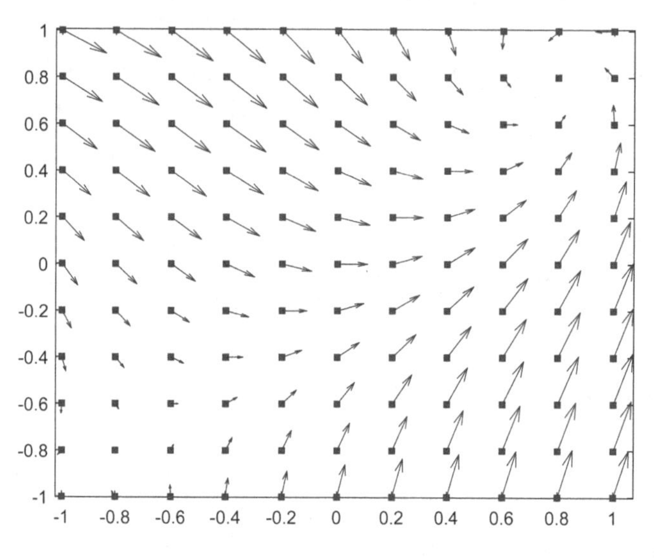

图 8.38　代码 419 运行结果

流线切片函数 streamslice 的方向矢量参数和 quiver 类似，具有和坐标数据同维度、(U_i，V_i，W_i)指明流线方向以及矢量长度为相对值这 3 个特点。为计算曲线（面）的方向矢量，MATLAB 提供梯度函数 gradient、法向量计算函数 surfnorm 等，可分别用于 quiver 或 quiver3 表达矢量场的方向。

代码 420 是 streamslice 函数帮助文档中的典型示例，利用北美地区的空气气流变化数据，以 streamslice 函数制作空间流场中某些局部区域的流线切片，本例表达了所有 $z=5$ 水平位置上流线的瞬时变化特征。代码运行结果读者可通过帮助文档查看，或在 MATLAB 中运行代码 420 自行查看。

代码 420　帮助中的 streamslice 流场切片示例

```
1  load wind
2  streamslice(x,y,z,u,v,w,[],[],5)
```

MATLAB 自带 wind.mat 存放气流数据中流体质点的位置坐标(x，y，z)和质点方向矢量数据(u，v，w)，其和前述线图绘制内容不同点在于：以上 6 个输入参量全部是 35×41×15 的三维数组。

多维数组的处理原则和一维、二维数据相同，例如索引方式、列排布优先、共享绝大多数基本工具箱函数等，但多维数组结构的特殊性决定了其在使用过程中和普通二维数组也存在差异。主要表现在多维数组数据特征更抽象，不易想象各维度间数据的转换关系；一些低维数组操作方式无法在多维数组中使用，比较典型的是转置操作“transpose/ctranspose”，多维数组中类似的维度变换应当用 permute 实现。

代码 421　多维数组的维度变换

```
1  t = cat(3,randi(10,2),randi(10,2))
2  t(:,:,1) =
3      9     2
```

```
4       10     10
5   t(:,:,2) =
6       7      3
7       1      6
8   >> permute(t,[2  1  3]) % 行列维度互换
9   ans(:,:,1) =
10      9      10
11      2      10
12  ans(:,:,2) =
13      7      1
14      3      6
15  >> permute(t,[1  3  2]) % 层列维度互换
16  ans(:,:,1) =
17      9      7
18      10     1
19  ans(:,:,2) =
20      2      3
21      10     6
```

代码 421 用 permute 函数实现 3 维数组在每层数据上的维度重组变换，当然，由于 3 维数组类似数据“立方体”，也能在其他维度上实现维度变换，例如第 3 条语句第 2 参数改为“[1　3　2]”，意味着层、列维度的数据互换位置。代码 421 执行结果如图 8.39 所示。

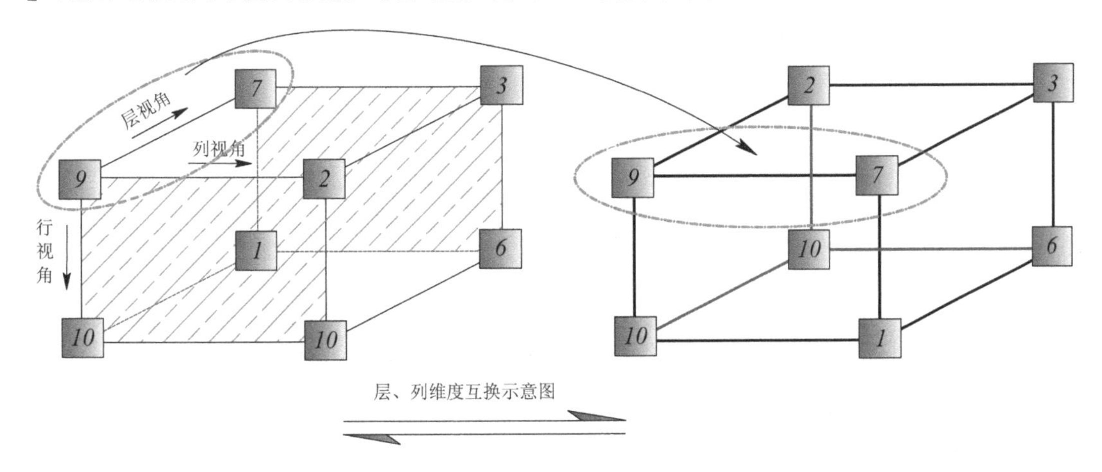

图 8.39　代码 421 层、列维度数据互换结果示意

从上述示例看出，多维数组构造、维度变换等，和低维数组原理类似，但结构更复杂，MATLAB 提供 shiftdim、ndgrid、cat、permute、squeeze、ndims 等多种函数，为多维数组的操控变换提供了方便，此外，reshape、repmat 等函数同样能在高维数组中使用。

气流数据 wind.mat 使用 35×41×15 的三维数组描述流场，目的是记录空间某区域内，不同高程上(划分了 15 层允许非均匀变化的高程值)的流体质点位置和运动方向矢量，速度矢径模长则通过(u_i,v_i,w_i)与(x_i,y_i,z_i)的距离，以一个和图幅大小有关的比例值来表述，原理同前述 quiver 命令。值得关注的主要问题是代码 420 指定流体质点起始点坐标一律满足 $z=5$，这引起了思考：如果 wind 数据中的高程 z 数据恰好没有 $z=5$ 的质点怎么办？这种担忧并非多余，查验代码 422 发现 wind 确实没有满足高程 z 恰为 5 的质点坐标，所以帮助文档中的图形是从何而来的呢？

代码 422 wind 满足 $z=5$ 的数据查找

```
1  >> isempty(find(z = = 5)) % 高程数据中没有恰位于 z=5 位置的质点坐标
2  ans =
3    logical
4      1
```

命令窗口运行“edit streamslice”，发现流场切片函数源代码通过 3 维插值函数 interp3，在 $x \sim z$ 轴上用 meshgrid 重新分网，再通过插值重构方向矢量，就可以在高程范围内指定数值获取近似解。

可以仿照帮助文档中的例子“制造”出一个流场的三维数据图，并采用 streamslice 函数绘制流线切片，具体见代码 423。必须强调：人为构造类似于 wind 的流线数据没有实际物理意义，但有助于了解 streamslice 函数调用参数的特点，以及掌握构造多维数组可能用到的各类函数。

代码 423 构造随机三维数组绘制流场切片图

```
1  clc;clear;close all;
2  [x1,y1,z1] = meshgrid(sort(10 + 15 * rand(1,41)),...
3      sort(15 + 25 * rand(1,35)),sort(2 + 80 * rand(1,15)));
4  [u1,v1,w1] = deal(1.5 * y1. * sin(z1),2 * y1,z1./sin(x1 + z1));
5  f = @(x)reshape(x(randperm(numel(x))),size(x));
6  [u1,v1,w1] = deal(f(u1),f(v1),f(w1));
7  streamslice(x1,y1,z1,u1,v1,w1,[],[],45)
```

为方便和原流线切片图数据比较，meshgrid 函数构造的非均匀单调递增网格(x_1，y_1，z_1)与 wind 中的坐标位置数据(x，y，z)维度相同，用 reshape＋randperm 人为构造乱序的运动方向矢量(u，v，w)，代码 423 返回结果如图 8.40 所示。

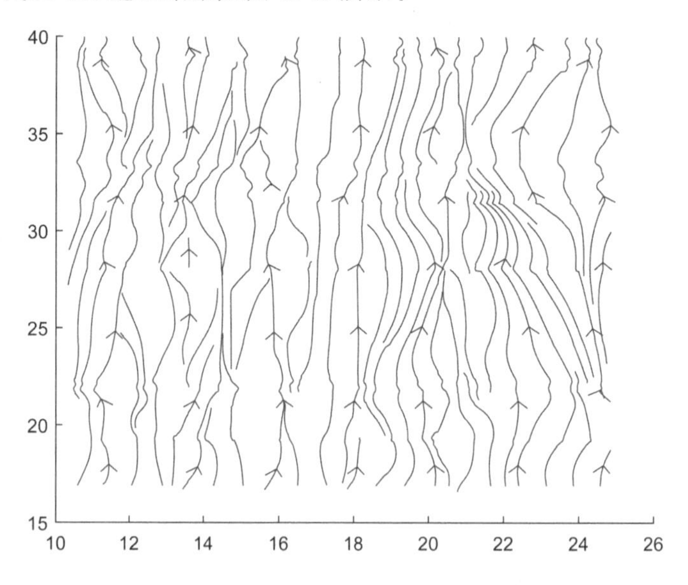

图 8.40 构造多维数组绘制流线切片图

气流矢量数据集 wind 中 6 组以多维数组形式呈现的流体质点位置坐标和运动速度矢量数据可通过多种 MATLAB 命令展示，帮助文档提供了另一个利用 streamline、contourslice 和 slice 这 3 个绘图命令综合呈现气流在空间中运动特征的示例[①]。

① 该示例地址链接：https://ww2.MathWorks.cn/help/matlab/visualize/stream－line－plots－of－vector－data.html。

流线绘制的 streamline、等值线切片的 contourslice 或切片命令 slice 的输入参数都与位置坐标参数和速度矢量参数多维数组有关，其中 slice 的三维体切片数据选择了速度矢量的模，因此 slice 切片是色谱强度分布和对应风速矢量的强度大小，以代码 423 产生的随机三维数组数据(x_1，y_1，z_1，)和(u，v，w)，可以仿制出类似帮助示例的流速场切片图。该过程同样分为 5 个步骤：

步骤 1：确定切片坐标范围。定位三维数据集切片具体位置，它和风速场数据记录区间有关，所以用最值命令获取。

代码 424　步骤 1 代码：定位切片区间范围

```
1  cellfun(@(f,x)f(x,[],'all'),...
2      {@min,@max,@min,@max,@min},{x1,x1,y1,y1,z1},'un',0);
3  [xmin,xmax,ymin,ymax,zmin] = ans{:};
```

步骤 2：添加切片范围。slice 命令为切片位置形成具体的观察框架，步骤 2 的工作有些类似我们想观察一间房子内的家具摆设，但要提供墙体空间包络的基准参照。

代码 425　步骤 2 代码：绘制指定位置的切片

```
1  MagWind = sqrt(u1.^2 + v1.^2 + w1.^2); % 3 维数据集：速度场矢量模
2  % 指定切片的具体位置
3  [xRange,yRange] = deal([xmin,xmax],[ymin + 0.382 * (ymax - ymin),ymax]);
4  % 在指定的位置用 slice 函数绘制切片
5  hsurfaces = slice(x1,y1,z1,MagWind,xRange,yRange,zmin);
6  % 设置切片色彩参数
7  set(hsurfaces,{'facealpha','FaceColor','EdgeColor'},{.7,'interp','none'})
8  colormap jet
```

步骤 3：设置切片等值线。在切片上用颜色谱增强速度场分布的显示效果，因此仍然要用到步骤 2 中的变量 MagWind。

代码 426　步骤 3 代码：绘制等值线

```
1  hcont = contourslice(x1,y1,z1,MagWind,xRange,yRange,zmin);
2  set(hcont,{'EdgeColor','LineWidth'},{.7 + zeros(1,3),0.5})
```

步骤 4：绘制流线。绘制流线时，内部同样会插值产生流线上质点的位置，所有流线全部绘制在图幅上会显得凌乱，通常会在定义起始点位置时，用 meshgrid 指定流线起始位置网格。注意：代码 427 中的 meshgrid 函数第 2 参数设为常数 20，意味着网格维度是 $1\times m\times n$ 的，m，n 分别为第 1 和第 3 参数的向量长度，而第 2 参数 sy 的全部元素数值都是 20，所以结果图形中所有流线起点全部在 $y=20$ 的切平面上。

代码 427　步骤 4 代码：绘制流线

```
1  [sx,sy,sz] = meshgrid(10:2.5:25,20,2:10:82);
2  hlines = streamline(x1,y1,z1,u1,v1,w1,sx,sy,sz);
3  set(hlines,{'LineWidth','Color'},{2,'r'})
```

步骤 5：定义视图。确定观察视角，通过 daspect 命令缩放坐标轴数据比例，以利观察。

代码 428　步骤 5 代码：定义观察视角

```
1  view(3)
2  daspect([1,1.5,12])
3  axis tight
```

总体上，streamline 函数绘制三维流场内的流线时，质点坐标和速度矢量的源数据都是离散和非均匀的，所以绘制流线要指定起始坐标点位置，且坐标点未必落在源数据上，这表明在

streamline 命令内部，关键步骤之一是用 interp3 对整个空间流场数据插值，所谓流线，实际上是插值结果的具体表现。最终三维流场如图 8.41 所示。

图 8.41 彩图

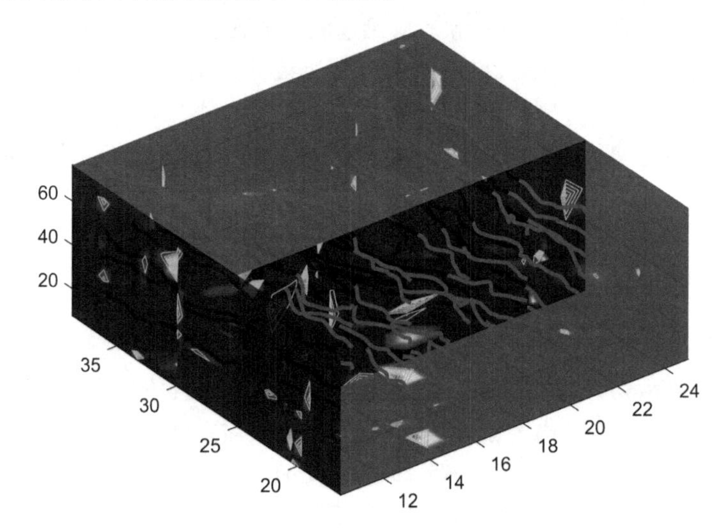

图 8.41　流线切片执行结果

✍ **点评 8.12**　代码 423～428 证实 MATLAB 在描述复杂 3 维流场时，代码流程的组织逻辑是简洁而清晰的，通过使用诸如 contourslice、streamline 或 streamslice 等函数，以相当直观的方式呈现了复杂抽象的数据特征，但这也需要用户对三维数组结构特征及函数用法理解到位。

8.3.2　三维数据图形的“动画”视效实现

帮助文档中曾经有个利用气流数据 wind. mat 绘制动画的 demo，R2018a 版本后，帮助文档删除了相关代码和代码讲解。笔者认为该例子对了解 MATLAB 三维曲面构成、多维数组结构、动态相机视角设置都有帮助，所以贴出这段代码，一些地方增加了注释，并将属性设置方式从点调用改为 set 函数：

代码 429　三维流线动态视角演示代码

```
1  load wind
2  [PropPatchName,PropPatchVal] = deal({'facecolor','edgecolor',...
3      'ambientstrength','specularstrength','diffusestrength'},...
4  {[0.75,0.25,0.25],[0.6,0.4,0.4],1,1,1});          % patch 属性设置
5  wind_speed = sqrt(u.^2 + v.^2 + w.^2);            % 风速矢量模强度数值
6  p = patch(isosurface(x,y,z,wind_speed,35));        % 对提取等值面数据（等于 35）补片
7  set(p,PropPatchName,PropPatchVal)
8  % isonormals 计算补片等值面顶点的法向量数据：这通常能获得更平滑的表面视觉效果
9  isonormals(x,y,z,wind_speed,p)
10 % reducepatch 缩减补片面的数量到原来的 5%：降低帧画幅运算时间
11 [f,vt] = reducepatch(isosurface(x,y,z,wind_speed,45),0.05);
12 daspect([1,1,1]);
13 % 锥筒图绘制流线：相比 streamline，锥筒可直接表述流线运动方向
14 hcone = coneplot(x,y,z,u,v,w,vt(:,1),vt(:,2),vt(:,3),2);
15 set(hcone,{'FaceColor','EdgeColor','SpecularStrength'},{'b','none',1})
16 % camproj 设置投影方式为透视投影，此处不能改为 orthographic(正交投影)
```

```
17  camproj perspective
18  camva(25) % 设置照相机视角为固定值 25 度
19  hlight = camlight('headlight'); % 照相机初始位置顶部光源
20  set(gcf,'Color','k')
21  set(gca,'Color',[0,0,0.25])
22  lighting gouraud % 设置光源
23  hsline = streamline(x,y,z,u,v,w,80,30,11);
24  % 获取当前流线的插值坐标数据:用于变换照相机视角
25  [xd,yd,zd] = deal(hsline.XData,hsline.YData,hsline.ZData);
26  delete(hsline) % 删除流线
27  % 变换相机视角
28  for i = 1:length(xd) - 5
29      campos([xd(i),yd(i),zd(i)]) % 转换摄像机视角
30      camtarget([xd(i + 5) + min(xd)/500,yd(i),zd(i)])
31      camlight(hlight,'headlight') % 转换照相机视角始终保持顶部光源
32      drawnow % 变换相机视角之后更新图窗
33  end
```

代码 429 提供了从深层次了解 MATLAB 三维绘图命令用法的机会，尤其是如何使用 isosurface、isonormals 等命令处理多维数据，使之在图窗中形成合适的视觉效果。

也许有读者会觉得上述例子中的数据过于复杂，所以不妨把数据替换成简单的 0－1 随机数三维数组（原始数据维度 3×3×3），看看经过插值平滑、补片、等值面及补面法向量提取，以及光照材质、相机位置、视角及视效比例等步骤的设置后，简单的 0－1 随机数可以产生什么样的视觉效果。

代码 430　简单多维数组的可视化技术

```
1   clc;clear;close all;
2   for i = 1:10
3       data = interp3(cat(3,rand(3),rand(3),rand(3)),3,'cubic');
4       fv = isosurface(data,.5);
5       px = patch(fv,'FaceColor','red','EdgeColor','none');
6       isonormals(data,px)
7       view(3)
8       daspect([1,1,1])
9       axis tight
10      camlight
11      camlight( - 80, - 10)
12      lighting gouraud
13      drawnow
14      pause(0.5)
15      cla
16  end
```

✍ **点评 8.13**　本小节内关于三维数据可视化的代码示例，刻意避免采用帮助文档中的现成数据，而是通过随机数命令 randi、rand 等，构造多维数组数据源替换之，目的是迫使学习者进一步熟悉多维数组的构造方式，并且在图形可视化过程中，体会 MATLAB 绘图命令接受什么样的数据。相信经过一些简单练习，读者对 MATLAB 图形命令和三维数据的关系会有进一步的了解，并能在自己的项目或工作中，熟练画出满足自己要求的美观图形。

8.3.3　光源和视效美化初步

用三维曲面呈现复杂数据的特征，光源属性的设置是个比较重要的部分，在 surface 和 patch 图形对象中，包含了很多关于光照的属性参数设置，例如设置反射光强度的

'AmbientStrength'、设置散射光强度的'DiffuseStrength'、设置镜面反射光强度的'SpecularStrength'、设置面光源光照效果算法的'FaceLighting'、设置顶点法线远离照相机时照亮对象面算法的'BackFaceLighting'等，可能经过这些设置后，才能更清晰地呈现期望表达的数据细微特征。

与此同时，MATLAB 也提供了一些简单的设置命令，经过光照、材质、平滑等快速设置，实现堪可一观的视觉效果，例如代码 431 仅仅使用 colormap、shading 和 camlight 这 3 个函数定义曲面颜色、平滑和光照效果。

代码 431　美化三维图形视效的代码示例

```
1  [x,y] = meshgrid( - 9:.1:9);
2  z = sin(sqrt(x.^2 + y.^2))./sqrt(x.^2 + y.^2 + eps);
3  figure('color','w','position',[400,400,820,400])
4   % 左侧:surf
5  surf(subplot(121),x,y,z)
6  text(19.4,10.9,.3,...
7          '$ $ z(x,y) = \frac{\sin\sqrt{x^2 + y^2}}{\sqrt{x^2 + y^2}} $ $',...
8          'interpreter','latex','fontsize',13)
9  text( - 3,5.2, - .9,'$ $ \mathrm{surf}(x,y,z) $ $',...
10           'interpreter','latex','fontsize',14)
11 set(gca,'visible',0) % 去掉坐标轴的显示
12 colormap jet          % 颜色谱系选择为 jet
13 shading interp        % 阴影函数控制色彩插值,曲面颜色平滑过渡
14 camlight headlight    % 选择顶部光源光照
15  % 右侧:mesh
16 mesh(subplot(122),x,y,z)
17 text( - 2.5,5, - .9,'$ $ \mathrm{mesh}(x,y,z) $ $',...
18      'interpreter','latex','fontsize',14)
19 set(gca,'visible',0)
20 colormap jet
21 shading interp
22 camlight headlight
```

代码 431 运行结果如图 8.42 所示，经简单地设置，视觉效果已经有很大改观。注意使用的 colormap、shading 和 camlight 这 3 个函数对曲面图 surf 和网格图 mesh 都是适用的。

$$z(x,y)=\frac{\sin\sqrt{x^2+y^2}}{\sqrt{x^2+y^2}}$$

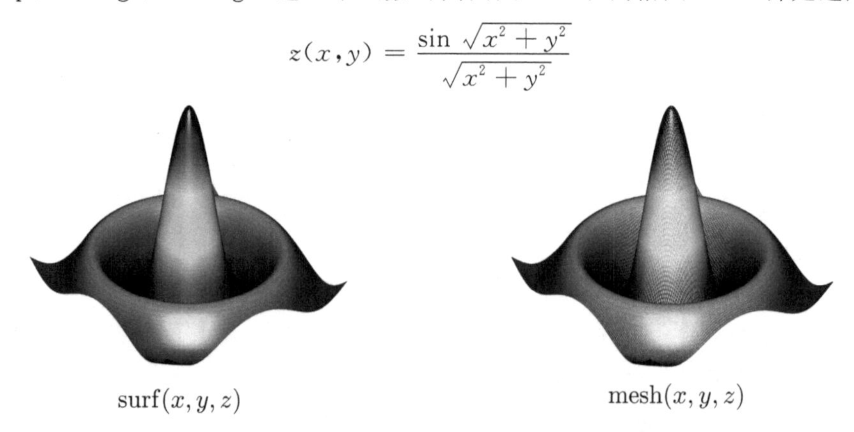

图 8.42　代码 431 绘制三维曲面运行结果

事实上，MATLAB 三维图形属性参数在光照、材质反射、观察角度、光源点等方面有更细致入微的设置选项。想在设置方面做进一步研究，可从 MATLAB 的 logo 入手，该图形可在命令窗口输入"logo"后得到。如果好奇 MATLAB 究竟怎样生成这种图形，应该使用哪些具

体设置参数，则在命令窗口输入“edit logo”，会在 M 代码编辑窗口看到 logo 的源代码。由于点调用方式比较长，为节约篇幅起见，采用数据预处理→成员属性统一设置的方式修改了这份代码——毕竟源代码可以随时在 MATLAB 中用“edit”命令查看，写成代码 432 的形式，也有助于比较点调用方式和 set 函数的异同。

代码 432　MATLAB 的 logo 图形参数设置

```
1  clc;clear;close all;
2  % 1 图框、坐标轴以及图形对象属性的数据处理
3  [logoFig,logoax,L] = deal(figure('Color',[0 0 0]),axes,40 * membrane(1,25));
4  [PropsAxName,PropAxVal] = deal({'CameraPosition','CameraTarget',...
5      'CameraUpVector','CameraViewAngle','DataAspectRatio',...
6      'Position','Visible','XLim','YLim','ZLim','parent'},...
7  {[-193.4013 -265.1546 220.4819],[26 26 10],[0 0 1],...
8    9.5,[1 1 .9],[0 0 1 1],'off',[1 51],[1 51],[-13 40],logoFig});
9  [PropsSurfaceName,PropsSurfVal] = deal({'EdgeColor','FaceColor',...
10     'FaceLighting','AmbientStrength','DiffuseStrength',...
11     'Clipping','BackFaceLighting','SpecularStrength',...
12     'SpecularColorReflectance','SpecularExponent','Tag','parent'},...
13    {'none',[0.9 0.2 0.2],'phong',0.3,0.6,'off','lit',1,1,7,...
14     'TheMathWorksLogo',logoax});
15 [PropsL1Name,PropsL1Val,PropsL2Name,PropsL2Val] = deal(...
16     {'Position','Style','Color','parent'},...
17     {[40 100 20],'local',[0 0.8 0.8],logoax},...
18     {'Position','Color','parent'},{[.5 -1 .4],[0.8 0.8 0],logoax});
19 % 2 绘图及定义光源
20 s = surface(L); % 用数据 L 绘制 logo 图形
21 [l1,l2] = deal(light,light); % 定义光源 1 和光源 2
22 % 3 坐标轴、logo 曲面、光源 1 和光源 2 的属性设置汇总
23 cellfun(@(f,props,val)set(f,props,val),{logoax,s,l1,l2},...
24     {PropsAxName,PropsSurfaceName,PropsL1Name,PropsL2Name},...
25     {PropAxVal,PropsSurfVal,PropsL1Val,PropsL2Val})
```

对三维曲面前景背景的表面色彩、光强、散射、光源等细节的设置，包括后期调图美化的属性设置，代码 432 都堪称经典，如句柄(logoFig)→轴句柄(logoax)→曲面句柄 s+光源句柄 l_1、l_2 这种自上至下的层级逻辑，再如各自句柄内不同的设置参数调节，最终才把 51×51 的二维矩阵 ***L*** 调整成精致的 MATLAB logo 曲面。这组 logo 曲面也可以用类似代码 430 的方式获得“动画”效果，如果依次单击 Home » Favorites » MATLAB® Logo，会看到 logo 曲面“移动”和“旋转”的实际效果，想看指挥它“动”起来的源代码，可以单击 MATLAB® Logo 选项后的 Edit favorite command 按钮，代码如下：

代码 433　旋转 MATLAB 的 logo 图形的代码

```
1  logo;
2  % Update figure so it is visible during animation
3  drawnow;
4  % Rotate the MATLAB logo
5  [az,el] = view;
6  for step = 1:360
7  % Set new position of viewer
8  view(az + step, el);
9  % Stop MATLAB execution temporarily to slow down animation
10 pause(0.005);
11 end
```

注意代码中 for 循环用 view 调整视角，意味着曲面没有移动和旋转，动的是“看”曲面的视角。

8.3.4 综合示例:几何体堆叠画法和 patch 补片机理分析

分析本章代码 429 发现:三维空间流场基本数据的组织逻辑是先用 isosurface 从三维离散数据中提取等值面数据,这是构成封闭或开放曲面外观的基本条件;再导入 patch 补片成空间曲面,这是从数据到图形的关键衔接命令。

MATLAB 的三维图形以网格数据划分为基础,补片函数 patch 就用于满足这类数据可视化的需求,它将颜色数据“映射”到离散化的网格上,并形成“曲面”的视觉效果;有时在 2-D 图形中,也要用 patch 命令形成突出和高亮的区域,目的是突出图形本身的层次结构和概念的主次表达能力。本章曾用 patch 绘制矩形区域突出曲线相交区域,图 8.4 就是一例。本节打算以多六面体补片问题为引,从 patch 命令基本的调用方法开始,继续深入探讨数据组织方式与绘图命令结合的话题。

问题 8.6 用 MATLAB 绘制如图 8.43 所示的多个相同大小的立方体堆叠几何造型。

分析 8.6 图 8.43 中的立方体是用 patch 命令对六面体每个面补色得到的,各类三维造型软件都可以输出上述结果,现在不妨在 MATLAB 中以代码绘制,这对理解 patch 函数有一定好处。问题分 2 个基本步骤:首先掌握 patch 对某个确定区域补色的基本方法,即:寻求表达补片几何区域的正确数据形式(显然,顶点坐标是其中之一);接着再试着搜集六面体各面顶点坐标,用 patch 命令绘图。

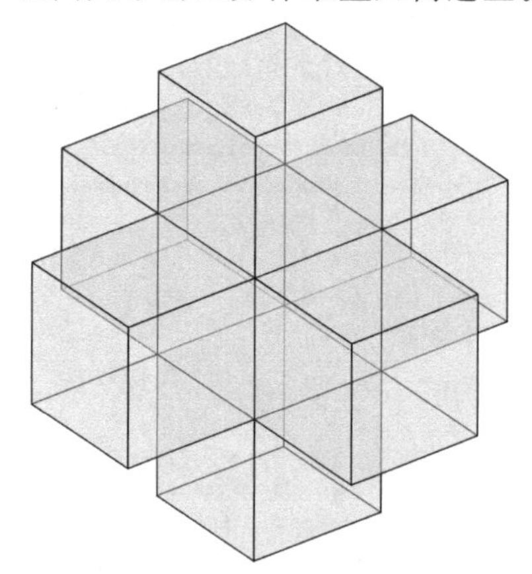

图 8.43 问题 8.6 多立方体堆叠几何造型

1. 补片思路 1:枚举坐标点顺序连线

首先探讨 patch 命令对某特定闭合区域补色的 2 个基本思路。第 1 种方法容易想到:想象手中有支铅笔,照这根笔在纸上的走位,沿着规定点坐标位置依序画线,所谓“依序”指按横、纵坐标的排列顺序。代码如下:

代码 434 patch 方法-1:沿补片区域坐标点

```
1   T = {[0  1  1  0],[0  0  1  1]}; % 补片多边形顶点坐标
2   patch(T{:},'r','facealpha',.3)
3   text([-.1  .9  .9  -.1],[-.1  -.1  1.1  1.1], ... % 标注 patch 顶点坐标
4             {'$ $(0,0)$ $','$ $(1,0)$ $','$ $(1,1)$ $','$ $(0,1)$ $'},...
5               'interpreter',                    'latex',...
6               'fontsize',                       13)
7   set(gca,'fontsize',                           13,...
8               'ticklabelinterpreter',           'latex',...
9               'xlim',                           [-.5  1.5],...
10              'ylim',                           [-.5  1.5])
```

代码 434 对边长为 1 的正方形内部区域补片填充红色,并设透明度为 0.3,结果如图 8.44 所示。为说明 patch 区域的形成,图中用箭头和文本框手动添加正方形顶点连接次序,显然次序是有要求的,若第 2、3 点坐标互换,结果如图 8.45 所示,按虚线箭头顺序,连接出截然不同的补片结果。

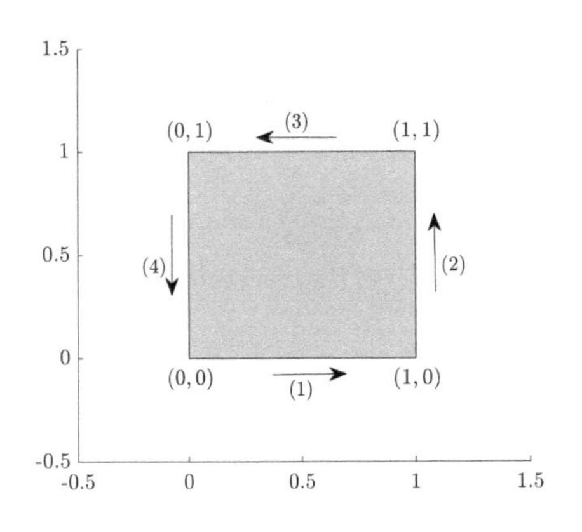

图 8.44 "patch"闭合区域的连接次序-1

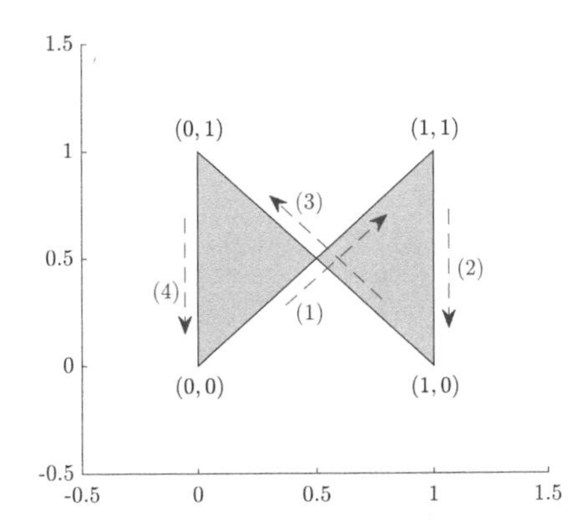

图 8.45 "patch"闭合区域的连接次序-2

不过在有些特殊场景下，改变闭合区域节点连接次序也会产生一些有趣的效果，例如下列改变正五边形角点连接次序的代码就是一例。

代码 435　改变正五边形角点连接次序

```
1  clc;clear;close all;
2  [n,a] = deal(5,6);
3  F = struct('pentagon',1:n,'pentagram',[1  4  2  5  3]);
4  t = (0:n) * 2 * pi/n + (~~mod(n,2)) * deg2rad(90 * (1 - 8/n));
5  r = a/2/cos((n - 2) * pi/2/n);
6  Vert = interp1([r * cos(t);r * sin(t)]',1:n);
7  [PropsNames,PropsVals] = deal({'FaceColor','FaceAlpha','FaceVertexCData'},...
8                                {'interp',.7,rand(numel(t) - 1,1)});
9  patch(subplot(121),'Faces',     F.pentagon,...
10                    'Vertices', Vert,...
11                    PropsNames, PropsVals)
12 axis image;colormap  jet
13 patch(subplot(122), 'Faces',    F.pentagram,...
14                    'Vertices', Vert,...
15                    PropsNames, PropsVals)
16 axis image;colormap jet
17 sgtitle('改变角点连接顺序的 patch 结果')
```

代码 435 的执行结果如图 8.46 所示。

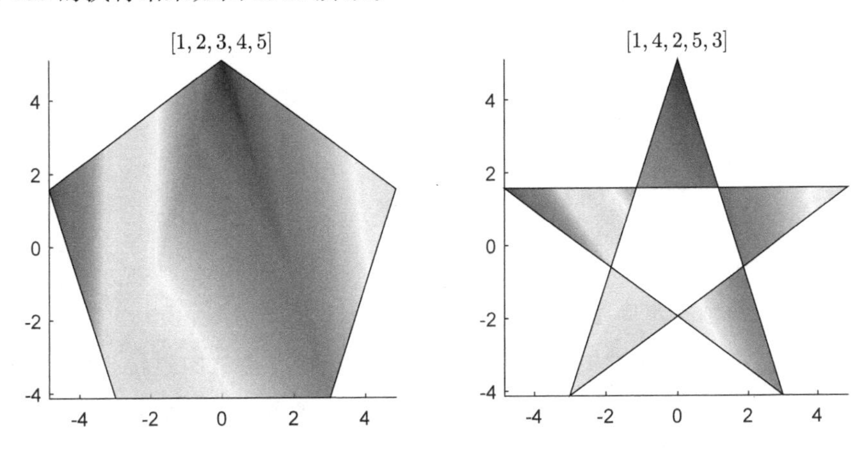

图 8.46　不同角点连接次序的返回结果

搞清楚 patch 在二维图形中的补色原理，就很容易向三维空间推广，原理如代码 436 所示——它实际是对空间点依次连线形成的闭合区域进行补色：

代码 436　空间区域的 patch 次序

```
1  [x,y,z] = deal([0  1  1  0],[0  0  1  1],[10  4  2  8]);
2  patch(x,y,z,'r',...
3        {'facealpha','FaceVertexCData','FaceColor'},{.4,z','interp'})
4  set(gca,{'ticklabelinterpreter','fontsize','color','xminorgrid',...
5           'yminorgrid','box','xlim','ylim','zlim'},...
6           {'latex',13,[.95  .95  .91],'on','on','on',...
7           [-3  4],[-3  4],[0  max(z)]})
8  view(3);colormap jet;hold on
9  patch(x,y,'k','facealpha',.2)
10 cellfun(@(i,j,k)plot3(i,j,k,'b:'),...
11                      num2cell([x;x]',2),...
12                      num2cell([y;y]',2),...
13                      num2cell([zeros(1,numel(z));z]',2))
```

三维表面补片的原理与平面补片是相同的，依输入变量 x,y,z 的数组排列次序自左至右，连线围成闭合区域并补色。使用 surf、mesh 系列曲面绘图函数时，会自动包含连续曲面划分多个闭合区域（用网格点函数 meshgrid 或 ndgrid）、patch 补色这两个顺序接连的过程；此外，控制和设置 patch 对象表面颜色的时候，应当关注 patch 命令的参数' FaceVertexCData '，它必须是 $n\times1$ 的列向量，n 为 patch 表面顶点坐标的个数，由此推断：该参数根据顶点数量对表面颜色完成插值和映射，在代码 436 中，设置该参数为顶点的 z 坐标值转置，这样就能在 patch 表面得到与表面高度对应的颜色云图，结果如图 8.47 所示。

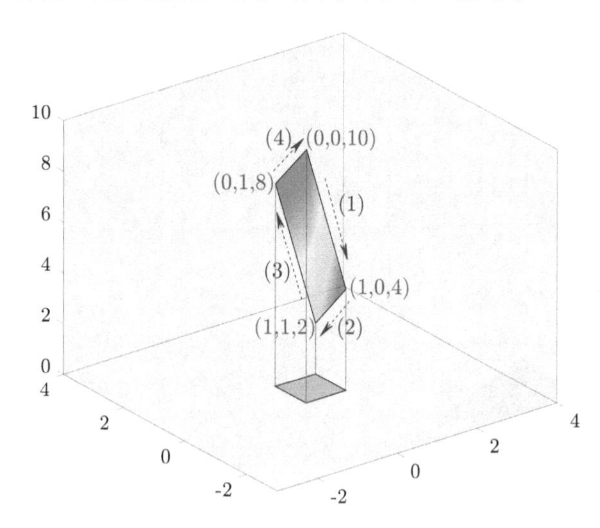

图 8.47　空间闭合区域的补片原理示意图

2. 补片思路 2：单独指定固定坐标点次序

补片函数 patch 的前 1 种调用方式是把闭合区域所有连线空间点按坐标点描点顺序排列，这种方式直观形象，不过坐标点不能重复使用，在存在多个交点的复杂几何体中，依次对各个面做 patch，要不断地重复面面相交的点坐标，比较麻烦。

解决这一问题要用到第 2 种构造闭合区域的思路：几何体所有与 patch 有关的顶点坐标

先不重复地放置在矩阵 Vertices 中，作为顶点数据库，当对某个面 patch 补片时，只须定义闭合区域的顶点连线序列。例如图 8.45，定义一套顶点坐标序列，改变连线序列也能得到相同结果，如代码 437 所示。

代码 437　patch 方法-2：指定点坐标集合内的次序

```
1  [Face,Vertices] = deal([1:4;1  3  2  4],[0  0;1  0;1  1;0  1]); % 顶点次序与坐标
2  arrayfun(@(i)patch(subplot(1,2,i),'Faces',Face(i,:),'Vertices',Vertices,...
3                                   'FaceColor','r','FaceAlpha',.4),1:2)
```

✍ **点评 8.14**　patch 命令的上述两种调用思路在补片过程中是等效的，但当几何体上需要补片的区域重合交点比较多时，后一种代码方案更简洁紧凑。

3. 对单元立方体作表面补色

熟悉了 patch 命令的调用方法，就可以建立空间直角坐标系对顶点为坐标原点的单元立方体($l=1$)的六个面分别补片了，这是后续多个相同六面体补片的基础工作。

采用方法 1 中的代码 434，构造全部六个面的顶点坐标，坐标系列中很多点是重复的，可以利用 patch 对矢量化代码的支持，即先以 6 个面的顶点横、纵、竖坐标分别构造矩阵，无须循环一次 patch。同时必须提及代码 438 中的顶点坐标数据构成：x，y，z 是 3 个 4×6 矩阵，对应的每一列代表六面体某个面的三轴坐标值。

代码 438　单元六面体补片——按思路 1

```
1  x = [0  1  1  0  0  0;1  1  0  0  1  1;1  1  0  0  1  1;0  1  1  0  0  0];
2  y = [0  0  1  1  0  0;0  1  1  0  0  0;0  1  1  0  1  1;0  0  1  1  1  1];
3  z = [0  0  0  0  0  1;0  0  0  0  0  1;1  1  1  1  0  1;1  1  1  1  0  1];
4  patch(x,y,z,'g','facealpha',.3)
5  axis equal
6  Lim = [-.5  1.5];
7  set(gca,{'xlim','ylim','zlim'},{Lim,Lim,Lim})
8  view(3)
```

再按代码 437 的思路，构造无重复顶点空间坐标矩阵 vert——六面体计 8 个顶点，因此 vert 的维度是 8×3，构造 6 个面的坐标索引矩阵，最后通过一次 patch 获得补片，如代码 439 所示。

代码 439　单元六面体补片——按思路 2

```
1  vert = [0  0  0;1  0  0;1  1  0;0  1  0;0  0  1;1  0  1;1  1  1;0  1  1];
2  face = [1  2  6  5;2  3  7  6;3  4  8  7;4  1  5  8;1  2  3  4;5  6  7  8];
3  patch({'Vertices','Faces','facecolor','facealpha'},{vert,face,'c',.4})
4  view(3),axis equal
```

4. 对多个长方体批量补色

进一步思考：建立恰当的空间坐标系，使得立方体外表面和坐标平面间只存在平行和垂直两种关系，则 8 组顶点坐标中，只有 1 组是真正未知量(不妨称之为“基点”坐标)，其他均可通过边长矢量计算；此外，上述补片代码同样适合边长不等的情况，于是推广前述代码，写出多个长方体堆叠的初步代码方案：

代码 440　多个长方体堆积补片初始代码

```
1  % 给定多个几何体的基点坐标数据 Cord0
2  % Cord0 的行数为几何体个数;列数是 3,代表 (xi,yi,zi)
3  Cord0 = [0  0  -10;0  0  0;0  0  10;0  -10  0;0  10  0;-10  0  0;10  0  0];
4
5  L = 10 * ones(1,3);                          % L:边长向量 (1×3)
6  for i = 1:size(Cord0,1)                      % 用循环 patch 每个几何体
7      [x,y,z] = PatchRect(Cord0(i,:),L);
8      patch(x,y,z,'r')
9  end
10 view(3); axis vis3d
11 11
12 function [x,y,z] = PatchRect(Cord0,L)
13 % 子程序:按边长和基点坐标计算实际几何体各面顶点坐标
14 x = [0  1  1  0  0  0;1  1  0  0  1  1;1  1  0  0  1  1;0  1  1  0  0  0];
15 x = CordTransition(x,Cord0(1),L,1);
16 y = [0  0  1  1  0  0;0  1  1  0  0  0;0  1  1  0  1  1;0  0  1  1  1  1];
17 y = CordTransition(y,Cord0(2),L,2);
18 z = [0  0  0  0  0  1;0  0  0  0  0  1;1  1  1  1  0  1;1  1  1  1  0  1];
19 z = CordTransition(z,Cord0(3),L,3);
20 end
21
22 function t = CordTransition(vert,Cord0,L,i)
23 % 子程序:单元立方体坐标平移和缩放变换
24 t = ~vert * Cord0 + vert * (Cord0 + L(i));
25 end
```

代码 440 枚举和计算了六个面共计 24 个顶点的坐标值,在主程序中循环逐次对每个长方体的表面补片,把顶点坐标及单元立方体坐标平移缩放变换计算分成两个子程序。代码 440 的优点是:主、子程序分工明确易于理解;实际坐标值计算中,按逻辑运算,一行代码集成了对单元立方体坐标的平移和缩放变换。但这个程序还不够简洁,因为要拆分三个方向上的基点坐标值,3 次调用坐标变换计算子程序;主程序中,循环逐次对几何体做补片操作,没能发挥出 patch 本身支持矢量化代码的优势。由以上分析,重新针对坐标数据的维度特征,对代码 440 做第 1 次改进:

代码 441　多个长方体堆积补片改进代码-1

```
1  % arrayfun 调用子程序逐个处理多个几何体的坐标变换和补片(Cord0,L 同前)
2  arrayfun(@(i)PatchCell(Cord0(i,:),L),1:size(Cord0,1))
3  view(3); axis vis3d
4  % 几何体坐标变换和补片整合到子程序
5  function PatchCell(Cord0,L)
6  Cord = {[0  1  1  0  0  0;1  1  0  0  1  1;1  1  0  0  1  1;0  1  1  0  0  0],...
7          [0  0  1  1  0  0;0  1  1  0  0  0;0  1  1  0  1  1;0  0  1  1  1  1],...
8          [0  0  0  0  0  1;0  0  0  0  0  1;1  1  1  1  0  1;1  1  1  1  0  1]};
9  T = cellfun(@(x,cord,L)~x * cord + x * (cord + L),Cord,...
10                 num2cell(Cord0),num2cell(L),'un',0);
11 patch(T{:},'r','facealpha',.7)
12 end
```

代码 441 对代码 440 的主要改动在如下两个方面:

① 将单位立方体坐标数据整合到一个 cell 数组中,交给 cellfun 函数统一处理三坐标的变换计算;

② 坐标变换计算结果 T 是 1×3 的 cell 类型数组,3 个 cell 分别存储当前几何体六个面共计 24 个点的坐标变换 x,y,z 数据(4×6),因 patch 支持逗号表达式的多输出分隔形式,可直

接作 patch 命令的输入参数，代码 441 中的 patch 命令等效于如下形式：

代码 442　patch 命令的等效形式

```
1  [x,y,z] = T{:};
2  patch(x,y,z,'r','facealpha',.7)
```

按照两种不同的补片对象内部数据来变换思路：一种是代码 441 所示的枚举每个面的顶点坐标，按经过的顺序排列，不同面的交点重复枚举；另一种是构造所有顶点非重复集合矩阵，各面顶点则用矩阵索引列出。代码 443 就是按照第 2 种思路建立的：

代码 443　多个长方体堆积补片改进代码-2

```
1   % 输入变量：基点 Cord0 和边长向量 L 与之前代码相同
2   Ind = ones(1,size(Cord0,1));
3   cellfun(@PatchRect,mat2cell(Cord0,Ind),mat2cell(L(Ind,:),Ind))
4   view(3);
5
6   function PatchRect(Cord0,L)
7   vert = [0  0  0;1  0  0;1  1  0;0  1  0;0  0  1;1  0  1;1  1  1;0  1  1];
8   V = zeros(size(vert));
9   for i = 1:3
10      V(:,i) = ~vert(:,i) * Cord0(i) + vert(:,i) * (Cord0(i) + L(i));
11  end
12  % fac:六面体的面顶点索引矩阵
13  fac = [1  2  6  5;2  3  7  6;3  4  8  7;4  1  5  8;1  2  3  4;5  6  7  8];
14  patch({'Vertices','Faces','facecolor',},{V,fac,'r'})
15  alpha .7
16  end
```

进一步分析代码 441 和 443，发现不论哪种补片对象的数据变换思路，在子程序 PatchCell 的 cellfun 内部，都用 num2cell 命令把变量分成 x、y 和 z，分别处理三个坐标方向上的变换计算问题，能不能让这些结果被归结到一个整体计算过程呢？这时可以用隐式扩展：

代码 444　多个长方体堆积补片改进代码-3

```
1  % ----- 基点 Cord0 和边长向量 L 同之前代码 -----
2  vert = [0  0  0;1  0  0;1  1  0;0  1  0;0  0  1;1  0  1;1  1  1;0  1  1];
3  fac = [1  2  6  5;2  3  7  6;3  4  8  7;4  1  5  8;1  2  3  4;5  6  7  8];
4  i1 = size(Cord0,1);
5  V = cellfun(@(t,c,L)~t. * c + t. * (c + L),...
6          repmat({vert},[i1,1]),num2cell(Cord0,2),repmat({L},[i1,1]),'un',0);
7  cellfun(@(x,y) patch('vertices',x,'faces',y,'facecolor','r','facealpha',.7),...
8                 V,repmat({fac},[i1,1]))
9  view(3);
```

代码 444 中列出六面体 8 个顶点坐标 vert（单元六面体的基点坐标仍然是坐标原点），再指定六个面各自的 4 顶点坐标在 vert 坐标集合中的索引（矩阵 fac），没有用循环平移缩放（x_i，y_i，z_i）的坐标数据，关键就在变量 V 的匿名函数中，使用了隐式扩展的技巧。这段代码充分体现了 MATLAB 矢量化代码的简洁风格。

图 8.48 表示变量 V 的 cellfun 匿名函数调用数据，第 1 个变量“t”代表单元六面体的基点坐标（维度 8×3）重复 7 次；第 2 个变量“c”代表 7 个基点坐标，每个的维度都是 1×3；变量“L”则为实际六面体的长、宽、高尺寸向量，维度也是 1×3，被重复 7 次。

注意匿名函数中的两个点乘符号“. * ”，按前述维度分析，“not(t). * c”或者“t. * (c＋L)”中，t 的维度是 8×3，c 的则是 1×3，不符合数组点乘要求，但依照隐式扩展计算规则，相乘数组对应的行、列维度必须满足“要么相等、要么其中有 1 个是 1”的规则，上述两个变量满足条件。因此 1×3 变量先沿行方向扩展复制 7 次，成为 8×3 的数组，和前面的 8×3 矩阵点乘。这样就不需要把三坐标数据单独分开，一个个地计算平移和缩放量了。加之 cellfun 命令用 repmat、num2cell 等命令将 7 个基点坐标沿行方向拓展，7 个六面体沿各自基点的变换一次完成。

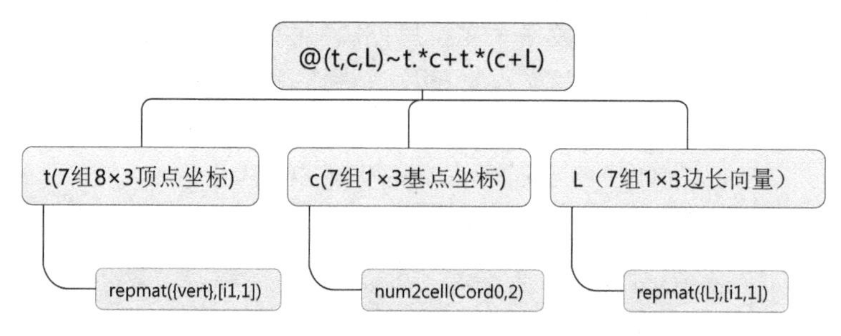

图 8.48　cellfun 代码中的 7 组坐标变换基本数据

多几何体补片的代码方案都体现了集中处理和排布坐标数据统一绘图的矢量化代码思想，还可以沿此方向再进一步，即在更高维度处理多几何体补片数据：

代码 445　多个长方体堆积补片改进代码-4

```
1   Cord0 = [0  0  -10;0  0  0;0  0  10;0  -10  0;0  10  0;-10  0  0;10  0  0];
2   Cord = {[ 0  1  1  0  0  0;1  1  0  0  1  1;1  1  0  0  1  1;0  1  1  0  0  0],...
3            [0  0  1  1  0  0;0  1  1  0  0  0;0  1  1  0  1  1;0  0  1  1  1  1],...
4            [0  0  0  0  0  1;0  0  0  0  0  1;1  1  1  1  0  1;1  1  1  1  0  1]};
5   L = reshape([10  10  10],1,1,' ');
6   Cord = cell2mat(reshape(Cord,  1,  1,' '));
7   Cord0 = permute(Cord0, 4:-1:1);
8   T = num2cell(~Cord .* Cord0 + Cord .* (Cord0 + L), 1:3);
9   T = num2cell(cat(2, T{:}),1:2);
10  patch(T{:},'r','facealpha',.7)
11  view(3);axis equal
```

代码 445 在 patch 函数内部采用枚举所有表面顶点坐标的方法，完成从基点数据的平移+缩放变换运算，似乎与之前方案相同。实际这段代码中的数据处理方式和之前几种方案有一定差别，这种差别隐藏在 reshape、permute 和 cat 这 3 个高、低维数组变换的函数中，分析如下：

（1）**已知数据输入**：按代码 441 重复枚举不同面坐标点的思路，枚举出 7 个几何体共计 7×6=42个面上的坐标点，仍沿用前述构造边长尺寸为长×宽×高=10×10×10 立方体的数据例子。代码 446 中的 Cord0 为 7 个六面体基点坐标、Cord 为 3×1 的 cell 数据，代表单元六面体（基点为坐标原点）6 个面的顶点坐标，将（x，y，z）分别存储在这 3 个 cell 内，L 则是维度 1×3 的六面体边长，但变量 L 第 2 步的数据重组中会做扩展变化，代码如下：

代码 446　基本输入数据

```
1   % 维度 7×3 共计 7 个六面体的基点实际坐标
2   Cord0 = [0  0  -10;0  0  0;0  0  10;0  -10  0;0  10  0;-10  0  0;10  0  0];
3   % 单元六面体 6 个面上 4 个顶点的 (x,y,z) 坐标 (1×3cell→4×6)
4   Cord = {[ 0  1  1  0  0  0;1  1  0  0  1  1;1  1  0  0  1  1;0  1  1  0  0  0],...
5            [0  0  1  1  0  0;0  1  1  0  0  0;0  1  1  0  1  1;0  0  1  1  1  1],...
6            [0  0  0  0  0  1;0  0  0  0  0  1;1  1  1  1  0  1;1  1  1  1  0  1]};
7   L = [10  10  10];
```

(2) **基础数据重组**:代码 445 用数据向高维做二次重组并做隐式扩展,与通过 repmat 和 num2cell 对齐数据格式的思路相同,但此处 reshape 涉及高维数组构造,以下说明重组的代码细节。

① L=reshape([10　10　10],1,1,''):reshape 将 1×3×1 的六面体尺寸数组 L 提升一维——变换成 1×1×3 的三维数组。

② Cord=cell2mat(reshape(Cord,1,1,'')):原理同上,reshape 还支持 cell 类型数组的维度变换,因此再将原 1×3 的 cell 数组 Cord(每个 cell 存储单元六面体 6 个面上各自 4 个顶点的空间坐标数据(x,y,z),维度均为 4×6)变换为 1×1×3 的高维 cell 数组;cell2mat 转换为 double 类型之后,每个 cell 内的数据占据一层,此时 Cord 就变成了 4×6×3 的高维数组,这一步是为了排布空间坐标(x,y,z),使之各占三维数组的一层。

③ Cord0=permute(Cord0,4:-1:1):permute 命令将 7 个基点空间坐标数据 Cord0(维度 7×3)变换为 4-D 数据,其维度为 1×1×3×7,这一点看起来不好理解,不妨看下面这个代码示例:

代码 447　数据重组——permute 示例 1

```
1   >> a = reshape(1:12,3,[]);
2   >> a(:,:,2) = 10 * a
3   a(:,:,1) =
4        1     4     7    10
5        2     5     8    11
6        3     6     9    12
7   a(:,:,2) =
8       10    40    70   100
9       20    50    80   110
10      30    60    90   120
11  >> size(a)
12  ans =
13       3     4     2
14  >> b = permute(a,[3,1,2])
15  b(:,:,1) =
16       1     2     3
17      10    20    30
18  b(:,:,2) =
19       4     5     6
20      40    50    60
21  b(:,:,3) =
22       7     8     9
23      70    80    90
24  b(:,:,4) =
25      10    11    12
26     100   110   120
27  >> size(b)
28  ans =
29       2     3     4
```

MATLAB 中的维度是:"行(1)"→"列(2)"→"层(3)→…",permute 对数据的变换类似魔方,就是让数据在不同维度变换其 n 重空间的位置。代码 447 中,数组 a 维度为 3×4×2,经 permute 变换构成维度为 2×3×4 的数组 b,注意 permute 的第 2 参数为"[3,1,2]",表示原来层维度 2 在 permute 变换后成为数组 b 的行维度,其余类推。这样代码 445 中使用 permute

的目的就好理解了：相当于把 7×3×1×1 的基点坐标数据，第 1 维度换到第 4 维度、第 2 维度换到第 3 维度、……，其余类推，最终得到 1×1×3×7 的 4－D 数组。

(3) **重排数据运算**：数据扩维重组得到 3 个参与后续运算的变量：六面体尺寸数组 L(1×3×1×1)、单元六面体 6 个面上的 4 顶点(x,y,z)坐标(4×6×3×1)、7 个六面体的基点实际坐标 Cord0(1×1×3×7)，为和 4－D 数组 Cord0 维度对齐，前两个变量也增加了第 4 维尺寸(默认值为 1)。根据"任意对应维度数据必须相等或其中之一为 1"的隐式扩展运算原则，3 个变量两两比较，满足这一原则，且 3 个变量第 3 维度数值均为 3，这代表隐式扩展将在 x、y 和 z 这 3 个维度上扩展，通过代码 445 第 8 行内层运算，获得 4×6×3×7 的结果数据，外层 num2cell(…,1:3)将前 3 个维度的 7 个三维数组(4×6×3)存储在 7 个 cell 中。

(4) **绘图**：patch 支持 cell 数组形式的逗号表达式多输出(T{:}为 patch 命令返回 3 组坐标数据)，因此用 patch(T{:},…)就可以直接对前述数据绘图了。

点评 8.15 多规则几何体堆叠问题 8.6 包含 3 个要求：首先，数据要描述标识不同六面体的基点坐标；其次，每个六面体 6 个面 4 个顶点的空间坐标要清楚呈现；最后，数据要描述每个空间坐标在三坐标轴方向上的平移和缩放变换。

8.4 R2019b 新功能：通过图表容器类自定义图形对象

通过前两节对于曲线(面)诸多图形对象的介绍，可以总结出这样一个结论：诸如 Line、histogram、Surface 以及一系列没有详细介绍的 ScatterHistogramChart、BubbleChart 等 R2020b 新增的图形类，从对象化编程的角度来讲，其实都相当于是对 MATLAB 图形基类的继承。可能一部分用户会开始好奇，既然 MATLAB 近几年在图形对象的开发过程中能够以堪称迅猛的速度发展，自定义种类繁多的图形实例对象，那么用户是否也能定义属于自己的图形类呢？

MATLAB 在 R2019b 终于推出了称为"图表类开发"(Developing Chart Class)的全新功能，能通过对图表容器基类"matlab. graphics. chartcontainer. ChartContainer"的继承，实现用户自定义图表对象的开发。还提供图表容器(Chart Container)添加图例的"matlab. graphics. chartcontainer. mixin. Legend"以及添加色值条的"matlab. graphics. chartcontainer. mixin. Colorbar"两个子类。

ChartContainer 基类具有 setup、update、getAxes 和 getLayout 四个成员方法，Mixin 子类则具有 getLegend 和 getColorbar 两个方法，关于它们各自的功能定位，感兴趣的读者不妨查看帮助文档获取相关知识。下面主要通过帮助文档中的一个 demo，来说明如何通过对 ChartContainer 这个基类的引用，实现自定义图形对象的开发。

信号处理等领域，可能期望获得采样信号曲线的峰点与谷点，并把极值在信号曲线上同时标注出来，帮助文档中给出了引用 ChartContainer 基类，自定义带有极值标识点的曲线对象的示例①，代码如下：

① 地址：https://ww2. MathWorks. cn/help/matlab/creating_plots/chart－class－with－variable－number－of－lines. html。

代码 448　自定义图形类绘制曲线并标识极值点

```
1  classdef LocalExtremaChart < matlab.graphics.chartcontainer.ChartContainer
2      properties
3          XData (1,:) double = NaN
4          YData (:,:) double = NaN
5          MarkerColor (1,3) double {mustBeGreaterThanOrEqual(MarkerColor,0),...
6              mustBeLessThanOrEqual(MarkerColor,1)} = [1  0  0]
7          MarkerSize (1,1) double = 5
8      end
9      properties(Access = private,Transient,NonCopyable)
10         PlotLineArray (:,1) matlab.graphics.chart.primitive.Line
11         ExtremaArray (:,1) matlab.graphics.chart.primitive.Line
12     end
13     methods(Access = protected)
14         function setup(obj)
15             obj.AX = getAxes(obj);
16         end
17         function update(obj)
18             ax = getAxes(obj); % get the axes
19             % Plot Lines and the local extrema
20             obj.PlotLineArray = plot(ax,obj.XData,obj.YData);
21             hold(ax,'on')
22             % Replicate x - coordinate vectors to match size of YData
23             newx = repmat(obj.XData(:),1,size(obj.YData,2));
24             % Find local minima and maxima and plot markers
25             tfmin = islocalmin(obj.YData,1);
26             tfmax = islocalmax(obj.YData,1);
27             obj.ExtremaArray = plot(ax,newx(tfmin),obj.YData (tfmin),'o',...
28                                 newx(tfmax),obj.YData(tfmax),'o',...
29                                 'MarkerEdgeColor',    obj.MarkerColor,...
30                                 'MarkerFaceColor',    obj.MarkerColor,...
31                                 'MarkerSize',         obj.MarkerSize);
32             hold(ax,'off')
33         end
34     end
35 end
```

不得不说，代码 448 这个自定义图形类的写法是很有新意的。首先，定义“XData”“MarkerSize”等 4 个公共属性时，采用的是和 arguments 完全一致的输入变量解析方式，即属性定义时就限定了参数的类型、维度等，尤其是定义“MarkerColor”，使用的方法函数 mustBeGreaterThanOrEqual 等，都是与 arguments 共享的方法函数，所以关于类属性的合法性验证与函数变量有很多相似之处，这方面更细致的解释可参照帮助文档中的“验证属性值”(Validate Property Values)部分。其次，在成员方法中，使用了 setup、update 和 getAxes 3 个基类的方法函数：

(1) **setup 方法。**作用是调用绘图函数，创建、设置在下方自定义类中期望使用的基本图形对象以及坐标轴，这其实是一个图窗初始化的流程，本例在帮助文档的原示例代码中没有初始化，也就是说，在 setup 方法函数中没有任何代码。在 setup 中不加任何代码，实际上隐含着对 LocalExtremaChart 图形对象类实行严格的封装，导致如果想在类外部使用 title、subtitle 之类函数为坐标轴添加标题等，都会报错，因此我们在 setup 方法函数中添加了一条语句(代码 448 第 15 行)，把坐标轴对象操控的入口开放出来，这样就使得与坐标轴有关的属性参数设置或添加成为可能了。

(2) **update 方法。** 如果用户绘图时，对 setup 已初始化的图形对象属性做了相关更改，则需要通过 update 更新对象。

(3) **getAxes 方法。** 顾名思义，这个方法函数用于获取和指定当前绘图坐标轴句柄。

有了初始化和更新框架，界面编写的其他工作流程就类似于"属性参数填空"的流程：利用两个私有属性"PlotLineArray"和"ExtremaArray"为实例化对象 obj 分别添加曲线和局部极值点数据标识，并更新。求解曲线局部极值点则采用"islocalmin/islocalmax"这对函数(R2017b)。求解局部极值索引，MATLAB 的求解方案不止一种，比如可采用 R2007b 中信号处理工具箱提供的 findpeaks 函数，或采用代码 449 所示完全矢量化代码求解方式——网络流传颇为久远的经典矢量化代码案例：

代码 449　取得局部极值点索引的矢量化代码方案

```
1  IndMin = find(diff(sign(diff(data)))> 0) + 1;           % 局部最小值索引
2  IndMax = find(diff(sign(diff(data)))< 0) + 1;           % 局部最大值索引
3  SigMin = data(find(diff(sign(diff(data))) = = 2) + 1)    % 局部最小值
4  SigMax = data(find(diff(sign(diff(data))) = = - 2) + 1)  % 局部最大值
```

调用代码 448 定义的图形对象类 LocalExtremaChart，就可以实现绘制带有局部极值标识的信号曲线了。为说明图形类的 setup 方法指明 getAxes 获取 obj 坐标轴的用意，专门在调用代码 450 中添加了设置 title 和 x 轴标签的语句，感兴趣的读者不妨复制帮助文档中的原代码实例所定义的 LocalExtremaChart 对象类，在调用代码中再度尝试采取 title 添加标题，看看会发生什么。

代码 450　调用自定义图形类绘制曲线并标识极值点

```
1  x = linspace(0,2 * pi,300);
2  y = cos(5 * x)./(1 + x.^[1;2;3]);
3  c = LocalExtremaChart('XData',x,'YData',y'); % 自定义
4  c.MarkerSize = 3;
5  drawnow
6  title(c.AX, " 自定义图形类"," 寻找最大值"); % 同时定义标题和子标题 (R2020b)
7  xlabel(c.AX, " 采样时间");
```

运行结果如图 8.49 所示。

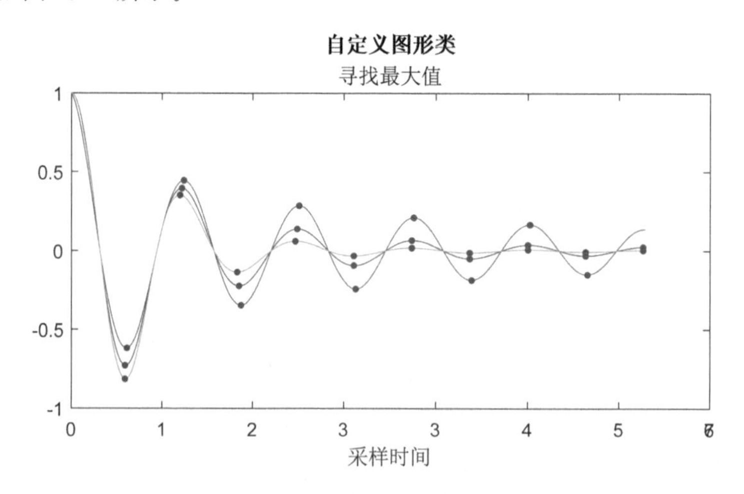

图 8.49　自定义极值标识点图形类返回结果

✍ **点评 8.16**　允许图形对象的自定义，这给用户订制多样化的图形类提供了全新的窗

口,由于自定义类是对 MATLAB 图形基类的继承,因此很多 MATLAB 自己的基本图形对象可供用户使用而无须重新定义,大幅减少了代码重复,这是通过编写函数实现类似功能所不能比拟的优势。

8.5 MATLAB 图形输出

8.5.1 MATLAB 图形输出方式与类别

图形输出效果一方面要求图片格式合规、以尽可能小的图片尺寸获得良好的打印清晰度,关键图形元素位置恰当且无遮挡;另一方面,操作要尽可能简单,图片后期修改应尽可能不花费过多时间精力。针对上述两个要求,本节针对撰写课程设计、毕业设计的论文或技术报告的学生或工程师用户,探讨如何以花费最小时间精力为代价,得到满意的图形输出效果。MATLAB 输出图形,包含代码和鼠标操作两种方式,不同类别的输出方法汇总如图 8.50 所示。

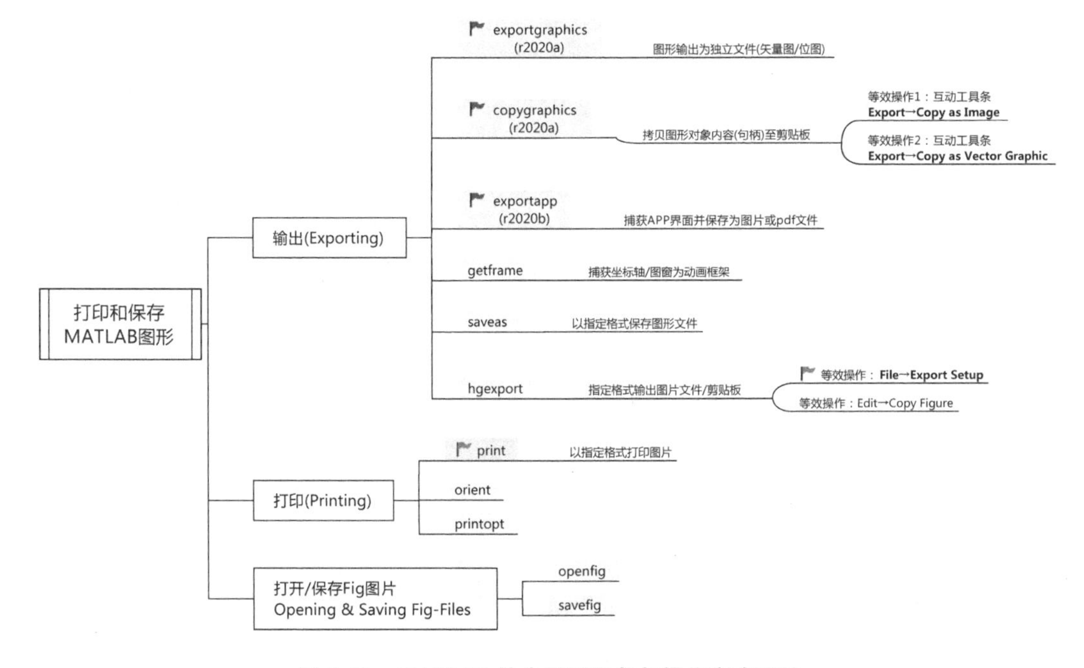

图 8.50　MATLAB 输出图形函数与操作方式汇总

这些方式如能善加应用,应当能满足上述提到应用场景下对图片的多数要求。图 8.50 中列举的各种图形输出方式,实际上有各自的应用场景和特点,而且也有一些功能是重叠的。对初学者,其实只需要掌握其中的几种就可以了。在本节内容中,将重点介绍老版本的 hgexport/print 和新版本中的 exportgraphics/copygraphics 函数,至于其他函数或者操作方式,由于调用方法、格式和其他属性参数设置类似,完全可以自行查阅帮助文档解决。

图形技术是 MATLAB 作为技术工具的强点和特色之一,为确保软件生成的图形准确地以不同格式呈现在屏幕或印刷制品上,MATLAB 的确提供了上述从代码到界面按钮操作等多种图形输出方式供用户选择。不过输出图片方式的应用场景应需求变化而迥异,不是每种方式都能得到令所有用户满意的效果,一些图形输出方式如果用得不合适,甚至有潜在隐患。例如笔者曾见用户撰写论文时,采用单击 Figure 窗口,选择 Edit 》Copy Figure,再在文档中

ctrl + V 粘贴图片的方法。按默认矢量图的拷贝选项，部分三维图窗口内的轴标签、注释文本及图例等要素因为是浮动对象，缩放后出现程度不一的位置“漂移”甚至消失(其实是跑出图窗显示范围)，一旦没有保存原始 fig 文件或丢失图形代码，结果是灾难性的。此外，撰写论文、展示报告等，对图形分辨率、图幅大小、字体字号等，可能有更细致的要求，因此输出一张显示效果精美、图片容量尽可能小的图形，也是值得讨论的议题。

8.5.2 用 Export Setup(hgexport) 输出图形

MATLAB 支持图形以大多数流行的位图和矢量图格式输出，一般文档编辑器是 Word 等，图形建议以 emf 格式矢量图输出；如果以 TeX 编写文档，则优先选择 pdf 或 eps 格式(以相关格式指定的要求为准)。部分情况下用户可能必须指定以位图输出，建议优选 tiff 格式。无论以矢量图还是位图格式输出图形，都建议用 savefig 保留同名 fig 图片，这样即使临时突然发现存在必须改动的细节，只须调用 openfig 命令，或将 fig 文件拖入命令窗口，就能方便地打开图片，完成编辑工作后再重新出图。

大体确定图片的输出格式后，接下来就要选择输出 MATLAB 图形的方式，对于代码经验少或无须一次批量输出很多幅图片的用户，推荐选择在图形窗口手动调整设置和输出图片，步骤如下：

步骤 1 运行代码产生 Figure 窗口下的图片，例如运行代码 451 生成如图 8.51 所示曲面图形。

代码 451 输出图片代码示例-1

```
1  [PropSurfNames,PropSurfVal] = deal(...
2      {'facelighting','linestyle','edgelighting'},... % 曲面属性名称
3      {'gouraud','none','gouraud'});                  % 曲面属性值
4  hSurf = surf(membrane);
5  colormap jet; camlight headlight; camlight right; material metal
6  set(hSurf,PropSurfNames,PropSurfVal)
7  set(gca,{'ticklabelinterpreter','fontsize'},{'latex',14})
```

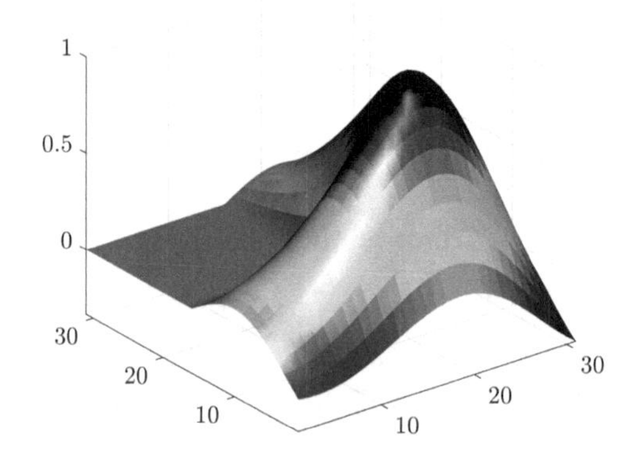

图 8.51 待输出曲面

步骤 2 在 Figure 窗口依次单击 File》Export Setup，弹出“Export Setup:Figure”的输出图形设置对话框，如图 8.52 所示。如果是曲线图，可对图幅中的轴标签、图例、标题以及各类注释的字体字号大小比例等，利用代码或图片属性查看器(Property Inspector)按需调整，分辨率方面可按默认效果；三维曲面图形则可能要在 Properties》Rendering》Resolution(dpi) 中(默认为自动)，指定 dpi 数值，通常调整到 600，基本可满足大多数场景下的出图要求。

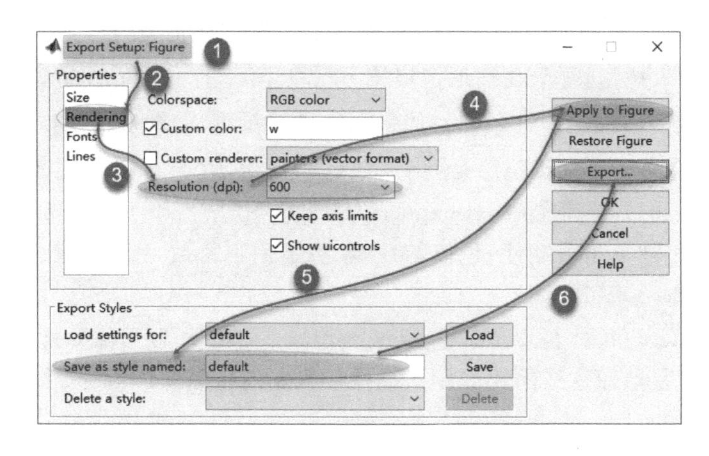

图 8.52　曲面图形的输出设置细则步骤

步骤 3　如果步骤 2 调整了输出图形属性选项，则应单击对话框右侧的Apply to Figure按钮，确保设置应用在当前输出图形。如果项目或论文撰写中，要存储很多类似设置的图片，为保持统一，可在左下方Export Styles》Save as style named栏的文本框中设置并存储当前图形调整。

步骤 4　单击对话框右侧的Export按钮，选择相应的文件格式输出。如果以这种 Export 的方式输出 pdf 文件，默认是“USLetter”幅面，但凡以这种方式输出的图形本身都不会很大，所以多数情况下，图片要通过第三方工具实现裁剪（emf、tiff 等格式则不存在这个问题）。

✍ **点评 8.17**　使用File》Export Setup方式输出图形文件时，要注意生成图窗大小不能超过预设幅面（包括用户手动拉宽图形幅面），否则可能出现 pdf 文件宽度不足以容纳全部图幅的情况，而且命令窗口也会相应伴随橙色警告信息；此外还有一些特定情况，需要绘制幅面非常大的图形，这两种情况在 R2020a 版本以前，都更适合于使用 print 函数，指定与 papersize 或 position 有关的属性设置参数出图。

8.5.3　R2020a 新函数：用 copygraphics 输出图形

MATLAB 在 R2019b 版本为图形窗口互动工具条新增如图 8.53 所示的位图/矢量图保存选项。

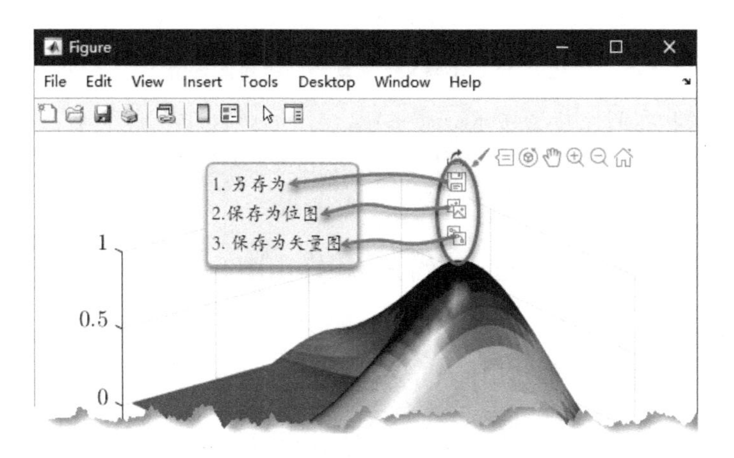

图 8.53　互动窗口直接输出图形

这相当于通过 Edit》Copy Figure 将图形对象复制至剪贴板，单击 Copy as Image 或 Copy as Vector Graphic 按钮，等于在图形窗口按下 ctrl + C ，打开 Word 等文档编辑软件，按下 ctrl + V ，可将复制的图形元素粘贴到文档中，属于“轻量级”的图形输出方式。

利用互动工具条的 export 按钮组，输出曲线（面）的位图/矢量图是方便的，但不对所有图形都适用，例如用 R2017a 新增的 heatmap 函数绘制热图时，由于 HeatMapChart 对象的特殊性，图形对象元素（如单元格分割线、色值等）不希望被用户修改，因此互动工具条把旋转缩放和复制图片等按钮都屏蔽了。

MATLAB 在 R2020a 版本又提供了 copygraphics 函数，其为互动工具条复制图形按钮的等效命令，因此即使是热图这样的无法用鼠标操作复制的特殊图形对象，也可以用代码实现等效的图形对象句柄的复制。

代码 452　热图的句柄复制与图形输出

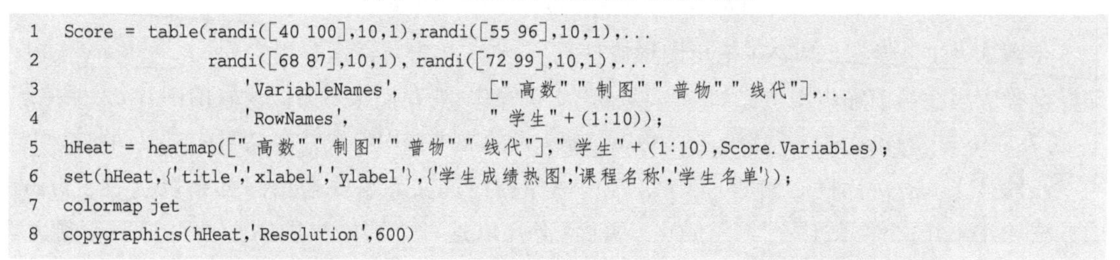

```
1  Score = table(randi([40 100],10,1),randi([55 96],10,1),...
2                randi([68 87],10,1), randi([72 99],10,1),...
3                     'VariableNames',          ["高数" "制图" "普物" "线代"],...
4                     'RowNames',               "学生" + (1:10));
5  hHeat = heatmap(["高数" "制图" "普物" "线代"],"学生" + (1:10),Score.Variables);
6  set(hHeat,{'title','xlabel','ylabel'},{'学生成绩热图','课程名称','学生名单'});
7  colormap jet
8  copygraphics(hHeat,'Resolution',600)
```

代码运行完毕，得到图 8.54 所示结果。

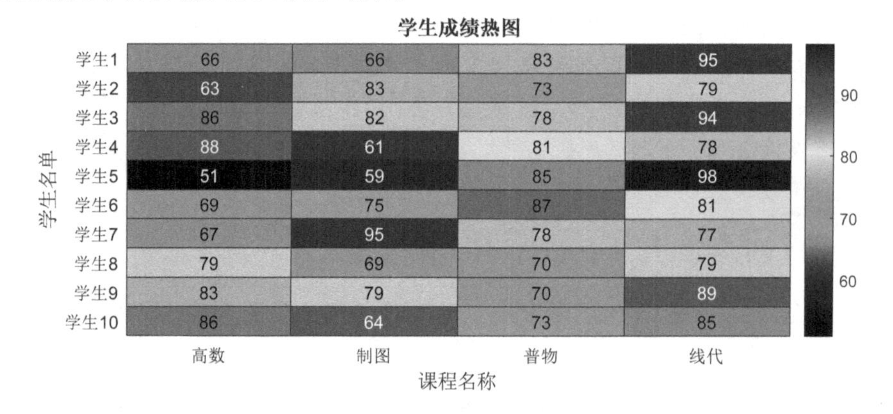

图 8.54　代码 452 实现热图的句柄复制

打开 Word 文档，在所需位置按下 ctrl + V ，该图形对象即复制至 Word 文档中。这个操作能够成立是因为代码 452 在第 8 行使用 copygraphics 函数获取热图的图形对象句柄①，并为 jpg 图片指定了 dpi 数值。

8.5.4　用 pirnt /exportgraphics 函数打印和输出图片

MATLAB 使用 File》Export Setup 手动输出图形文件，效果基本是令人满意的。不过在需要批量产生多个图形文件的场景下，这种方式费时费力，以代码方式输出图片更为合适。对代

① 复制句柄的方式不适合向支持 Markdown 或 TeX 语法的纯文本型编辑器复制句柄对象，如果是用这类编辑器作为文档写作环境，仍需采用下一节即将介绍的 print/exportgraphics 等函数，将当前图形生成为独立文件形式的图片。

码 451 稍加调整，可以自动输出 3 种不同格式和属性设置的图片，具体如代码 453 所示。

代码 453　代码自动输出图片示例-1

```
1  [PropSurfNames,PropSurfVal] = deal(...
2                              {'facelighting','linestyle','edgelighting'},...
3                              {'gouraud','none','gouraud'});
4  [FigNames,PropsColorMap,PropsMaterial] = deal(...
5           "Fig0" + (1:3)',["jet","hsv","hot"],["shiny","dull","metal"]);
6  hSurf = surf(membrane);
7
8  set(hSurf,PropSurfNames,PropSurfVal)
9  set(gca,{'ticklabelinterpreter','fontsize'},{'latex',14})
10 arrayfun(@(i)OutFig(FigNames(i),PropsColorMap(i),PropsMaterial(i)),1:3)
11
12 % --------- 输出指定格式图片的子函数 -----------------
13 function OutFig(n,a,b)
14     colormap(a); camlight headlight; camlight right; material(b)
15     print(n + ".emf",'-dmeta','-r600')                % 输出指定 dpi 的 emf 格式图片
16     orient landscape                                  % 输出 pdf 页面转横向
17     print(n + ".pdf",'-dpdf','-bestfit','-r600')      % 输出指定 dpi 的 pdf 图片
18     savefig(n + ".fig")                               % 保存 fig 格式原图以备修改
19 end
```

代码 453 产生的图形调用 print 函数打印，通过后缀名、dpi 数值大小、渲染方式等后置参数值编辑修改，实现图片多样输出效果。print 属于“Low-Level”形式的输出方式，功能强大，但也有一整套非常复杂的参数设置方式，一些参数只在特定情况产生作用，例如有时可能要输出幅面较大的图片，图幅尺寸、图形在幅面的占比、标签字体大小等设置和 figure 图窗的‘PaperSize’‘PaperPosition’‘PaperType’等设置关系密切，用户要反复调整参数查看效果，经过一定代码的练习，才能掌握使用 print 输出比较理想的图片文件的技巧。下面的代码 454 可在 A4（纵向）幅面的 pdf 上输出曲面图。

代码 454　代码自动输出图片示例-2

```
1  clc;clear;close all;
2  [PropSurfName,PropSurfVal] = deal(...
3      {'facelighting','linestyle','edgelighting'},... % 曲面对象属性名称
4      {'gouraud','none','gouraud'});                 % 曲面对象属性值
5  [PropsFigName,PropsFigVal] = deal(...
6      {'papersize','paperunits','paperposition'},... % 图窗对象属性名称
7      {[21  29.7],'centimeters',[0  0  50  50]});    % 图窗对象属性值
8  [PropsAxName,PropsAxVal] = deal(...
9      {'ticklabelinterpreter','fontsize'},...        % 坐标轴对象属性名称
10     {'latex',40});                                 % 坐标轴对象属性值
11 hSurf = surf(membrane);
12 colormap jet; camlight headlight; camlight right; material metal
13 cellfun(@(f,N,V)set(f,N,V),...
14     {gcf,gca,hSurf},{PropsFigName,PropsAxName,PropSurfName},...
15     {PropsFigVal,PropsAxVal,PropSurfVal})
16 print('FigOutPDF.pdf','-dpdf','-r600')             % 输出 pdf 格式，dpi 为 600
```

print 函数具有强大的图形格式打印功能，如果再联合 string/char 动态构造文本，其还能胜任批量打印图片的工作。但 print 的强大需要用深入理解其一整套繁杂多样的参数设置方式做背书，甚至前面还提到了，如果期望准确打印图形的幅面，还需要学习 figure 图窗的许多属性，这个学习门槛使得很多初学 MATLAB 的用户感到利用 print 完成图形输出是一件令人望而生畏的苦差事。

所幸在 R2020a 版本，MATLAB 提供了 exportgraphics 函数，这个函数在功能和易用性的平衡方面，应该说比 print 更合理，其后置的图形输出参数设置被大幅简化，“名称-值”参数对现在只剩如下 3 个：

（1）**ContentType**：指定输出矢量图（Vector）|位图（Image）|自动（Auto）；

（2）**Resolution**：指定输出图片的 dpi 数值（DotsPerInch）；

（3）**BackgoundColor**：指定背景色。

因此 exportgraphics 的后置参数设置很容易掌握，且代码生成的图片即使手动随意修改尺寸大小，利用 exportgraphics 函数返回的图形文件也能做到所见即所得，这一点应该最受用户欢迎；同时图片输出质量毫不逊色于 print 函数，因此如果使用的是 R2020a 之后的版本，这个函数在输出 MATLAB 图形时是首选命令。下方代码 455 是利用 exportgraphics 函数指定图窗句柄输出整张图到 PDF 的示例。

代码 455　exportgraphics 输出图形文件示例-1

```
1  clc;clear;close all;
2  hFig = figure("InnerPosition",[400  400  1150  480]);
3  tiledlayout(1,2);
4  [x,y,z] = deal([zeros(1,500) ones(1,500)],randi(2,1,1000),randn(1,1000).^2);
5  swarmchart3(nexttile,x,y,z,50,sqrt(z),'filled');
6  title("3-D 粒子图","(R2020b)",'fontsize',14)
7
8  [towns,nsites] = deal(randi([25000  500000],[1  30]),randi(10,1,30));
9  levels = (3 * nsites) + (7 * randn(1,30) + 20);
10 bubblechart(nexttile,nsites,levels,towns)
11 title("2-D 气泡图","(R2020b)",'fontsize',14)
12 xlabel('Number of Industrial Sites')
13 ylabel('Contamination Level')
14 bubblesize([5  30])
15 bubblelegend('Town Population','Location','eastoutside')
16
17 exportgraphics(hFig,"Fig182.pdf","Resolution",600) % 指定图窗输出图片
```

图 8.55 是用句柄 hFig 指定输出整张图窗为 PDF 的结果。

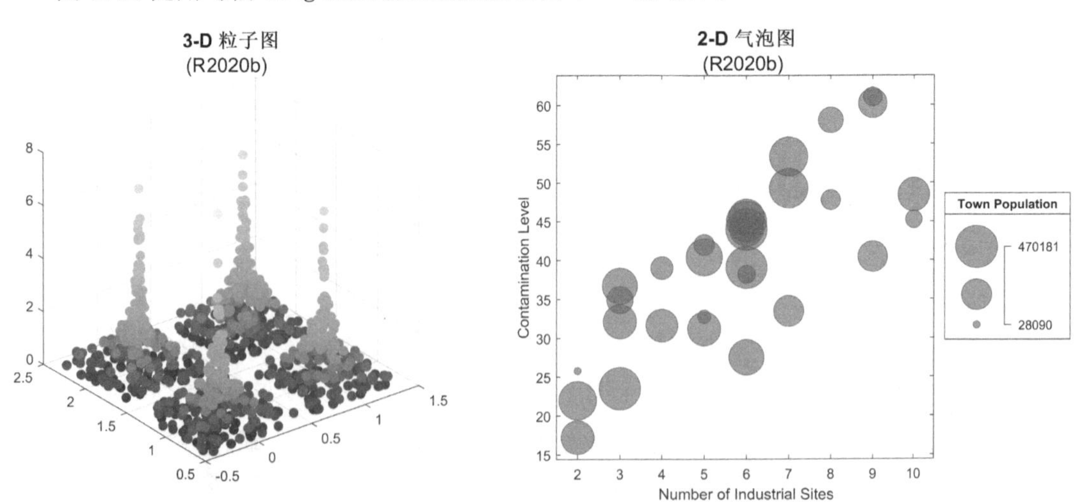

图 8.55　exportgraphics 指定图轴输出图片示例

函数 exportgraphics 和句柄对象有着更加紧密的结合能力，它可以直接访问图形或图形

内部子坐标轴的对象句柄，然后指定图片格式输出图形。例如上述图形，如果指定两个 nexttile 的句柄，exportgraphics 就可以分别输出两幅单独的子图，代码见代码 456。print 函数则不具备操控到图窗以下子对象句柄的能力，只能打印整个图窗包含的内容。

代码 456　exportgraphics 输出图形文件示例- 2

```
1  hFig = figure(...);
2  tiledlayout(1,2);
3  h1 = nexttile;                          % 指定左侧子图的句柄 h1
4  ...
5  h2 = nexttile                           % 指定左侧子图的句柄 h2
6  ...
7  exportgraphics(h1,FigName1,...)         % 单独输出子图 1 为独立图片文件 FigName1
8  exportgraphics(h2,FigName2,...)         % 单独输出子图 2 为独立图片文件 FigName2
```

8.6　总　结

本章介绍了 MATLAB 图形绘制的一些方法，读者应当抓住与图形相关数据的逻辑结构和层次关系这条主线，从外部传进 MATLAB 用于绘图的数据和图形自身的属性数据这两个方面来考虑绘图工作的组织逻辑。为此，我们尽量避免单纯罗列一堆代码，展示一些看似“酷炫”实则肤浅的图形效果，而是期望展示形形色色、纷繁复杂图形迷雾之下的数据本质，以及 MATLAB 是如何通过代码来有序呈现这些数据的。

正是基于这样一个考虑，本章首先介绍了 MATLAB 图形的对象父子结构关系，并通过一个空间参数曲线的示例，阐释图形对象层级的概念。接下来分平面和空间图形对象，结合大量代码示例分析在 MATLAB 中调用函数绘图并调整和设置各类绘图参数的方法。例如：通过 plot 的 7 种输入数据形式简单讲解绘图函数设计的“多态”概念、结合高维数组探讨 patch 函数在多几何体堆叠中的用法等。这些都说明：既然图形是数据的一种直观组织方式，MATLAB 绘图也无可避免成为新老数据类型与函数命令、矢量化点乘（除）、隐式扩展、子函数/匿名函数、逗号表达式等一系列手段的综合运用战场。因此绘图技术的学习过程，本质上仍然是学习 MATLAB 编程技术和运用编辑数据能力的过程。

了解新版本 MATLAB 的绘图方法，是本章强调的另一个重点。近几年的版本更新正持续完成函数设计的彻底对象化编程风格转型。因此，新老版本的绘图函数无论是对象的定义与层次结构、成员方法函数的设计，对各类数据类型的支持，还是图形输出等各个方面，都发生了很大的变化，例如用 histogram/histcounts 取代 hist/histc 就是很典型的例子。类似的新知识层出不穷。新内容需要用户尽快切实消化，才能为工程和研究领域内的科学探索带来实质帮助。快速掌握一系列新的 MATLAB 技术手段，除了从对象化程序编写角度理解数据之外，用一定量代码实例展示对象化的概念也必不可少，因此本章特意讲解了绘图方面的一部分新版本函数（如：tiledlayout、copygraphics/exportgraphics 等），对新版本操作（如：交互工具条）和新版本功能（如：自定义图形对象类）等也都一一结合实例作了介绍。

总之，掌握 MATLAB 绘图命令背后一系列属数参数的设置方法和对象句柄数据的层次关系，不但对绘图有帮助，对于今后理解 MATLAB 的面向对象编程，也有很大好处。

第 9 章

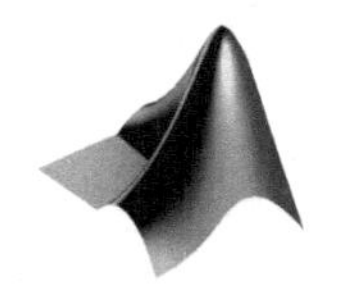

数据和文件I/O

9.1 数据 I/O 概述

数据导入/导出(input/output,I/O)是编程语言基本功能之一。数据来自各类文件、应用程序、Web 服务和对特定外部设备的访问,格式多种多样,如 Excel 电子表格、文本、图像、音频和视频以及科学数据格式等。MATLAB 提供丰富的 I/O 函数,辅助用户将 MATLAB 运算结果写入外部数据文件,或将外部数据读入 MATLAB 内,通过低级文件 I/O 函数,还能处理一些格式更复杂的数据文件。随着 MATLAB 内外部数据类型的扩展,每个版本在函数设计方面都在做微小的调整变动,既顺应了语言对象化编程潮流走向,也让 MATLAB 自身的语言特色得以保留,这些累积的微调与变化,如今到了足以引起学习者重视的程度。

从设计者角度看,MATLAB 函数和类,逐渐趋向于"高内聚、低耦合"的单一化功能化设计风格,即通过设置子函数、成员方法,以调用参数的形式实现某一类特定的功能,而且同一个函数可以包络和考虑实现该类功能时用户可能遇到的各种状况,形成"高度内聚"的函数生态;与此同时,还尽可能避免实现不同功能的函数或类之间存在过多重叠执行的情况,也就是函数(类)和另一个函数(类)的功能低耦合状态。MATLAB 新增函数的设计风格都朝着这个方向逐步靠拢。这种转型特征在数据导入/导出功能实现的函数中,表现得尤其明显。这在很大程度上要归因于数据格式、类型、功能变化日新月异,迫使 MATLAB 的 I/O 函数设计思路做大幅变动,例如从 R2019b 版本开始,读取 Excel 文件的 xlsread/xlswrite 函数已被列入"不推荐"函数序列,代之以 readtable/writetable、readmatrix/writematrix 和 readcell/writecell 等函数,读取纯文本的 dlmread/dlmwrite 自 R2019a 版本起,也正式进入"不推荐"序列,官方建议选择 readmatrix/writematrix 函数读写矩阵格式的数据。从新增函数命名风格和实现功能看,MATLAB 数据读写倾向于从"以外部数据格式为主体(xlsx,txt,dat 等)"逐步过渡到"以自身数据类型为主体(table,double,cell 等)"的设计思路,更重要的是,一套函数应对一种 MATLAB 数据类型,完成功能单一且纯粹,但输入/输出参数设定却仍然保持基础风格的统一,具有明显的对象化编程语言特征。

正由于新版本数据文件导入导出函数出现一系列变化,因此本章探讨的重心放在了各种数据文件或变量读写的应用场景上,更侧重结合代码示例分析新函数特征与诸多输入参数的设置方法。先介绍文件读写中最基本的 load/save 函数,引出文件读写的话题;再重点介绍新增的文件读写高级命令 readtable/writetable（R2013b）、readcell/writecell 及 readmatrix/writematrix 函数(R2019a)。上述新命令属性参数设置方法已经打上明显的面向对象语言编程的风格烙印，可以视作 MATLAB 函数顶层设计朝着对象化逐步完成方向转型的典型案例。

9.2 load/save 读写数据

load/save 通常是用户接触 MATLAB 最先碰到的数据 I/O 命令，load 函数可将 mat、txt 和 dat 等格式的外部数据载入 MATLAB，save 可将 MATLAB 中的数据存储到独立的 mat、txt 等文件中。两个函数使用简便，功能也颇实用，在后续学习其他数据文件读写函数前，很有必要先了解这两个 MATLAB 内部传递数据时使用最为频繁的函数。

9.2.1 用 save 保存数据

save 函数将工作区变量(可指定)默认存储为 mat 二进制文件，也可指定为 txt 或 dat 等，但这些外部格式对数据的类型、格式有严格限制(见后续讨论)。注意：save 函数默认覆盖存储，即当前文件夹若存在同名文件，保存后自动覆盖原文件，例如代码 457 保存时，data. mat 文件用变量 b 覆盖了变量 a。

代码 457　save 函数的覆盖保存示例

```
1   >>a = randi(10,10);                    % 初始变量 a
2   >>save data.mat a                      % 变量 a 保存为 data.mat 数据文件
3   >>whos('-file','data.mat')
4     Name    Size        Bytes   Class        Attributes
5     a       10x10       800     double
6   >>b = num2cell(magic(3));              % 新建变量 b
7   >>save data.mat b                      % 变量 b 继续保存为 data.mat
8   >>whos('-file','data.mat')             % 变量 a 覆盖存储后消失
9     Name    Size      Bytes     Class    Attributes
10    b       3x3       1080      cell
```

可用代码 458 的方式，有选择地保存工作空间中的某几个变量数据：

代码 458　以覆盖模式保存数据

```
1   >>[a,b,c] = deal(rand(10),num2cell(magic(3)),categorical("string" + (1:3)'));
2   >>save data.mat a b c  % 同时保存多个变量下的数据
3   >>whos('-file','data.mat')
4     Name       Size       Bytes       Class        Attributes
5     a          10x10        800       double
6     b          3x3         1080       cell
7     c          -            383       categorical
```

一些场景下，变量间有先后计算的因果关系，可能无法以代码 458 的方式同时保存，如果仍想把数据放在文件 data. mat 中，要用到 save 函数的‘-append’后置参数：

代码 459　以追加模式保存数据

```
1   >>a = randi(10,10);
2   >>save data.mat a             % 变量 a 保存为 data.mat 数据文件
3   >>b = num2cell(magic(3)); % 新建变量 b
4   >>save data.mat b -append  % 添加模式存储变量 b
5   >>whos('-file','data.mat')  % 之前变量 a 的数据仍然得以保存
6     Name       Size       Bytes       Class       Attributes
7     a          10x10        800       double
8     b          3x3         1080       cell
```

代码 457～459 除了‘-append’参数的应用，还指示了 save 函数在命令行调用时，无须用小括号包裹输入参数。当然，带括号的等效执行方式也是被支持的：

代码 460　save 函数保存数据 b(括号式调用)

```
1  >> save('data','b','-append')
```

代码 460 表达了两个意思：一是 save 函数支持带括号保存指定变量 b 的调用方式；二是当文件名没有指定后缀名，MATLAB 默认 mat 格式。

帮助文档对 save 的描述还重点提及了结构数组的解析参数“- struct”，其可以将数组中指定 field 内的数据按域名称存储为变量：

代码 461　save 的- struct 后置参数

```
1  >> structData.fdName1 = datetime(2019,2,11:18);
2  >> structData.fdName2 = {magic(3),"abc"};
3  >> structData.fdName3 = categorical(["a","b"]);
4  >> save data structData
5  >> whos('- file','data.mat')          % 不加“ - struct”参数保存结构数组整体
6       Name        Size       Bytes       Class        Attributes
7  structData     1x1        1214        struct
8  >> save data - struct structData     % 加“ - struct”参数以变量解析域名保存变量
9  >> whos('- file','data.mat')
10     Name       Size       Bytes       Class          Attributes
11 fdName1       -          64          datetime
12 fdName2       1x2        430         cell
13 fdName3       -          216         categorical
```

✍ **点评 9.1**　代码 461 在 save 函数中增加了参数“- struct”，该参数在存储数据时的作用是解析原结构数组变量 structData，以结构体域名作为变量名，分别保存每个域内的数据。

save 函数也能以其他 ASCII 编码纯文本格式(txt/dat)存储数据，但保存时有颇为严格的限制，这种限制可以通过问题 9.1 的代码方案做简要说明。

问题 9.1　命令窗口执行代码 462，在 Workspace 生成 4 组类型、维度各自不同的数据 a，b，c 和 d：

代码 462　用 save 保存不同维度和类型的数据

```
1  >> a = 10 * rand(5);          % double 类型，5 × 5 矩阵
2  >> b = num2cell(a.^2,2);     % cell 类型，5 × 1 数组（每个 cell 包含 1 × 5 的 double 数组）
3  >> c = sum(floor(a));         % double 类型，1 × 5 数组
4  >> d = char(65:90);          % char 类型，1 × 26 数组（A～Z 共计 26 个字母）
```

尝试将代码 462 中的 a～d 这 4 个变量数据保存为外部文件。

代码 462 中 4 个变量在 MATLAB 中的维度和数据类型不同，导致用 save 保存时将提示警告信息，如果参数设置不当，还会产生隐蔽的编码问题(运行通过但不正确)。

代码 463　用 save 存储 Workspace 全部变量至文件

```
1  save SaveAll.mat
2  save SaveAll.txt
```

代码 463 用两个 save 函数，分别存储上述 4 个变量于 mat 和 txt 文件，命令行运行并不报错，且文件夹正常增加两个对应格式的文件，表面看这两条语句都成功通过了，事实却并非如此：

- ❑ mat 格式文件能正常存储，用 clear 清空 Workspace，再执行“loadSaveFile. mat”，Workspace 会重新把 4 个变量载入工作空间，证实“saveSaveAll. mat”语句正常运行。

❑ 用 load 函数打开保存的 SaveAll. txt 文件时显示为乱码，且提示错误“Errorusingload”，说明由于编码格式的问题，save 函数不能直接保存 txt 文件。正确方法是在调用 save 时，增加后置参数“- ascii”：

代码 464　多个变量尝试用 save 存储到单文件

```
1  >> save('SaveAll.txt','a','b','c','d','-ascii')
2  Warning: Attempt to write an unsupported data type to an ASCII file.
3  Variable 'b' not written to file.
```

运行代码 464 出现新的警告信息：“类型为 cell 的变量 b 是不被支持的 ASCII 文件，因此没能成功写入 txt 文档”。再次打开保存的 txt 文档，发现 3 个变量数据已经保存成功，由于各自具有不同的数据维度，3 个变量的数据混淆到同一个文件，难以分辨，此外，变量 d 的 char 字符类型自动修改成对应的 ASCII 码值。

几个代码示例表明：mat 作为 MATLAB 内部的数据文件格式，可通过 save 函数同时存储多个不同数据类型的变量，但保存外部纯文本格式，数据类型和保存方式都受到很多限制，诸如 struct 或 cell 等 MATLAB 内部数据类型无法保存。

对于问题 9. 1 中的 cell 类型变量 b，如果想将其中的数据存储为 txt 文本，则需要在 MATLAB 内将数据从对应的各个 cell 中“解离”出来再通过 save 存储，或者用 R2019a 中新增的函数 writecell 来处理，这个命令的用法详见本章后续内容。

save 支持使用“- regexp”后置参数遴选 Workspace 内的变量，意即 save 函数对工作区变量名支持正则表达式，这在工作区变量非常多时比较实用。例如：Workspace 中同时有 a，a2bc，b12，txc，aaa，bac，t1 共计 7 个变量，可使用正则表达式把以字母“a”开头的变量存储起来：

代码 465　save 的正则表达式参数挑选变量

```
1  [a,a2bc,b12,txv,aaa,bac,t1] = deal(1,2,3,4,5,6,7);
2  save('RegexpSave.mat','-regexp','^a[1-9a-z]?')
```

✍ **点评 9. 2**　save 还有其他功能，比如保存变量时还可用‘- double’参数强制数据保留 16 个有效数字，用参数‘- tabs’指定制表符作为数据的分隔符等。不过也应当看到 save 函数在功能方面存在的局限：除了前面提到的保存纯文本格式时，在数据类型和维度上的严格限制以外，它还不能保存复数变量（如果是复数则只保存实部）；save 函数也不适合保存图窗，对于图窗对象数据，更适合用 savefig 函数专门存储。

对于以上提到的矩阵元素存在复数元素的情况，如果要保存为数据文件，可以用低级命令 fprintf 等逐行向文件写入数据，但数据要先以既定格式转为字符类型，参见代码 466。

代码 466　fprintf 保存复数矩阵为纯文本

```
1  t = sqrt(randi([-10  10],3))
2  fid = fopen('tWrite.txt','a+t');
3  arrayfun(@(i)fprintf(fid,'%s\n',num2str(t(i,:),'%5.4f\t')),1:size(t,1));
4  fclose(fid)
```

9. 2. 2　用 load 读取数据

load 函数把外部的数据文件读入 MATLAB 的内存空间，这正好是 save 函数的“反”途径，而且，它的参数设置与 save 函数也很类似。下面用一个装载数据的问题说明 load 函数的基本用法。

问题 9.2 用 Windows 中的记事本新建 TXT 纯文本文件，命名为 data1.txt，置于 MATLAB 当前工作路径，如：🗀 D:/MATLABFiles/DataIO/data1.txt。

```
0.2356    0         3.21      4.1358    9.1028
5         8.1025    1.4980    6.1973    125.0017
```

文本文件的数据均以 3 个空格间隔方式对齐，第(1,2)和(2,1)数据为整数 0 和 5，第(1,3)数据保留 2 位有效数字，第(2,5)数据大于 10。

分析 9.1 这是从外部读入数据的简单例子，load 和 save 调用方法一致，均可用不带括号输入的简写形式，load 对所装载纯文本文件也有格式要求：每行数据列数相同，每行每列数据必须以数字开头，每个数据能包含字母，load 自动识别位于数字中间的特殊字母 e、E、d、D。如包含其他字母，则忽略包含字母在内的后面的其余部分，说明 load 不能导入带有复数的数据文件。

代码 467 load 导入纯文本数据-1

```
1  >> load data1.txt
2  >> data1
3  data1 =
4     0.2356          0       3.2100     4.1358       9.1028
5     5.0000     8.1025       1.4980     6.1973     125.0017
```

文件 data1.txt 内包含的是行列维度对齐的数据，load 命令能将此类文件内包含的数据载入 MATLAB。为探索 load 命令的使用界限，可以打开“data1.txt”文件，在第 1 行增加 1 行文本，另存为“data2.txt”，文件内容如下：

```
A text line in addition, and yet it's not welcomed.
2.3560000e-01  0.0000000e+00  3.2100000e+00  4.1358000e+00  9.1028000e+00
5.0000000e+00  8.1025000e+00  1.4980000e+00  6.1973000e+00  1.2500170e+02
```

此时重新用 load 命令导入这个文本和数据混合的文件 data2.txt，会提示代码 468 所示的错误，这个错误证实：load 函数无法导入行列维度不对齐(没有呈矩阵形式)的文件数据。

代码 468 load 导入纯文本数据-2

```
1  >> save data2.txt -ascii
2  >> load data2.txt
3  Error using load
4  Number of columns on line 2 of ASCII file data2.txt must be the same as previous lines.
```

load 和 save 类似，支持使用正则表达式，按照规则从 mat 数据文件中导入部分变量，例如下面的代码从数据文件的多个变量中，导入以辅音字母结尾的变量：

代码 469 按正则语法导入变量

```
1  >> [avx,bt4,aio,bu,tty] = deal(1,2,3,4,5);
2  >> save dataReg.mat                              % 5 组变量存储到 mat 数据文件中
3  >> clear all                                     % 清空 Workspace
4  >> load dataReg.mat -regexp '.*[^aeiou]$'        % 载入其中辅音字母结尾的变量
```

本节列举了两个 save/load 结合正则表达式选择保存/导入变量的例子，正则表达式语法体系复杂庞大，堪称文本处理最强大的武器，与此同时，正则表达式尤其动态正则表达式语法学习的难度与其强大的功能也具有相衬的对等地位，对初学者而言，掌握正则表达式是有挑战性的，笔者所编写的另一本书[5]通过示例，系统介绍了 MATLAB 中的正则表达式的功能与用途，感兴趣的读者可参阅。

✍ **点评 9.3**　总结关于 load/save 函数的特点发现：两个函数更适合装载/保存内部的 mat 文件，对于 txt 或 dat 等外部 ASCII 编码格式的文件，则有比较严格的行列和数据类型要求，且无法支持一些应用较为普遍的格式，如 csv 或 xlsx 等，这些文件内数据的导入和导出，需要使用其他的一些函数或者工具。

9.3　用 importdata 读取数据

使用 load 函数载入纯文本格式数据有一些比较严格的限定条件，因为它的设计并不主要用于读取 txt/dat 数据，早期版本 MATLAB 在这方面的主力工具是 fprintf 等低级命令，fprintf 的功能强大，但格式定义比较灵活，客观上有一定的学习门槛。不过，对没有接触过 C 语言、不熟悉低级读写命令的 MATLAB 用户，导入数据文件用函数 importdata 是个比较理想的选择，查看函数源代码发现 importdata 实际是多个数据读取命令功能的集成：它可以识别文件扩展名，然后调用导入关联文件格式对应的 MATLAB 辅助函数，如对于 mat 格式的二进制数据文件，会调用 load 函数，如果检测到 Excel 文档，则会使用 xlsread[①] 函数，对于其他 ASCII 编码纯文本文件，也会在检测识别之后调用 textscan 等函数。

importdata 集成的功能函数很多：支持带文本标题的数据导入、可指定数据分隔符；返回包括 table、cellarray、numericmatrix、stringarray 等诸多数据类型；它还支持对图形、音频和视频数据的导入，对不熟悉代码操作的用户，还可以在 importdata 函数中使用图形界面鼠标点选操作导入数据，只需要在 Home》VARIABLE 选项板单击 ImportData 按钮，按弹出对话框操作即可。

9.2 节采用 load 函数导入 D:/MATLABFiles/data2.txt 时，因数据文件第 1 行包含标题文本，数据的行列维度没有对齐，致使数据导入失败。下面通过 importdata 函数，向 MATLAB/Workspace 重新导入 data2.txt 中的数据，以此说明 importdata 的基本用法。

data2.txt 文件首行文本和其余数据无法做到行列对齐，导入这种文本与数据简单混合的文件，importdata 可以通过界面按钮，按提示手动操作，也可以用命令行形式分离标题行导入。

首先是界面按钮操作方式：

① 按图 9.1 所示次序，单击 Home》Import Data》Select File，选择 data2.txt 文件。

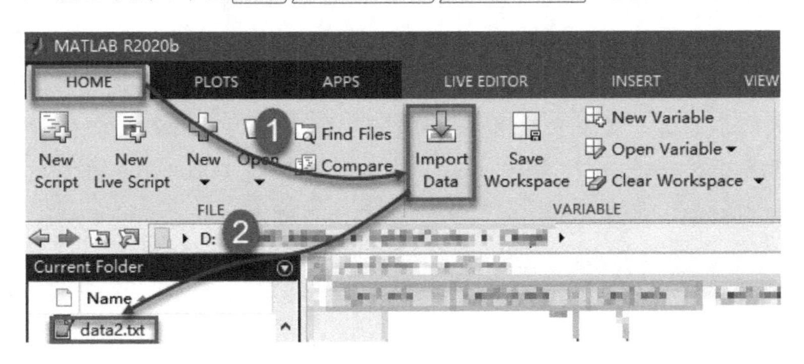

图 9.1　importdata 的 GUI 导入数据步骤-1

② importdata 函数导入数据被分为图 9.2 所示数据导入对话框中①～⑤这 5 个设置步

---

① 在命令窗口输入“edit importdata”可查看函数代码，R2020b 版本中，在 readFromExcelFile 子函数（第 692 行）可以找到读取 Excel 文档时使用了 xlsread 函数。

骤。从中可以看出 importdata 导入数据是基于：数据以指定分隔符相隔，放入单独单元格(cell)内，数据行列无法对齐时，通过分隔符所分隔的最大行(列)维度，“包络”数据于整个网格体系，如果每行单元格子数量不同，中间以 NaN(默认)或其他规则填充对齐。

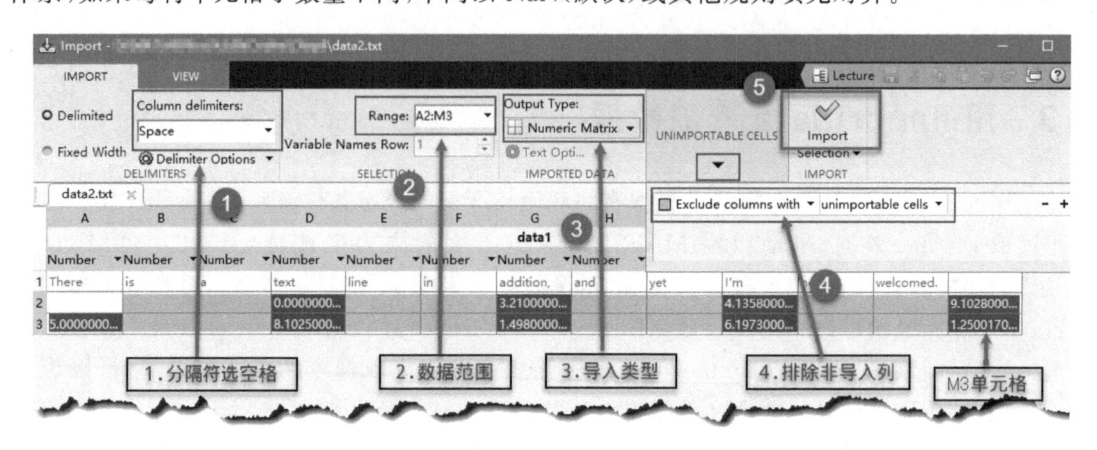

图 9.2　importdata 的 GUI 导入数据步骤-2

③ 单击右侧大箭头所指钩形按钮，Workspace 内就产生了维度 2×5 的数据变量 data2。

importdata 支持命令操作方式，因此上述操作只须用代码 470 所示命令窗口的一句代码来表示，产生的数据变量 A 是结构数组，包含 data 和 textdata 两个域，分别用于存储数据和标题行。

代码 470　代码方式实现数据导入

```
1  >> A = importdata('data2.txt',' ',1) % 指定：空格为数据分隔符、第 1 行为标题行
2  A =
3  struct with fields:
4  data: [2 × 5 double]
5  textdata: {'A text line in addition, and yet it's not welcomed.'}
6  >> A.data
7  ans =
8       0.2356         0      3.2100      4.1358      9.1028
9       5.0000    8.1025      1.4980      6.1973    125.0017
```

点评 9.4　importdata 是 MATLAB 导入数据一系列高级函数功能的集成，从前面介绍的界面操作和命令行两种数据导入方式看出，图形界面直观简单，零基础代码需求，但不适合大批量多组数据导入；代码方式则需要理解 importdata 相关调用参数的意义和功能。学习 importdata 函数时不能忽略其命令帮助结尾处的建议：如果标题行(列)之外仍存在非数值字符，或者文件中存在格式化的日期时间数据等，就需要用 textscan 命令代替 importdata，textscan 是比 importdata 更复杂但灵活性却更强的低级命令。

9.4　用 textscan 读取数据

函数 textscan 是 MATLAB 7.0 时代推出的，用于读写外部格式化文件数据和内部字符串的低级命令，所读取数据以 cell 形式返回。这个函数具有很多优点，如同时支持内部 char 和 string 格式字符串文本和外部独立文本文件的读取；也可以像 importdata 一样，指定数据文件标题行，例如代码 468 读取带有标题的数据文件 data2.txt 提示出错，使用 textscan 函数就可以很容易将之读取到 MATLAB 之中，见代码 471。

代码 471　textscan 指定标题行读取 data2 数据

```
1  >> fID = fopen("data2.txt");
2  >> dRead = cell2mat(textscan(fID,"%f %f %f %f %f",'headerlines',1))
3  dRead =
4      0.2356         0       3.2100    4.1358      9.1028
5      5.0000    8.1025       1.4980    6.1973    125.0017
6  >> fclose(fID);
```

事实上，尽管 data2.txt 只是带有标题行的简单数据文件，但它却可以帮助初学者更好地理解体会 textscan 的参数设置对数据导入结果的微妙影响。例如：代码 471 中如果为 textscan“好心”地指定空格作为分隔符，就会出现奇怪的导入结果：

代码 472　textscan 指定“Delimiter”参数设置方式-1

```
1  >> fID = fopen("data2.txt");
2  >> dRead = textscan(fID,'%f %f %f %f %f','headerlines',1,"Delimiter"," ");
3  >> dRead{1}'
4  ans =
5      0.2356    NaN       NaN    5.0000    NaN     NaN
6  >> fclose(fID);
```

代码 472 给出了导入数据 dRead 第 1 个单元格的内容，里面除了所需第 1 行的 2 个实际数据，还莫名其妙地多出很多 NaN，这是什么原因呢？通过分析发现：原 data2.txt 文件每个数据之间的分隔是通过 3 个空格实现的，这意味着一旦指定分隔符为 1 个空格，那么剩下的两个空格就被视为数据导入了，因此每个数据后方都非常规律地跟随两个 NaN。

实际上这组数据导入时，如果一定要增加“Delimiter”参数，可以再补充“MultipleDelimsAsOne”参数把数据之间的所有空格一律视为统一的单独分隔符：

代码 473　textscan 指定“Delimiter”参数设置方式-2

```
1  dRead = textscan(fID,'%f %f %f %f %f',...
2                   "headerlines",          1,...
3                   "Delimiter",            " ",...
4                   "MultipleDelimsAsOne",  1);
```

假如 data2.txt 在分隔数据时，中间的空格数量不定，但限定只有“1|3”个这两种情况，代码还可以写成如下形式，即同时指定单一空格和三个空格这 2 种分隔符形式：

代码 474　textscan 指定“Delimiter”参数设置方式-3

```
1  dRead = textscan(fID,'%f %f %f %f %f',...
2                   "headerlines",        1,...
3                   "Delimiter",          [" ","   "]);
```

从上述 3 种不同的参数指定方式可以看出，textscan 的后置参数指定方式非常灵活，一旦掌握，它可以适应和胜任颇为复杂的文本与数字混合型文件数据的导入工作。在 textscan 的帮助文档中给出了一个“将文本文件中的混合数据块导入表或元胞数组”的例子[①]，从该代码实例方案，可以大致体会 MATLAB 处理复杂格式文本数据读取的思路及其方便之处。

问题 9.3　从 MATLAB 自带的“bigfile.txt”文本文件中（见代码 475），读取包含文本和数值的混合数据块，然后将该数据块导入元胞数组中。

---

① 地址：https://ww2.mathworks.cn/help/matlab/import_export/import-block-of-mixed-data-from-text-file.html。

代码 475　bigfile.txt 文档内的数据

```
1  >> type('bigfile.txt')
2  ## A        ID = 02476
3  ## YKZ Timestamp Temp Humidity Wind Weather
4  06-Sep-2013  01:00:00    6.6     89    4    clear
5  06-Sep-2013  05:00:00    5.9     95    1    clear
6  ... % 省略部分文本
7  ## B        ID = 02477
8  ## YVR Timestamp Temp Humidity Wind Weather
9  09-Sep-2013  01:00:00    15.2    91    8    clear
10 09-Sep-2013  05:00:00    19.1    94    7    n/a
11       % 省略部分文本
12 ## C        ID = 02478
13 ## YYZ Timestamp Temp Humidity Wind Weather
```

分析 9.2　样本文件 bigfile.txt 包含以“##”开头的注释行，数据排在下方 5 列中：列 1 包含指示时间戳的文本；列 2～4 包含数值数据，指示温度、湿度和风速；末列包含说明性文本数据。这套数据的复杂之处一方面固然体现在数据块内包含文本、时间和双精度三个不同的数据类型，但更重要的是格式自身的复杂性：一组数据和一个标题作为一个“块”，在数据文件内周期性地出现，这样的文件数据完全可以通过 textscan 读取。

textscan 读取代码 475 数据时，首先要分析各个列数据的类型，针对这组数据，要通过参数 N 指定块的大小、通过参数 formatSpec 指定数据字段格式、将‘%s’用于标识文本变量、将‘%D’用于标识日期和时间变量，‘%c’则用于分类变量。

值得一提的是，复制帮助文档中用于读取“bigfile.txt”文件的 textscan 代码，用 R2019a～R2020b 之间的版本(其他版本未测试)运行该代码都报错，原因是帮助文档中的代码未指定日期格式。针对这个问题，在帮助文档提供的代码基础上，我们又指定了日期格式，有兴趣的读者可参照帮助文档的相关链接内容，并按代码 476 所示修改后运行。

代码 476　textscan 读取复杂数据格式文件示例-1

```
1  N = 6;
2  formatSpec = '%{dd-MMM-yyyy HH:mm:ss}D %f %f %f %s';
3  fileID = fopen('bigfile.txt');
4  % 读取块 1 并显示变量 Humidity 内容
5  C_first = textscan(fileID,formatSpec,N,...
6                     'CommentStyle',      '##',...
7                     'Delimiter',         char(9),...
8                     'DateLocale',        'en_US')
9  C_first{3}
10 % 更新块大小 N 并读取块 2
11 N = 7;
12 % 显示第 5 变量 Weather 数据内容
13 C_second = textscan(fileID,formatSpec,N,...
14                     'CommentStyle',       '##',...
15                     'Delimiter',          '\t',...
16                     'DateLocale',         'en_US')
17 % 关闭文件
18 fclose(fileID);
```

注意到 textscan 函数能检索由行参数 N 指定的、符合 formatSpec 参数指定格式的数据，这意味着如果无须读取中间间隔出现的以“##”开头的不符合格式要求的文本行，textscan 会通过指定其为“CommentStyle”参数跳过，例如：

代码 477　textscan 读取复杂数据格式文件示例-2

```
1  >> formatSpec = '%{dd-MMM-yyyy HH:mm:ss}D %f %f %f %s';
2  >> fID = fopen('bigfile.txt');
3  >> CWhole = textscan(fID,'%{dd-MMM-yyyy HH:mm:ss}D %f %f %f %s',150,...
4                        'CommentStyle',        '##',...
5                        'Delimiter',           char(9),...
6                        'DateLocale',          'en_US');
7  >> fclose(fID);
8  >> size(CWhole{1},1)
9  ans =
10     13
```

代码 477 的行参数 N 设置了比较大的值(150)，意味着文件"bigfile.txt"中，允许读取 150 个符合指定格式的行，但代码 477 最后一条语句通过 size 证实读取到的有效数据仅 13 行，远低于上限值 150。且有效数据通过文本分割为 2 部分(第 1 部分 6 行，第 2 部分 7 行)，读取时自动忽略所有不符合格式要求的行。这个剔除无关信息并保留有效数据的功能，在复杂数据读取中无疑有很高的实际应用价值。

textscan 函数的另一特点是不大"挑食"，相比 load 函数，它对数据类型有更广谱的接受能力。textscan 函数的帮助文档中提供了一个导入 MATLAB 自带"scan1.dat"文本的示例，证实了 textscan 在准确指定格式参数的情况下，可读取日期变量(此处也是以文本形式读取)、文本和包括复数在内的各类数据格式，与代码 466 的区别是：textscan 自动识别复数，无须设置逐行读取，且复数和实数的识别格式参数都是'%f'。

代码 478　textscan 读取复杂数据格式文件示例-3

```
1  >> type('scan1.dat')
2      09/12/2005 Level1 12.34 45 1.23e10    inf    Nan    Yes   5.1+3i
3      10/12/2005 Level2 23.54 60 9e19       -inf   0.001  No    2.2-.5i
4      11/12/2005 Level3 34.90 12 2e5        10     100    No    3.1+.1i
5  >> fID = fopen('scan1.dat');
6  >> C = textscan(fID,'%s %s %f32 %d8 %u %f %f %s %f');
7  >> fclose(fID);
8  >> C{end}   % 显示读取数据中最后一列复数数据
9  ans =
10     5.1000 + 3.0000i
11     2.2000 - 0.5000i
12     3.1000 + 0.1000i
```

代码 478 格式指定参数包含双精度(%f)、单精度(%f32)、文本(%s)、无符号 8 位整型(%u)和 8 位符号整型变量(%d8)五种数据类型。其中日期变量以文本形式读取，鉴于可接受的日期格式很多，且表述方式也很灵活，因此 MATLAB 的格式参数通过'%{fmt}D'指定了更细致的时间变量设定方式。

代码 479　textscan 读取复杂数据格式文件示例-4

```
1  >> type('fmtDateData.txt')
2      1 02 2014   Level1
3      12 11 2016  Level2
4      30 07 2005  Level3
5  >> fID = fopen('fmtDateData.txt');
6  >> CDate = textscan(fID,'%{dd MM yyyy}D %s',...
7                      'delimiter',        '\t',...
```

```
8                        'DateLocale',          'de_DE'); 8
9   >> CDate{1}   % 第 1 列识别和读取为日期变量
10  ans =
11  3×1 datetime array
12       01  02  2014
13       12  11  2016
14       30  07  2005
15  >> fclose(fID);
```

☞ **注意**:代码 479 源数据文件“fmtDataDate.txt”中包含 2 列,而非 4 列数据,因为第 1 列是以空格间隔的时间变量,例如第(1,1)个元素为“1 02 2014”,这代表 2014 年 2 月 1 日,textscan 通过‘%{dd MM yyyy}D’指定符合条件的日期格式;日期变量和最后一列文本数据,以‘delimiter’参数‘\t’指定并识别文本数据中的制表符。

textscan 函数的格式参数选项很多,可以根据数据具体特点,构造多样的格式指定方式以读取复杂的外部数据,限于篇幅不再详细描述。通过本节的几个示例,验证了 textscan 作为低级文件读取命令,对于复杂格式的外部数据相比于 load 或者 importdata 是有优势的,但低级命令的参数设置方式比较灵活和复杂,掌握起来相对需要花费更多的时间和精力。

9.5 R2013b 函数:readtable/writetable 读写数据

9.5.1 简述新增数据读写高级命令

MATLAB 自 R2013b 版本起,相继推出 table、categorical、timetable 等一系列新数据类型,以及对应的全新函数群。不得不说,这些新数据类型的设计思想已经打上了非常明显的对象化程序语言烙印。相应地,对于读写新数据类型的函数,也提出了与早期版本函数不大相同的具体要求,于是 MATLAB 数据读写的高级命令近几年几乎每个版本都会发生变化。例如:新一代的 readtable/writetable(R2013b)、readcell/writecell(R2019a)、readmatrix/writematrix(R2019a)都是“广谱”型数据读写函数,加上 readstruct/writestruct 函数(R2020b)用于读写.xml数据文件,目前这 4 组函数已经在事实上形成了对包括“.xls、.xlsm、.xlsx”“.txt、.dat、.csv”和“.xml”等在内的电子表格、文本以及可扩展标记语言格式数据进行读写的生态。这 4 组函数在功能、易用性方面,已经全面优于老版本的 xlsread/xlswrite、dlmread/dlmwrite 或 csvread/csvwrite 等函数。这实际上表达了 MATLAB 逐步向对象化编程风格转变的总体趋势,并且慢慢贯彻了“单体函数功能高度内聚,而函数之间功能低耦合”的函数设计思想,因此本节将结合代码示例,介绍这些函数的功能和用法。

自 R2013b 版本 MATLAB 新增 table 数据类型后,后续版本相应陆续增加、完善了绘图、计算、类型转换、数据读写等多种函数,或后置调用参数对 table 类型的支持。单就数据读写功能而言,table 在兼顾可读性,容纳其他数据类型的宽容度方面,也确实具有优势,尤其是获得数据读写的 readtable/writetable 函数的支持之后。例如:readtable 函数可以读入外部数据文件,并将其构造为 table 类型的数据;而 writetable 则能够识别 MATLAB 内的 table 类型数据，并将其转换和写成外部格式文件。这两个函数大大扩展了 table 类型数据的使用范围。

数据类型 table 和"表"的数据属性存在密切关联，下面首先探讨 table 数据类型的基本特征，再结合实例探讨两个函数的调用方法和后置参数的使用技巧。

9.5.2　table 数据类型的基本知识

1. table 数据类型的机理

readtable 函数从外部读入数据，再按 table 类型组织数据，因此需要先大致了解 MATLAB 的 table 类型。查看 table 命令源码（键入"edit table"），发现内存预分配、变量名定义等多个关键位置出现 cell 数组，说明它是对 cell 数据的一种封装——这与 dataset 数据类型有类似之处：

代码 480　查看 table 命令源代码

```
1   properties(Access='protected')
2   % * DO NOT MODIFY THIS LIST OF NON-TRANSIENT INSTANCE PROPERTIES *
3   % Declare any additional properties in the Transient block below,
4   % and add proper logic in saveobj/loadobj to handle persistence
5   data = cell(1,0);
6   end
7   % ...
8     if numVars < nargin
9       pnames = {'Size' 'VariableTypes' 'VariableNames' 'RowNames'};
10      dflts = {     []             {}               {}              {} };
11      partialMatchPriority = [0  0  1  0]; % 'Var'→'VariableNames'(backwardcompat)
12          try
13          % ...
```

如果继续查看另一个内部函数 tabular 的源码注释，会发现 table 类型是对 tabular 这样一个内部抽象超级类的继承，这里面涉及一些面向对象编程的知识：

代码 481　查看 tabular 命令的源代码

```
1   classdef (AllowedSubclasses = {? timetable ? table}) tabular <
        matlab.mixin.internal.indexing.DotParen &
        matlab.internal.datatypes.saveLoadCompatibility
2   % Internal abstract superclass for table and timetable.
3   % This class is for internal use only and will change in a future release. Do not use this class.
4   % *** may go back to private if every instance is in tabular
5   properties(Constant, Access='protected')
6   % ...
```

✍ **点评 9.5**　作为新的数据类型，从 table 源码能推测出 MATLAB 底层代码逐渐倾向于面向对象的事实，类（class）、对象（object）、方法（method）、属性（properties）已大量充实在新老函数代码中，因此今后想了解 MATLAB 运行机制，对面向对象编程的了解和熟悉将是必不可少的。

2. table 类型的构造与使用方法

MATLAB 用与类型同名的 table 函数构造新的数据类型，这一点和 cell、struct、datetime 等都是类似的，代码 482 显示了构造 table 数据的方法。

代码 482　table 数据的构造

```
1   >> T1 = table( (1:3)' , {'one';'two';'three'} , ...
2       categorical({'A';'B';'C'}) , randi(10,3,3) )
3   T1 =
4   3×4 table
5       Var1       Var2       Var3            Var4
6       ----       ------     ----       ---------------
7       1          'one'      A            9   10    3
8       2          'two'      B           10    7    6
9       3          'three'    C            2    1   10
10  >> T1.Properties.VariableNames
11  ans =
12    1×4 cell array
13      {'Var1'}       {'Var2'}        {'Var3'}        {'Var4'}
14  >> T1.Var1(2:end)
15  ans =
16    2
17    3
18  >> {class(T1.Var2),class(T1.Var2{1}),class(T1.Var3),class(T1.Var4)}
19  ans =
20    1×4 cell array
21      {'cell'}    {'char'}     {'categorical'}     {'double'}
```

代码 482 展示了 table 数据类型的一部分特点，如下：

（1）**能容纳不同类型的数据**。例如：示例变量 T1 的几个变量包含 char、cell、double、categorial 这四种不同数据类型，显然该属性就是继承自 cell 类型的。

（2）**table 的 VariableName 标题数据属性**。table 包含对标题的定义属性，这是 table 的特征属性，但如果用户没有在 table 构造时明确指定变量名称，MATLAB 会为这个 table 数据自行指定变量名为 Var1、Var2、…，可以通过“T1. Var1”的形式，引用归属此变量的数据。

（3）**变量数据行数**。应满足各变量行维度对齐，但允许各 Variable 容纳数据的列数不同，此外，如果 readtable 函数需要读取某些行不对齐即缺少部分元素的源数据文件，默认将缺失数据以 NaN 代替，用户可通过如图 9.3 所示的“EmptyValue”参数指定缺失数据替换值。

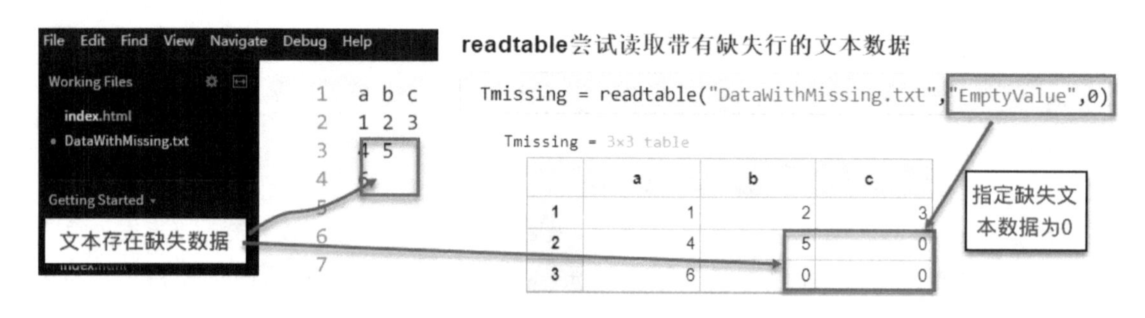

图 9.3　参数“EmptyValue”指定 table 数据缺失值

table 类型既具有 cell 类型同时容纳多种不同类型数据的特点，又有优良的可读性，因此自 R2013b 之后，多个版本一直在丰富和拓展其在 MATLAB 内诸多应用场景下的使用范围。

3. table 数据的内存预分配

MATLAB 推荐在计算程序中，对已知维度变量以预置全零同维数组初始化，以达到内存预分配的目的，数据量较大时，这种操作能有效加快程序整体运行速度，table 数组也适用这个原则，甚至 table 还增加了更丰富的功能选项：

代码 483　table 数据的内存预分配

```
1  >> T2 = table('Size',[2  3],'VariableTypes',{'string','double','datetime'})
2  string({class(T2.Var1),class(T2.Var2),class(T2.Var3)})
3  T2 =
4    2 × 3 table
5        Var1          Var2       Var3
6        --------      ----       ----
7      <missing>       0          NaT
8      <missing>       0          NaT
9  ans =
10    1 × 3 string array
11      "string"    "double"    "datetime"
```

帮助文档中给出代码 483 所示的空 table 数据，其不但指定 table 维度为 2×3，还能预先以'VariableTypes'参数指定每列变量数据类型依次为：字符类型 string、数值类型 double 和时间类型 datetime，由于未赋值，因此空 string 串以"<missing>"表示，空 datetime 变量以"NaT"表示。

4. 指定 table 表的列名称(变量名)

构造和引用 table 数据时，变量名是 table 的列名称，如代码 484 所示。

代码 484　指定 table 数据的变量名

```
1  >> [City,Number] = deal(["Los Angeles";"Rome"],randi(100,2))
2  City =
3       2 × 1 string array
4         "Los Angeles"
5         "Rome"
6  Number =
7           82        13
8           91        92
9  >> Date = datetime(string({'2016 - 03 - 24','2016 - 04 - 19'}),...
10                            'inputformat', 'yyyy - MM - dd')'
11  Date =
12    2 × 1 datetime array
13      24 - 3 月 - 2016
14      19 - 4 月 - 2016
15  >> table(City,Number,Date) % VariableNames 即 table 中的列标题
16  ans =
17    2 × 3 table
18      City                Number            Date
19      --------------      ---------         -----------------
20      "Los Angeles"       82   13           24 - 3 月 - 2016
21      "Rome"              91   92           19 - 4 月 - 2016
```

代码 484 显示，table 数据列名称即对应数据变量名，可事先通过赋值给变量特定数据预先定义，也能像 485 这样，在构造表格后以属性参数确定。

代码 485　指定 table 数据列名称

```
1  T = table(["Los Angeles";"Rome"] , randi(100,2) , ...
2              datetime(string({'2016-03-24','2016-04-19'}),...
3              'inputformat','yyyy-MM-dd')') % 默认 Var(i) 分配列名
4  T =
5    2×3 table
6      Var1              Var2          Var3
7      _____________     __________    _______________
8      "Los Angeles"     82    92      24-3月-2016
9      "Rome"            91    64      19-4月-2016
10 >> T.Properties.VariableNames = ["City","Number","Date"] % 指定变量名
11 T =
12     2×3 table
13     City              Number          Date
14     ______________    __________      ___________________
15     "Los Angeles"     82    92        24-3月-2016
16     "Rome"            91    64        19-4月-2016
```

5. 修改和编辑 table 数据的方法

可以对 table 中的数据做增加、删除和移动等编辑动作，对应命令分别是 addvars、removevars 和 movevars。以上述代码 484 的变量 T 为例：

代码 486　table 数据的增加、删除和移动

```
1  >> Add1 = randi(10,2,3)                    % 为 table 添加第 1 组数据
2  Add1 =
3    8     5     8
4    8     5     8
5  >> Add2 = logical(round(rand(2,1)))        % 为 table 添加第 2 组数据
6  Add2 =
7  3×1 logical array
8    1
9    0
10 >> T = addvars(T,Add1,'Before','Date')      % Add1 加至 Date 变量前
11 T =
12   2×4 table
13     City              Number             Add1                 Date
14     _______________   ___________        ______________       _________________
15     "Los Angeles"     82    92           8    5    8          24-3月-2016
16     "Rome"            91    64           8    5    8          19-4月-2016
17 >> T = addvars(T,Add2,'After',3)          % Add2 加至 3 列后
18 T =
19   2×5 table
20     City             Number        Add1          Add2        Date
21     ______________   ________      __________    _____       ______________
22     "Los Angeles"    82   92       8  5  8       true        24-3月-2016
23     "Rome"           91   64       8  5  8       false       19-4月-2016
24 >> T = removevars(T,3)                  % 删除第 3 列变量 Add2
25 T =
26   2×4 table
27     City             Number        Add2        Date
28     ______________   ________      _____       ______________
29     "Los Angeles"    82   92       true        24-3月-2016
30     "Rome"           91   64       false       19-4月-2016
31 >> T = movevars(T,3,'Before',1)         % 列 3 的 Add2 前移至列 1
32 T =
```

```
33    2×4 table
34      Add2          City              Number        Date
35      -----      ----------------   ----------   ----------------
36      true       "Los Angeles"      82   92      24-3 月-2016
37      false      "Rome"             91   64      19-4 月-2016
```

6. 调用匿名函数执行 table 数据

MATLAB 在 R2013b 新增 rowfun 和 varfun 函数用于访问 table 类型数据并调用匿名函数执行运算，这和 array、cell 和 struct 类型对应的 arrayfun、cellfun 和 structfun 函数访问操控数据的原理相同：

代码 487　table 数据的增加、删除和移动

```
1   >> T1 = table(Add1,Add2,T.Number)
2   T1 =
3     2×3 table
4          Add1           Add2          Var3
5       -------------   --------    -----------
6        8    5    8     true        82     92
7        8    5    8     false       91     64
8   >> varfun(@(x)sqrt(+x),T1)
9   ans =
10      2×3 table
11            Fun_Add1                   Fun_Add2            Fun_Var3
12      ----------------------------    ----------     -------------------
13      2.8284   2.2361   2.8284           1            3.873      8.9443
14      2.8284   2.2361   2.8284           0            6.5574      9.798
```

9.5.3　示例:readtable/writetable 读写 dat/txt 数据

首先明确：readtable 函数名称里的"table"不是指 Excel 里的 spreadsheet，而是 MATLAB 内部的 table 类型数据，这意味着用 readtable 读取的外部数据既可以是 Excel 里的 xls 或者 xlsx 文件，也支持纯文本的 dat、txt 文件读取。

1. readtable 将 dat 数据读入 MATLAB

有如图 9.4 所示的. dat 文件，路径和文件名为 D:/MATLABFiles/PubEleCodes/Chap8/DatFile. dat。读者可酌情根据自己的工作文件夹来定义路径与文件名称，下同。

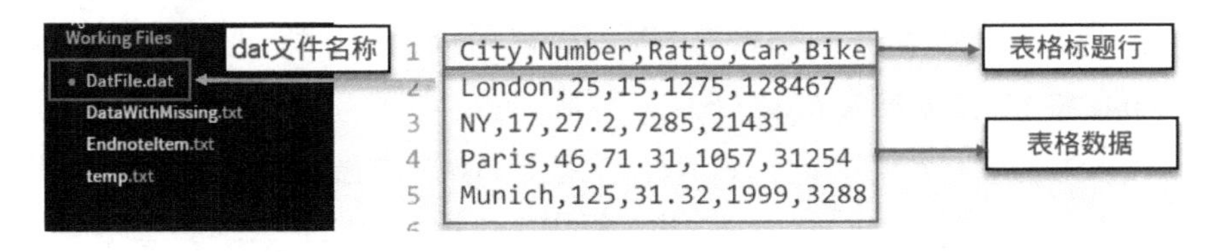

图 9.4　DatFile. dat 数据文件内容

图 9.4 显示的数据文件带有列标题名称，数据中包含文本和数值两种类型，这种格式完全能用低级命令读取，代码 488 显示了通过 textscan 函数读取该文件的方法，代码中省去了部分内容：

代码 488　textscan 读入 dat 文本数据

```
1   % fullfile 通过文件夹和文件名称构造全路径
2   >> FileName = fullfile('MATLABFiles','PubEleCodes','Chap8','DatFile.dat');
3   >> FileID = fopen(FileName);
```

```
4   >> CellT = textscan(FileID,'%s %d %f %d %d','HeaderLines',1,'Delimiter',',')
5   CellT =
6       1×5 cell array
7           {4×1 cell}     {4×1 int32}     {4×1 double}     {4×1 int32}     {4×1 int32}
8   >> celldisp(CellT)
9   CellT{1}{1} =
10        London
11          ...
12  CellT{1}{4} =
13      Munich
14  CellT{2} =
15        25
16        ...
17  CellT{5} =
18      128467
19      ...
```

从代码 488 的输出结果来看，textscan 读入数据有如下特点：

- textscan 将数据文件不同列的数据存储在单独 cell 中，故代码 488 的 CellT 是 1×5 的 cell 数组；
- 由于标题行数据类型与列内数据不同，用‘HeaderLines’参数跳过标题行；
- 不同类型的数据不具备整体显示的功能。

如果同一组数据用 readtable 读入 MATLAB，其代码和返回结果如下：

代码 489　readtable 读入 dat 文本数据

```
1   >> FileName = fullfile('MATLABFiles','PubEleCodes','Chap8','DatFile.dat');
2   >> T = readtable(FileName)
3   T =
4       4×5 table
5       City         Number      Ratio      Car       Bike
6       ----------   --------    -------    ------    ------------
7       'London'       25          15       1275        12847
8       'NY'           17         27.2      7285        21431
9       'Paris'        46         71.31     1057        31254
10      'Munich'      125         31.32     1999         3288
```

通过 readtable 和 textscan 对同一文件的读取，发现 readtable 一定程度上弥补了 textscan 在数据可读性方面的缺憾，读入整体数据使用默认参数，这意味着 readtable 在识别‘Delimiter’标识符时更“智能”——当然标识符参数在 readtable 中同样是支持自定义的。

2. readtable 将 txt 数据读入 MATLAB

首先，将前一节的 dat 文件另存为 txt 文件，路径为 D:/MATLABFiles/PubEleCodes/Chap8/TxtFile.txt，把第 1 列城市名称作为行名称，第 1 行作为变量名，但在用 readtable 读取时，增加一个变化，将第 1 行识别为变量名(表格列标题)，第 1 列识别为行名称，具体见代码 490。

代码 490　readtable 读入 txt 文本数据

```
1   >> TPart = readtable('TxtFile.txt', ... % 当前文件夹下直接读取文件名
2                        'FileType',          'text', ...       % 设定文本类型
3                        'ReadVariableNames', false , ...       % 不读取列名称
4                        'ReadRowNames',      true , ...        % 读取行名称
5                        'HeaderLines',       1)                % 指定标题行数
6   TPart =
7       4×4 table
```

```
8               Var1    Var2      Var3       Var4
9               -----   ------    -----    --------------
10     London     25       15     1275     1.2847e+05
11     NY         17     27.2     7285          21431
12     Paris      46    71.31     1057          31254
13     Munich    125    31.32     1999           3288
14  >> size(TPart)
15  ans =
16       4     4
17  >> TPart.Variables                  % 提取所有变量数据
18  ans =
19     1.0e+05 *
20      0.0003    0.0001    0.0127    1.2847
21      0.0002    0.0003    0.0728    0.2143
22      0.0005    0.0007    0.0106    0.3125
23      0.0013    0.0003    0.0200    0.0329
```

代码490的'ReadVariableNames'参数的'false'设置强制不读取列名称(变量名),但'ReadRowNames'参数的'true'强制读取行名称,如果不加甄别,readtable会误将第1行标题解析为数据,这可以用'HeaderLines'参数指定第1行为标题行来避免。所以table指定Var1～Var4作为列名称,City变量名则被视为标题名取消,City列的数据自动作为行名称。

readtable读取纯文本数据无须用fopen和fclose打开、关闭数据文件,功能并不逊色于textscan等"LowLevel"命令,例如代码479展示了textscan读取包含日期变量的数据文件"fmtDateData.txt"的过程,其难点在于中间带有空格分隔的前3列数据是1组完整时间变量,readtable函数同样支持这种以特定格式读取日期类数据的功能,如代码491所示。

代码491　readtable指定日期格式参数读取数据

```
1   T = readtable("fmtDateData.txt", "ReadVariableNames", false,...
2                 "Format",          "%{dd MM yyyy}D %s",...
3                 "Delimiter",       "\t",
4                 "DateLocale",      "de_DE")
5   T =
6     3×2 table
7         Var1            Var2
8      ------------    -----------
9       01 02 2014     {'Level1'}
10      12 11 2016     {'Level2'}
11      30 07 2005     {'Level3'}
```

指定文本格式参数时,readtable和textscan都比较"宽容",readtable可识别数据类型甚至更"聪明",例如代码478用textscan读取MATLAB内部测试文件scan1.txt(含多种数据类型),readtable可省略参数格式指定的步骤,如代码492所示。

代码492　readtable重新读取scan1.txt数据

```
1  >> Ts = readtable('scan1.dat')
```

9.5.4　示例:readtable读取csv数据

早期版本的MATLAB读取csv数据使用的是csvread函数,自R2019a版本开始该函数进入"不推荐"清单,尽管目前尚无彻底移出MATLAB的计划,但新函数readmatrix、readtable以及readcell在未来替代csvread已是大势所趋。相比csvread,新函数至少有3项优势:更好的跨平台支持和性能、自动侦测数据类型和结构的功能以及包含可用于控制导入过程的诸多导入选项，这里面包括对导入失误、丢失数据的处理。下面以 2018 年研究生数学建模 F 题（机场新增卫星厅对中转旅客影响的评估方法）的数据导入为例[1]，说明 readtable 函数在导入 csv 数据时的代码方案。

该赛题数据文件保存为“🗀 X:/../pucks.csv”，数据格式如图 9.5 所示，这组机场飞机转场数据包含两种数据类型：第 1、4～5、9～12 列数据为字符型，第 2～3 和第 7～8 列为 datetime 类型的日期数据。

图 9.5 所示是混合了多种类型的数据，格式比较复杂，但通过 readtable 函数，可按列(variable)为基本数据单位，逐个设置其 Format 属性，指定格式参数，将这些数据以 table 类型整体导入 MATLAB，如代码 493 所示。

	A	B	C	D	E	F	G	H	I	J	K	L
1	飞机转场记录号	到达日期	到达时刻	到达航班	到达类型	飞机型号	出发日期	出发时刻	出发航班	出发类型	上线机场	下线机场
2	PK001	19-Jan-18	10:00	NV6294	D	321	19-Jan-18	12:40	NV3118	I	QFL	NGN
3	PK002	19-Jan-18	10:00	NV898	D	33E	19-Jan-18	12:30	NV898	I	XOA	GDP
4	PK003	19-Jan-18	10:05	GN0471	D	73A	19-Jan-18	11:20	GN0460	D	AIB	AIB
5	PK004	19-Jan-18	10:05	NV6513	D	320	19-Jan-18	12:30	NV305	D	DUV	DUV
6	PK005	19-Jan-18	10:10	GN0411	D	73H	19-Jan-18	12:00	GN0236	D	TXB	SJA
7	PK006	19-Jan-18	10:10	NV6443	D	325	19-Jan-18	12:15	NV6144	I	TAY	JDO
8	PK007	19-Jan-18	10:15	NV3120	D	73H	19-Jan-18	11:15	NV3120	I	XVI	GTA

图 9.5　2018 研究生数学建模 F 题数据构成示意图

代码 493　readtable 读取中国研究生建模竞赛 2018 - F 题数据

```
1  pucks = readtable('Pucks.csv',...
2        'ReadVariableNames',          false,...
3        'HeaderLines',                1,...
4        'DateLocale',                 'de_DE',...
5        'Format','%s%{dd-MMM-yy}D%{hh:mm}T%s%s%s%{dd-MMM-yy}D%{hh:mm}T%s%s%s%s');
```

✍ **点评 9.6**　代码 493 用两种不同时间日期格式“%{dd-MMM-yy}D”和“%{hh:mm}T”读取飞机转场到达(出发)的日期和时刻，此外，还应留意新版 MATLAB 读取日期数据须指定时区，且时间格式的指定和不同地区存在联系，如果不按指定地区的时间格式要求，日期数据的读取可能出错。

9.5.5　示例：readtable/writetable 读写 Excel 数据

readtable/writetable 支持读写包括 xls、xlsx、xlsm 等多种格式的表格数据文件，这也是两个函数的主要功能之一，下面将通过综合的示例，说明两个函数和外部表格数据的交互方式。

(1) 函数 readtable 首先导入 TxtFile.txt 内的数据，在 MATLAB 中生成类型为 table 的变量 T，这个数据格式整齐，默认参数就可以读取。

代码 494　readtable 读入 txt 文本数据

```
1  >> type('TxtFile.txt')
2  City,Number,Ratio,Car,Bike
3  London,25,15,1275,128467
4  NY,17,27.2,7285,21431
```

① 历年研究生数学建模赛题及数据，可通过“中国研究生数学建模竞赛”的官方公众号，在相关链接获取：https://mp.weixin.qq.com/s/IS9v-TWE-jPtK6XCs2eSJQ。

```
5  Paris,46,71.31,1057,31254
6  Munich,125,31.32,1999,3288
7  >> T = readtable('TxtFile.txt')
8  T =
9    4×5 table
10      City        Number      Ratio      Car        Bike
11      ---------   ------      -------    -----      ------------
12      'London'     25            15      1275       1.2847e+05
13      'NY'         17          27.2      7285            21431
14      'Paris'      46         71.31      1057            31254
15      'Munich'    125         31.32      1999             3288
```

(2) 执行代码 495,可通过函数 writetable 将数据 T 存储在“XLSFile. xls”文件内。

代码 495　writetable 写 xls 数据文件

```
1  writetable( T , 'XLSFile.xls' )
```

(3) 用 readtable 读取其中的 A3:D4 数据。

代码 496　readtable 不带变量名读入部分 xls 数据

```
1  >> T34 = readtable('XLSFile.xls',...
2                     'Range',                'A3:D4',...
3                     'ReadVariableNames',    False)
4  T34 =
5      2×4 table
6      Var1        Var2        Var3        Var4
7      ---------   ----        -----       ----
8      'NY'        17          27.2        7285
9      'Paris'     46          71.31       1057
```

☞ **注意:**代码 496 采用 readtable 读入 xls 文件部分数据时,如不指定参数‘ReadVariableNames’的数值为 False,会出现“变量名非法”的警告信息,原因是读入数据范围“A3:D4”时,该范围内的第 1 行,即原数据的第 3 行会被 readtable 默认识别为数据变量名称,也就是标题行,因此读入后会少一行数据。

进一步地,如果既想读取 A3:D4 数据,又想指定变量为源数据标题对应列名称,一种方法是先按无变量名读入 MATLAB,再手动指定‘VariableNames’参数——这等于为 table 数据重新做了标题行,见代码 497。

代码 497　带标题读入部分数据:重新生成变量标题

```
1  >> T34.Properties.VariableNames = ["City","Number","Ratio","Bike"];
```

谈到标题名,其实首先会想到通过将 readtable 的‘ReadVariableNames’参数指定为 true 来读取原表格的变量名,代码如下:

代码 498　带变量标题读入部分 xls 数据的错误示例

```
1  >> TAD = readtable('XLSFile.xls',...
2                     'range',                 "A3:D4",...
3                     'ReadVariableNames',     true,...
4                     'VariableNamingRule',    "preserve",...
5                     'Sheet',                 1)
6  >> TAD =
7      2×4 table
8        NY          17       27.2        7285
9      ---------     --       ------      ------
10     {'NY'   }     17       27.2        7285
11     {'Paris'}     46       71.31       1057
```

从中看出标题与预想结果相去甚远,所以 readtable 读取 XLSFile. xls 时,不能直接判断并获取原表格标题名，遇到这种情况要通过 detectImportOptions 函数选定变量名的参数设置，明确指定标题名在源数据中的位置，如代码 499 所示。

代码 499　detectImportOptions 预分配变量名

```
1  opts = detectImportOptions('XLSFile.xls');
2  opts.VariableNames = split('x1 x2 x3 x4');
3  opts.VariableNamesRange = 'A1:D1';          % 源数据中指定变量名读取范围
4  opts.DataRange = 'A3:D4';
5  TAD = readtable('XLSFile.xls',opts,...
6                             'ReadVariableNames',      true,...
7                             'Sheet',                  1)
8  TAD =
9      2×4 table
10       City       Number    Ratio     Car
11      ---------   ------    ------    -----
12      {'NY'   }    17       27.2      7285
13      {'Paris'}    46       71.31     1057
```

因为 readtable 读取部分数据的时候，不能确定标题行在源数据的位置，因此代码 499 在对象属性设置时，要构造与变量个数有关的文本结构，即手动构造“x1，x2，x3，x4”的标题文本占位，然后通过 readtable 的‘ReadVariableNames’读入指定范围的变量名称。因此代码相对而言，要复杂一些。

9.5.6　示例：readvars 从文件中读取变量

外部文件数据比较复杂时，从 9.5.5 小节示例可以看出，需要一套颇为精细的选项设置，结合 detectImportOptions 和 readtable 两个函数，协同调整多个属性参数，才能得到适宜的读取效果。这种思路对从一个庞大的数据文件中提取极小部分数据的应用场景而言，可能并不方便。为更灵活地读取外部文件数据，MATLAB 自 R2019a 起新增 readvars 函数，用于从文件中以变量(列)为单位提取数据。

前面提到，外部文件往往容纳多个变量(标题名)的大量数据，有时这些数据行数不同，有时文件中相当一部分数据在 MATLAB 计算仿真中并不需要，而 readtable 整体设计思想是把数据以“块”的形式完整导入 MATLAB，尽管 readtable 也提供‘Range’、‘EmptyValue’等参数来应对数据行数不同或指定范围读取的要求，但导入数据要额外添加处理无效数据的流程，此外也要从 table 类型中，对不同变量实现“解包”式的赋值，过程仍略显烦琐。

此类情况就需要 readvars 函数作为必要补充，以代码 489 中的“DatFile.dat”文件数据为例说明其用法，具体见代码 500。

代码 500　readvars 以变量为单位读取数据

```
1  >> [City,Number,Ratio,~,Bike] = readvars("DatFile.dat");         % 支持返回多输出
2  >> CarPart = readvars("DatFile.dat","Range","D1:D3")             % 读取变量指定范围数据
3  CarPart =
4       1275
5       7285
6  >> City'
7  ans =
8      1×4 cell array
9          {'London'}    {'NY'}    {'Paris'}    {'Munich'}
```

```
10  >> Number'
11  ans =
12       25    17    46    125
13  >> [TotalData{:}] = readvars("DatFile.dat")          % 利用逗号表达式统一输出
14  TotalData =
15       1×4 cell array
16           {4×1 cell}    {4×1 double}    {4×1 double}    {4×1 double}
```

从代码 500 推断出 readvars 函数的设计意图：支持对 xlsx 等电子表格文件和 txt/dat 文本文件以列(变量)为单位依次返回多输出，同时也支持指定读取范围等属性参数。更重要的是 readvars 也支持通过 detectImportOptions 函数订制属性参数，因此相比 readtable、readcell 等函数，readvars 适用于在一个大的数据文件中提取少量数据的情况。

9.6　R2019a 新函数：readcell /writecell 读写数据

本章介绍 table 数据类型机制时，通过追溯源码，发现 table 类型关于数据变量等关键的设置代码，是对 cell 类的继承，按照 readtable/writecell 相同的设计思路，依托 cell 数组容纳多维度格式/类型数据的功能来实现与外部数据的交互，就变成了比较自然的想法。除此之外，如果用 cell 实现复杂数据的传入和输出，从代码实施层面来讲，也有操作余地，代码的衔接及数据生成、组织与管理也变得流畅简洁。事实上 7.0 版本的 textscan 能够读取并存储格式灵活复杂的外部数据，很大程度上其功能也是依托 cell 数组构建的。

但 textscan 函数对近年来层出不穷的新数据类型，支持效果很难说尽如人意。复杂细致的格式参数订制设置，一定程度上阻碍了用户快速掌握 textscan 函数来应对一般复杂数据读入的需求。此外，从函数设计的角度来讲，它和新的 I/O 函数也难以共享对象属性及方法函数，这限制了这个函数在功能方面的进一步拓展。R2019a 版本中，MATLAB 新增 readcell/writecell 函数用于实现 MATLAB 与外部数据的交互。本节将结合代码示例，探讨 readcell/writecell 函数在实际场景中进行数据读写的用法。

9.6.1　示例：writecell 将多个 Word 表格导入 Excel 文件

cell 数组基本存储单位的“容器”特征，决定了 readcell 函数在混合多种数据类型应用场景下的便利性，而对 readcell/writecell 函数功能的利用是否充分，很大程度上取决于用户对 cell 数组的理解是否透彻。这方面本书已经结合多段代码示例，详述了 cell 数组与逗号表达式、varargin/varargout 及 cellfun/arrayfun+匿名函数结合时的用法。本节将再解答一个不少用户经常遇到却颇为头疼的问题，即如何用 MATLAB 将 Word 文档(doc/docx)中的多个表格(行数和列数可能各自不同)自动导入 Excel 文件？

这是个具有普遍性的问题，通过网络搜索却意外发现目前似乎没有圆满解决该问题的代码方案，实际上用 writecell 结合 actxserver，实现将 Word 文档内多个表格数据向 Excel 导入是比较容易的。

代码 501　WordTable2Excel 实现表格数据转换

```
1  function WordTable2Excel(DocNames)
2  %-----------------------------------------------------------------
3  % 描述：
4  % 将 Word 表格数据自动导入同名 Excel 文件
```

```
5   % 参数：
6   % DocNames 为 word 文档名称,以 string | char 格式
7   % 用法：
8   % WordTable2Excel('myDocFile.doc')
9   % ------------------------------------------------------------
10  warning off
11  try
12      Word = actxGetRunningServer('Word.Application'); % 启动 word 引擎
13  catch
14      Word = actxserver('Word.Application');
15  end
16  Word.Visible = 0;
17  Document = Word.Documents.Open(fullfile(pwd,DocNames)); % 获得文档对象 Document
18  [filepath,name,~] = fileparts(DocNames);
19  for i = 1:Document.Tables.Count
20      DTI = Document.Tables.Item(i);
21      [M{1:2}] = ndgrid(1:DTI.Rows.Count,1:DTI.Columns.Count);
22      writecell(arrayfun(@(j,k)DTI.Cell(j,k).Range.Text(1:end-1),...
23          M{:},'un',0,'ErrorHandler', @(varargin)""),...
24          fullfile(filepath,sprintf('%s.xlsx',name)),'Sheet',i);
25  end
26  Document.Close;
27  Quit(Word); % 断开和 COM 服务器的链接
28  delete(Word); % 消除 Word 服务器内存占用
29  end
```

调用代码 501 时，M 代码和 doc 文件放同一路径，第 8 行注释中有调用 WordTable2Excel 函数的示例。函数自动检索 Word 文档所有表格对象 DTI 数量(Document. Tables. Count)、行列维度(DTI. Rows. Count|DTI. Columns. Count)内容(DTI. Cell(j,k). Range. Text)，最后在 for 循环内调用 writecell 向 Excel 文件写入表格数据，Word 中的每个表格存储在独立的 Sheet 内，MATLAB 在整个过程中起着数据中转的作用。代码 501 里一些技巧组合是值得注意的，如下：

要点 1：ndgrid 获取单元格网格位置时，采用逗号表达式统一获取行列位置，并存储在 cell 数组的两个 cell 中，arrayfun 函数循环获取单元格内容时，匿名函数定义两个变量 j 和 k，但数据参数采用逗号表达式“M{:}”统一代入。

要点 2：arrayfun 的统一输出开关被关闭时，输出结果自动按 cell 类型呈现，恰满足 writecell 函数对数据类型的要求。

要点 3：‘ErrorHandler’在 arrayfun 中属于极少被用到的参数，这里却发挥出关键作用。由于 Word 表格并非矩阵，单元格合并频繁出现，所以某行可能有 5 个元素，而下一行又变成 6 个或 7 个，因此代码是按最大列数访问表格的，所以不可避免访问到不存在的元素而产生错误。通常控制流程采取 try-catch 流程把错误“包”一下，但在 arrayfun 中无法同时执行这个判定流程，此时用 ErrorHandler 参数捕获这个异常，通过用户定义函数处理该异常即可，比如代码 501 当捕获到异常或错误的时候，将其处理为空字符串。

为测试函数 WordTable2Excel 的有效性，选择了 2004 年全国研究生数学建模竞赛 D 题中的 Word 文档[①]进行处理，其中包含行列维度不同、标题行各自定义的 10 个表格，且表格数据有数值、文本等多种类型，经测试，函数 WordTable2Excel. m 可以轻松胜任读取工作。

① 赛题及相关数据下载地址：https://mp. weixin. qq. com/s/IS9v-TWE-jPtK6XCs2eSJQ。

✍ **点评 9.7**　代码 501 具有通用性，对包含表格维度和数量各不相同的 Word 文档，可以从中抓取表格数据并导入到 Excel 处理，实现数据导入的"半自动化"。注意到该过程中：数据源自 Word，最终流向 Excel，MATLAB 只是通过 actxserver 起到数据中转的作用。更进一步思考，会发现 MATLAB 实现数据中转作用的重要前提之一，是 writecell 函数必须具有强大的数据识别功能，在代码 501 中使用 writecell，仅仅指定了工作簿的'Sheet'参数，因此 writecell 在易用性方面的优秀表现，也是实现上述导入任务的关键点之一。

9.6.2　示例：readcell 将数据读入 MATLAB

紧接 9.6.1 小节内容，探讨如何用 readcell 函数，将 2004 年研究生数学建模 D 题的部分数据，再以 cell 数据类型重新读入 MATLAB。

为保证叙述完整，不妨从调用代码 501 中的 WordTable2Excel 函数开始。首先将原题 Word 文档命名为"🗀 X:/../D.doc"，按如下步骤读入其中表格(9)中的数据：

步骤 1：按代码 502 调用 WordTable2Excel，运行完毕同文件夹下增加同名 Excel 文档"🗀 X:/../D.xlsx"，原 D.doc 文档共计 10 个表格，每个表格的数据被单独存放在"D.xlsx"的每个工作簿中。

代码 502　调用 WordTable2Excel 生成 Excel 数据

```
1  >> WordTable2Excel('D.doc');
```

步骤 2：图 9.6 所示为原 Word 文档表格(9)，即"D.xlsx"中 Sheet9 中的数据，表格数据实际上是两组文本(A:B,G:K)和一组数值型数据(C:F)，计 11 列。

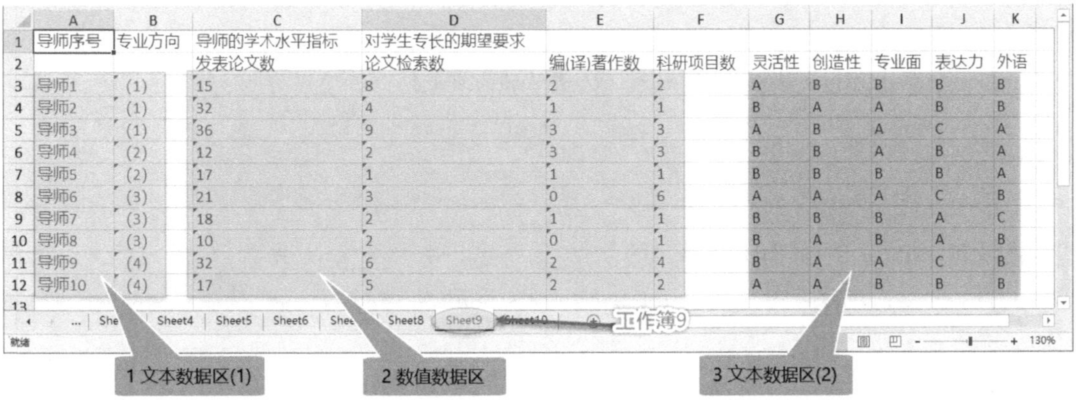

	A	B	C	D	E	F	G	H	I	J	K
1	导师序号	专业方向	导师的学术水平指标	对学生专长的期望要求							
2			发表论文数	论文检索数	编(译)著作数	科研项目数	灵活性	创造性	专业面	表达力	外语
3	导师1	(1)	15	8	2	2	A	B	B	B	B
4	导师2	(1)	32	4	1	1	B	A	A	B	B
5	导师3	(1)	36	9	3	3	A	B	A	C	A
6	导师4	(2)	12	2	3	3	B	B	A	B	A
7	导师5	(2)	17	1	1	1	B	B	B	B	A
8	导师6	(3)	21	3	0	6	A	A	A	C	B
9	导师7	(3)	18	2	1	1	B	B	B	A	C
10	导师8	(3)	10	2	0	1	B	A	B	A	B
11	导师9	(4)	32	6	2	4	B	A	A	C	B
12	导师10	(4)	17	5	2	2	A	A	B	B	B

工作簿9

1 文本数据区(1)

2 数值数据区

3 文本数据区(2)

图 9.6　D.xlsx:Sheet9 工作簿数据

步骤 3：如果不额外使用 readcell 的后置参数，默认方式可直接导出表格数据，如代码 503 所示。

代码 503　readcell 读取混合类型 Excel 文档数据

```
1  >> C09 = readcell("D.xlsx","NumHeaderLines",2,"Sheet",9) % 部分结果省略
2  C09 =
3      10×11 cell array
4        {'导师 1' }    {'(1)'}    {'15'}    ...
5            ...
6        {'导师 10'}    {'(4)'}    {'17'}    ...
```

以上为将 Excel 数据导入 MATLAB 的步骤，但导入的数据存在一些问题，如列 C:F 内的数值也被以 char 形式导入了；列 A:B 有和数据分析无关的字符，要去掉"导师"及括号字样。这样一来，对源数据信息就要做过滤提取及类型转换。是否可以在导入数据时就顺便完成这些工作呢？下面就这一问题给出 3 个代码方案。

1. 方法 1：cellfun＋str2double 处理导入 cell 数据

主要思路是用正则表达式提取代码 503 中 cell 数组变量 C09 第 1～6 列文本类型内的数值，并和数组其余列重组，如代码 504 所示。

代码 504　cellfun＋str2double＋regexp

```
1  C09 = [cellfun(@str2double,regexp(C09(:,1:6),'\d+','match'),'un',0),C09(:,7:end)]
```

代码 504 用正则搜索命令 regexp 剔除第 1 和第 2 列中的"导师"及中文括号，只留下编号数值，搜索表达式'\d＋'代表检索每个单元文本中 1 个或 1 个以上的连续整数数字，regexp 检索出的数据仍以 char 形式返回，于是外层再接一个 str2double，用于转换 cell 内的文本型数值为双精度。实际上，str2double 支持直接访问 cell 数组，即 str2double(regexp(C09(:,1:6),'d＋','match'))可以返回全数值的双精度矩阵，但为保持与右侧文本数据并排放入原 C09 变量内，选择用 cellfun 继续返回 cell 类型。

2. 方法 2：Excel 数据转换 txt 后导入

readcell 函数通过属性参数设置，还可以发挥出更强的能力。对于代码 503 中的变量数据 C09，如果希望去掉第 1 列数据前的"导师"和第 2 列的左右括号，另一思路是将其转换为 txt 数据，以 detectImportOptions 函数指定的'whitespace'参数，增强 readcell 的无效信息过滤功能。

代码 505　数据格式转为纯文本读取

```
1  writecell(readcell("D.xlsx","NumHeaderLines",2,"Sheet",9),'sheet9.txt');
2  C09 = readcell("Sheet9.txt",...
3                 detectImportOptions("Sheet9.txt","Whitespace",'()导师'))
```

代码 505 把"D. xlsx"内工作簿 9 的数据，经 readcell＋writecell 组合，转换为纯文本文件"sheet9. txt"，导入选项函数 detectImportOptions 指定的'Whitespace'参数，读取文件时，将前述字符指定忽略。

✍ **点评 9.8**　代码 505 在 MATLAB 中对 xlsx 文件数据做了二次转换，变为 txt 文本，原因是'Whitespace'参数只支持对纯文本格式数据的正则替换，这意味着完全可以在一开始就将 Word 内的表格数据用 writecell 写入多个 txt 文本，再用正则方法替换。

3. 方法 3：将 Word 表格数据写入 txt 文件

方法 2 借助选项函数 detectImportOptions 的'Whitespace'参数先消除源数据当中的无效信息，再将其余有效数据导出 xlsx 文件，以工作簿为单元，重新用 writecell＋readcell 将其保存为 txt 格式。该方案存在"Word→Excel"这个额外的环节，实际上更为合理的方法是将 Word 导出的表格数据直接存储为 txt 文件，这需要重写代码 501 中的函数 WordTable2Excel. m，确切地说，是修改 for 循环内的 writecell 参数设置。

代码 506　WordTable2Txt 实现表格数据转换

```
1   function WordTable2Txt(DocNames)
2   % -------------------------------------------------------
3   % Description:
4   % Import table data of word into txt.
5   % Parameter:
6   % DocNames is file name of doc —— string | char
7   % Usage:
8   % WordTable2Txt('myDocFile.doc')
9   % -------------------------------------------------------
10  warning off
11  try
12        Word = actxGetRunningServer('Word.Application'); % 启动 word 引擎
13  catch
14        Word = actxserver('Word.Application');
15  end
16  Word.Visible = 0;
17  Document = Word.Documents.Open(fullfile(pwd,DocNames)); % 获得文档对象 Document
18  [filepath,name,~] = fileparts(DocNames);
19  for i = 1:Document.Tables.Count
20      DTI = Document.Tables.Item(i);
21      [M{1:2}] = ndgrid(1:DTI.Rows.Count,1:DTI.Columns.Count);
22      writecell(arrayfun(@(j,k)strtrim(DTI.Cell(j,k).Range.Text(1:end-1)),...
23            M{:},'un',0,'ErrorHandler', @(varargin)""),...
24            fullfile(filepath,sprintf('%s%02d.txt',name,i)),...
25            'Encoding','GB2312');
26  end
27  Document.Close;
28  Quit(Word); % 断开和 COM 服务器的链接
29  delete(Word); % 消除 Word 服务器内存占用
30  end
```

因为 writecell 导出为 txt 文本，参数设置和导出 xlsx 有一些区别，具体总结如下：

- Word 导入 MATLAB 的表格数据，每行末尾换行符用 strtrim 去掉，这样才能把 Word 表格数据保存成 txt、dat 或 csv 类型，否则导出的 txt 文件将是整列形式，而不是所期望的表格维度。
- 中英文系统由于编码格式差异，写入数据可能遇到乱码。查阅帮助文档发现：如不以'Encoding'参数指定数据编码格式，writecell 写入数据时将使用系统默认编码格式。因此建议统一指定设置编码方式，代码 506 中，'Encoding'参数指定为'GB2312'。
- 纯文本文件不同于 xlsx，无法以工作簿形式呈现多个表格数据，故每个表格存储到单独的 txt 文件，这里选择使用 sprintf 函数来设置带有动态编号的文件，而编号格式则使用了'%02d'，这样可以保证当文件编号为个位数时，命名形式为"TxtName01.txt""TxtName02.txt"，当文件数量达到二位数，则命名自动转为"TxtName10.txt"。
- 代码 501 和代码 506 末尾增加 Quit 和 delete 两个函数，确保断开与 COM 服务器的链接，并消除 Word 服务器的内存占用。

同样的思路适用于识别 Word 表格并读取为 csv 文件。一般在条件允许的情况下，推荐使用 csv 格式实现数据文件的存储，因为 Excel 能识别和打开 csv 文件，以单元格形式呈现的数据，可读性显然有一定优势，更重要的是 csv 文件格式在不同操作系统的共享很方便，无须额外的解析工具。相比之下，xlsx 等格式是二进制的，没有 Excel 等软件时不能打开，通用性略显不足；另一方面，作为纯文本文件，由于能在 MATLAB 中以正则方式构造诸多灵活的搜索匹配表达式，在 readmatrix 和 readcell 等函数的后置参数设置中，就增加了不少额外的导入选项，在下一小节 readmatrix 函数导入数据的代码方案中，会详述这些参数带来的便利。

csv 格式的文本，其数据分隔符为逗号，因此只需要在代码 506 的基础上，为 writecell 增加'Delimiter'参数指定分隔符即可。

代码 507　WordTable2Csv 实现表格数据转换

```
1  function WordTable2Csv(DocNames)
2  % ----------------------------------------------------------------
3  % Description:
4  % Import table data of word into csv.
5  % Parameter:
6  % DocNames is file name of doc : string | char
7  % Usage:
8  % WordTable2Csv('myDocFile.doc')
9  % ----------------------------------------------------------------------------
10 warning off
11 try
12       Word = actxGetRunningServer('Word.Application');
13 catch
14       Word = actxserver('Word.Application');
15 end
16 Word.Visible = 0;
17 Document = Word.Documents.Open(fullfile(pwd,DocNames));
18 [filepath,name,~] = fileparts(DocNames);
19 for i = 1:Document.Tables.Count
20     DTI = Document.Tables.Item(i);
21     [M{1:2}] = ndgrid(1:DTI.Rows.Count,1:DTI.Columns.Count);
22     writecell(arrayfun(@(j,k)strtrim(DTI.Cell(j,k).Range.Text(1:end-1)),...
23         M{:},'un',0,'ErrorHandler', @(varargin)""),...
24         fullfile(filepath,sprintf('%s%02d.csv',string(name),i)),...
25         'Delimiter',',','Encoding','GB2312'); % 增加 csv 文件分隔符指定参数
26 end
27 Document.Close;
28 Quit(Word);
29 delete(Word);
30 end
```

9.7　R2019a 新函数：readmatrix/writematrix 读写数据

函数 readmatrix/writematrix 是 R2019a 新增的另一组读写数据的函数：readmatrix 可用于读取外部数据，并在 MATLAB 内创建数组；writematrix 则可将矩阵数据写入外部文件。从功能的分类上讲，相比于 readtable/writetable 和 readcell/writecell，readmatrix/writematrix 函数更倾向于读写数值和 string 类型的数据，这由矩阵数据读取的基本存储单元为数值的特性所决定。但这并不意味着以“matrix”为读写导向的这对函数就和其他数据类型彻底绝缘——它同样能通过 cellfun、cell2mat 等函数，在 MATLAB 内实现存储类型变换。

9.7.1　示例：writematrix+cellfun 实现数据读取与类型变换

实际工程或项目中的数据存储，尤其是针对一些复杂运算产生的结果，其方法选择、代码思路设计往往很灵活，很可能不存在“广谱适用”的固定套路，需要根据数据本身的特点因地制宜。此时对 MATLAB 矢量化函数、数据类型间的转换有一定程度的理解，往往就能写出更合

理的数据读写代码。以下是一个利用 cellfun+writematrix 存储多组数据的示例。

问题 9.4　将代码 508 中的 3 组等维度随机数,经正弦、指数和开方运算所得结果存储在 txt 文件中。

代码 508　问题 9.4 源数据

```
1  [a,b,c] = deal(rand(10,2),randi([-1 2],10,2),randn(10,2));
```

分析 9.3　问题 9.4 包含计算和存储写入两个步骤,由于计算结果全数值,适合于采用 writematrix 写数据;但 3 组数据须经过 3 个运算操作的遍历,故通过 cellfun 操控句柄是比较合理的做法,但 cellfun 处理这样的矩阵数据,运算结果势必要关掉统一输出开关并保存在 cell 数组中。因此计算和写入数据的步骤,不可避免地会延伸到借助 cell2mat、num2cell 等函数完成数据类型转换的中间过程。

为问题 9.4 选择的代码方案如下:

代码 509　cellfun+writematrix 方案解决问题 9.4

```
1  clear;clc;close all
2  [a,b,c] = deal(rand(10,2),randi([-1 2],10,2),randn(10,2));
3  [C1,C2,C3] = TestMatrix(a,b,c)
4  function varargout = TestMatrix(varargin)
5  varargout = cellfun(@(f)cellfun(@(x)f(x),varargin,'Un',0),...
6                        {@sin,@exp,@sqrt},'Un',0); % 遍历句柄运算
7  cellfun(@(data,fileNames)writematrix(cell2mat(data),fileNames),varargout',...
8      num2cell("CData" + (1:3)'+ ".txt")); % 分别写入 3 个 txt 文件
9  end
```

代码 509 计算和保存数据的流程如图 9.7 所示。

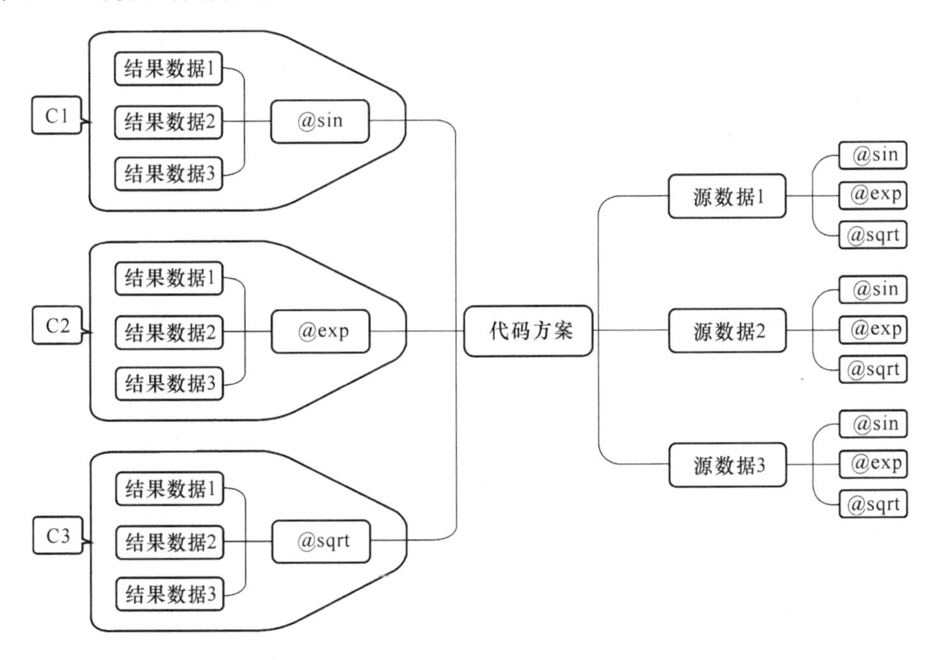

图 9.7　问题 9.4 运算和写入处理的数据构造

图 9.7 右侧是处理 3 组源数据的次序和方案,显示了让 3 组源数据分别通过 3 种不同的操作符完成运算的流程;左侧树结构则是分别写入 3 个 txt 文件的数据 C1、C2 和 C3,意味着前一步骤计算出的结果要经由必要的代码加工完成结果数据重组。代码思路分析如下:

- 代码方案选择子函数，输入/输出采取 varargin/varargout 方式，可以接受数目不定的输入/输出数据，此外，两个函数自动将输入/输出打包为 cell 数组，这为把数据接入 cellfun 函数提供了便利。
- writematrix 应接入数值类型的数据，此时子函数最后一条语句调用函数"(data, fileNames)…"的输入数据 data 仍为 cell 类型，要通过 cell2mat 重新转换为数值型矩阵才可以被 writematrix 所识别。
- txt 文件名选择 string 类型动态构造，充分利用"＋"运算符实现字符串拼接的操作，但拼接返回结果是 string 类型，如果在 cellfun 被调用，它需要被 num2cell 转换为 cell 类型。

点评 9.9 实现问题 9.4 的代码方案多种多样，本例选择的 cellfun＋writematrix 仅是其中之一，主要用于说明数据类型转换在文件读写中的重要性，同时表达了 writematrix 如果佐以类型变换函数，是可以在多种环境下应用的，并不仅仅限定于数值矩阵的写操作。

9.7.2 示例:复杂数值型数据的提取与读写

实际问题中经常遇到文本和数值类型交织的数据文件，因此希望将数值型的数据遴选出来，便于后续处理计算。这种问题用 readmatrix 函数处理具有一定优势，尤其在读取纯文本文件时，其后置参数包含删除非数值字符的'TrimNonNumeric'、指定视为空白字符的'Whitespace'、指定表示小数分隔符的'DecimalSeparator'、指定表示千分位字符的'ThousandsSeparator'、指定处理连续分隔符方式的'ConsecutiveDelimitersRule'等，使得一些复杂"数据＋文本"混合型文件的数据提取变得更加方便。

例如，2016 年研究生数学建模竞赛 A 题《多无人机任务协同规划》附件 1 数据的读写问题，就是一个"文本＋数据"混合型文件信息提取的良好范例(见图 9.8)。该题目包含附件 1"无人机基地相关信息"和附件 4"目标的相关信息"两组数据。

基地名称	(X, Y)坐标 (单位: km)	FY-1 配属量 (单位: 架)	FY-2 配属量 (单位: 架)	FY-3 配属量 (单位: 架)
基地 P01	(368, 319)	2	1	13
基地 P02	(264, 44)	0	1	15
基地 P03	(392, 220)	2	1	13
基地 P04	(360, 110)	0	1	15
基地 P05	(392, 275)	2	1	13
基地 P06	(296, 242)	0	1	15
基地 P07	(256, 121)	2	1	13

图 9.8 研究生数学建模 2016 年 A 题附件 1 数据

提取数据首先要导出名为"Model2016A.doc"的 Word 文档包含的两个表格数据，所导出文件后缀名可以是 xlsx、csv 或 txt 等。该步骤会利用 readmatrix 的导入设置参数，进一步自动剔除无关文本数据，因此选择保存为 txt 或 csv 格式。这个步骤可通过手动复制粘贴实现，或采用代码 506 中的"WordTable2Txt.m"函数自动实现。运行代码 510 后，当前工作路径下自动增加 2 个同名 txt 文件"Model2016A01.txt"和"Model2016A02.txt"。

代码 510　doc→txt 数据格式转换

```
1  >> WordTable2Txt('Model2016A.doc')
```

✍ **点评 9.10**　要注意：无论哪种方式，由于源数据 Word 表格存在同一单元格内的回车换行符(图 9.8 箭头所指位置)，导出为 txt 或 csv 文本时，表格标题行的总数并不是预期的 2 行，而是 5 行。

在早期版本中，要想导入图 9.8 所示的表格数据，通常需要采用正则表达式构造代码的思路，建立特定规则，以提取其中有价值的信息，如代码 511 所示。

代码 511　正则表达式提取数据

```
1  file = fileread('Model2016A01.txt');
2  data1 = reshape(cellfun(@str2num,...
3                  regexp(file,'\d{2,}|(\s\d+)','match')),6,'');
```

代码 511 只有 2 句代码，但信息量颇为丰富，总结起来有如下 3 个要点：

① Word 表格导入 txt 或者 csv 文档，是通过空格、制表符或者逗号等分隔符隔离出来的一系列的文本“碎片”，因此 fileread 访问文件的句柄，返回以“行”为存储单位的 cell 类型数据。因此借助正则搜索命令 regexp 以及 cellfun 函数，就可以逐行搜索包含分隔符的文本了。

② 为正则搜索匹配函数 regexp 构造了表达式“'\d{2,}|(\s\d+)'”用于搜索和匹配，它代表当搜索到 2 个或 2 个以上的连续单个数字字符(“[0－9]”)，或当单个数字字符前置制表符、空格、换行符等标识(“\s”等价于“[\f\n\r\t\v]”)时，匹配成功。这实际上是按照表格中数字特征“量身定做”的搜索匹配规则。

③ 经过正则搜索匹配所得结果并非以矩阵形式呈现，因此外接 reshape 函数做维度重组。

自 R2019a 版本起，可以选择 readmatrix 读取上述 txt 或 csv 格式的纯文本数据，如果 Word 表格被保存为 txt 文档，则提取代码如下：

代码 512　readmatrix 函数提取 txt 数据

```
1  T = readmatrix("Model2016A01.txt",...
2                "NumHeaderLines",      5,...           % 跳过 5 个标题行
3                "Delimiter",           {'\t',','},...  % 指定分隔符
4                "TrimNonNumeric",      true)           % 修剪非数值文本
```

代码 512 利用 readmatrix 函数读取 txt 文本中的数据时，用到专门针对纯文本(对 Excel 等二进制文件无效)的实用参数“TrimNonNumeric”来识别文本数据中的非数据部分并作“裁剪”，因此源数据第 1 列中的“基地”字样、第 2 列出现的中文括号，经参数过滤后都被剔除。“TrimNonNumeric”等参数的出现，客观上规避了用户以前必须构造复杂正则搜索表达式的麻烦，改善了初学 MATLAB 用户的使用体验。

同样道理，还可以利用 readmatrix 写出自 csv 文件提取数据的代码，csv 和 txt 文件的差别主要在分隔符上，因此后续指定的参数也要基于这个差异而做出微调，具体见代码 513。

代码 513　readmatrix 函数提取 csv 数据

```
1  T = readmatrix("Model2016A01.csv",...
2                "NumHeaderLines",                 5,...                % 跳过 5 个标题行
3                "Delimiter",                      split(", ,"""),...   % 指定分隔符
4                "TrimNonNumeric",                 true,...             % 修剪非数值文本
5                "ConsecutiveDelimitersRule",'join')                   % 前导分隔符识别设为'合并'
```

✍ **点评 9.11**　正则表达式至今仍是处理复杂文本的最佳工具，可以实现十分复杂的文

本搜索匹配，功能强大，且表达式构造方式灵活多变。但同时也要看到：正则语法的掌握是个长期和艰难的过程，学习曲线异常陡峭，对初学者而言，掌握正则语法是相当困难的，想要理解正则语法，并根据数据特征熟练构造出正则表达式，需要具备非常高的代码实现能力。因此，R2019a 新增的 readmatrix/writematrix 函数，可以让用户在初学阶段，也能完成某些格式相对复杂的数据文件与 MATLAB 之间的交互工作。

本节详述了从 Word 文档中导出表格数据到 MATLAB 的 readmatrix 函数和正则表达式两种代码方案，用户可发现 readmatrix 的使用难度相比正则表达式要小得多，这无疑是初学者处理数据时的好消息。但随着 MATLAB 学习的深入，一些复杂数据的处理甚至会让 readmatrix 这样的函数也有一定困难，这时候，就仍需要回过头，把学习正则语法的目标重新提上日程，按数据具体特征，“量身定制”恰当的搜索匹配表达式。

以 2016 年中国研究生数学建模比赛 A 题为例，其中附件 4 数据的 Word 原件表格截图如图 9.9 所示。如果缺乏对正则语法的认识，读取这组数据有一定难度，数据特征分析如下：

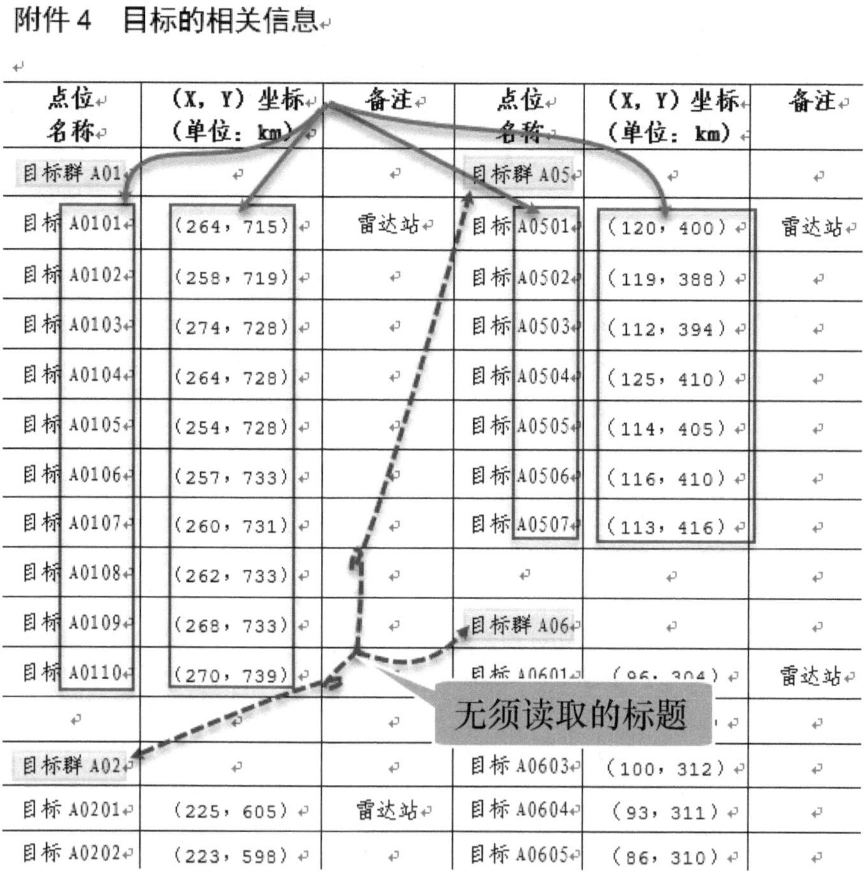

附件 4　目标的相关信息

点位名称	(X, Y)坐标(单位：km)	备注	点位名称	(X, Y)坐标(单位：km)	备注
目标群 A01			目标群 A05		
目标 A0101	(264, 715)	雷达站	目标 A0501	(120, 400)	雷达站
目标 A0102	(258, 719)		目标 A0502	(119, 388)	
目标 A0103	(274, 728)		目标 A0503	(112, 394)	
目标 A0104	(264, 728)		目标 A0504	(125, 410)	
目标 A0105	(254, 728)		目标 A0505	(114, 405)	
目标 A0106	(257, 733)		目标 A0506	(116, 410)	
目标 A0107	(260, 731)		目标 A0507	(113, 416)	
目标 A0108	(262, 733)				
目标 A0109	(268, 733)		目标群 A06		
目标 A0110	(270, 739)		目标 A0601	(96, 304)	雷达站
			[illegible]	[illegible]	
目标群 A02			目标 A0603	(100, 312)	
目标 A0201	(225, 605)	雷达站	目标 A0604	(93, 311)	
目标 A0202	(223, 598)		目标 A0605	(86, 310)	

无须读取的标题

图 9.9　研究生数学建模 2016 年 A 题附件 4 数据

① **难点 1**：数据是两栏，且有效数据的行数可能不等。

② **难点 2**：读取数据须剔除表格部分信息，剔除内容兼有文本和数值两类，例如总“目标群”分组信息（图 9.9 中虚线箭头所指的“目标群 A0N”(N=1,2,…)）无须读取，待剔除信息中可能包含数值、中文和英文字符。

③ **难点 3**:数据表格存在大量不严格对齐的空单元格。

④ **难点 4**:每个单元格数据不是所有信息都要读取,例如:要剔除第 1 列"目标 A"字样,而紧跟的"0101""0102"等,也要从中间分解为分组"01"和分组编号"01""02",此外还要剔除列 2 内中文括号,并分解为横纵坐标两列单独数据。

如果缺乏对正则表达式构造的准确理解,这组数据从读取到剔除无效信息很难一次完成。不过观察数字特征会发现一个利于读取的规律,即无关于同一行存在多少分组数据,搜索基本单元固定不变。例如:包含"目标 A0102"的分组单元,识别后的数据只有总计 4 个字符数固定不变的"01""02",以及坐标的两个文本类型的数值"258"和"719",同一行的"目标 A0502"原理与之相同。利用这个规律构造正则搜索表达式,就能以独立单元的形式检索和提取数据,实现阻挡和过滤无效信息的目标。

代码 514　构造正则表达式提取复杂格式数据示例-1

```
1  s2 = regexp('Model2016A02.txt', 'A(\d+),\D(\d+)\D(\d+)','tokens');
2  f = @(x)[str2double(x{1}(1:2)),str2double(x{1}(3:4)),...
3                str2double(x{2}),str2double(x{3})];
4  data2 = sortrows(cell2mat(cellfun(f, s2, 'un', 0)'),1);
```

代码 514 只用 3 句代码就将源数据导入 MATLAB:regexp 正则搜索匹配数据、匿名函数分组构造转换数值类型(str2double),最后借助 sortrows 排序和 cell2mat+cellfun 实现维度重组。这是体现正则语法搜索文本强大能力的恰当示例,难点是正则表达式'A(\d+),\D(\d+)\D(\d+)'结合 regexp 后置参数'tokens'的特殊语法构造。

regexp 后置参数'tokens'有"堆""垛"之意,和 match 参数的区别在于'tokens'参数具备分组特性,找到多个符合搜索条件的子字符串后,将分组分别存放在独立的 cell 中。本例数据符合使用'tokens'的条件。3 段期望搜索的连续数值"\d+"用小括号包裹,代表 3 个分组 tokens,其前用字符"A"",\D"和"\D"作为各个数据的检索标识,例如"\D"在正则语法中等效于"[^0-9]",意指任何"非数值字符",以上述语法规则,可提取出点位名称中,A 以后的数值、坐标数据中的中文括号和逗号间隔的坐标数据,3 组数据存储在 3 个独立的 cell 中。此外,由于带有"目标群 A01""目标群 A02"……字样的数据不包含符合条件的 3 个 tokens 内容检索,不出现在提取数据 s2 中。

正则语法构造的灵活性与功能的强大,在读取研究生建模竞赛 2016 - A 题附件 4 数据时得到更彻底的体现:代码 514 第 2 行语句的作用是对正则表达式所提取出的数据 s2 进行重组,但可以看到匿名函数使用 str2double 函数实现不同区域的数值格式转换多达 4 次,这样的重复无疑是可以进一步简化的,具体见代码 515。

代码 515　构造正则表达式提取复杂格式数据示例-2

```
1  clc;clear;
2  fid = fopen('Model2016A02.txt','r','n','GB2312');
3  file = fread(fid,'*char')';
4  s2 = regexp(file,'A(\d{2})(\d{2})\D{0,2}(\d+)\D{0,2}(\d+)','tokens');
5  T = sortrows(cell2mat(cellfun(@str2double,s2,'Un',0)'),1);
```

代码 515 有如下值得注意的要点:

① **编码格式**:文本读取的代码经常因编码格式差异而读出乱码,为确保编码格式不出差错,可在 fopen 中选择'encodingIn'参数指定统一的编码输出格式,本例应用操作系统默认的'GB2312'编码格式。

② **指定读取数据类型**：二进制文件读取函数 fread 的参数'＊char'，明确读取输入和返回输出的类型关系为“char=>char”，即读入与输出都是字符类型。此外，txt 文本在 fopen 中默认以列形式，即“$n\times1$”形式扫描读入文本，所以还要再转置变成 $1\times n$ 的维度，才能用 fread 函数实现逐个字符读取的目标。

③ **构造正则表达式**：为确保正则表达式结合'tokens'实现分组功能，正则表达式对每个单元文本的解析要更细致：首先，字符'A'后的 4 个连续数字要求自动分组为“2＋2”的模式，于是通过小括号分组增加一个数字分组 A(\d{2})(\d{2})，代表 2 个连续[0－9]数字分作一个“token”，这就自动将 A 之后的 4 个数字分成两个 token 保存；其次，分析 txt 文本发现列 2 前置了中文括号及分隔符逗号，因此通过“\D{0,2}”跳过。经此搜索，每个 cell 中会存放 1×4 而不是前一段代码的“1×3”个单元数组。

✍ **点评 9.12** 通过本节数据读取代码示例的分析，发现 readmatrix 函数支持更多更广泛的数据类型；自带后置参数指定分隔符、导入数据可自动甄别数值型数据并剔除普通文本，这使得 readmatrix 能以相对于正则搜索简单得多的方式，读写很多数据形式规则的文件。另一点是相比老版本的 csvread、dlmread 等函数，readmatrix 在易于使用和功能方面更平衡。这些优点为 readmatrix 的普及奠定了基础。不过，通过前述无人机建模赛题附件 4 数据的正则读取代码，也要认识到 readmatrix 作为高级命令，与正则表达式搜索提取数据的代码思路相比，灵活性和功能是有差距的。但正则语法学习曲线陡峭，经由代码 514 和代码 515 关于正则表达式构造思路的解释证实：即使是有一定 MATLAB 代码编写经验的用户，写出这种程度的正则表达式也要经过仔细观察和分析，并非轻而易举之事。

9.8 R2020b 新函数：用 readstruct 读取 xml 数据文件

R2020b 版本中，MATLAB 添加了用于读写 xml 格式数据的全新 readstruct/writestruct 函数。这意味着到 R2020b 为止，加上 readtable/writetable、readcell/writecell 和 readmatrix/writematrix，MATLAB 基本完成了对自身 4 种数据类型与外部数据文件交互的函数命令部署工作。这 4 组命令各有其应用环境和特色，新函数 readstruct/writestruct 特别指定其功能是读写 xml 格式数据文件，决定了这组函数不但有着特定的应用场景，也和其他 3 组函数功能定位基本不重叠。履行了本章开始所提到的，新的 MATLAB 函数设计，通常服从“高内聚、低耦合”的函数设计原则。

以 xml 格式组织的结构化数据在实际应用中非常多。例如网络优化中著名的旅行商问题(TravelingSalesmanProblem，TSP)就是给定一系列地点及地点间的距离，要求给出访问每个地点一次，再重新回到起始点的最短路。在德国海德堡大学的网站，有人专门提供了用于测试 TSP 问题的城市地点与距离的数据集①，这些城市(街道)从节点 i 到达节点 j 的费用赋权数据就是 xml 格式，并压缩为 zip 文件。接下来用 R2020b 版本新增的 readstruct 函数读取这些数据，再用图论工具箱内的 digraph 构造有向图。

---

① TSP 问题测试数据集地址：http://comopt.ifi.uni-heidelberg.de/software/TSPLIB95/XML-TSPLIB/instances/。

代码 516　readstruct 函数读取 xml 格式的 TSP 数据

```
1  clear;clc;close all
2  FileName = "burma14.xml";
3  Num = str2double(regexp(FileName,'\d+','match'));
4
5  if ~exist(FileName, "file")
6      unzip(FileName + ".zip");          % 如果文件存在则解压缩
7  end
8  mx = eye(Num);                         % 节点旅费赋权矩阵 (Num×Num) 初始化
9  mx(~mx) = cell2mat(...                 % 逐列读取 xml 文件的费用赋权数据
10             arrayfun(@(x)[x.edge.costAttribute],...
11                 getfield(readstruct(FileName,...
12                     "StructNodeName", "graph"),"vertex"),...
13                     "un", false));
14 G = digraph(mx,"" + (0:Num - 1),'omitselfloops'); % 构造有向图
15 hFig = figure("Position",[100,100,700,600]);
16 plot(G , "MarkerSize",     6,...
17         "LineStyle",      ":",...
18         "NodeFontSize",   11,...
19         "NodeLabelColor","r")
20 axis image
21 exportgraphics(hFig,extractBefore(FileName,".") + ".pdf","Resolution",450);
```

代码 516 通过 readstruct 函数读取缅甸 14 个城市(街道)的距离旅费数据，MATLAB 提供了解压缩的函数 unzip，所以只要下载名为“ * . xml. zip”的压缩数据文件，放在代码 516 所在的文件夹中，运行程序就可以了。

代码 516 的变量 mx 即为各节点(城市)间的旅费赋权矩阵，该网站 TSP 数据名称都是以“城市名称缩写＋城市数量＋. xml. zip”构成的，可从文件名中用 regexp 提取赋权矩阵的维度值 Num；arrayfun 逐列遍历，内部用 getfield 获取所有边 L_{ij} 上的花费，这种数据提取方式要和 xml 文件的结构形式吻合，具体见代码 517。

代码 517　xml 格式的 TSP 数据格式

```
1  <?xml version="1.0" encoding="UTF-8" standalone="no" ?>
2  <travellingSalesmanProblemInstance>
3  ...
4  <graph>
5      <vertex>
6          <edge cost="1.530000000000000e+02">1</edge>
7          <edge cost="5.100000000000000e+02">2</edge>
8              ...
9          <edge cost="3.980000000000000e+02">13</edge>
10       </vertex>
11       <vertex>
12         <edge cost="1.530000000000000e+02">0</edge>
13         <edge cost="4.220000000000000e+02">2</edge>
14         ...
15         <edge cost="3.760000000000000e+02">13</edge>
16       </vertex>
17       <vertex>
18         ...
19       </vertex>
20     </graph>
21
22  </travellingSalesmanProblemInstance>
```

观察代码 517 所示的 TSP 数据可发现，有向图的花费赋权矩阵数据在标签 graph→vertex→edge 之中且按列次序存放，为弄清楚 readstruct 怎样读取这些数据以及 struct 内赋权矩阵的存放方式，可以用代码 518 查看结构数组域名。

代码 518　xml 格式的 TSP 数据格式

```
1  >> S = readstruct("burma14.xml","StructNodeName","graph");
2  >> fieldnames(S.vertex(1))                % 获取 vertex 域名
3  ans =
4    1×1 cell array
5      {'edge'}
6  >> fieldnames(S.vertex(1).edge)           % 获取 edge 域名
7  ans =
8    2×1 cell array
9      {'costAttribute'}
10     {'Text'         }
11 >> Data1 = [S.vertex(1).edge.costAttribute;S.vertex(1).edge.Text]
12 Data1 =
13 153  510  706  966  581  455  70  160  372  157  567  342  398
14   1    2    3    4    5    6   7    8    9   10   11   12   13
```

代码 518 反映了 readstruct 将 xml 数据转换为结构数组的机制：不同层级 xml 的标签对应了 struct 数组不同级别的域名。这样代码 516 的意图就比较清楚了：arrayfun 遍历查找子域“S.vertex(i).edge.costAttribute”中的 Cost 数据，通过 arrayfun 存放在不同的 cell 中，再由外层 cell2mat 排布为完整的赋权矩阵 mx。

代码 516 的执行结果如图 9.10 所示。

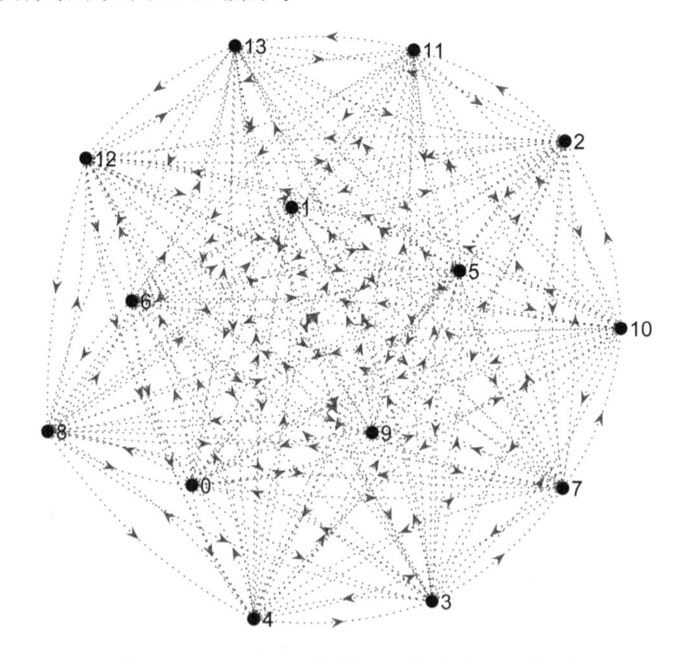

图 9.10　readstruct 读取 xml 格式的 TSP 数据

✍ **点评 9.13**　本节仅仅讲述了关于 TSP 问题的数据读取，关于其求解的运算效率和准确度也是非常有趣的，其 MATLAB 代码实现方案，我们计划在下一本书中继续深入探讨。

9.9 xlsread/xlswrite 成为“不推荐函数”原因初探

帮助文档中提到出于“兼容性考虑”，函数 xlsread/xlswrite 自 R2019a 版本起被列入“不推荐”列表，两个函数的功能被 readtable/writetable、readcell/writecell 以及 readmatrix/writematrix 函数所代替。注意到有一部分函数，如 csvread，虽然也不再推荐用户使用，却特意注明目前并没有“在未来版本将其移除的计划”。两相比较，猜测函数 xlsread/xlswrite 彻底淘汰，应该是时间问题。

初次听闻此信息，十分疑惑，毕竟 xlsread/xlswrite 函数自 7.0 版本时代使用至今，易用性和功能评价都不算很差：支持指定工作簿、指定全部或用 range 参数指定部分数据的读写；也支持与 Excel 实现交互式的手动导入数据模式；此外，如果追溯 importdata 函数的源代码，会发现甚至直到 R2020b 版本，导入数据被识别为 xlsx 格式都还仍然会调用 xlsread 函数。为什么 MATLAB 会倾向于取代甚至淘汰一组功能和评价都不算很差的函数呢？

这个问题要从 MATLAB 对象化函数设计思路的转变说起，本章起始的引言部分曾经提到，近几年 MATLAB 版本新增的数据类型和函数，都在朝着“高内聚、低耦合”的单一化功能化设计风格转变，函数面对同一类问题，要通过后置参数和多变的参数调用方法尽可能覆盖本类问题的求解域，但同时又要和解决不同类问题的函数功能没有大的重叠。我们认为 xlsread/xlswrite 如果套用上述函数设计概念，某些地方是值得商榷的。首先，xlsread/xlswrite 基于第三方数据格式（xls/xlsx/xlsm 等）而不是 MATLAB 自身的数据类型来设计函数，这个思路从一开始就已经偏离以 MATLAB 软件为主视角的格局；其次，xlsread 函数要通过输出参数控制读入数据究竟是以 matrix、cell 还是 raw 格式呈现。这导致 xlsread 函数的参数设计风格有时令人感到困惑，例如 xlsread 的 3 个返回参数中，第 1 个设置为数值 num，第 2 个返回以 cell 数组呈现的字符 txt，第 3 个又是数值和文本混合的 cell 数组 raw，这样一个返回参数的组合是奇怪和易于混淆的，也就是说，它的功能设计，似乎并没有一个符合 MATLAB 自身数据类型逻辑的整体规划与定位，反观新函数 readtable、readcell 和 readmatrix，设计定位就表现得清晰明确，至少名称上能很容易看出函数在 MATLAB 中的具体作用和功能。

从上述分析，笔者认为这组函数之所以被淘汰，更多应当是基于函数设计概念的考虑，而不是具体功能的考虑。对于少部分 MATLAB 高级用户，该信息实际上也是一种提示：今后将编写属于自己的工具箱，或打算写一些相关领域内供他人频繁调用的函数集的用户，需要及早完成对象化程序编写风格的转变，按所需实现的基本功能，来设计和定义对应的类对象、成员方法函数等。这一点可能是和必要的代码规范性要求同等重要的概念。

9.10 总　结

本章通过代码实例，讲述了 load/save、textscan、readtable/writetable 等系列函数在数据文件读写中的用途用法，介绍了 MATLAB 在近几年版本更新过程中，数据 I/O 函数的增删情况，部分简要给出了原因分析。代码实例方面，主要结合全国本科或研究生数学建模竞赛中的一些赛题数据，对一些新老版本的数据 I/O 函数在实际问题中的功能表现，给出了我们自己的分析和示例解决方案。

经过本章多组示例代码的演示，可以看出 4 组全新的 read * /write * 系列函数在易用性、导入功能、新增数据类型支持等方面，相比于以前的 dlmread/dlmwrite、csvread/csvwrite 和 xlsread/xlswrite 等，除了功能基本做到完全替换，还按照对象化编程方式规划和统一了函数设计概念，如：可以使用相同的导入选项函数设定参数，彼此数据导入功能尽可能不重叠等。

长远来看，新老函数的代际更换是大势所趋，这种趋势中有两个要点不容用户忽视：一是 MATLAB 新增函数的设计风格逐步向对象化编程风格转变；另一点是文件数据格式灵活多变，在函数和代码方案的选择中，不能囿于某个具体方法僵硬地生搬硬套，而要因地制宜制定读写数据的代码。从本章最后提出的几个研究生数学建模竞赛原题数据的读取代码方案可以看出，一些文本与数据混合（需要甄别）、排列复杂、规律难以一眼分辨的数据，可能迫使用户反过来基于问题，重新学习包括新老版本读写函数的后置参数、接口 COM 组件以及正则表达式构造等多种技术手段综合运用的方法和技巧，找到突破口，达到解决问题的目的。

第 10 章

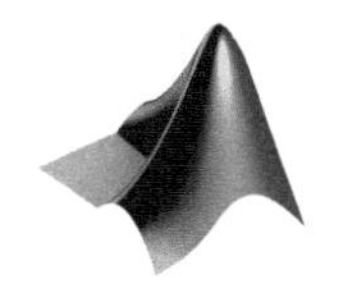

实时代码编辑器(Live Editor)

10.1 引 言

从 R2016a 开始，MATLAB 新增称为“实时代码编辑器”(Live Editor)的应用工具。这是一种把实时代码嵌入文档，实现写作和代码编写这两种环境互动运行的集成式综合环境。关于代码嵌入文档的实时交互写作环境开发，MATLAB 在 V7.0 时代曾尝试采用以 ActiveX 接口技术为基础的 notebook 函数，通过对象接口，实现与 Word 文档的交互。也就是说，MATLAB 调用 notebook 函数打开 Word 文档，以 M－Book 模板形式，将代码环境运算结果实时显示在 doc 文件中，虽然代码编译和文档写作同时进行，不过 MATLAB 仅负责代码块及运行结果的格式化插入，而文档写作中，有关阐释文本、插图、公式等，都交给 Word 实现。这种交互形式需要依赖第三方的 Office 安装软件，并同时打开 Word 和 MATLAB 两个独立的程序，执行每一段代码要通过接口方式和 MATLAB 引擎交互，无法面向不使用 Office 软件的用户等。因此它在执行效率、便利性，更重要的是应用前景方面不容乐观，MATLAB 很快就移除了 Notebook 函数，并转向尝试开发一个独立的代码、文档综合写作环境，让以上提及的文档写作等诸要素，与代码编写过程集成在 MATLAB 内部，于是 Live Editor 应运而生。

毫无疑问，Live Editor 作为实时代码综合编辑器，顺应了轻量化“代码-文档”集成编写环境开发的大趋势，毕竟 Mathematica 的 NoteBook，以及支持 Python、R、Julia 和 Sagemath 等 40 多种语言的 JupyterNoteBook 等，都已经在同类工具中走到前列，并作出了很多有益的探索，其中很多功能也在 MATLAB 的实时编辑器中得到了继承和体现。作为实时编辑器，我们可以使用 Live Editor 做如下事情：

(1) **创建具有可执行代码的笔记本。**代码作为一个独立环境(section)，被划分成可单独分隔运行的管理片段。

(2) **生成多种格式输出发布。**以 HTML、PDF、LaTeX 或 Word 等形式发布实时脚本。使用格式化文本、图像、超链接和方程创建实时函数的说明文档等，也可以通过 MATLAB On Line 发布这些文件。

(3) **交互式完成步骤。**使用实时编辑器中的任务完成分析中的步骤。以互动方式浏览参数和选项，并立即查看结果。

本章主要探讨的是使用实时代码编辑器，在普通文本、图形、公式和代码编写的综合文档写作环境中，实现 MATLAB 帮助文档称之为“探索式”交互编程的特殊写作过程。

首先，Live Editor 并非纯文本(plain text)编辑器。实时代码编辑器中可运行后缀名为“mlx”的实时脚本(Live Script)和实时函数(Live Function)两类文件，实时脚本(函数)代码环境和其他文本、图像、公式等元素在 Live Editor 内交叉出现和切换，所以可以从文本和代码两个视角来看待实时编辑器的功能和作用：从文档的角度来看，实时编辑器相当于自带代码运行功能的文本编辑器，相比早期的 Notebook 函数，实时编辑器最出色的改进是能不借助第三方软件，在 MATLAB 内部直接撰写包含文字、公式、其他软件生成的示意图等元素的复杂文档，实时脚本的代码环境随时执行、编辑并同步显示运算结果；从代码的角度看，实时脚本又相当于能编写复杂注释的代码编写环境，而文字、公式和图形等元素，可以理解为代码中被强化的注释文本。

综上，相比于 M - Editor 纯文本形式的编辑器，实时编辑器环境有如下特点：

(1) **优良的协同性**。实时脚本/函数的文本与代码环境相互穿插，但彼此独立，不仅能实现普通文档大多数基础功能，例如可跳转的超链接设置、章节标题按常用的 3 级分级、公式书写能显示大部分 TeX 常用公式字符等，还拥有良好的 TeX 公式语法支持，实时脚本文件能用 Save as 输出成 pdf、doc 和 html 文件，如果是全英文的实时脚本，甚至可直接输出用于 LaTeX 编译器的 TeX 脚本文件，这些都扩大了实时脚本/函数在教育、工程和计算机等领域的应用范围。

(2) **实时显示代码运行结果**。单击任何代码 section，按下 Ctrl + Enter 键，或者单击当前代码环境行序号左侧的蓝色矩形条，就可以显示当前 section 的代码运行结果，这在阐释算法和专业理论时是方便的；采用按 Ctrl + Alt + Enter 键的方式，可以将实时脚本内容分成不同的独立段落(section)，一个 section 内的代码执行时，其他 section 代码相当于处在“Hold on”状态，这保证了不同短路代码执行可以互不干扰；如果想同时执行全部 section 内的代码块，只需按 F5 键或依次单击 Live Editor 》RUN 》Run；最后，代码和文本环境通过 Alt + Enter 键实现开关式切换。

(3) **出色的公式、图形及代码输出显示效果**。Live Editor 产生的实时脚本文件实际上就是一份可供直接阅读的轻量化排版文档。尤其从 R2019b 开始，实时编辑器和 MuPAD 符号计算引擎逐步合并，在实时脚本编辑器中运行符号推导，比早期版本以纯文本形式表示公式的显示效果，已经是彻底的代际差异；此外代码环境能够插入类似图形界面编程使用的下拉菜单、按钮、数据滑块等，R2019b 新增 mlx 文件和 App 的交互功能，如大数据、控制系统、系统辨识工具箱等现成 App 在实时脚本中能以对象嵌入方式插入调用，以上显示效果都不能在 M 代码编辑器中得到。

(4) **优秀的代码调试能力**。Live Editor 和 M 代码编辑器的代码调试方法、操作流程基本一致，在 section 中对代码环境任意行下断点，结合 F10 或 F11 键就能实现逐行代码调试。Live Editor 与 M 代码编辑器不同之处在于，Live Editor 新增 Step 》Run to Cursor 调试功能，即允许实时脚本(函数)执行到光标焦点所在代码行。实时代码编辑器的代码调试工具支持按 F5 键运行全部 mlx 代码和按 Ctrl + Enter 键运行单独 section 两种方式，调试 MATLAB 代码的体验和在 M 代码编辑器中非常类似。此外，Live Editor 可调用外部独立子程序，或者在实时编辑器内部编写 Live Function 供各个 section 代码调用，且调用方法和在 M 代码编辑器中也基本一致。

点评 10.1 Live Editor 作为一种“代码+文档”的综合集成环境，不但继承了 M 代码环境的大部分特点，而且能与文档实时交互。MathWorks 在线帮助系统的 Live Script Gallery[①] 提供了很多由各地用户分享的示例实时文档，通过观看分享实例，也能变相达到开拓视野、迅速适应实时脚本（函数）编写方法的目的。

10.2 Live Editor 主要功能简介

10.2.1 新建实时脚本和实时函数

实时脚本或者实时函数可以在 HOME 或者 M 代码编辑器的标题标签中新建，如图 10.1 和图 10.2 所示。

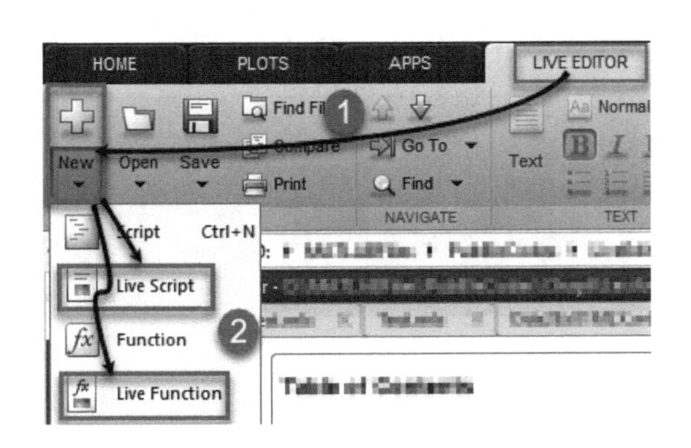

图 10.1　在代码编辑器界面新建实时脚本

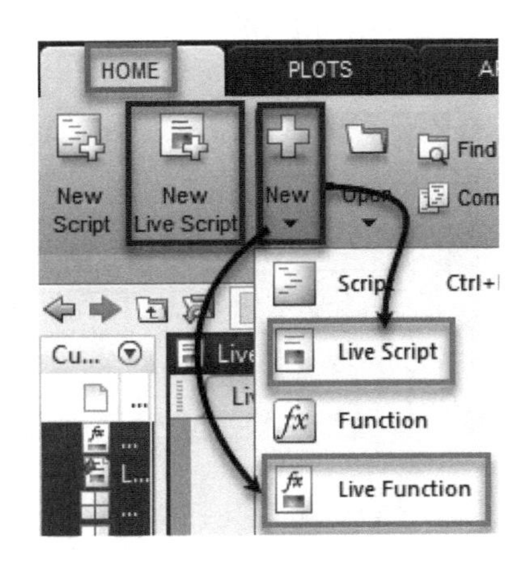

图 10.2　在 HOME 界面新建实时脚本

当然，有经验的用户可能习惯于在命令窗口用代码 519 所示方式新建实时脚本：

代码 519　命令新建实时脚本

```
1   edit LiveScript1.mlx
```

此外，代码编辑器界面文件工具条右侧的“+”按钮能够自动辨识和检测左侧相邻已有文件的后缀名，即左侧相邻文件如果是普通 script 文件或 m-function，单击“+”会新建相同的 M 脚本；如果左侧相邻文件是实时脚本（函数），单击“+”也会新建一个 mlx 文件。如图 10.3 所示，左侧文件 Lec 为 mlx 实时脚本，因此单击右侧加号将快速新建一个同类型的实时脚本。

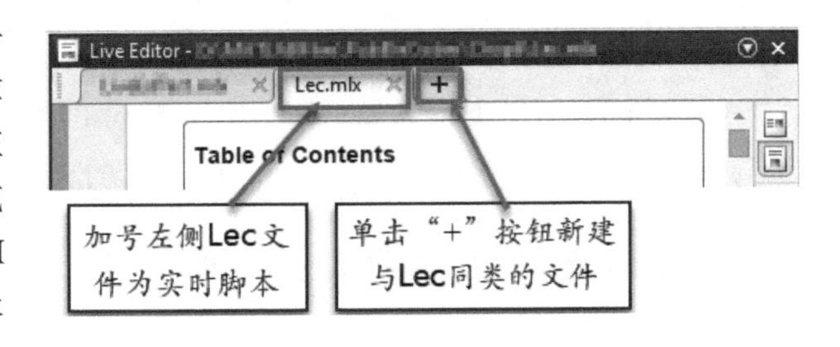

图 10.3　新建实时脚本的快捷方法

10.2.2 初识实时脚本的文本和代码环境

Live Editor 界面如图 10.4 所示，其环境分为三部分：编写或插入普通阐释性文字、图片

① 链接地址：https://ww2.MathWorks.cn/products/matlab/live-script-gallery.html。

及超链接等文本元素的文本环境(白底色)，插入 MATLAB 代码的代码环境(浅灰底色)以及语句运行结果显示环境。文本环境不能解析和运行代码，即使在其中写了正确的代码，也会被解析为普通文本；灰底色代码环境相当于普通 script 脚本，如果没有分号抑制显示输出，其内所写代码的运行结果将在右侧代码运行结果环境中显示。代码运行结果环境不能像普通文本一样复制粘贴，这是为了保证运行结果不可篡改；其显示位置可以通过右侧快捷按钮 Output on Right (默认)和 Output inline 设置为右侧或者行内显示，这两个按钮也可以在主界面的“视图”(View)标签中找到；右侧最下方第 3 个按钮则用于隐藏代码。

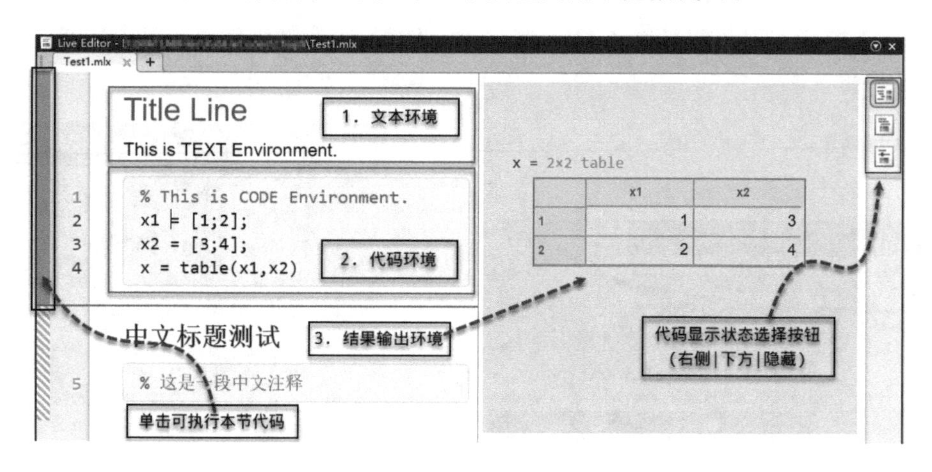

图 10.4　实时脚本的文本与代码环境

通过对 Live Editor 的初步体验，发现：

- 实时脚本环境全面支持中文，这包括代码环境的注释环境。
- 代码和文本环境的功能有很大差异，代码只有处于代码环境，才能被 MATLAB 识别和解析，文本环境内的代码无法执行运算。
- 按下 Ctrl + Enter 键，或单击代码最左侧蓝色方条，当前代码环境内的代码将被执行，运行结果产生的变量和普通脚本或命令窗口代码一样，被保存在 Workspace 中，如果没有尾部的分号，也会被显示在 Live Editor 的运行结果环境中。
- 通过开关型的快捷键 Alt + Enter 可反复切换代码和文本环境。

10.2.3　实时脚本中的大纲目录分级

实时脚本支持明确的大纲分级，这使得实时脚本表述和阐释问题的逻辑线索清楚而明晰。图 10.5 显示了实时脚本支持包括每个问题标题 Title 和 3 级子标题 Heading1～3 在内的 4 级大纲，这个分级体系在多数笔记和报告类文档中完全够用。

和 Word 等字处理软件类似，实时脚本大纲分级也能自动生成标题目录，将光标放在 mlx 文件起始行，依次单击工具栏中的 Insert》Table of Content，系统自动生成实时更新的大纲目录，如图 10.6 所示。所谓“实时更新”，指的是今后继续添加新标题，目录也自动更新具有指向文章内部相应内容的超链接条目。

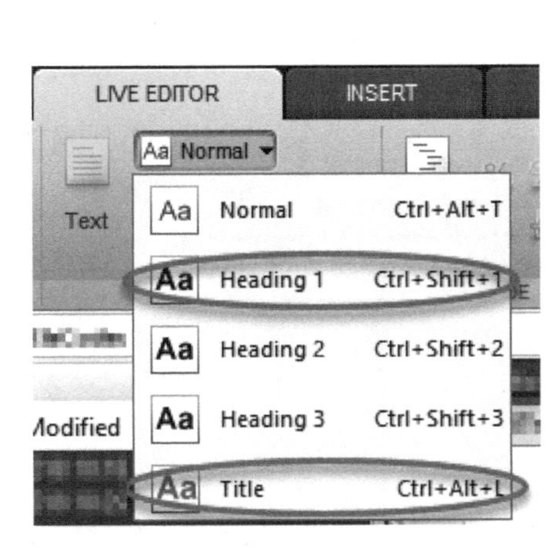

图 10.5　实时脚本中文本的大纲分级

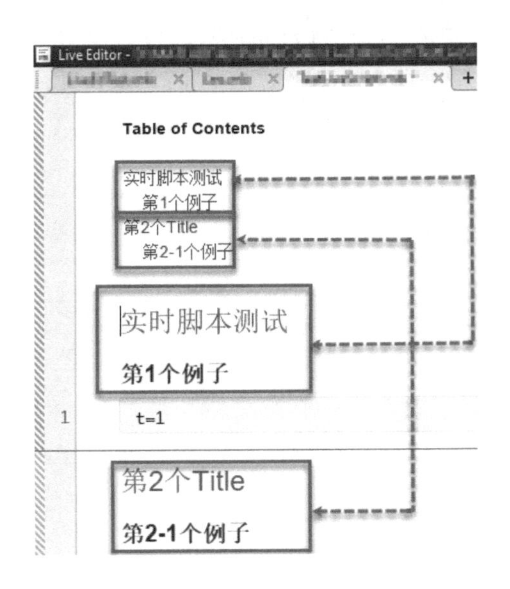

图 10.6　实时脚本代码运行测试

✍ **点评 10.2**　截至 R2020b 版本,实时编辑器大纲分级功能还没有类似 Word 的大纲与编号自动级联功能,因此各级标题不能对应标题级别自动编号。

10.2.4　文本环境中的公式插入

在实时脚本中写笔记、教案、文章、实验测试报告等,内容通常与工程计算、学术讨论和科学研究等活动有关,数学公式方面的应用和需求是必不可少的,Live Editor 作为 MATLAB 编程为主导向的文本编辑器,提供了一套便于用户在文档内编写(插入)公式的工具,并且支持符号选项板手动点选和键盘输入 LaTeX 语法两种公式输入形式。本节简要介绍这两种输入公式的方法。

1. 手动点选输入公式

打开 Live Editor 符号选项板手动点选公式符号的步骤如下:

(1) 光标放在实时脚本文件需要插入公式的位置,主菜单栏出现 INSERT 子选项板。

(2) 依次单击菜单栏 INSERT 》EQUATION,或按快捷键 Ctrl + Shift + E,打开图 10.7 所示公式符号子选项板,从 FORMAT、SYMBOLS、STRUCTURES、MATRICES 这 4 个子选项板中,能找到绝大多数基本符号元素。

图 10.7　公式符号子选项板 1

(3) 图 10.7 中出现的公式元素偏好(Favorites)即用户近期常用符号,该选项是可自定义的。例如设置高阶偏微分符号为偏好符号,依次单击 STRUCTURE 右侧下三角按钮→MISC,如图

10.8 所示，找到高阶偏微分符号项，单击该符号左上角的“☆”符号，使其变为“★”实心形式，则符号自动上浮到STRUCTURE选项板页首，此外还可单击右侧双上三角和双下三角按钮，使得整栏排列次序上浮或下沉。

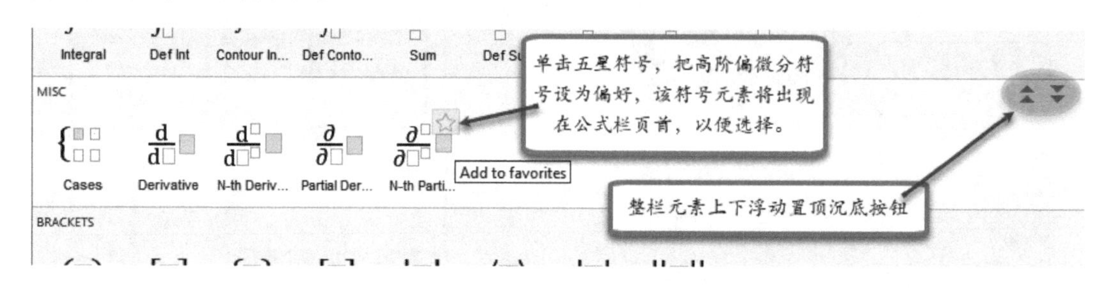

图 10.8　公式符号子选项板 2

2. 键盘输入 TeX 语法公式

对 LaTeX 语法公式的支持，是 Live Editor 文本环境公式书写的亮点，熟悉 TeX 语法的用户，完全能甩开选项板手动点选输入的烦琐步骤，用键盘获得高速输入的爽快体验，步骤如下：

（1）在文本环境需要输入公式的位置依次单击选项卡INSERT》LaTeXEquation，注意该选项在Equation下三角按钮下，或者按快捷键Ctrl + Shift + L。

（2）在弹出的“Edit Equation”对话框中，以 LaTeX 语法书写公式，系统支持同步预览，如图 10.9 所示。

此外，手动输入公式环境同样支持 TeX 语法，并带有主动语法补全功能，例如按Ctrl + Shift + E键打开手动输入公式的环境，想要输入分式符号，只须输入部分代码“\fr”即可得到 TeX 语法提示，按下Tab键，语法自动补全，如图 10.10 所示。

✍ **点评 10.3**　注意：Live Editor 的公式输入目前对各类常用运算操作符号的支持还有不如人意的地方，如不能自定义加载宏包，不支持多重定积分的符号输入等。

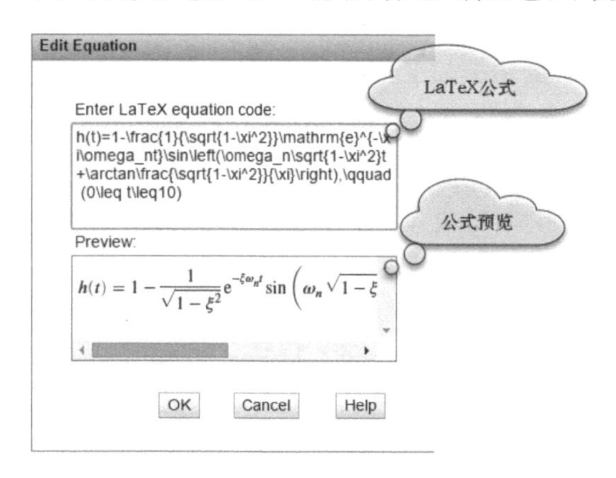

图 10.9　TeX 公式输入模式

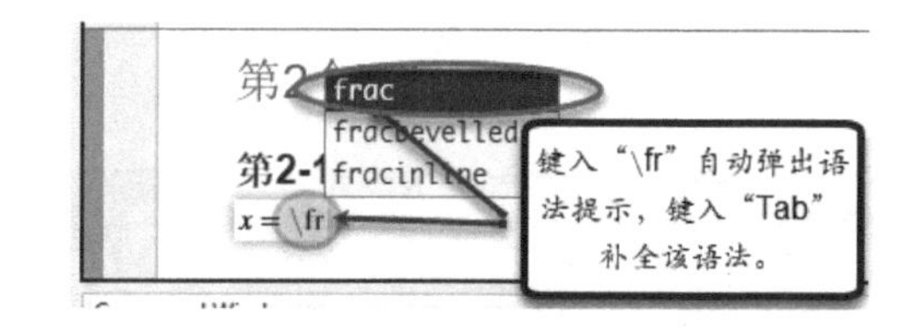

图 10.10　手动模式 TeX 语法补全

10.2.5　插入超链接

文本超链接（Hyperlink）设置同样在主选项板INSERT中进行，或按Ctrl + K键打开“Edit Hyperlink”对话框进行编辑。图 10.11 表示把 MathWorks 主页有关 Live Editor 介绍的网页设置为超链接，结果如图 10.12 所示，超链接设置成功后字体将转变为蓝色，按下Ctrl键的同时单击文字即可访问该外部链接网页。

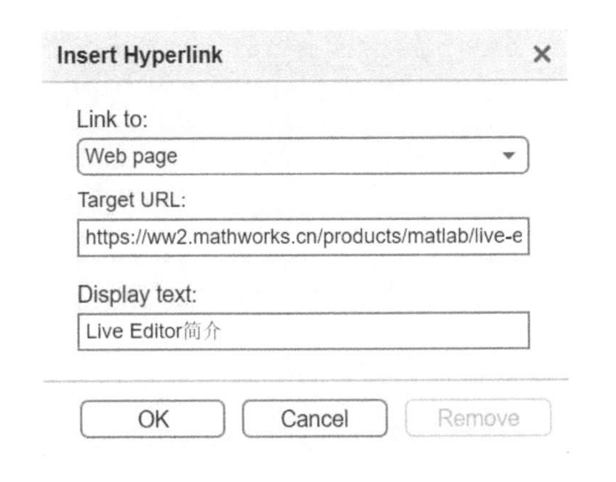

图 10.11　Edit Hyperlink 对话框设置

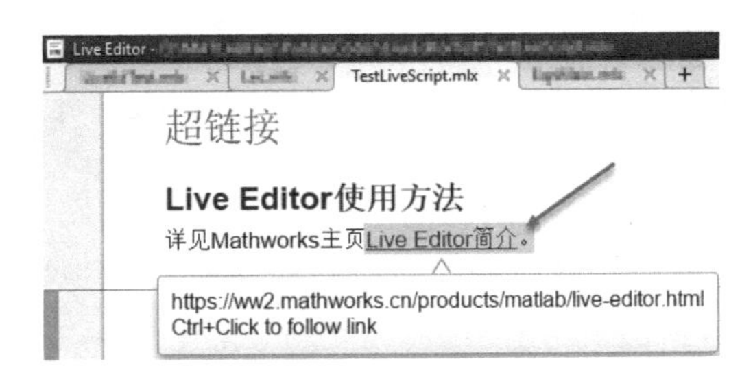

图 10.12　设置超链接的显示结果

10.2.6　Code Example 功能

代码示例框（Code Example）能在文内增加具有“评述”或补充解释功能的文本框，它可用于解释某段代码的用途，但 Code Example 内的代码被识别为文本而不会被执行。以下是一个说明 Code Example 用法的简单例子，比如要求从实时脚本中调用外部独立子程序求解非线性方程，需要解释这个外部独立子程序的用途，这时选择使用“Code Example”就是合适的。

问题 10.1　编写实时脚本文件，演示说明利用 fzero 命令，采用调用 live function 子程序求解式（10.1）所示非线性方程的全部过程，选择随机整数作为初值。

$$e^{-x}\sin x - x^2 + 3 = 0 \tag{10.1}$$

分析 10.1　题目要求必须建立后缀名为 mlx 的外部独立子函数，为了更好地实现在 live script 文件中演示和解释该求解过程的要求，把这个外部独立子函数代码显示在实时脚本中就很有必要。

由于普通外部 m－function、脚本内嵌的 Live Function 和外部 Live Function 都能被实时脚本代码所调用，为求解问题 10.1 建立的 Live Script 选择调用内嵌 Live Function，步骤如下：

（1）新建实时脚本并以“TestLiveScript.mlx”名称保存，键入图 10.13 所示内容，注意 Code Example 文本框内函数 EqnMain 是用快捷键Ctrl+Alt+M插入的，是具有代码格式的文本，其关键词自动高亮，不过 Code Example 中的内容会被解析为文本且无法执行。

（2）光标移动至图 10.13 所示 fzero 函数调用代码下方，按Ctrl+Alt+Enter键新建一个 section，再按Alt+Enter键打开代码环境，将前一步骤 Code Example 中的 EqnMain 函数复制至图 10.14 下方所示的代码环境，并改名为 EqnSub。

（3）单击前一节任意位置，按下Ctrl+Enter键或单击左侧蓝色竖条执行当前 section 内的代码即可得到运行结果。

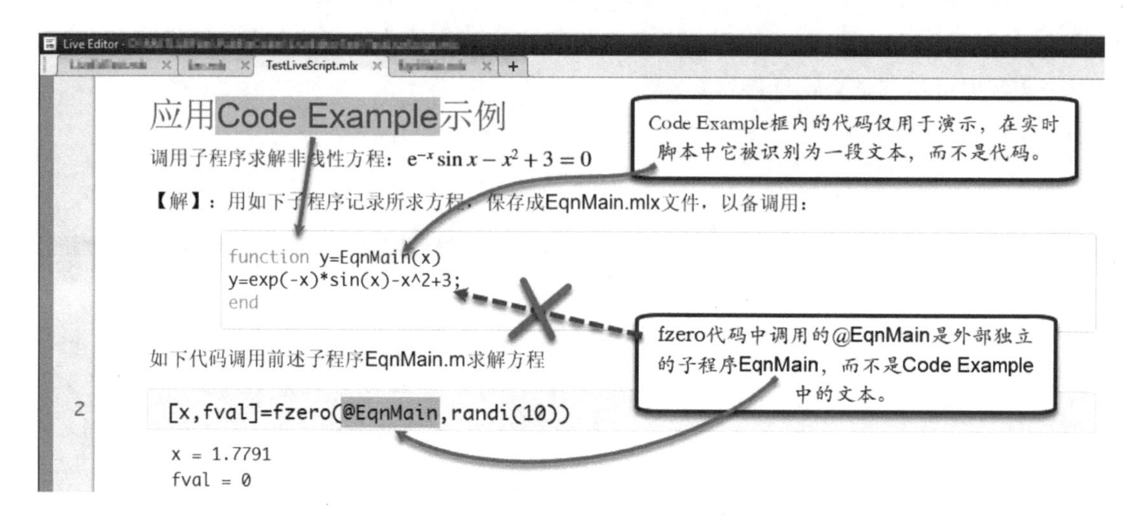

图 10.13　方程的 live function 子程序 EqnMain.mlx 文件

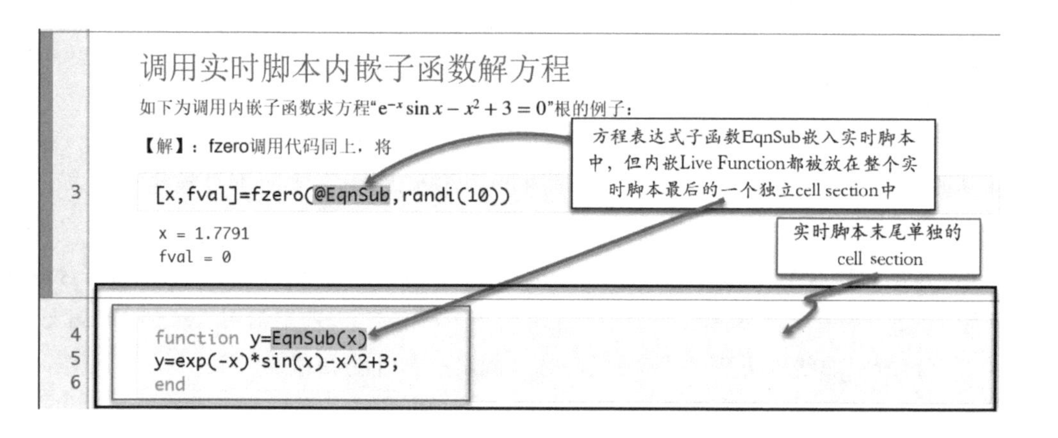

图 10.14　实时脚本内部嵌入 Live Function 子函数求根

✍ **点评 10.4**　上述步骤在 Code Example 内复制了内嵌子函数 EqnMain，方便向其他用户解释调用子函数解方程流程的代码结构。之所以不直接通过下方子函数解释，是因为内嵌式子函数在实时脚本中必须位于所有文本和调用代码的最下方，当整个实时文档有很多小节时，子函数位于文档最下方，讲解过程中频繁上下切换翻页相对而言比较麻烦。

10.2.7　实时脚本中的互动式控件

相比 m-function，实时脚本的交互代码更倾向于表述演示过程中的解释文本和代码执行段落间的切换。MathWorks 主页帮助文档中提出 Live Editor 具有"探索式编程"的功能，所谓"探索"很大程度指的是对结果数据动态变化的直观展现，实时脚本代码中插入互动式控件是这种探索式编程的典型体现之一。下面通过阻尼比 ζ 和自然频率 ω_n 取不同值时绘制的二阶系统单位阶跃响应曲线问题，说明实时脚本插入控件的方法。

(1) 按图 10.15 所示顺序，依次单击 INSERT 》Control 》Numeric Slider，为实时脚本新增数据滑块控件。截至 R2020b 版本，Live Editor 支持滑块(Numeric Slider)、下拉菜单(Drop Down)、复选框(Check Box)、文本编辑框(Edit Field)和按钮(Button)这 5 种控件。

(2) 按照图 10.16 中箭头所指位置,设置自然频率 ω_n 和阻尼比 ζ,设 $\omega_n=[1,2,\cdots,10]$,$\zeta=[0.0,0.1,\cdots,0.9]$,在控件后分别加分号(抑制输出)。

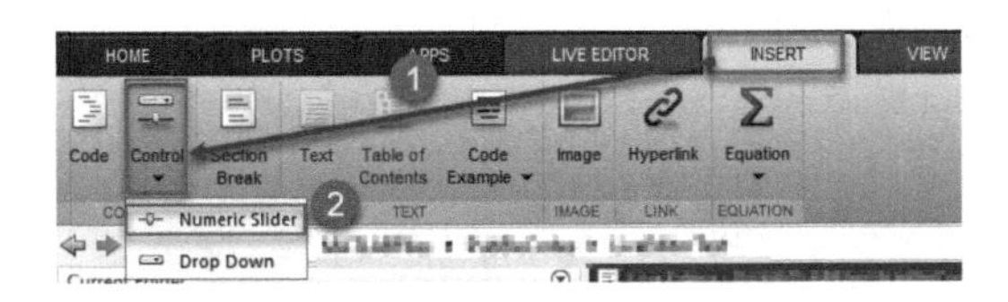

图 10.15　实时脚本滑块控件

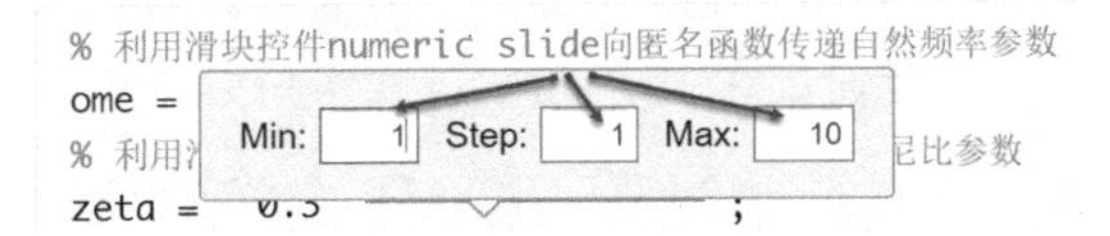

图 10.16　滑块控件参数设置

(3) 用鼠标移动控件滑块,每拖动一次,实时脚本将自动执行当前 section 的代码,控件数值传入匿名函数 $h(t)$,控件参数设置完毕的效果如图 10.17 所示。

(4) 用绘图函数 fplot 测试滑块移动效果,绘制多个 ω_n,ζ 取值的响应曲线,结果显示在图 10.17 下方。

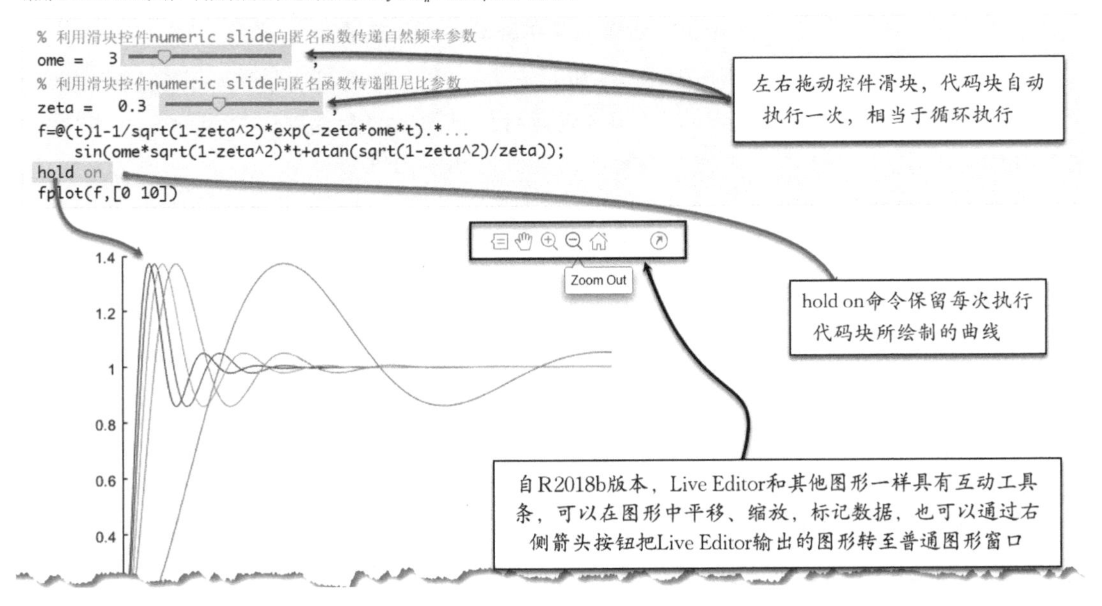

图 10.17　滑块控件设置参数的曲线结图

通过上述步骤看出,实时脚本插入控件,操作简易方便,能协助用户以直观方式修改函数参数值,方便查看不同参数取值对结果的影响。类似需求在很多工程领域都能见到,例如:图像处理问题中明暗、透明度等参数的调节等,使用简易控件嵌入代码,对于演示探索结果的变化规律非常有帮助。

10.3　实时脚本插入 App 实现交互任务

在实时脚本中插入交互式的 MATLAB App,是实时编辑器的特色之一,通过嵌入 App,

脚本原有阐释性文字、公式、图像与 App 程序的图形界面集成在同一实时文档，并可以指定自动运行当前 section 以实时更新计算结果，其侧重点在功能演示，它以界面的鼠标点选代替代码运行，向用户显示某项功能的运行效果时，非常直观形象。

本节通过式 10.2 所示方程实根解析解的求解，说明实时脚本插入 App 的基本操作步骤。

$$ax^3-x^2+8x-12=0 \tag{10.2}$$

☞ **注意**：式(10.2)最高项参数设为"$a=4$"，即为方程增加参量，目的是阐释 Task 与代码交互的功能。

(1) **步骤 1**　新建名为"TaskTest.mlx"的实时脚本，将其分为 3 个 section，依次为问题描述和两个求解步骤。在分 section 的两行间按 Ctrl + Alt + Enter 键即可分隔；第 1 个 section 仅做问题内容描述与阐释，如图 10.18 所示。

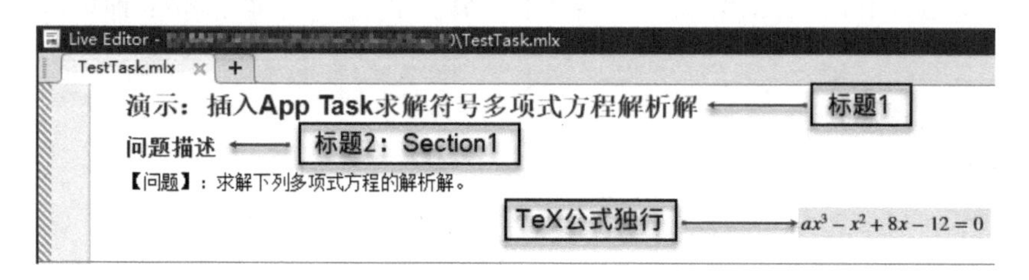

图 10.18　步骤 1：建立 Section1 问题描述

(2) **步骤 2**　Section2 内增加图 10.19 所示必要的方程描述与变量代码。实时脚本插入的 App 同样需要必要的输入变量，实时脚本内运行代码产生的变量放在 Workspace 的'base'基本内存空间，这实际和 App 对输入变量的访问具有相同的机制。

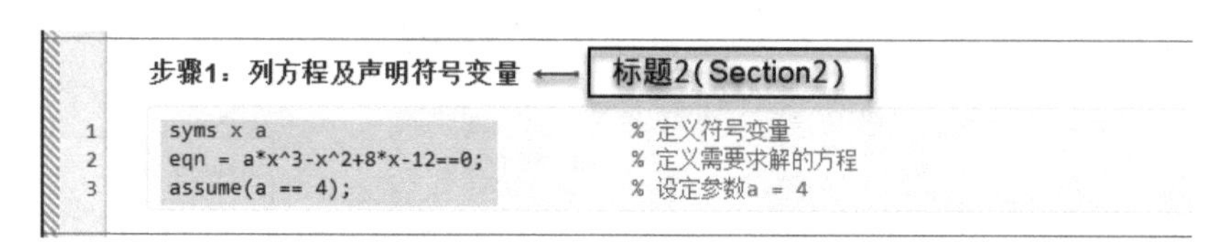

图 10.19　步骤 2：建立 Section2 方程与变量定义

(3) **步骤 3**　运行图 10.19 所示 Section2 代码，符号变量 x，a 及方程变量 eqn 均传入 Workspace。

(4) **步骤 4**　依次单击工具栏 Live Editor 》CODE 》Task 》SYMBOLIC MATH 》Solve Symbolic Equation，选择所需的符号方程求解 App，结果如图 10.20 所示。

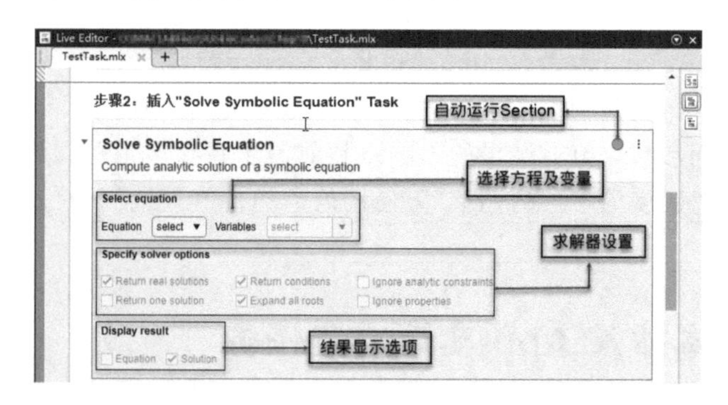

图 10.20　步骤 4：插入 Solve Symbolic Equation 的 App 并求解

(5) **步骤 5**　按图 10.21 所示求解及结果显示选项选择，并按 Ctrl + Enter 键或单击 Section 左侧蓝条运行 App，结果同样显示在图 10.21 中下方的实时代码输出显示环境中。

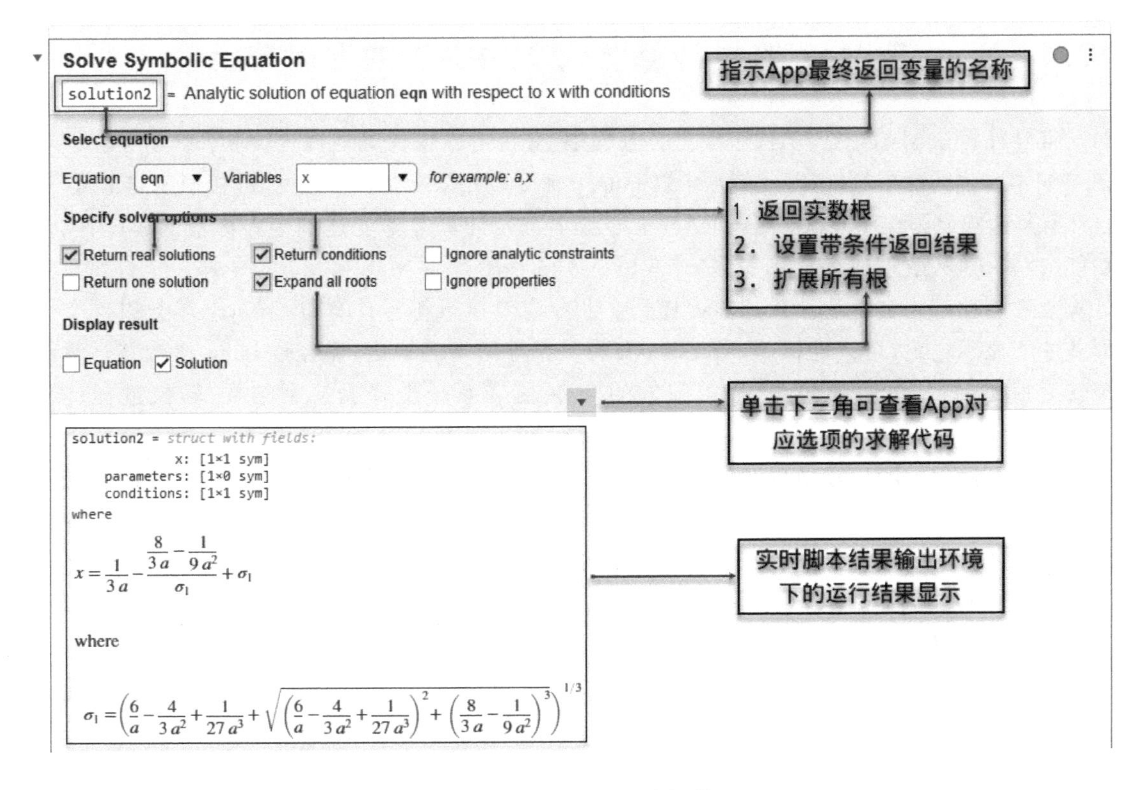

图 10.21　步骤 5:显示求解结果

符号方程解析解的求解过程通常是复杂的，符号方程导致返回的输出结果往往与符号参变量的特征条件有密切联系，运行结果表示的方法可能与预想有很大不同。以式(10.2)为例，如果直接通过 solve 的默认参数求解，得到的结果如代码 520 所示。

代码 520　solve 以默认参数求解符号方程

```
1  >> solve(eqn,x)
2  ans =
3      root(z^3 - z^2/4 + 2*z - 3, z, 1)
4      root(z^3 - z^2/4 + 2*z - 3, z, 2)
5      root(z^3 - z^2/4 + 2*z - 3, z, 3)
```

代码 520 的运行结果是令人困惑的，似乎该方程仅指示了可通过 roots 函数求解，但 solve 并未返回所期望的结果，其实需要指定设置一些参数，才能将输出结果扩展显示出来。

代码 521　solve 以指定参数求解符号方程

```
1  >> Sol = solve(eqn,x,'Real',true,'ReturnConditions',true,'MaxDegree',4);
2  >> Sol.x                    % 结果省略
```

上述例子说明了通过实时脚本嵌入 App 的综合环境，能够形象地解释因设置参数变化而导致的结果改变，这在学习使用某个关键工具箱函数的探索阶段，是完全必要的。它避免了因参数改变而反复执行的代码工作，解释过程变得迅速、直观。因此短短两年时间，实时脚本对 App 的支持数量迅速增至 25 个，在 R2020b 中新增的优化工具 App，更是集成了对线性规划、非线性规划、二次规划等绝大多数 MATLAB 优化工具箱命令的支持，可以根据输入参数自动判断问题求解类型，这对于汇报或课堂演示优化模型的求解等场景，相比于纯代码输入方便了很多。

10.4 Live Editor 符号计算替代 MuPAD 的原因分析

符号计算在 MATLAB 历代版本更替过程中，变化可以说天翻地覆。Live Editor 与 v6.1～v7.0 版本时代的命令窗口，以及前几年以 mupad 命令调用 MuPAD 符号引擎，相似度非常低，这自然有其历史原因。应当说，MATLAB 早期版本符号计算并不能达到令人称赞的程度：无论功能、性能、执行效率或者显示效果，MATLAB 符号计算与 Maple、Mathematica 等老牌符号计算软件相比都相去甚远。比如前面提到在命令窗口执行符号计算，用 pretty 函数以纯文本形式才能显示输出，可读性很差，MATLAB 符号推导结果的输出，需经过 latex 函数将运算结果转换成 LaTeX 语法形式，再经第三方的 TeX 编译系统编译为显示结果，转换过程比较麻烦。

除了可读性差和比较烦琐的转换过程，更令人有学习顾虑的是语法体系兼容方面的混乱：早期符号引擎购自 Maple，相当比例的运算时间消耗在接口上。收购 MuPAD 后，符号计算语法体系对初学者而言，体验不算很差，但 MuPAD 作为独立的符号计算体系，不符合 MATLAB 已有的程序风格，代码也不方便嵌入 MATLAB 既有的代码环境。而转换过程在函数设计体系里实际上先天带有嫁接的生硬感，相当于把从前 Maple 符号引擎的路又走一遍。所以尽管输出效果、执行效率有所改善，但打开 MuPAD 仍然如同打开新的软件，最关键是 MATLAB 早期版本符号计算的函数名称、调用方法等，和 MuPAD 是两个不同的系统，所以用户如果想使用 MuPAD，还要重新学习和适应这个新的体系。

以上种种原因导致用户在 MATLAB 中做符号运算，感受和体验实在不方便选择“愉快”二字来形容。也就不难猜出当 R2016a 版本推出 Live Editor 时，MATLAB 很可能已经有了逐步将 MuPAD 符号计算引擎和 Live Editor 绑定并融合的构思。R2018b 版本后，在命令窗口执行 mupad 命令会弹出“MuPAD 将在未来版本被移除”的提示对话框，到了 R2020b 版本，MuPAD 已被正式移除，只留下可将 MuPAD 的 nm 文件转换为 mlx 格式实时脚本的 convertMuPADNotebook 函数，这是 MATLAB 符号计算中一次比较重大的版本迭代与选择转向。

10.4.1 Live Editor 符号计算：合乎习惯的公式显示效果

LiveEditor 的文本环境支持 LaTeX 语法公式输入显示，且代码环境中的符号计算结果在输出显示方面也符合基本的阅读习惯，可读性被大幅改善。

问题 10.2 比较在 MuPAD、Live Editor 和命令窗口这三种环境下，式(10.3)所示二重不定积分的求解结果表达式。

$$\iint \mathrm{e}^{-x} \cdot \sin(x+y)\mathrm{d}x\mathrm{d}y \tag{10.3}$$

分析 10.2 二重不定积分在 MuPAD 和 Live Editor 中的求解命令都是 int，但表示符号有区别。

MuPAD 和 LiveEditor 两个编辑环境的符号计算方法如图 10.22 和图 10.23 所示。

在命令窗口求解问题 10.2 的语句同 Live Editor，运行结果如代码 522 所示。作为纯文本

(plain text)编辑器,其显示效果与 Live Editor 和 MuPAD 没有可比性,尽管通过 pretty 命令能增加可读性,不过效果仍然不理想。用户如果熟悉 LaTeX 编译系统,可以用命令"latex(Ixy)"把计算结果转换为 TeX 语法公式,再通过 TeX 的编译器编译输出,但这样处理,过程非常烦琐。

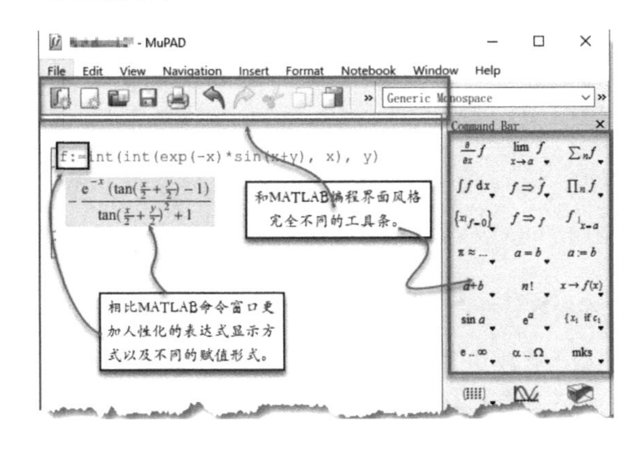

图 10.22　MuPAD 求解方式

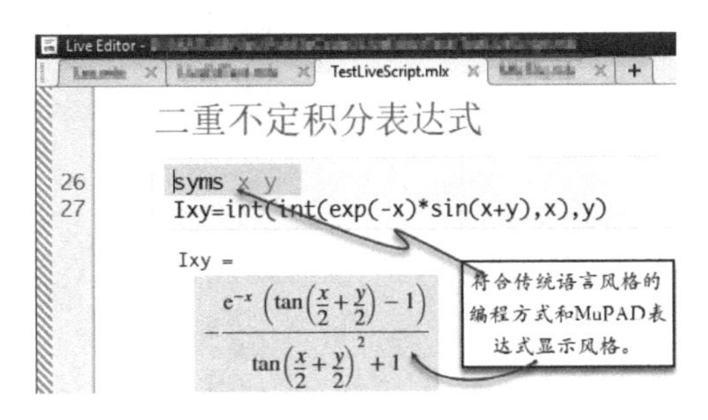

图 10.23　Live Editor 求解方式

代码 522　命令窗口求解二重不定积分

```
1  >> syms x y
2  >> Ixy = int(int(exp(-x)*sin(x+y),x),y)
3  Ixy =
4       -(exp(-x)*(tan(x/2 + y/2) - 1))/(tan(x/2 + y/2)^2 + 1)
5  >> pretty(Ixy)
6               /  /   x    y   \      \
7       exp(-x) | tan| - + - | - 1 |
8               \  \   2    2   /      /
9     ----------------------------------------
10                /  x    y  \2
11             tan| - + - | + 1
12                \ 2    2  /
13 >> T = latex(Ixy);
```

Live Editor 的符号计算,本身具备解释 TeX 语法公式的功能:

① 复制代码 522 第 4 条语句所产生结果变量 T 的内容;

② 在 Live Editor 的文本环境按下Ctrl + Shift + L键,把刚才复制的公式粘贴到图 10.9 所示的 LaTeX 公式编辑框中,就能得到该公式在 MATLAB 环境下的显示效果。

✍ **点评 10.5**　问题 10.2 的 3 种符号计算方式中,MuPAD 和 Live Editor 的显示效果均优于命令窗口方式,进一步比较图 10.22 和图 10.23,可发现 Live Editor 和 MuPAD 符号计算方式的区别在于:Live Editor 不仅能像 MuPAD 一样执行符号计算,它本身还是个支持中文环境的高级文本编辑器。

10.4.2　Live Editor 符号计算:一致的语法风格

MuPAD 和 MATLAB 原有的函数体系在设计上就有很大不同,很多符号计算命令的名称和调用方式都有较大区别,以最基本的"不等于"运算符为例,MATLAB 数值和符号运算的不等于符号都用"~="表示,MuPAD 则以"<>"表示,MuPAD 中"~="代表"约等于",在相同软件中出现完全不同的基本操作符定义方式,是混乱和令人困扰的。

有些常用命令函数名称相同，调用方式却大相径庭，比如 MuPAD 和 MATLAB 符号计算的求导函数都是 diff，但求解高阶导数时，二者参数机制差异很大。以表达式 $y=x\cdot e^{-x}(\sin x+\cos x)$ 的 5 阶导数为例，在 Live Editor 中的求解过程如代码 523 所示。

代码 523　Live Editor 中的高阶导数

```
1  >> syms x;
2  >> diff(x * exp( - x) * (sin(x) + cos(x)),x,5)
```

但高阶导数在 MuPAD 中的求解方案之一如图 10.24 所示。

```
diff(x*exp(-x)*(sin(x)+cos(x)),x,x,x,x,x)
```

$$4\,x\,e^{-x}\,(\cos(x)+\sin(x))-20\,e^{-x}\,(\cos(x)+\sin(x))-4\,x\,e^{-x}\,(\cos(x)-\sin(x))$$

图 10.24　MuPAD 求高阶导数方案-1

图 10.24 的大概意思是：多少阶导数就要在 diff 函数里填多少个自变量名。这对求更高阶导数是不方便的，于是 MuPAD 采用了图 10.25 所示的操作方法：

```
diff(x*exp(-x)*(sin(x)+cos(x)),x $ 5)
```

$$4\,x\,e^{-x}\,(\cos(x)+\sin(x))-20\,e^{-x}\,(\cos(x)+\sin(x))-4\,x\,e^{-x}\,(\cos(x)-\sin(x))$$

图 10.25　MuPAD 求高阶导数方案-2

MuPAD 使用图 10.25 所示调用方法求高阶导数，是自有语法体系中的一种约定，应用层面上没有问题，但与 MATLAB 符号计算语法体系有较大差别。这样的例子在 MuPAD 和 MATLAB 的符号运算帮助文档中找到很多，式(10.4)所示的无穷级数求和问题，也是呈现 MuPAD 和 MATLAB 符号计算差异的较典型示例。

$$S=\sum_{n=0}^{\infty}\frac{x^n}{n!} \tag{10.4}$$

命令调用情况如图 10.26 所示。

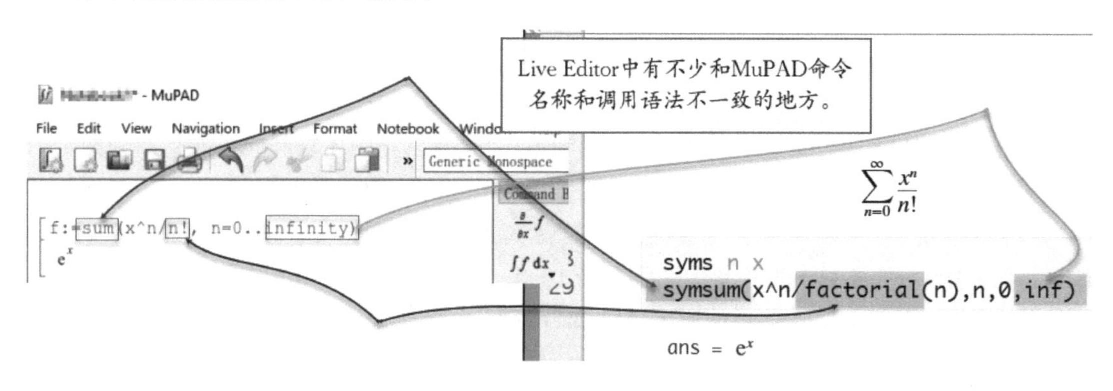

图 10.26　无穷级数求和问题的 MuPAD/MATLAB 命令比较

图 10.26 中，MuPAD 和实时脚本都只有一句代码，但已体现出很多不同点，如下：

(1) **调用函数名称不同。**前者用的是 sum，后者用的是 symsum。

(2) **符号“∞”表示方式不同。**MuPAD 用的是 infinity，Live Editor 用的是 inf(与数值计算符号表示方法相同)。

(3) **阶乘表示方式不同。**MuPAD 中阶乘采用和数学符号一致的“!”，Live Editor 中阶乘用命令 factorial 表示(与数值计算符号表示方法相同),而“!”在 MATLAB 操作符体系中被用于执行系统命令。

(4) **序列表示方式不同。** MuPAD 使用两个句点“..”表序列,MATLAB 原符号计算体系则将序列始末端点作为两个单独参数,用逗号分隔。

符号运算和数值计算两种代码的兼容,是 MATLAB 代码设计体系要考虑的主要因素之一,用户期望符号推导的计算结果能和数值计算部分做到无缝衔接。可是,符号运算和数值计算两套代码需要在两个独立界面中打开,二者的计算数据还需要通过接口来传递,连计算符号的约定方式甚至函数命令都截然不同,这样的符号体系是无法被用户轻易接受的。前面提到 MuPAD 符号计算和 MATLAB 语法体系的差别,下面不妨再引一例,更进一步说明不能继续允许这种差异的原因。

问题 10.3　计算

$$2y''+y'-y=2e^x,\qquad y|_{x=0}=1,y'|_{x=0}=2 \tag{10.5}$$

所示的二阶常系数线性微分方程数值解,并用解析解进行验证($0\leqslant t\leqslant 2$)。

分析 10.3　常微分方程的数值解求解方法和子函数以及匿名函数章节的分析相同,故略。

引入中间状态变量,把二阶常微分方程转换为式(10.6)所示一阶微分方程组:

$$\begin{cases}\dot{y}_1=y_2\\ \dot{y}_2=\dfrac{1}{2}\dot{y}_2+\dfrac{1}{2}y_1+e^x\end{cases} \tag{10.6}$$

问题 10.3 的 MuPAD 求解代码如图 10.27 所示。

```
ode::solve({2*y''(t)+y'(t)-y(t)=2*exp(t),y(0)=1,y'(0)=2},y(t))
```

$$\left\{\frac{2\,e^{t/2}}{3}-\frac{2\,e^{-t}}{3}+e^{t}\right\}$$

图 10.27　用 MuPAD 求解二阶常微分方程

但问题要求同时解出解析解和数值计算结果进行比较,R2020b 之前的版本可用命令 setVar 把 Workspace 中的符号变量传递到 MuPAD:

代码 524　向 MuPAD 传递变量

```
1  >> mnnb = mupad;
2  >> setVar(mnnb,'ySol',ySol)
```

代码 524 只把 MuPAD 变量传到了 MATLAB 主界面,这种数据接力有个问题:要手动保持两个界面的计算过程协同。而 Live Editor 按图 10.28 所示的方式处理代码,整体性更好。

图 10.28 所示的实时代码综合了文本与可执行代码,演示了常微分方程的求解方法。section 内的文本环境利用诸多工具手段,可以做得和技术文档完全相同:包括问题文字描述、“准教材”级别的 TeX 公式演示数学推导,还能根据用户需要,继续为上述代码环境添加必要的外部插图,或者进一步,用内嵌控件为微分方程添加额外的参数等,按 Ctrl + Enter 键运行 section 内的代码,还能够在 section 内显示图 10.28 所示的代码输出结果,这些都增强了 Live Editor 文档结论的说服力。

更深层次的便利是:实时脚本为与符号计算有关联的介绍、汇报或者答辩文档提供了理想的混合搭配场所,让公式的文本语境、代码中的符号表述以及数值计算这三个必不可少组件找

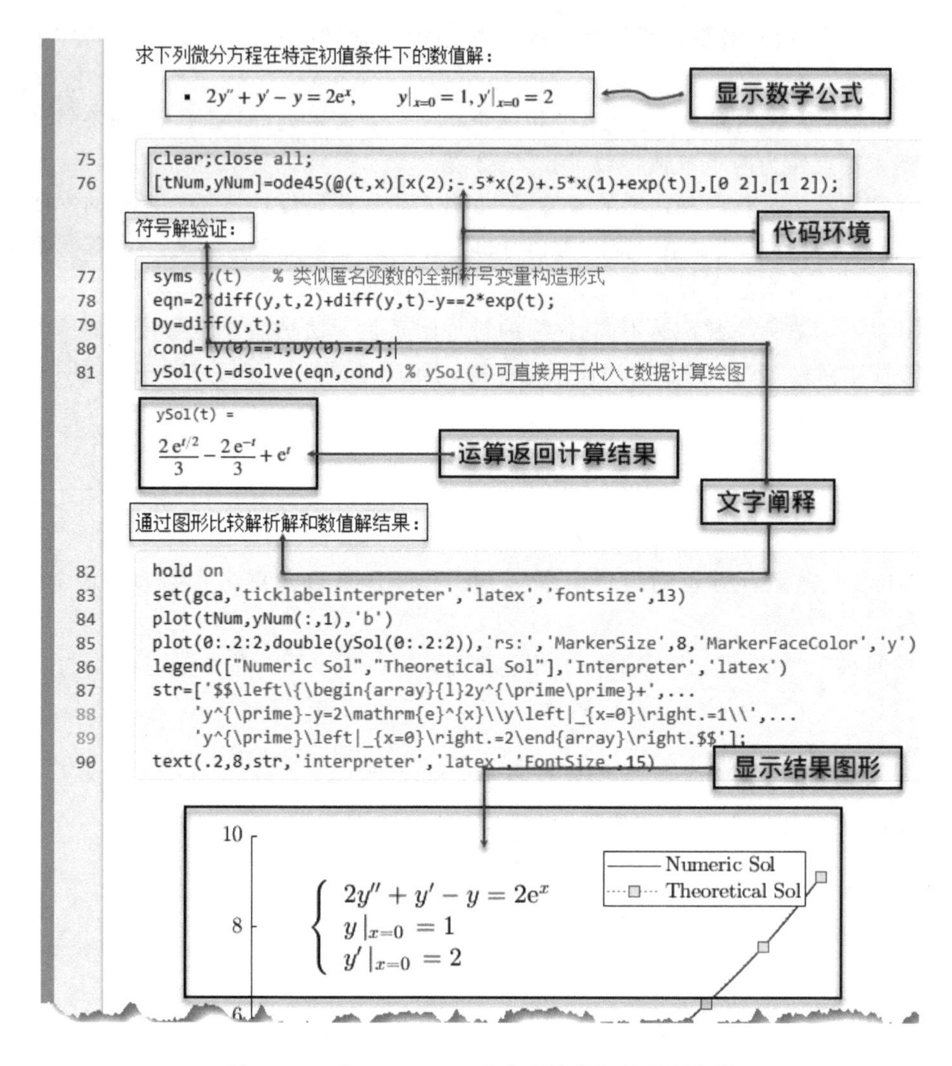

图 10.28　在 Live Editor 中进行数值和符号解比较

到了相容共存的地点。图 10.28 中，包含 TeX 公式的文本和代码无缝切换，代码环境内部，符号与数值运算结果不用在 MuPAD 和 MATLAB 主界面来回传递，而在同一 section 中自然衔接。例如：自变量 t 用函数“ySol(t)”代入，经 double 命令又可以转换为数值型，不需要学习其他的符号计算语法规则，这些都符合 MATLAB 老用户的代码习惯。

10.5　R2020b 新功能：交互式优化建模计算示例

本章前述内容提到：实时脚本中嵌入 App，在很多针对特定问题、带有演示和阐释性质的场景中，是实用的。它允许用户以最快速度建立“轻量化”的图形界面程序，主要以鼠标点选的方式完成与外部数据的交互和计算过程。这种代码环境用 App 直接嵌入的代码编写方式，如果结合滑块、按钮等实时脚本支持的菜单式控件，可以用很小的代价建立参数化模型，这无疑暗合了实时脚本所提倡的“探索式编程”主旨。

本节将利用 R2020b 新增的交互式优化建模 App——Optimize，来实现 1995 年全国本科数学建模大赛 A 题的空域飞行管理问题的参数化互动求解，这应当算是利用这一新增功能实现复杂问题“互动式”求解的一个有趣尝试。

10.5.1　空域飞行管理问题描述与数学模型

1995 年全国本科数学建模竞赛 A 题是一道在指定高度的空域范围内，对域内飞机实现碰撞判定及飞机飞行角度调整的非线性优化问题。

问题 10.4　在约 10 km 高空的某边长为 160 km/h 正方形区域内，经常有若干架飞机做水平飞行。区域内每架飞机的位置和速度向量均由计算机记录其数据，以便进行飞行管理。

当一架预进入该区域的飞机到达区域边缘时，记录其数据后，要立即计算并判断是否会与区域内的飞机发生碰撞。如果会发生碰撞，则应计算如何调整各架（包括新进入）飞机飞行的方向角（方向角指飞行方向和 x 轴正向之间的夹角）以避免碰撞。现假定条件如下：

① 不碰撞的标准为任意两架飞机的距离大于 8 km；

② 飞机飞行方向角调整幅度不应超过 30°；

③ 所有飞机飞行速度均为 800 km/h；

④ 进入该区域的飞机在到达该区域边缘时，与区域内飞机的距离应在 60 km 以上；

⑤ 最多需考虑 6 架飞机；

⑥ 不必考虑飞机离开此区域后的状况。

对避免碰撞的飞行管理问题建立数学模型，列出计算步骤，对表 10.1 所列“飞机位置和方向角记录”数据进行计算（方向角误差不超过 0.01°），要求飞机飞行方向角调整的幅度尽量小。设该区域 4 个顶点的坐标为（0,0），（160,0），（160,160），（0,160），试根据实际应用背景对模型进行评价和推广。

表 10.1　飞行管理问题的飞机坐标与方位角数据

飞机编号	横坐标/km	纵坐标/km	方向角/(°)	飞机编号	横坐标/km	纵坐标/km	方向角/(°)
1	150	140	243.0	4	145	50	159.0
2	85	85	236.0	5	130	150	230.0°
3	150	155	220.5	新进入	0	0	52.0

10.5.2　优化模型与实现代码

值得说明的是，作为一道全国数学建模竞赛的正式赛题，飞行管理问题值得分析的内容非常多，鉴于问题 10.4 旨在演示综合运用菜单式控件、匿名函数、子函数等元素，结合嵌入的 App 程序 Optimize 搭建并求解参数化的优化模型，故不加解释地给出优化模型。

根据表 10.1 数据，可以绘制图 10.29 所示的飞机初始状态图。飞机将以该状态为基准，微调方位角，使得在空域内不发生碰撞的前提下，方位角调整总角度绝对值代数和最小。在操控限制、距离限制和时间限制等约束条件下，可以得到问题 10.4 的数学模型：

$$\begin{aligned}&\min \quad \sum_{i=1}^{6} |\Delta\theta_i| \\ &\text{s.t.:} \\ &\begin{cases} |\Delta\theta_i| \leqslant 30^\circ, & i=1,2,\cdots,n \\ d_{ij}^{(*)}(t) \geqslant 8, & t\in[0,T_{ij}] \end{cases}\end{aligned} \tag{10.7}$$

式(10.7)中任意两架飞机 i,j 间距 $d_{ij}^{(*)}(t)$ 满足如下条件：

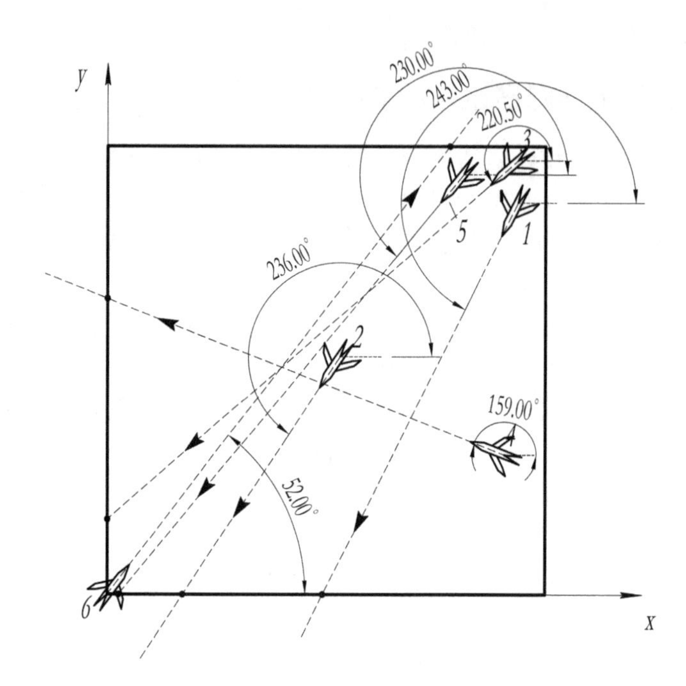

图 10.29　空域飞行管理问题飞机初始方位角及坐标数据示意图

$$
\begin{cases}
\min \quad d_{ij}^2(t) \\
\text{s. t. :} \\
d_{ij}(t)=\sqrt{[x_i(t)-x_j(t)]^2+[y_i(t)-y_j(t)]^2}, \quad i\neq j \\
x_i(t)=x_i^0+v\cos(\theta_i^0+\Delta\theta_i), \quad i=1,2,\cdots,n \\
y_i(t)=y_i^0+v\sin(\theta_i^0+\Delta\theta_i), \quad i=1,2,\cdots,n \\
0\leqslant t\leqslant T_{ij} \\
T_{ij}=\min\{T_i,T_j\} \\
T_i=\min\left\{\dfrac{80[1+\text{sgn}(\cos\theta_i)]-x_i}{v\cos\theta_i},\dfrac{80[1+\text{sgn}(\sin\theta_i)]-y_i}{v\sin\theta_i}\right\}
\end{cases} \tag{10.8}
$$

这属于带有非线性约束条件的优化模型，可以调用 fmincon 求解，根据式(10.7)和式(10.8)写出如下代码：

代码 525　空域飞行管理问题求解代码

```
1   clc;clear;close all;
2   n = 6;                      % 空域内飞机的数量
3   data = [1     150    140    243     800]
4           2     85     85     236     1000
5           3     150    155    220.5   800
6           4     145    50     159     750
7           5     130    150    230     800
8           6     0      0      52      900
9           7     20     140    0       900
10          8     40     112    90      870
11          9     123    25     137     910
12          10    72     111    332     750
13          11    12     155    133     850
14          12    142    5      154     785];
```

```
15  plane = data(1:n,2:end);
16  region = struct("width", 160, "height", 160);
17  [max_dth,min_dist] = deal(30,8);
18  pij = nchoosek(1:n, 2);
19  [dth, fvl] = solve_model(plane, region, max_dth, min_dist,pij);
20  % -----------------------------------------------------------------------
21  function [dth, fvl] = solve_model(plane, region, max_dth, min_dist, pij)
22  n = size(plane, 1);
23  options = optimoptions('fmincon','Algorithm','sqp');
24  [dth, fvl] = fmincon(@(x)sumabs(x), ...
25                  0.5 - rand(n,1), ....
26                  [], [], [],[],...
27                  zeros(n,1) - max_dth,...
28                  zeros(n,1) + max_dth,...
29                  @(x)mycon(x,plane,region,min_dist,pij), options);
30  end
31  % ----------------------------------------------------------------------
32  function [c,ceq] = mycon(dth,plane,region,min_dist, pij)
33  [ceq,th] = deal([],dth + plane(:,3));
34  th(th = = 0) = th(th = = 0) + eps;
35  T = @(i)plane(i,4).\min(cosd(th(i)).。..
36          (region.width/2 * (1 + sign(cosd(th(i)))) - plane(i,1)),sind(th(i)).\...
37          (region.height/2 * (1 + sign(sind(th(i)))) - plane(i,2)));
38  x_1 = @(i,j)plane(i,4). * cosd(th(i)) - plane(j,4). * cosd(th(j));
39  x_2 = @(i,j)plane(i,4). * sind(th(i)) - plane(j,4). * sind(th(j));
40  xa = @(i,j)x_1(i,j).^2 + x_2(i,j).^2;
41  xb = @(i,j) 2 * (plane(i,1) - plane(j,1)). * x_1(i,j) + ...
42          2 * (plane(i,2) - plane(j,2)). * x_2(i,j);
43  xc = @(i,j) (plane(i,1) - plane(j,1)).^2 + (plane(i,2) - plane(j,2)).^2;
44  f = @(t,i,j)xa(i,j). * t.^2 + xb(i,j). * t + xc(i,j);
45  t_s = @(i,j) - xb(i,j)./xa(i,j)/2;
46  [II,JJ] = deal(pij(:,1),pij(:,2));
47  TT = max(min(min(T(II), T(JJ)), t_s(II,JJ)),0);
48  c = min_dist - sqrt(f(TT, II, JJ));
49  end
```

代码 525 即为求解式(10.7)时，多架飞机在避免碰撞条件下，调整方向角总和最小的全部代码，这段代码允许各架飞机具有不同的速度，且飞机数量可以大幅超出题目给定的 $n=6$ 架，而运行速度不至于受到太大的影响。例如以代码中的数据变量 data 为例，如果取前 6 架飞机的数据，运行结果如下：

代码 526　代码 525 运行结果($n=6$)

```
1  >> dth'
2  ans =
3      0.0000    0.0000    0.0000    2.5107    0.0475    2.78483
4  >> tT =
5      0.0990
```

代码 526 说明这 6 架飞机中，飞机 1～3 无须调整方向角，按照初始角度飞行即可，飞机 4～6 分别调整 2.5107°、0.0475°、2.7848°，总调整角度绝对值之和为 $\sum\Delta\theta_i=5.343°$，程序运行耗时为 0.1s。

不过，如果想知道飞机数量 n、飞机速度 v、空域范围等参数取不同数值的运算结果，需要修改程序起始部分的参数值，如果需要修改多个参量，这可能是比较麻烦的。在下一节中，将探讨结合菜单控件输入数据，嵌入 R2020b 新增的 App——Optimize，构建参数化模型求解式(10.7)的方法。

10.5.3 实时脚本嵌入交互式优化 App

在实时脚本嵌入 Optimize 求解飞行管理问题的步骤如下：

(1) **步骤 1**。新建名为“🗀 X:/.../OptimizeAppPlane.mlx”的实时脚本文件，在第 1 个 section 加入文件标题(Ctrl + Shift + L)，并依次单击选项板 INSERT 》TEXT 》Table of Contents，为脚本文档插入一个超链接形式的目录，再新建 section 加入文字和公式形式的问题描述，此处略。

(2) **步骤 2**。按 Ctrl + Alt + Enter 键新建 section，一级标题为“代码”，二级标题为“基本数据”。在二级标题下按 Alt + Enter 键添加代码环境，输入数据 data，再单击选项板 LIVE EDITOR 》CODE 》Control 》Button，为数据 section 代码添加 Run 按钮并单击运行。步骤 1 和步骤 2 的结果如图 10.30 所示。

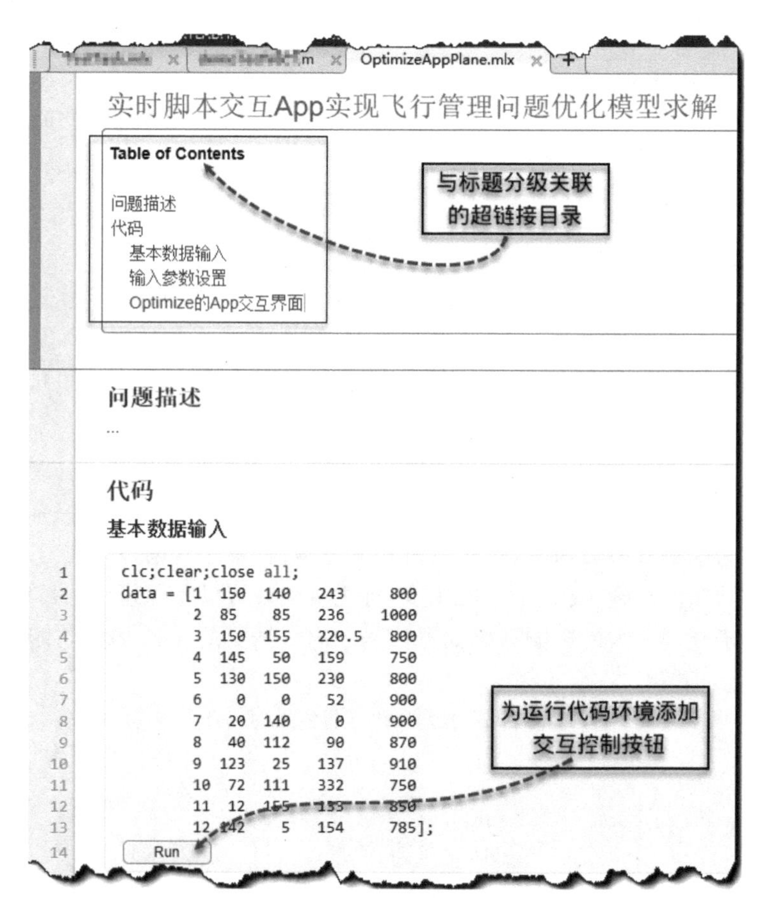

图 10.30　步骤 1、步骤 2 结果示意图

(3) **步骤 3**。在“基本数据输入”section 最下方按 Ctrl + Alt + Enter 键，继续新增一个 section，添加二级标题“输入参数设置”，按图 10.31 所示，添加交互滑块、复选框、按钮、文本编辑框以及相关代码与参数，通过滑块和文本框可修改参数值，单击下方 Run 按钮，当前 section

代码将更新参数并传入工作空间。

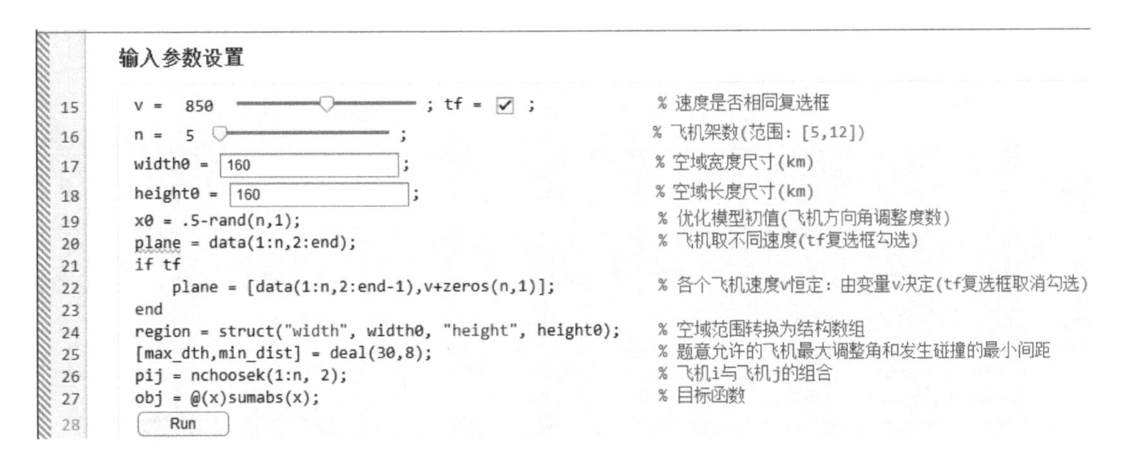

图 10.31　步骤 3 结果示意图

(4) **步骤 4**。在"输入参数设置"section 最下方按Ctrl+Alt+Enter键,新增 section 并添加二级标题"Optimize 的 App 交互界面",下方添加一个代码环境,依次单击主选项板中的Live Editor》CODE》Task》Optimize,添加图 10.32 所示交互式优化模型求解 App,添加后还不能立即使用,因为下方折叠的Select problem data还有非线性约束条件没有在数据部分输入或指定,该约束涉及与时间有关的各架飞机间距表述,它是整个模型中比较难以表述的复杂部分,需要为它单独编写 Local Function(见步骤 5),在交互 App 下方按步骤 2 中的方法,为当前 section 增加一个名为Run的按钮(暂时不运行)。

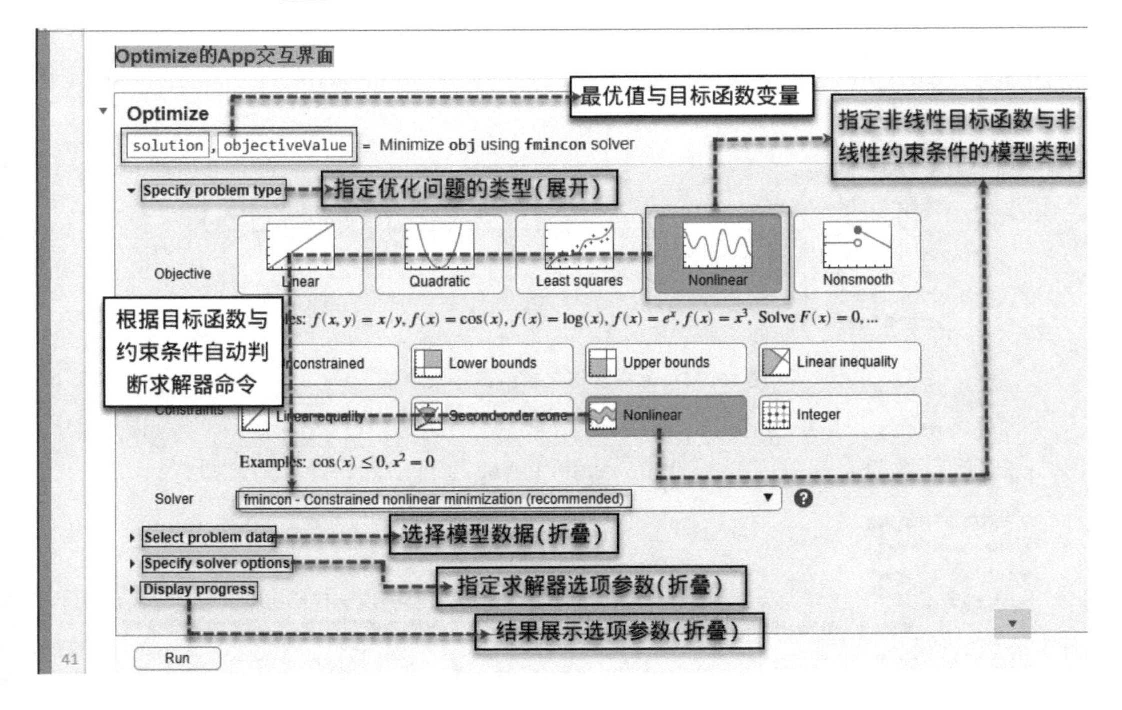

图 10.32　步骤 4 结果示意图

(5) **步骤 5**。在“Optimize 的 App 交互界面”下方按钮 Run 末尾按 Enter 键并复制代码 525 中第 32～49 行的子函数 mycon，使之作为实时脚本的一个 Local Function，实时脚本会自动识别局部函数的关键字“function”并为其单独分隔一个 section。

(6) **步骤 6**。回到步骤 4 建立的 Optimize 交互 App，为其按如下步骤设置：

① 图 10.32 已经展开的“Specifyproblemtype”中，按图点选目标函数和约束条件的两个 Nonlinear，将待求解问题指定为非线性优化问题，点选完毕下方 Solver 下拉菜单框将自动判定使用 fmincon 函数求解问题。

② 折叠“Specifyproblemtype”，再展开“Select problem data”，按图 10.33 所示为优化模型输入计算所需的必要数据。

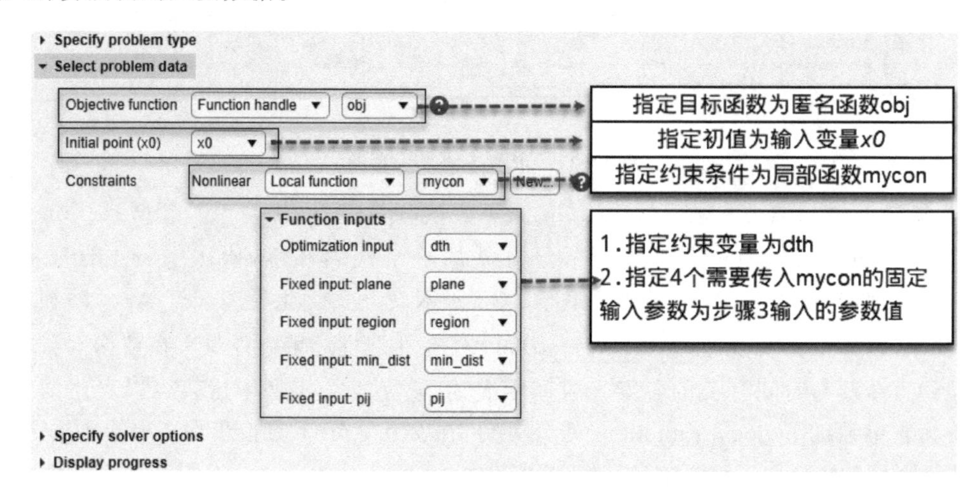

图 10.33　为模型指定必要的求解变量数据

③ 折叠“Select problem data”，再展开“Specify solver options”，在其中为模型计算指定算法选项为 sqp，如图 10.34 所示。

图 10.34　为模型指定求解器算法参数

④ 折叠“Specify solver options”，再展开“Display progress”，在结果绘图的显示选项中，按图 10.35 所示，勾选目标值(Object Value)，此时 App 会自动开始计算并绘图。

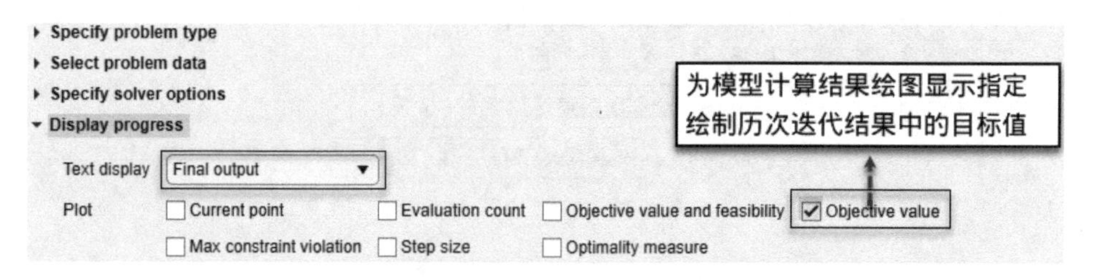

图 10.35　为模型指定迭代结果的绘图显示参数

经过上述步骤,即可经 Optimize 求解出 1995 年全国数学建模大赛的赛题 A 题了。另外,模型的输入参数部分,在原有 6 架飞机数据的基础上,又增加了 6 组随机值,且通过滑动条和判断语句可以在 $n \in [5,12]$ 的正整数范围内取得不同飞机数据,可以很方便地通过鼠标和键盘,勾选速度是否恒定、输入空域范围大小等参数。

飞行管理模型从构建到代码实现,熟悉其中全部细节可能是困难的,但经由上述设置,从数据输入到计算再到后处理结果的显示步骤被“模块化”,模型运行全过程也具有了演示的直观属性。学习阶段有这样的辅助工具,对初学优化建模的同学而言无疑是利好的消息。

10.6　总　结

MATLAB 中的 Live Editor,即实时代码编辑器,相当于在 MATLAB 内部创建出一个代码编写和文本写作的集成综合环境。这个环境侧重代码编写和文本撰写的交互,即所谓“探索式”编程体验,强调代码和技术文档的不可分割性。Live Editor 有许多优点,例如代码环境终于彻底实现了函数语法包含属性参数的主动语法补全功能,可以插入各种 App 及菜单式简易控件;文本环境支持 TeX 语法公式、文本注释块网页与目录超链接等各种常用文档要素的插入。更重要的是:由于 Live Editor 代码环境的存在,决定了其文档阐释和输出内容是动态的,因而实时脚本与其他支持 LaTeX、Markdown 的文档编辑器,或者 Word 这类文字处理编辑产生的文档,有很大的不同,这是学习实时编辑器用法时,令用户有比较鲜明感受的地方。

本章没有面面俱到地介绍 Live Editor 的每项功能,仍然只侧重实时编辑器在具体场景中的实际应用,首先结合一些例子介绍了 Live Editor 作为综合性的集成化编辑器的一些基础的功能与特色,包括代码环境、文本环境、目录、公式和超链接等元素的插入等;接着分析了实时脚本整合 MuPAD 的符号计算引擎,代替 MuPAD 完全接管 MATLAB 符号计算的原因;最后给出了一个能集中体现实时编辑器探索式编程功能与特色的典型例子:通过在 Live Script 内嵌入 Optimize App,对 1995 年全国数学建模竞赛的飞行管理问题(A 题)给出互动式参数化建模的详细步骤及实现代码。

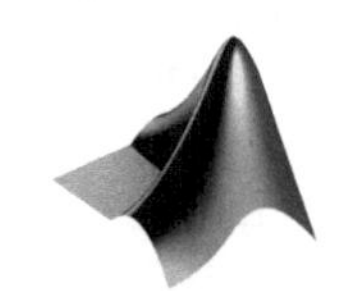

参考文献

[1] HOARE C A R. Quicksort[J]. The Computer Journal,1962,4:10-15.

[2] SEDGEWICKR,WAYNEK. 算法[M]. 谢路云,译. 4 版. 北京:人民邮电出版社,2012.

[3] BENTLEYJ. 编程珠玑[M]. 黄倩,钱丽艳,译. 2 版. 北京:人民邮电出版社,2008.

[4] HANSEIMAN D, LITTLEFIELD B. 精通 MATLAB 7. 0[M]. 朱仁峰,译. 北京: 清华大学出版社, 2006.

[5] 马良,祁彬彬. MATLAB 向量化编程基础精讲[M]. 北京:北京航空航天大学出版社,2017.

[6] 吴鹏. MATLAB 高效编程技巧与应用:25 个案例分析[M]. 北京:北京航空航天大学出版社,2010.

[7] MOLER C B. Numerical Computing with MATLAB[M]. 北京:北京航空航天大学出版社,2014.

[8] 薛定宇,陈阳泉. 高等应用数学问题的 MATLAB 求解[M]. 4 版. 北京:清华大学出版社,2018.

[9] 张嗣瀛,高立群. 现代控制理论[M]. 2 版. 北京:清华大学出版社,2017.

[10] 同济大学数学教研室. 高等数学:下册[M]. 4 版. 北京:高等教育出版社,1996.

[11] 彭芳麟,管靖,胡静,等. 理论力学计算机模拟[M]. 北京:清华大学出版社,2002.

[12] 薛定宇,陈阳泉. 控制数学问题的 MATLAB 求解[M]. 北京:清华大学出版社,2017.

[13] LORENZ E N. Deterministic Nonperiodic Flow[J]. Journal of the Atmospheric Sciences,1963,20(2):130-141.

[14] SPARROW C. The Lorenz equations: bifurcations, chaos, and strange attractors[M]. NewYork:SpringerScience&BusinessMedia,2012.

[15] PICKOVER A C. 数学之书[M]. 陈以礼,译. 重庆:重庆大学出版社,2015.